iOS 16 程式設計實戰

SwiftUI全面剖析

前言

當您從書局的書架上拿起了這本書，或是在朋友那聽了一些介紹決定買下這本書，不論您是因為工作上的需求，還是想要讓自己的想法、創作能夠快速地向全世界展示，我相信這都代表了您開始相信學會 iOS App 設計能夠幫助自己完成某些夢想。從 2008 年中 App 誕生至今，App 的開發無疑已經是程式設計領域的顯學之地，已經有無數的工程師或學生投入 App 程式設計領域。當大多數人手上都有一隻手機的時候，沒有什麼管道是比透過一個 App 能更快速的連結使用者各項事物了。

想要學習 iOS 程式設計，必須要有一台 Mac 電腦，因為 iOS 的開發環境 Xcode 必須在 Mac 上執行。除了 Mac 電腦外，您應該還要有一隻 iPhone 或 iPad，因為有很多功能是模擬器無法模擬的，例如拍照、各種感測元件、藍牙，這些都必須在實機上面才能使用。雖然這些設備添購起來花費的成本不小，但先摒除 iPhone 不談，Mac 電腦除了執行 macOS 外，還可安裝 Windows，此外，macOS 的核心為 UNIX，絕大多數的 UNIX 指令在 Mac 上都可以執行。一機三用，很值得。當然，iOS App 工程師的職缺與收入整體來說是很不錯的。

準備要開始大展身手了嗎？首先，到 https://developer.apple.com 開發者網站註冊一個開發者帳號，先不用付錢，使用免費方案即可。等到某天您想要讓您偉大的 App 上架到全世界都能夠下載，再付錢成為付費開發者。接下來到 App Store 下載 Xcode 開發者工具，執行後在選單「Xcode」找到「Preferences」，然後在「Accounts」頁面輸入您的開發者帳號。若想要在實機上執行，將 iPhone 或 iPad 接到電腦上即可。

現在，萬事具備，可以開始寫程式了。

開發者帳號有幾種等級，如下表：

	免費開發者	一般開發者	企業	大專院校
實體裝置測試	◯	◯	◯	◯
TestFlight 測試		◯	◯	
程式碼技術支援		◯	◯	
Ad Hoc 發佈		◯	◯	
In-House 發佈			◯	
客制化 B2B 發佈		◯		
App Store 發佈		◯		
價格	免費	美金 99/year	美金 299/year	免費
備註	有限度在實體機器上測試	信用卡付費	需提供 D-U-N-S 編號	只提供給合格且具學位授予的高等教育機構

最常見的還是一般開發者。一般開發者在付費時可以選擇「個人」或是「公司」，不同處在於：個人開發者只有一個 Apple ID 帳號能進行開發，如果是公司開發者則不限。企業開發者與一般開發者的差異在於企業開發者有自己的 App Store，所發佈的 App 僅限企業內部使用。換句話說，除企業員工外，其他人在全球的 App Store 上是看不到這個 App 的。若申請公司或是企業開發者方案都需要向 Apple 出示 D-U-N-S 編號（鄧白氏環球編碼）證明申請者是個合法公司或是企業。如果申請一切順利，您很快就會在當初留下的 Email 中收到蘋果公司寄來的信件，跟著信件內容去啟動付費開發者帳號即可完成申請程序。

如何使用本書

本書分成三個部分：

第一篇談 SwiftUI 中的各種排版方式與元件使用。SwiftUI 是一種界面設計方式，透過簡潔的聲明式語法完成介面排版工作。這種界面設計需要靠程式碼來完成各種排版需求，雖然需要的程式碼不多，但以往透過拖放元件以及屬性設定來排版的方式，在 SwiftUI 中變的可有可無。過去我認為 Storyboard 專案比較適合新手，但現在需要重新調整一下這樣的看法，畢竟 SwiftUI 在未來會成為主要開發方式，而且 SwiftUI 所需要的程式碼，整體來說會比 Storyboard 少一點。

第二篇談 SwiftUI 與 Storyboard 的整合。雖然 SwiftUI 會成為開發主流，但現階段 SwiftUI 在某些功能上是不足的。除此之外，還是有很多專案是透過 Storyboard 在開發與維護。若兩者能夠整合，互相截長補短，這樣在 Storyboard 專案中也可以享受 SwiftUI 帶來的快速開發效益，而 SwiftUI 也可以使用 Storyboard 中才有的元件。

第三篇談模型，也就是常聽到的 MVC 或 MVVM 架構中的 Model 部分。所以這一章的內容主要是處理資料，跟介面設計較無太大關係，所以像是檔案存取、資料庫、藍牙...等。

本書以最新版本的 Swift 語法說明各個範例程式，若您對 Swift 語法還不熟悉，請到我架設的研蘋果官方網站點選「Swift 語言全面剖析」，我在這裡完整且有系統地介紹了 Swift 這個語言，網址如下。

https://www.chainhao.com.tw/swift/

目錄

Part 1 SwiftUI

chapter 04 容器元件

chapter 08 動畫與繪圖

Part 2　與 UIKit 整合

chapter 13　呼叫 UIKit 元件

chapter 14　Storyboard 載入 SwiftUI View

chapter 15　影音擷取

Part 3 資料模型

chapter 16 感測器

chapter 17 檔案存取

01

Hello SwiftUI

Part 1 SwiftUI

1-1 初體驗

SwiftUI 是一個專門用來設計使用者介面的框架名稱，包含了各式各樣的視覺化元件。SwiftUI 主要目的是在 Apple 的各作業系統間提供了統一的介面設計，也就是用同樣的介面設計與程式碼，就可以編譯出能在 iOS、iPadOS 與 macOS 系統上執行的應用程式。因此，有別於 UIKit 框架的 Storyboard 專案，SwiftUI 的介面設計與程式寫法是完全不同的，連開發介面也完全不同，雖然還是使用 Xcode 來開發，但體驗上完全不一樣。首先開啟 Xcode 後選擇 iOS App 類型的專案。

接著輸入專案名稱、Organization Identifier（個人開發的話隨意填，之後也可以改）以及專案類型，這裡要選 SwiftUI，選錯就要重來。

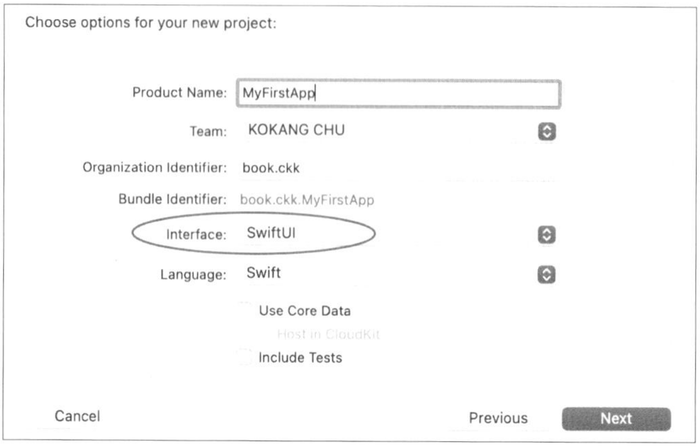

當 SwiftUI 專案建立後，Xcode 會自動產生 ContentView.swift 這個檔案，開啟後可以看到檔案中有兩個結構（struct），上方名稱為 ContentView 的結構是 App 的第一個畫面，而下方名稱為 ContentView_Previews 的結構則用來產生預覽畫面。我們可以使用 Command + Option + Return 這三個熱鍵開啟與關閉畫面預覽功能。下圖右方為預覽開啟後的樣子，可以看到預覽畫面會即時反應 ContentView 目前內容，也就是左方的程式碼只要一改變，右邊的畫面就會立即跟著改變。

想要開關預覽畫面除了使用熱鍵外，也可以在下圖左的圖圈起來圖示上點選 Canvas 選項，或者在下圖右的選單「Editor」中選「Canvas」選項，這三個方式都可以開啟預覽畫面。

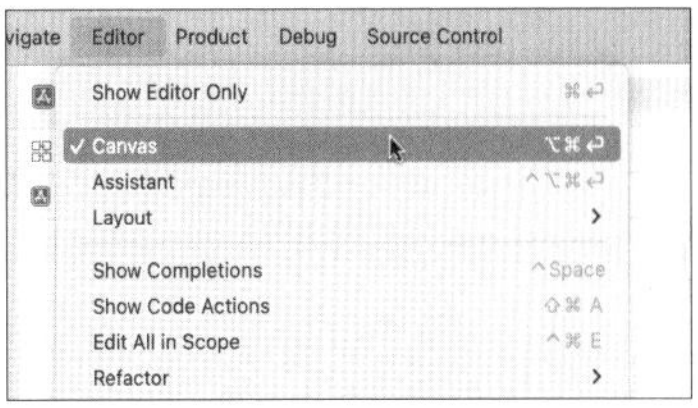

現在我們已經知道如何開啟與關閉預覽畫面了。SwiftUI 的預覽功能非常完整，除了能即時反應左邊的程式碼外，也可以在預覽畫面上操作具有互動功能的元件，例如按鈕、開關、文字輸入等。事實上，這個預覽功能相當於把模擬器整合進 Xcode 裡面，所以大部分時候我們都不需要再啟動模擬器才能檢查畫面設計是否適當。

我們先把目標放在 ContentView 這個 struct 內容上。當 SwiftUI 專案建立後，Xcode 14 在 body 變數中預先產生的程式碼如下，不同 Xcode 版本預先產生的程式碼會不同，但都不影響 App 開發，因為 body 中的程式碼最後都會刪除。

```
struct ContentView: View {
    var body: some View {
        VStack {
            Image(systemName: "globe")
                .imageScale(.large)
                .foregroundColor(.accentColor)
            Text("Hello, world!")
        }
    }
}
```

首先，這個結構符合了 View 協定的規範。在 SwiftUI 架構中，所有要顯示在螢幕上的元件都必須符合 View 協定。也就是說我們可以自己設計一個奇形怪狀的按鈕，只要他能符合 View 協定，那這個奇形怪狀的按鈕就可以顯示在螢幕上。結構中有一個變數 body，資料型態為 some View，後面接了一個 Closure 區段。Closure 中的程式碼其實就是這個畫面的程式進入點，也就是第一行程式會從 Closure 中開始執行。保留字 some 稱為不透明型態（Opaque Type），所以 some View 代表某種類型的 View（例如 Button、Text、Image...等），所以後面的 Closure 會回傳某一種 View，至於是哪一種並不重要，只要符合 View 協定的元件就可以了，在 App 開發過程中，其實我們不需要特別瞭解不透明型態是什麼才能開發，所以如果搞不懂不透明型態，也不用太擔心。如果有興趣瞭解的讀者，可以來下列網站參考，這是本書作者在網路上發佈的不透明型態文章。

https://www.chainhao.com.tw/15-不透明型態/

到這裡稍微總結一下，在 SwiftUI 架構中，如果要自行設計一個能顯示在螢幕上的畫面，基本語法如下。

```
struct MyView: View {
    var body: some View {
        // 回傳某個View元件
    }
}
```

接下來把重點放在 body 的內容上，不同版本的 Xcode 產生的程式碼可能會不一樣，先前版本只會產生一個 Text 元件，並且顯示一個 Hello, World! 字串，而目前 Xcode 14 產生的程式碼如下，有圖片也有文字。

```
VStack {
    Image(systemName: "globe")
        .imageScale(.large)
        .foregroundColor(.accentColor)
    Text("Hello, world!")
}
```

這段程式碼用了三個符合 View 協定的元件（也可以稱為 View 元件或視圖元件），他們分別是 VStack、Image 與 Text。VStack 是排版專用元件，會將 Image 與 Text 這兩個元件以垂直方向排列，我們可以試試改成 HStack 元件，會發現預覽畫面中的排版方式立刻變成水平排列。另外有沒有發現 VStack 也是用 Closure 語法將需要排版的元件放在 Closure 區段裡面，事實上，SwiftUI 使用了極大量的 Closure 語法，到處都可以看到其蹤影。對 Closure 語法不熟悉的讀者，請參考本書作者公布的網路文件，裡面對 Closure 語法有詳細的說明。

https://www.chainhao.com.tw/7-closure/

第二個 Image 元件用來顯示一張圖片，圖片內容來自於內建的 SF Symbols 圖庫，這是 Apple 官方圖庫，建議安裝 SF Symbols App 方便搜尋所有圖片，網址為 https://developer.apple.com/sf-symbols/。Image 元件的初始化器後面帶了兩個函數，分別是 imageScale 與 foregroundColor，這兩個函數在 SwiftUI 中稱為修飾器（Modifier），作用是修改 Image 元件的預設值。修飾器 imageScale 用來將圖片放大一點，而 foregroundColor 看名字就知道是用來修改圖片顏色。最後一個元件 Text，純粹顯示一個字串到螢幕上，這個元件相當於 Storyboard 中的標籤元件 UILabel（定義在 UIKit 框架中），在 SwiftUI 中改名為 Text。

到這裡再總結一下兩個重點：（一）變數 body 後面的 Closure 區段只能回傳一個 View 元件，如果有兩個以上的 View 元件都要顯在畫面上，應該使用排版元件或是容器元件將他們合併成一個；（二）修改 View 元件的預設值，必須在該元件初始化後使用修飾器，而不同的修飾器有不同的功能。

1-2 修飾器功能

上一節看到了兩個作用在 Image 元件上的修飾器，這樣的程式寫法，稱為聲明式語法。請看下面這三行程式碼，這三行程式碼可以合併成一行，也可以從「.」的位置斷行。相對於聲明式語法，在 Storyboard 專案中控制 View 元件的程式寫法稱為命令式語法。兩者最大的不同在於聲明式語法不需要使用變數或常數儲存元件實體（instance），而命令式語法需要。此外，要修改元件的預設值時，命令式語法是修改元件實體中的屬性，而聲明式會產生一個新的元件。

```
Image(systemName: "globe")
    .imageScale(.large)
    .foregroundColor(.accentColor)
```

這裡先不管 Storyboard 專案中的命令式寫法，先將重點放在上面這段程式碼的兩個修飾器。如果來看這兩個修飾器的原始定義，可以發現他們都是函數且都會傳回某個 View 元件，如下面這兩行程式碼是 imageScale 與 foregroundColor 的原始定義。

```
func imageScale(_ scale: Image.Scale) -> some View
func foregroundColor(_ color: Color?) -> some View
```

在 SwiftUI 框架中，所有的 View 元件都是以 struct 來定義的，他們並不像 UIKit 框架中的 UIView 元件都是由 class 來定義。由於 struct 本身的特性（value type），因此，修飾器傳回某個 View 的時候，其實就是生成了一個新的 View。如果能夠一步一步拆解一開始的那三行程式碼時，第一行會產生一個 globe 圖案的 Image 元件；然後第二行根據 imageScale 函數中的參數，會再產生一個新的且大一點的 globe 圖案的 Image 元件；第三行最後一個修飾器則是又產生一個新的、大一點的且具有特定顏色的 globe 圖案的 Image 元件。這樣產生三個 Image 元件不是很浪費執行時間與記憶體空間嗎？如果是在 App 執行過程中才進行這樣的分解動作，當然就沒有效率，但是別忘了，App 是需要經過編譯後才能執行，所以 Xcode 會在編譯過程中自動將這三個動作合併成一個，於是 App 在執行時，一次就產生一個最終結果的 Image 元件。換句話說，雖然 SwiftUI 中的每一個修飾器最後都會產生一個新的元件，但執行效率不會因此而降低。

在 Storyboard 專案中，我們要熟知每一個元件中有哪些屬性可以設定，以及有哪些操作方法可以呼叫。而在 SwiftUI 專案中，我們要熟知的是每一個元件有哪些修飾器可以使用。修飾器的命名有一個大致上的規則，只要是以該元件名稱開頭的修飾器，就是專門用在這個元件上的，其他元件無法使用，例如 imageScale 這個修飾器的名稱為 image 開頭，所以這個修飾器專用於 Image 元件上，而 foregroundColor 則屬於通用型的修飾器可用於大部分元件，並不是 Image 元件專屬。現在我們來看看 Text 元件有哪些專屬的修飾器，如果在 Text 的初始化器後方打上「.text」時，可以看到列出來的修飾器不多，其中有一個名稱為 textCase 的修飾器，這個就是 Text 元件專屬的修飾器，可以控制顯示字串的大小寫。例如下面這段程式碼，會讓 Text 元件中的字串全部顯示大寫，也就是不論內容是大寫還是小寫，一律都會轉成大寫呈現。

```
Text("Hello, world!")
    .textCase(.uppercase)
```

修飾器順序

現在我們已經知道，修飾器會傳回一個全新的元件，這樣的特性會影響修飾器在撰寫的順序不同時，會產生不同的最終結果。雖然大部分的修飾器不會因為順序不同而有不同的結果，例如前面看到的 imageScale 與 foregroundColor 這兩個修飾器，不論先後順序為何，都不影響最後看到的圖形樣子。但有些修飾器確實會因為順序不同而造成不同的結果。我們來下面這個例子，border 修飾器會在 Text 元件周圍加上一個邊框，方便我們觀察 Text 元件的實際大小。

```
var body: some View {
    Text("Hello, World!")
        .border(.gray)
}
```

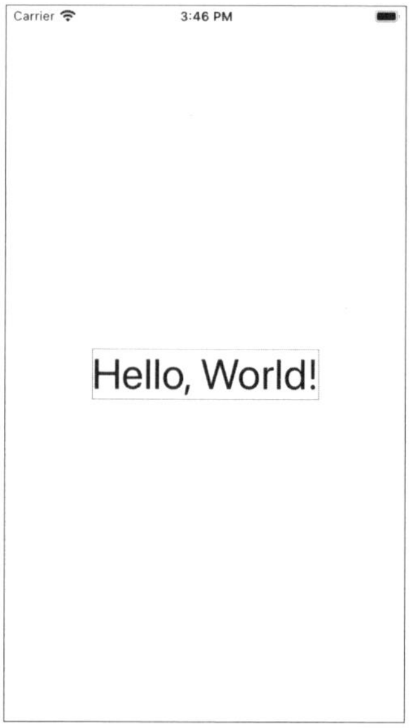

現在再加上一個 padding 修飾器，用來讓文字與邊框間空出一些距離，例如 40pt。現在試著將這個修飾器放在 border 之前或之後，就會造成不同的結果了。

```
// padding 在前
Text("Hello, World!")
    .padding(40)
    .border(.gray)
```

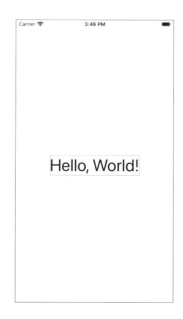

```
// padding 在後
Text("Hello, World!")
    .border(.gray)
    .padding(40)
```

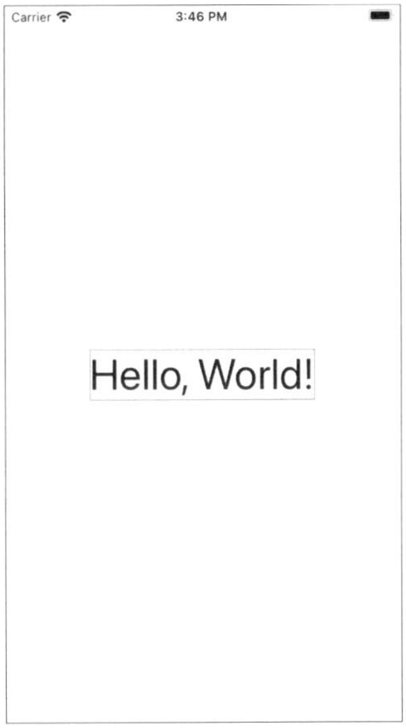

如果你已經清楚知道修飾器會傳回一個新的元件，這裡應該可以理解 padding 會因為所在位置的不同造成不同的結果的原因。先擴充文字與邊界距離再畫邊線，跟先畫邊線再擴充文字與邊界距離，這兩者最後的結果一定是不同的。每一個修飾器並不會改變前一個修飾器的結果，意思是 padding 只是用來改變文字與邊界距離，他不會同時改變邊線與文字的距離，所以先執行 border 後再 padding 所畫出來的邊線就無法被 padding 改變。利用這個特性再看下面這個範例就更清楚了，現在同一個 Text 元件但出現了兩個邊線，內圈是灰色外圈是黑色，想想看，為什麼會這樣？

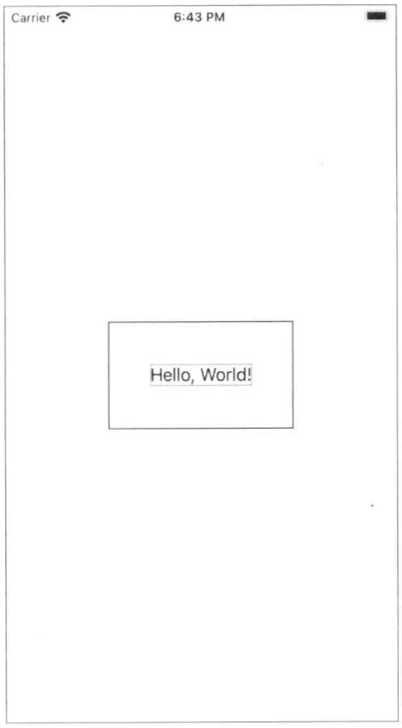


```
Text("Hello, World!")
    .border(.gray)
    .padding(40)
    .border(.black)
```

並非所有的修飾器都有順序問題，只有改變元件大小與內容位置有關的修飾器才需要特別注意順序造成的影響，像是 padding、frame 與 offset 這幾個修飾器就要特別注意順序問題了。

自訂修飾器

有時元件後方接的修飾器很多又經常需要使用，這時就可以透過自行定義修飾器的方式，簡化元件後方修飾器數量，讓程式碼看起來簡潔許多。例如下面這段程式碼，在 Text 元件後面使用了三個修飾器。

```
var body: some View {
    Text("Hello, world!")
        .padding()
        .font(.title)
        .border(.gray)
}
```

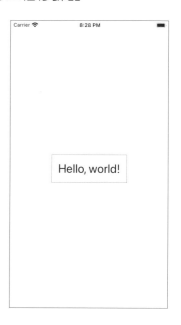

如果專案中有很多 Text 元件都要同時使用這三個修飾器，這時就可以透過自訂修飾器的方式把這三個修飾器合成一個。作法是先定義一個結構，並且符合 ViewModifier 協定，然後實作函數 body 就可以了。有了這個自定義的修飾器後，就可以開始打包修飾器，如下。參數 content 就是使用這個修飾器的元件中負責內容的一個特殊元件，以 Text 為例，content 代表的就是 Text 元件中用來顯示字串的那個部分。其實這裡可以不用管到這麼細，我們把他當成 Text 元件就好了。

```
struct MyTextStyle: ViewModifier {
    func body(content: Content) -> some View {
        content
            .padding()
            .font(.title)
            .border(.gray)
    }
}
```

現在就可以在 Text 元件後方使用 modifier 修飾器來載入我們自行定義的修飾器，如下。

```
Text("Hello, world!")
    .modifier(MyTextStyle())
```

一般來說，這樣就可以，但我們還可以再透過 extension 語法來擴充 Text 元件的功能，讓自定義的修飾器呼叫方式更簡潔。在 Text 元件的 extension 中自定義傳回型態為 some View 的一個函數，然後將自定義的修飾器包在 modifier 函數中傳回去，這樣就可以讓 Text 元件後面載入自定義的修飾器語法看起來更簡潔漂亮，程式碼如下。

```
extension Text {
    func myStyle() -> some View {
        modifier(MyTextStyle())
    }
}
```

結構 Text 經過 extension 的擴充後，Text 元件多了 myStyle()這個函數，因此就可以在 Text 元件後方直接呼叫 myStyle()函數就相當於使用了一開始 padding、font 與 border 這三個修飾器了。

```
Text("Hello, world!")
    .myStyle()
```

如果想要在自訂的修飾器中傳遞參數，例如可以將字型當成參數傳遞給 myStyle 函數，就按照一般在結構中宣告變數然後在初始化的時候將資料傳進去的方式就可以，程式碼如下，我們多加了一個 font 變數。

```
struct MyTextStyle: ViewModifier {
    var font: Font
    func body(content: Content) -> some View {
        content
            .padding()
            .font(font)
            .border(.gray)
    }
}

extension Text {
    func myStyle(_ font: Font=.body) -> some View {
        modifier(MyTextStyle(font: font))
    }
}
```

這時在 Text 元件上使用 myStyle 修飾器的時候就可以傳遞字型參數進去，如果不傳遞任何資料的話，預設為字型為 body。例如，下面這段程式碼會將文字大小改為 largeTitle。

```
Text("Hello, world!")
    .myStyle(.largeTitle)
```

Appear 與 Disappear 事件

當 View 元件出現在畫面上的時候，會產生 appear 事件，所以可以透過實作 onAppear 修飾器來攔截這個事件，就可以讓元件出現時做一些事情，如下。

```
Text("Hello, World!")
    .onAppear {
```

```
        // 元件出現時要做的事情寫這
    }
```

另外在 View 元件從畫面上消失時，會產生 disappear 事件，所以可以用 onDisappear 修飾器來攔截，如下。

```
Text("Hello, World!")
    .onDisappear {
        // 元件消失時要做的事情寫這
    }
```

實際應用時，可以看下面這個例子，當按鈕按下時會開啟另外一個頁面，然後可以用手指下滑把這個頁面關閉，這個頁面的內容只有一個 Text 元件。如果我們想要在這個頁面開啟與消失時分別做一些事情，就實作 onAppear 與 onDisappear 這兩個修飾器。

```
struct ContentView: View {
    @State private var isPresent = false
    var body: some View {
        Button("按我吧") {
            isPresent = true
        }
        .sheet(isPresented: $isPresent) {
            Text("Hello, World!")
                .onAppear {
                    print("appear")
                }
                .onDisappear {
                    print("disappear")
                }
        }
    }
}
```

程式碼中如有使用 print()函數印出字串時，必須在模擬器或實機上執行才能看到 print()的輸出結果，若只是從 Xcode 右邊的預覽畫面操作時 print()函數是沒有作用的。

1-3 View 的疊疊樂

在 SwiftUI 中，所有的畫面都是由一個 View 元件來構成，不論我們在設計時放了多少個 View 元件在畫面上，最後都會合併成一個 View 元件。下面這段程式碼是目前 Xcode 預先產生的程式碼，可以看到對變數 body 而言只有一個 View 元件就是 VStack，雖然 VStack 中還有兩個 View 元件，但最後都被 VStack 合併成一個。按照 Swift 語法規定，變數 body 只能等於一個 View 元件，雖然 Xcode 14 開始允許兩個以上的 View 元件在沒有合併的情況下放到 body 中，但要不要這樣使用見仁見智，我個人比較偏向既然是一個變數，那還是傳回一個 View 元件就好。

```
var body: some View {
    VStack {
        Image(systemName: "globe")
            .imageScale(.large)
            .foregroundColor(.accentColor)
        Text("Hello, world!")
    }
}
```

現在我們來搜尋 VStack 原始定義會發現，VStack 本身符合了 View 協定規範，而 VStack 內部所包含的元件，也就是 Content 部分同樣必須符合 View 協定規範，如下。這段定義可用滑鼠右鍵點一下程式碼中的 VStack 後再選「Jump to Definition」找到。

```
@frozen public struct VStack<Content> : View where Content : View
```

事實上，SwiftUI 中所有的 View 元件都必須符合 View 協定，例如 Text 元件，從他的原始定義中可以發現，其中有一個 extension 讓 Text 元件也符合了 View 協定。其他元件的原始定義，有興趣的讀者可以自行去翻找一下，這裡就不再多舉例了。

```
extension Text : View
```

再來觀察變數 body 所在的 ContentView 結構，會發現 ContentView 也符合了 View 協定，而 body 本身的資料型態也是 some View，所以一切都是 View。接下來就比較有趣，我們將 Xcode 幫我們產生的 VStack 這一整段程式碼刻意搬到我們自己定義的 MyView 結構中，當然 MyView 必須符合 View 協定規範。由於 View 協定中規定，所有符合他的 View 一定要實作變數 body，所以 MyView 中的變數 body 一定要實作，因此整個 MyView 結構的程式碼如下。 注意 MyView 中的 body 內容是從原本的 ContentView 中原封不動搬過來的。

```
struct MyView: View {
    var body: some View {
        VStack {
            Image(systemName: "globe")
                .imageScale(.large)
                .foregroundColor(.accentColor)
            Text("Hello, world!")
        }
    }
}
```

現在修改一下預設的 ContentView，讓 body 中的程式碼變成實體化 MyView 這個結構，如下。

```
struct ContentView: View {
    var body: some View {
        MyView()
```

```
    }
}
```

經過這樣的修改，產生的畫面其實跟原本的一模一樣，但是我們自己定義了一個新的 View 元件稱為 MyView。這樣的特性讓我們可以自由擷取或組裝任何一個內建的 View 元件，讓他變成一個新的 View 元件，然後我們也可以重複利用我們自己定義的 View 元件再跟別的 View 元件合併成另外一個更新的 View 元件，這就是 View 的疊疊樂概念，跟積木一樣，我們可以自由組裝零散的小積木成更大更複雜的積木，然後一路組裝上去。

如果希望我們自定義的 View 元件具有預覽功能，只要在專案中新增一個 SwiftUI View 類型的檔案，然後將我們自己寫的 View 元件放到該檔案中，Xcode 就能預覽這個 View 元件畫面。作法是在 Xcode 的選單 File 中選擇 New 後再選 File 就會開啟下面這個視窗，選擇左下角的「SwiftUI View」就可以在專案中新增一個具有預覽功能的 View 結構了。

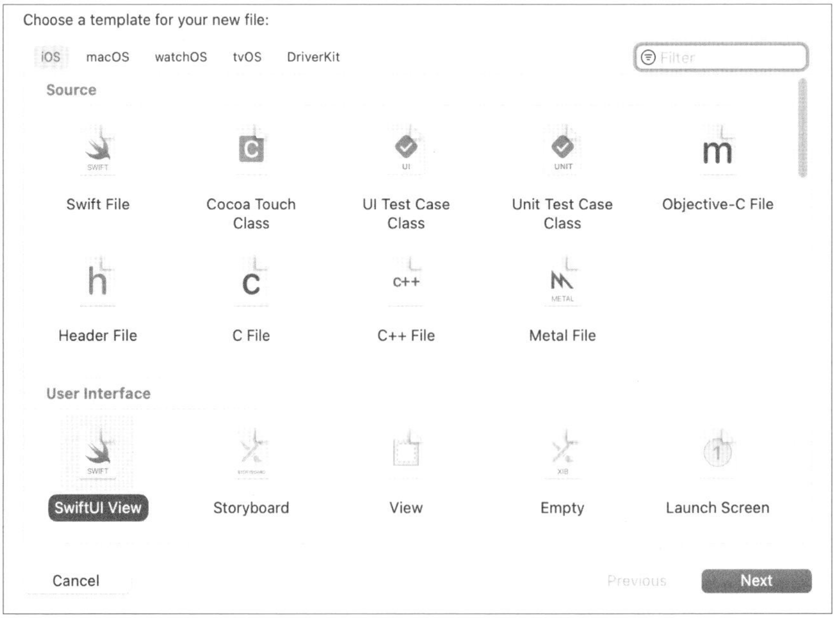

當一個畫面要呈現的內容是比較豐富且複雜的時候，這時應該善用 View 元件可以自由組裝的特性，把一部份的 View 元件拆出去，讓拆出去的 View 元件既方便重複使用，也讓比較複雜畫面的程式碼在架構上更為清楚乾淨，例如下面左邊這樣的畫面，就使用了四個 View 結構來形成一個畫面，其中主要畫面是 ContentView，裡面包含了三個小的 View 元件。

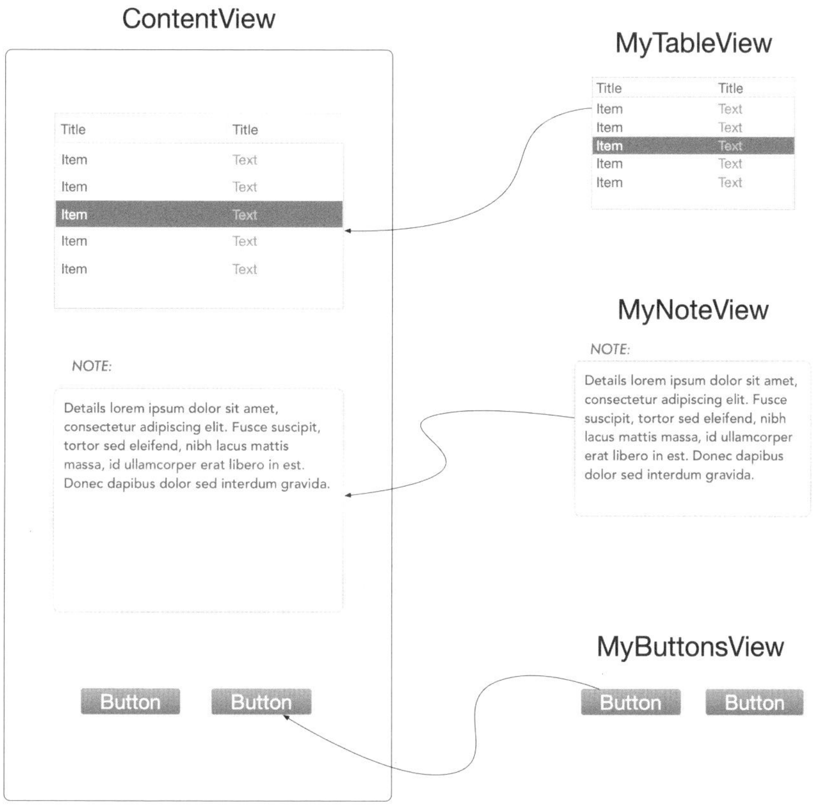

所以當我們使用 SwiftUI 專案在設計 App 時，要多利用「View 的疊疊樂」特性，才不會讓所有程式碼擠在一個畫面中，變成複雜與難以閱讀的結構，試想，若一個元件後方帶了幾百行上千行的聲明式程式碼，我相信任何人看到都會覺得很頭痛。

1-4 與元件互動

在 SwiftUI 中，元件與使用者互動以及元件彼此間的互動，其方式跟 Storyboard 專案是很不一樣的。以常見的按鈕為例，我們要讓按鈕按下後將某個屬性（也可稱變數）值加 1。首先這個屬性前一定要加上@State 這個 Property Wrapper（稍後會說明），原因在於 struct 本身為 value type 的特性，所以如果 View 內部的程式碼想要改變 struct 中的屬性，該屬性前就必須加上@State，否則 Xcode 會丟一個錯誤訊息出來。

```
struct ContentView: View {
    @State private var n = 0
```

順道一提，private 代表這個屬性只能在 struct 內部使用，他跟物件導向的存取控制有關，想要知道這部分還有哪些等級的存取控制，請參考下列文件。

https://www.chainhao.com.tw/13-存取控制/

按鈕的基本程式碼如下，按下後就將屬性 n 的值加 1，這部分與過去我們熟悉的寫法沒有太多的不同。

```
var body: some View {
    Button("Click Me") {
        n += 1
    }
}
```

如果接下來要讓屬性 n 的值能夠顯示在畫面上，這時需要使用 Text 元件（相當於 UIKit 中的 UILabel 元件），由於此時畫面上要同時出現兩個元件，所以我們需要使用排版元件或容器元件將 Button 與 Text 合併成一個元件，這裡使用 VStack 元件將包含在其中的 Button 與 Text 元件做垂直排列。

```
var body: some View {
    VStack {
        Button("Click Me") {
            n += 1
        }
        Text(String(n))
    }
}
```

點擊 Button 看看，下方顯示的數值就會不斷增加了。

有些元件需要透過變數來記錄目前元件的狀態或是內容，以 Toggle 元件為例（相當於 UIKit 中的 UISwitch 元件），想要知道目前 Toggle 是在「on」還是「off」狀態，並不是靠 Toggle 元件的屬性值，而是需要一個跟 Toggle 元件綁在一起的外部變數。從 Toggle 初始化器的參數格式可以發現，其中 isOn 參數的資料型態為 Binding，這個資料型態表示該元件需要跟某個外部變數綁定，透過該外部變數來反應元件的狀況。

```
init<S>(S, isOn: Binding<Bool>)
```

需要 Binding 的外部變數宣告方式與一般變數宣告方式一樣，但前面要加上@State。

```
@State private var isOn = false
```

然後在 Toggle 的 isOn 參數位置把 isOn 變數（名稱可以任意）傳進去，但特別注意，變數前面要加上「$」符號。只要元件初始化器中的參數型態為 Binding，傳進去的變數前就要加上「$」符號，這個符號跟 Property Wrapper 有關，稱為 Project Value。雖然我們不需要知道「$」符號的實際運作原理才能夠駕馭 SwiftUI 元件，但如果有興趣的讀者，稍後會詳細解釋「Property Wrapper」。

```
var body: some View {
    Toggle("事項已閱讀完畢", isOn: $isOn)
        .padding()
}
```

此時 Toggle 元件的狀態已經與變數 isOn 綁在一起，Toggle 撥到 on 位置，isOn 值會是 true；Toggle 撥到 off 位置，isOn 值就變為 false，反之亦然。在 Storyboard 專案要讓兩個元件互動需要比較多的程式控制，例如當 Toggle 元件撥到 on 位置時，某個按鈕才能按，否則按鈕會是 disable 狀態。這種讓兩個元件彼此間互動的程式碼，在 SwiftUI 中寫起來格外輕鬆簡單。下面這段程式碼，在 Toggle 為 off 時，「下一步」的按鈕是灰色的 disable 狀態，撥到 on 時，按鈕狀態才會變成 enable 狀態，使用者才能按。

```
var body: some View {
    VStack(alignment: .trailing) {
        Toggle("事項已閱讀完畢", isOn: $isOn)
        Button("下一步") {
            // 要做的事情寫這
        }
        .disabled(!isOn)
    }
    .padding()
}
```

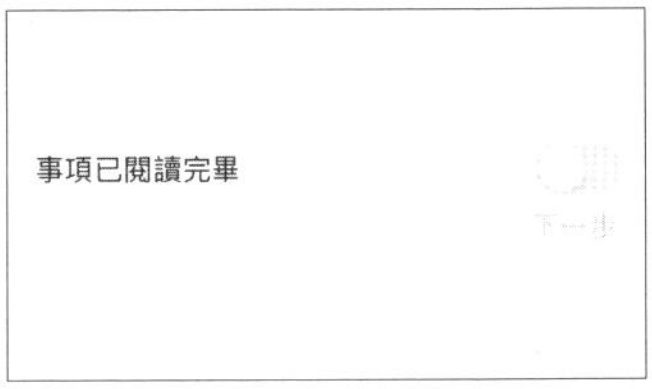

從上面這個例子來看，在 SwiftUI 中要讓兩個元件互動透過一個變數就完成了，當變數內容改變時，自動會影響與該變數綁定的元件，這一切都是內部自動處理，我們不需要撰寫額外的控制程式碼。再以另外一個常

見的 TextField 元件為例，這是讓使用者可以輸入資料的元件，使用者輸入的資料就即時反應在 text 變數中。

```
@State private var text = ""

var body: some View {
    TextField("Your Email", text: $text)
}
```

此時使用者在 TextField 元件中輸入的資料就放在 text 變數中，若我們直接修改 text 變數的內容，也會立即反應到 TextField 所呈現的畫面上。

1-5 何謂 Property Wrapper

在上個單元我們看到了@State 與@Bind 這兩個放在屬性（也就是變數）前的保留字，這種在屬性前加上由「@」開頭的特殊字串，稱為 Property Wrapper。意思是，這個屬性並不是一個單純的屬性，他是被特殊包裝過的，裡面包含了程式碼。在解釋 Property Wrapper 之前，我們先來看下面這個結構，內容只有一個型態為 Int 的屬性 n，這個屬性沒有任何特殊之處。

```
struct Counter {
    var n: Int
}
```

現在我們要讓這個 n 變的特殊一點，讓存進去的值再取出來的時候都變成兩倍。如果你對 struct 的計算型屬性（computed property）有點熟悉的話，屬性 n 修改成如下，就可以讓存進去的值變成兩倍。

```
struct Counter {
    private var value: Int = 0
    var n: Int {
```

```
        set {
            value = newValue * 2
        }
        get {
            return value
        }
    }
}
```

想對屬性多一點認識的讀者，可以參考我發佈在網路上文章，網址如下。

https://www.chainhao.com.tw/9-屬性與方法/

將屬性 n 改為計算型屬性是一種作法，Property Wrapper 則是另外一種作法。先額外宣告一個 struct，如下。除了前面加上@propertyWrapper 外，內容與第一種計算型屬性的程式碼幾乎一模一樣。在 Property Wrapper 中，變數名稱 wrappedValue 是保留字，不可以改這裡一定要用這個名字，他代表的就是屬性 n。

```
@propertyWrapper struct Magic {
    private var value: Int = 0
    var wrappedValue: Int {
        set {
            value = newValue * 2
        }
        get {
            return value
        }
    }
}
```

定義好上述這個 Property Wrapper 後，原先結構 Counter 中的屬性 n，就可以改成如下的寫法，可以看到 n 的宣告語法變的非常簡潔，跟儲存型屬性幾乎一模一樣。但注意看下方的應用結果，將 10 放進去，取出時就變為 20 了。

```
struct Counter {
    @Magic var n: Int
}


var counter = Counter()
counter.n = 10
print(counter.n)
// Prints: 20
```

所以屬性前加上了 Property Wrapper，就代表其實他本質上是一個計算型屬性，只不過把程式碼全部搬到別的地方去，所以不論該屬性所包含的程式碼有多複雜，宣告時只要在前頭加上「@」就可以了。

Property Wrapper 的初始化種類

基本上共有三種初始化器的設計方式，如下。其中第一與第二種的參數是固定的，第三種則可以演變出無限多的變化。

```
@propertyWrapper struct Magic {
    ...
    // 第一種初始化器
    init() {

    }

    // 第二種初始化器
    init(wrappedValue: Int) {

    }
```

```
    // 第三種初始化器
    init(wrappedValue: Int, option: String) {

    }
}
```

這三種初始化器的呼叫時機分述如下，下面的屬性宣告方式會呼叫第一種初始化器。

```
@Magic var n: Int
```

這樣寫會呼叫到第二種。

```
@Magic var n: Int = 50
```

下面兩種寫法都會呼叫第三種初始化器。

```
@Magic(option: "Hello, World!") var n = 10
@Magic(wrappedValue: 10, option: "Hello, World!") var n
```

如果需要，以第三種為基礎，我們可以設計出第四種、第五種...第 n 種初始化器，不同的參數型態或參數個數就會呼叫不同的初始化器。

Project Value

在 Property Wrapper 中除了透過原本宣告的屬性名稱（例如 n）來存取 Property Wrapper（例如@Magic）中的 wrappedValue 變數外，其實還有另外一個管道，可以存取 Property Wrapper 中的另外一個稱為 projectedValue 的變數內容。projectedValue 跟 wrappedValue 是獨立的兩個變數（其實他們也可以宣告為常數但較少見），彼此之間沒有關係。現在在@Magic 中加上 projectedValue，如果 projectedValue 屬於儲存型屬性，結構中就需要加上初始化器，如下。

```
@propertyWrapper struct Magic {
    ...
    var projectedValue: Int
    init() {
        projectedValue = 0
    }
}
```

如果 projectedValue 是計算型屬性，就可以省略初始化器，如下。

```
@propertyWrapper struct Magic {
    ...
    var projectedValue: Int {
        set {
            value = newValue
        }
        get {
            return value
        }
    }
}
```

存取 projectedValue 的方式是在宣告為 Property Wrapper 的屬性名稱前加上「$」符號，就是存取 projectedValue 的管道，如下。由於 projectedValue 並沒有將存進去的值乘上兩倍，因此取出後依然是存進去的原始值。

```
struct Counter {
    @Magic var n: Int
}

var counter = Counter()
counter.$n = 50
print(counter.$n)
// Prints: 50
```

1-6 App 專案設定

到這裡應該對 SwiftUI 的程式撰寫有一些基本的認識了，現在來瞭解一下跟專案有關的常見設定在 Xcode 的什麼位置。

App 圖示

想要讓 App 上架，送審前必須為 App 加上美麗的圖示，否則一定會被退件。過去要設定圖示有點麻煩，因為需要很多不同解析度的圖片，但從 Xcode 14 開始，我們只要準備好一張 1024x1024 的圖就可以了，格式為 png 或 jpg 都沒關係，但因為圖示不能包含 alpha 通道（背景透明圖），所以 jpg 格式的圖一定符合規定。設定圖示的位置在專案的 Assets.xcassets 檔，點選這個檔案後將圖示拖到 AppIcon 項目的格子中就完成圖示設定了。

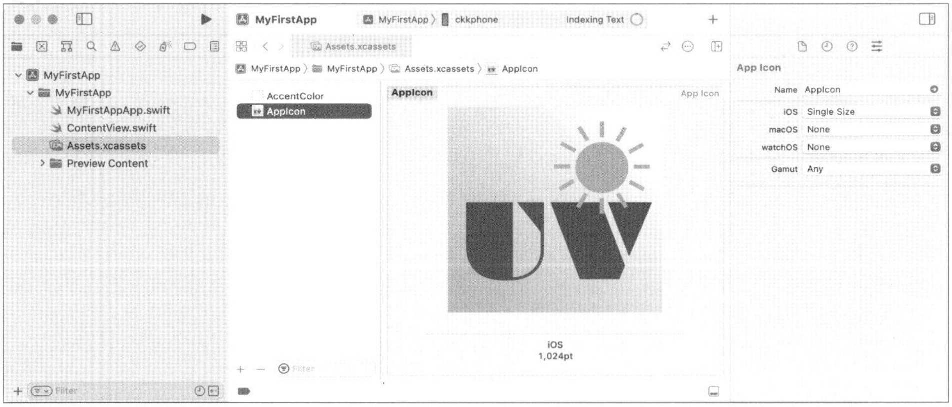

絕大多數的專案，只要一張圖就可以，但如果你希望在不同的地方有不同的圖示，例如放在桌面的圖示與放在設定中的圖示不一樣時，就需要在不同解析度的位置放不同的圖示，也就是 Xcode 舊有的圖示設定方式。如果你有這個需求，只要在右側面板上選擇「All Sizes」選項就可以進行個別設定了。

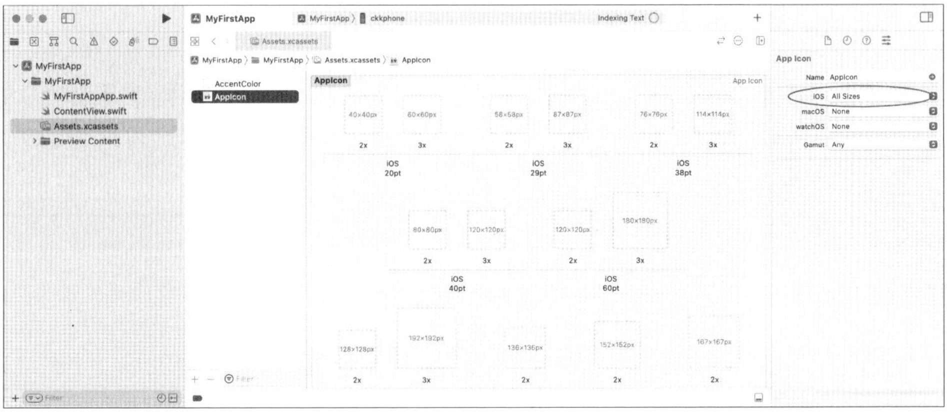

支援 iPad 或 iPhone

專案在預設情況下會同時支援 iPad、iPhone 以及 Mac，也就是這個專案不用特別修改程式碼（完美情況下）就可以在三個平臺上漂亮執行，而且 App 發佈的時候也會在三個平臺的 App Store 上出現。如果希望調整支援的平臺類型，在下面這個位置將不要的平臺刪除就可以。上架時，在上架網頁會需要上傳 App 在各平臺執行時的畫面截圖，不支援的平臺就不需要上傳截圖，反之，有支援的話就一定要上傳，審核也會針對各平臺進行審核，所以若 App 只打算在某個平臺上執行的話，建議其他的平臺就刪除，不要留著自找麻煩。

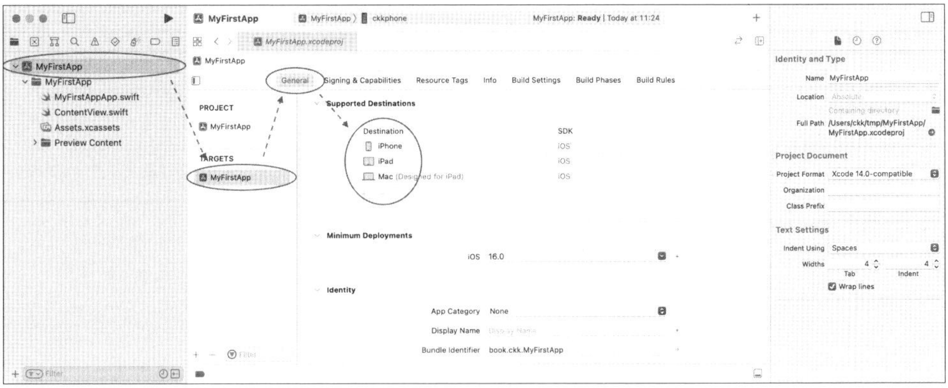

支援的作業系統版本

目前 iOS 與 iPadOS 版本編號是一樣的，因此在 Xcode 中只會設定 iOS 版本編號。專案預設支援的版本一定是最新版本，若使用者的作業系統還沒更新到最新版本時，在 App Store 上就看不到這個 App，所以選擇適當的支援版本是很重要的一件事情。在下面這個畫面位置可以修改支援的版本。

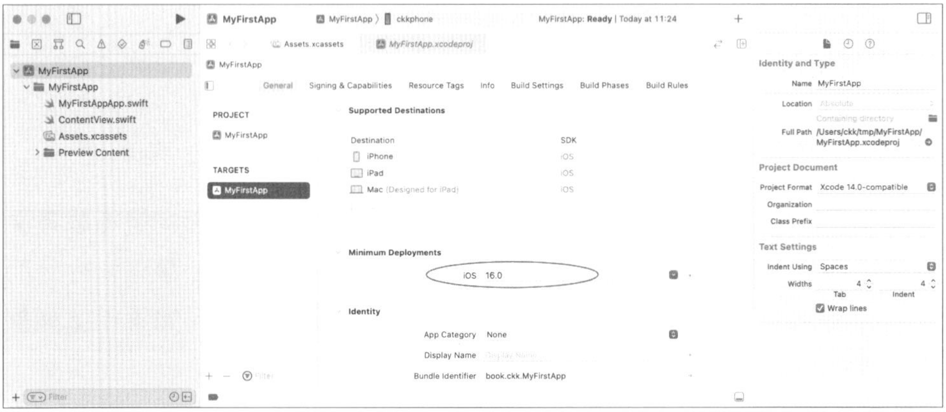

其實每年 SDK 都會更新，而且有些當年的亮點特色部分會進行大規模的更新，所以如果 App 支援的作業系統版本越多，開發者就越辛苦，因為呼叫的函數不是太新導致舊的作業系統不支援，就是太舊而新的作業系統也不支援，所以到底要支援到哪一個版本才是適當的，建議參考各版本的市佔率，通常市佔率已經很低的版本就可以考慮不支援了。下面這個網址是 Apple 官方公佈的版本市佔率，當然網路上還有很多不同公司所做的統計數據，都可以參考看看。

https://developer.apple.com/support/app-store/

App 在桌面的名稱、BundleID 與版本編號

預設情況下，App 在桌面的名稱就是專案名稱，但可以改。下圖 Display Name 位置就是用來修改 App 名稱，空著未填代表使用預設名稱，也就是專案名稱。必要時還可以支援多國語系，讓不同的語系有不同的名字。

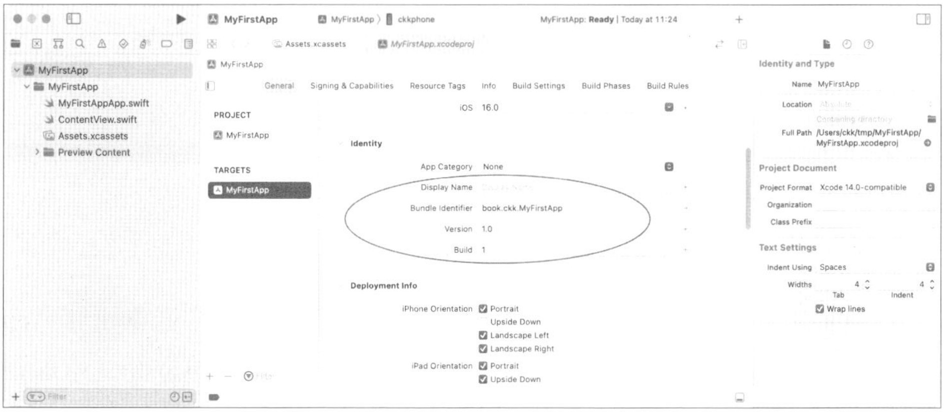

同一個開發帳號下各 App 的 Bundle ID 必須不同，如果 Xcode 發現該專案所設定的 Bundle ID 已經被用掉，會要求換一個 ID，否則無法送審。修改 Bundle ID 的位置就是在上圖 Bundle Identifier 位置設定，Bundle ID 重複的錯誤訊息也會出現在此。此外，App 的版本編號在每次更新送審時也需要修改，版號設定的位置就在 Bundle ID 的下方。

直向或橫向

我們都知道，不論是 iPhone 或是 iPad 使用者都可以將裝置拿成直向（Portrait）或是橫向（Landscape）操作，這時候因為裝置的長寬比變了，所以排版也要跟著調整畫面才不會亂掉。為了讓設計上變的簡單一些，所以有時候會讓 App 不支援橫向，也就是裝置拿橫向的時候，App 畫面不跟著同步轉向，因此在畫面設計時只要考慮直向排版就可以了。調整的位置在下圖，不需要支援的方向就把勾勾拿掉即可。

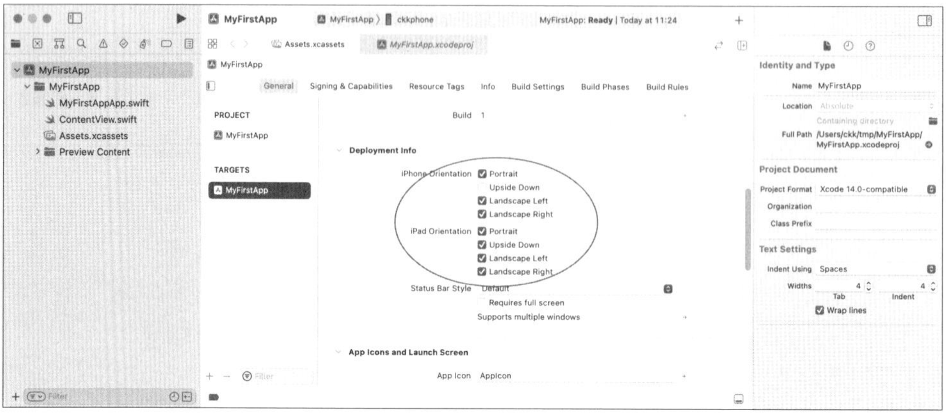

片頭畫面

有些 App 在一開始啟動時會有一個短暫的片頭畫面，內容通常是該 App 的 Logo，例如「Line」這個 App，把他從記憶體滑掉後再啟動就可以看到這個片頭畫面了。在 Xcode 中稱這個片頭畫面為 Launch Screen。

對 Storyboard 專案熟悉的讀者一定知道 Launch Screen 這個畫面，因為專案建立後就片頭畫面的檔案就自動產生了，但是 SwiftUI 專案需要手動加入。如果你的 App 需要一個片頭畫面時，首先在專案中新增一個 Launch Screen 類型的檔案，如下，檔名預設就可以了，這個檔案其實是一個 storyboard，但不用管他是不是 storyboard，因為片頭畫面能做的事情非常有限。

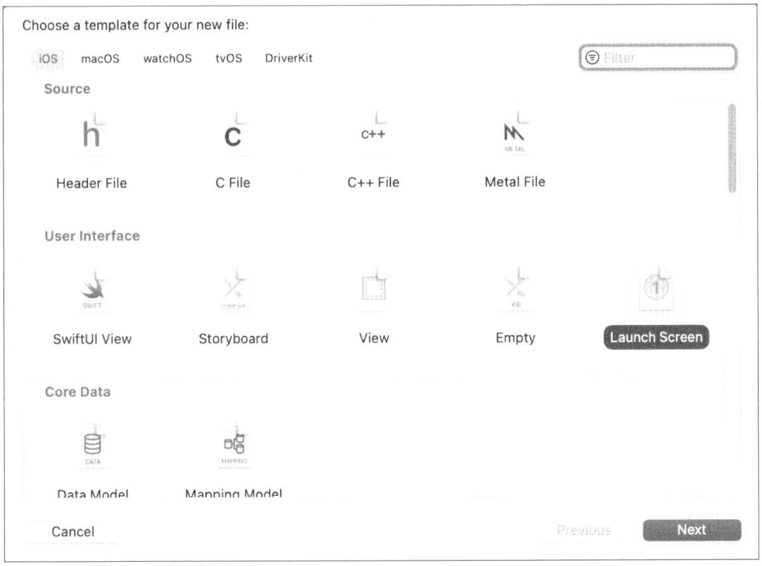

接下來在專案中設定這個片頭畫面，如下。

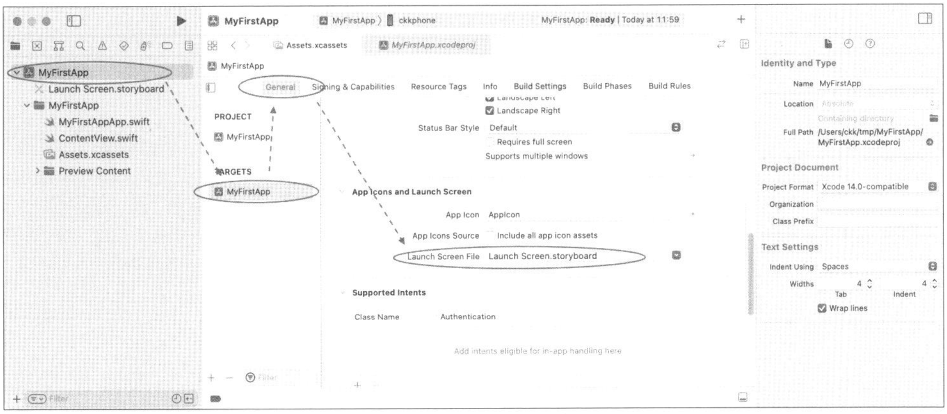

設定好後就可以在這個 Launch Screen.storyboard 檔案上設計片頭畫面內容。由於這是片頭畫面，因此所有能跟使用者互動的元件都不可以放，例如按鈕、開關、文字輸入等，也不能設計成多個畫面切換，當然也不能加入任何程式碼。所以能夠放的就是固定的文字、圖片以及調整一下前景、背景顏色，非常的單純。這裡的操作最好要熟悉一下 Storyboard

專案，否則元件的使用、屬性的設定以及排版方式都與 SwiftUI 專案完全不同，如果沒有把握，建議 SwiftUI 專案的 App 就不要使用片頭畫面了。

偏好設定

在 Xcode 左上角蘋果圖示右側的選單 Xcode 中，選擇「Settings」選項，這裡面有一些常用的設定。在第一個 General 頁面上，建議將檔案附檔名全部顯示，然後順便調整一下 Navigator Size，這是 Xcode 最左側面板的文字大小，以前是不能改的。

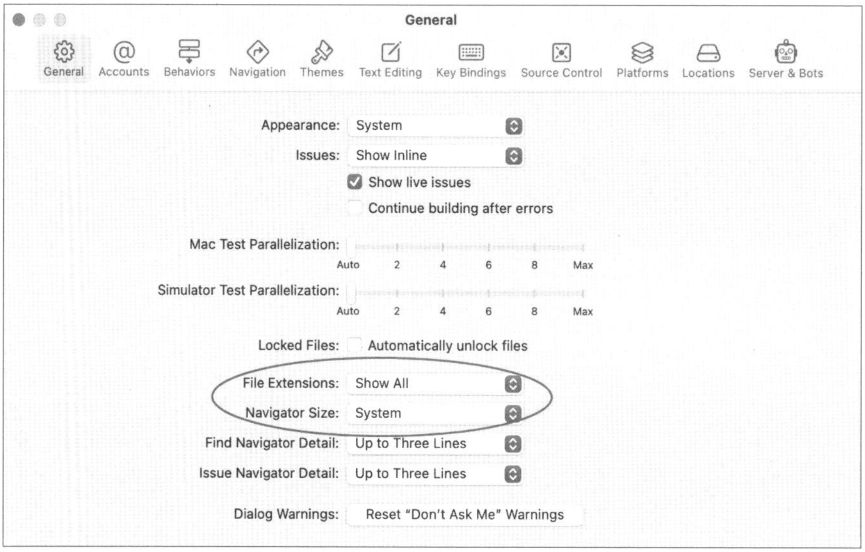

在 Account 頁面輸入開發者帳號。請一定要登記為開發者，即使是免費開發者也可以，這樣我們開發的 App 才能在實際裝置上測試與執行，不然有一些功能是無法在 Xcode 的模擬器上跑出結果的。註冊為開發者，需到開發者網站，網址為 https://developer.apple.com。註冊完後，在下方填入開發者帳號即可。

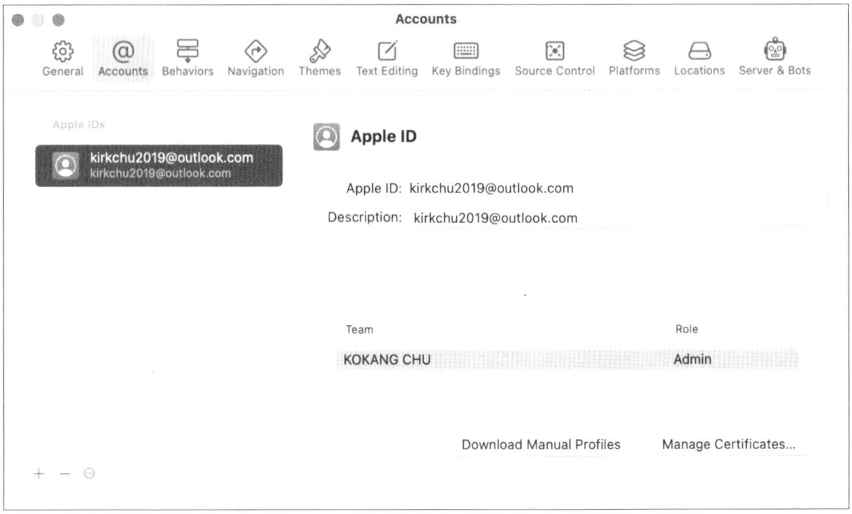

在 Themes 頁面挑一個舒適的配色，讓程式寫起來眼睛不會太辛苦。字體大小可以在這裡調，也可以在寫程式的時候按「Shift +」或「Shift -」調整。

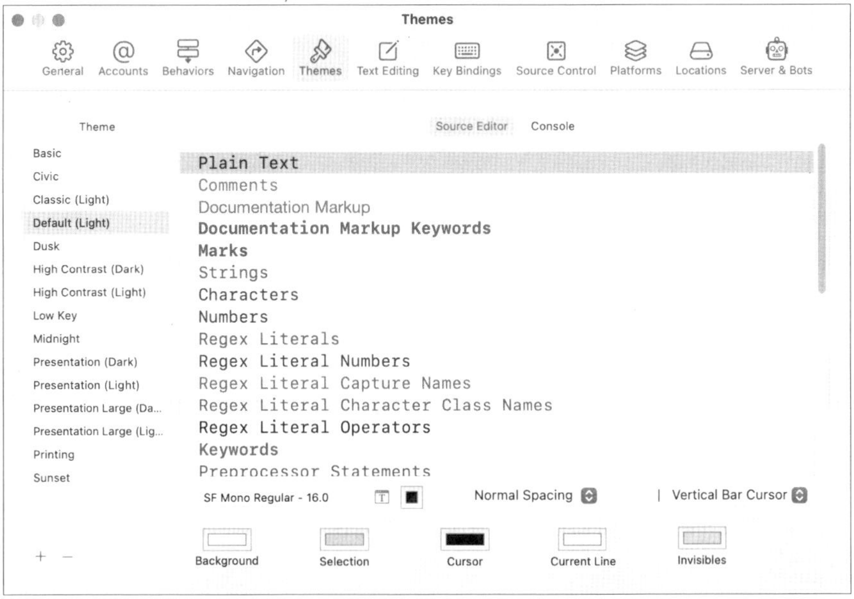

02 排版元件與技巧

Part 1 SwiftUI

2-1 堆疊佈局

在 SwiftUI 中共有三種類型的堆疊元件可以讓我們排出想要的版型，這三種堆疊元件分別是 VStack（包含 LazyVStack）、HStack（包含 LazyHStack）與 ZStack。VStack 是將包含在其中的元件以垂直方向排列；HStack 則是水平方向；ZStack 是讓各元件在視線的深度上排列，也就是放在 ZStack 中第一個元件會被壓在最底層，最後一個元件會在最上層。三種堆疊元件造成的效果如下圖。

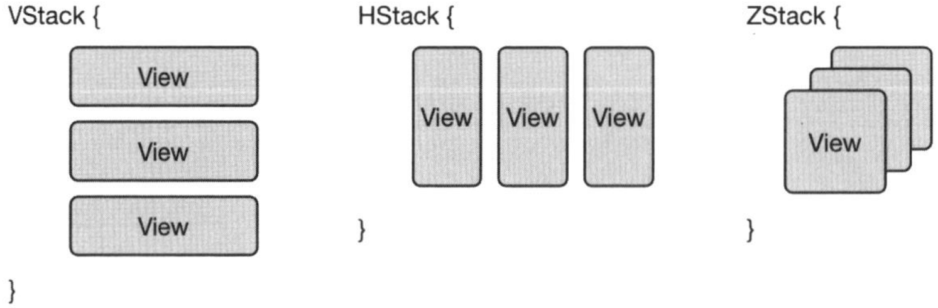

VStack 與 HStack 各有一個姊妹元件，分別是 LazyVStack 與 LazyHStack，功能與 VStack 與 HStack 一樣，但加上 Lazy 的這兩個元件在配合 ScrollView 元件一起使用時具備記憶體管理功能，稍後會解釋這兩個元件的細節內容。

如果我們要排出一個比較複雜的版面，只要適當地組合這幾個堆疊元件就可以產生非常多樣化的排版效果。接下來先舉 VStack 與 HStack 幾個例子，熟悉這兩個元件的使用方式就已經可以完成大多數的排版需求了，ZStack 留到稍後的單元與 overlay 修飾器一起介紹。

VStack 與 HStack 元件

如果要將多個元件以垂直方向或水平方向排列時需要使用 VStack 與 HStack 這兩個元件，其中 V 是 Vertical 的縮寫，而 H 表示 Horizontal，如下。

```
var body: some View {
    VStack {
        Text("Hello")
        Text("Swift")
    }
}
```

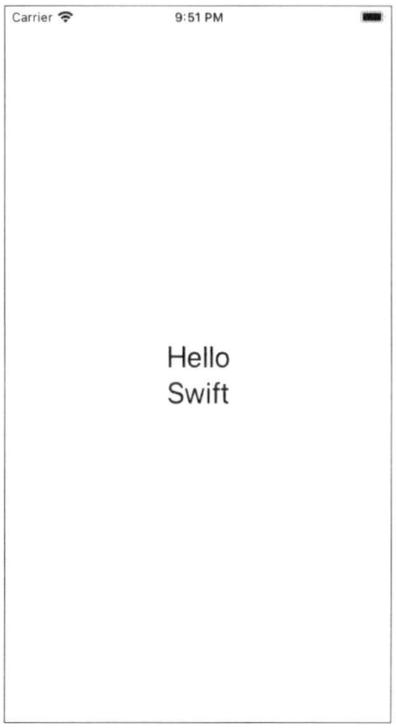


```
var body: some View {
    HStack {
        Text("Hello")
        Text("Swift")
    }
}
```

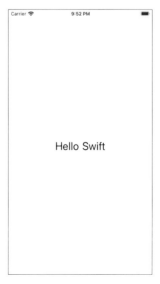

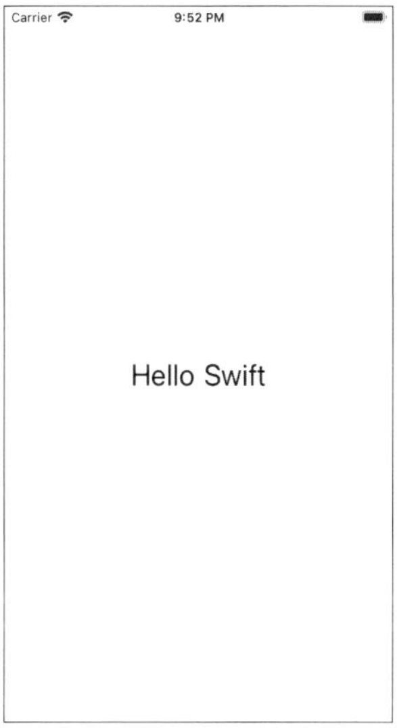

設定元件間距

若要設定堆疊中的元件間距，有兩種作法，一種是在堆疊元件中加上 spacing 參數，另外一種是使用 Spacer 元件，下面以 HStack 為例，讓元件與元件間的間距為 30pt，同樣的參數也適用在 VStack 上。

```
var body: some View {
    // 三個元件間的間距為 30pt
    HStack(spacing: 30) {
        Text("Hello")
        Text("Swift")
        Text("Objective-C")
    }
}
```

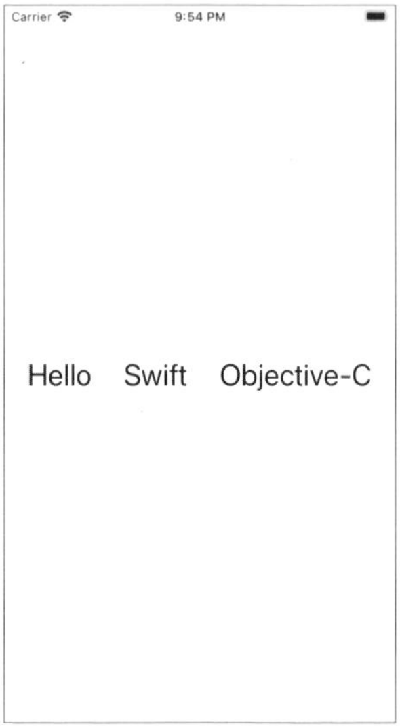


```
var body: some View {
    // 第二與第三個元件間距為 20pt
    // 剩下空間給第一與第二個元件
    HStack {
        Text("Hello")
        Spacer()
        Text("Swift")
        Spacer().frame(width: 20)
        Text("Objective-C")
    }
}
```

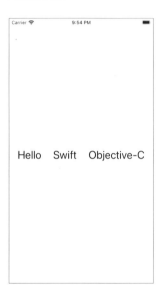

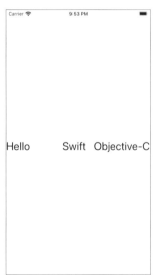

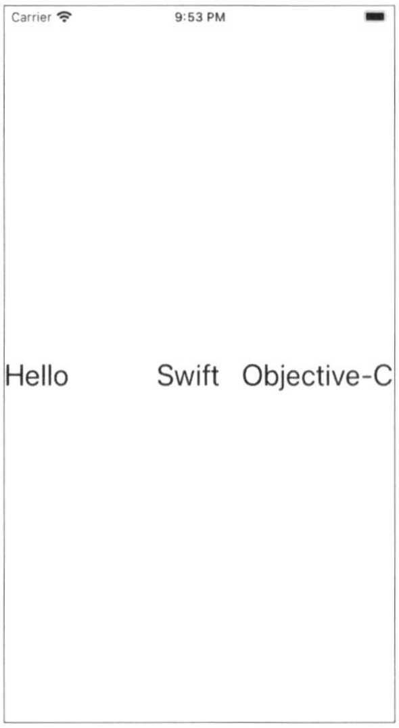

下面這個使用 Spacer 元件的例子，會水平均分各元件間的間距，包含最旁邊的元件與螢幕邊緣的距離。範例程式中特別替 Text 元件加上邊線，方便觀察 Text 在排版後的範圍。

```
var body: some View {
    // 水平均分
    HStack {
        Spacer()
        Text("Hello").border(.black)
        Spacer()
        Text("Swift").border(.black)
        Spacer()
        Text("Objective-C").border(.black)
        Spacer()
    }
}
```

組合應用

VStack 與 HStack 可以互相疊套，透過這個方式就可以排出非常多樣化的版面。例如將四個元件排程田字形，作法如下。

```
var body: some View {
    VStack {
        HStack {
            Text("AA")
            Text("BB")
        }

        HStack {
            Text("CC")
            Image(systemName: "globe")
        }
    }
}
```

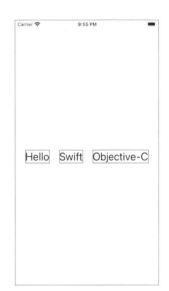

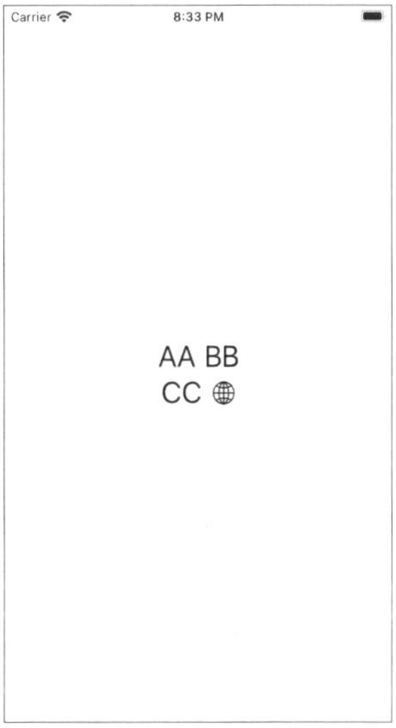

對齊

VStack 與 HStack 中的元件，預設對齊方式都是置中對齊，加上 alignment 參數就可以改變對齊方式。下面以 VStack 為例，說明有加 alignment 參數與沒有加的區別，注意地球圖案的位置不一樣。

```
var body: some View {
    VStack {
        HStack {
            Text("AA")
            Text("BB")
        }

        Image(systemName: "globe")
    }
}
```

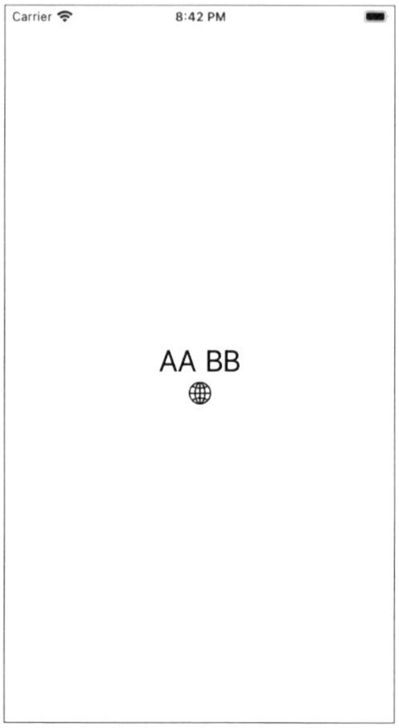


```
var body: some View {
    VStack(alignment: .leading) {
        HStack {
            Text("AA")
            Text("BB")
        }

        Image(systemName: "globe")
    }
}
```

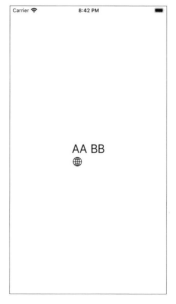

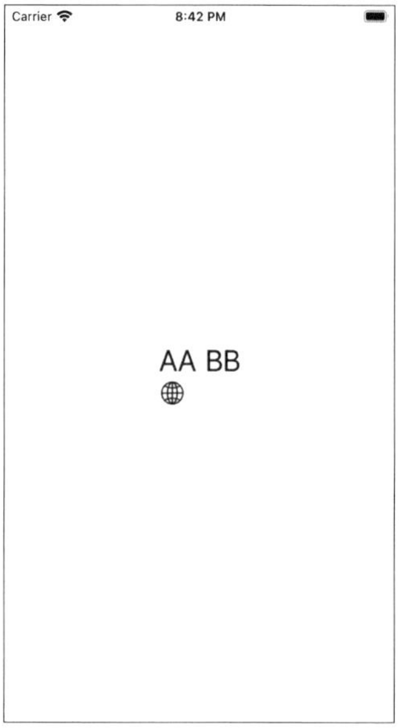

VStack 的對齊參數除了 center 與 leading 外，還可以設定 trailing，讓元件靠右對齊。HStack 的對齊參數有 top、center、bottom、firstTextBaseline 與 lastTextBaseline，這些參數就請讀者自行試試看了。

LazyVStack 與 LazyHStack 元件

這兩個元件呈現的效果以及參數與沒有 Lazy 的 VStack、HStack 一樣，都是將內部的元件做垂直排列與水平排列。唯一的差異就是當配合 ScrollView 元件使用時，有 Lazy 的這兩個元件具備記憶體管理功能。

假設當堆疊中的元件數量非常多，多到超過一個螢幕範圍時，我們會用 ScrollView 元件讓使用者透過捲軸讓螢幕外的資料捲到螢幕內。而當資料還在螢幕外時，由於使用者還看不到這些資料，若事先就配置記憶體來儲存這些資料就浪費寶貴的記憶體空間，實際上只要讓捲動到螢幕內的資料再配置記憶體即可。若有這樣的需求時，就可以使用 LazyVStack 或 LazyHStack。寫一小段程式碼來呈現有 Lazy 與沒有 Lazy 的差異，首先定義一個要放在堆疊中的資料結構，如下。

```
struct Item: View {
    var tag: Int

    init(tag: Int) {
        self.tag = tag
        print(tag) // <= DEBUG message
    }

    var body: some View {
        Text("\(tag)")
    }
}
```

接下來使用 LazyVStack 來呈現大量的資料，並且將 LazyVStack 放到 ScrollView 元件中，讓超過螢幕外的資料可以透過捲軸捲到螢幕內。

```
struct ContentView: View {
    var body: some View {
        ScrollView {
            LazyVStack {
                ForEach(1..<200) {
                    Item(tag: $0)
                }
            }
        }
    }
}
```

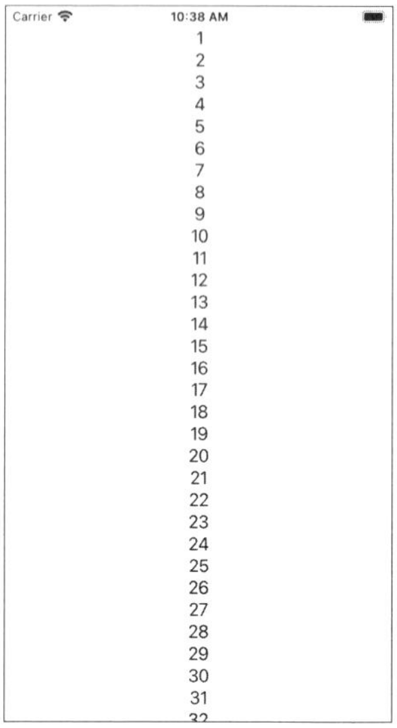

實際在模擬器中執行看看，可以在 Xcode 的 Debug Console 中看到結構 Item 的實體化結果，會發現一開始只產生了螢幕上看到的那些資料，隨著捲軸捲動，才會陸續實體化需要的資料，如下圖。如果將 LazyVStack 換成 VStack，一開始就會實體化所有的資料。

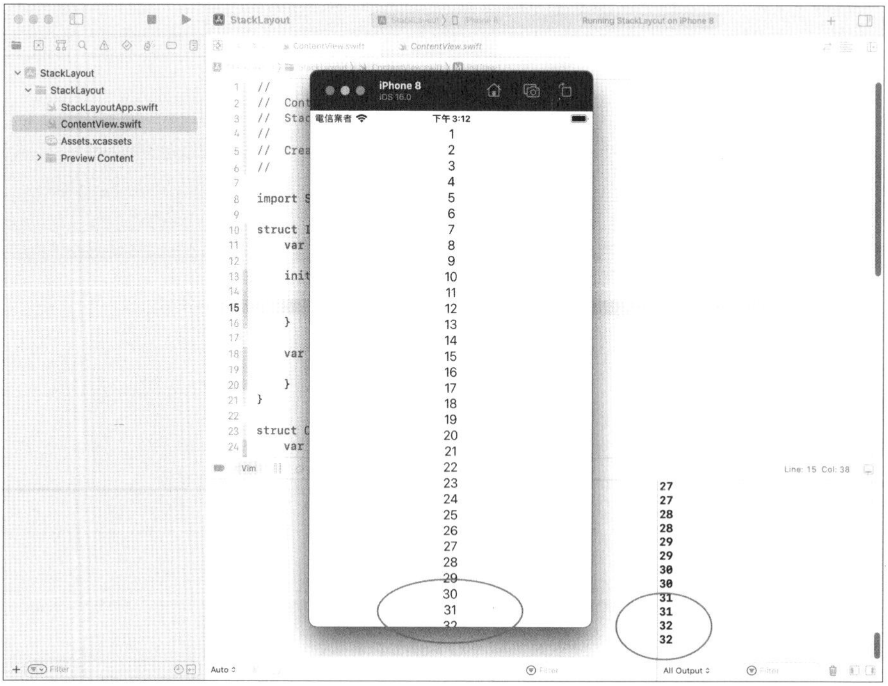

使用有 Lazy 的堆疊元件雖然會最佳化記憶體配置，但也不是沒有缺點。因為需要使用時才會將資料實體化，因此使用者在捲動捲軸時資料的呈現速度會稍微慢一些，尤其當要呈現的內容是從網路上取得時，有時就會發現要呈現在畫面上的資料還沒有準備好，造成使用者體驗比沒有 Lazy 的 VStack 或 HStack 差。所以當要呈現的資料量不大時，建議還是使用 VStack 或 HStack 即可，不一定都要使用 LazyVStack 或 LazyHStack。

2-2 重疊佈局

上一節介紹了堆疊元件中的 VStack 與 HStack，這一節要來介紹重疊佈局。重疊佈局就是讓元件重疊在一起，首先介紹的是第三個堆疊元件 ZStack。

ZStack 元件

ZStack 造成的效果是放置於其中的元件其中心點座標會重疊排列，例如下面這個範例，會讓 HStack 元件與 Image 元件重疊顯示，並且 HStack 元件會放在 Image 元件上面。因此 HStack 中的兩個 Text 元件就會讓文字壓在圖片上，形成了浮水印效果。

```
var body: some View {
    ZStack {
        Image(systemName: "globe")
            .resizable()
            .frame(width: 200, height: 200)
            .foregroundColor(.gray)
            .opacity(0.2)

        HStack {
            Text("AA")
            Text("BB")
```

```
        }
    }
}
```

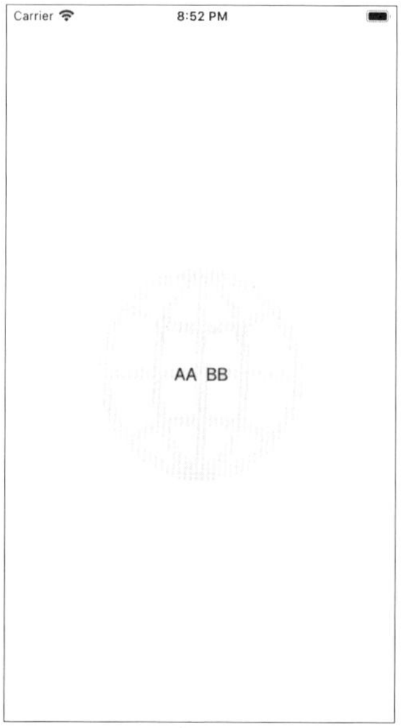

Overlay 修飾器

要讓兩個元件重疊顯示，除了使用 ZStack 元件外，也可以在 View 元件上使用 overlay 修飾器。前述的浮水印效果若改使用 overlay 修飾器來撰寫，程式碼如下，與使用 ZStack 元件效果一樣。

```
var body: some View {
    Image(systemName: "globe")
        .resizable()
        .frame(width: 200, height: 200)
        .foregroundColor(.gray)
        .opacity(0.2)
        .overlay {
            HStack {
                Text("AA")
                Text("BB")
            }
        }
}
```

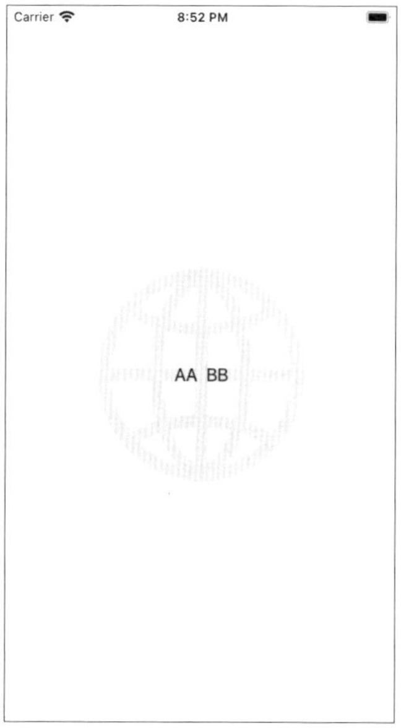

Z 軸順序

在大部分情況下 ZStack 與 overlay 結果是一樣的，但兩者的不同處在於 ZStack 可以調整重疊元件的 z 軸順序，而 overlay 沒有這個功能。所謂的 z 軸順序就是眼睛會先看到哪個元件。由於元件是重疊在一起，所以一定有誰覆蓋誰的問題，所以在最上層的元件（他可以覆蓋所有元件），其 z 軸值會最大，被其他元件壓在最底層的元件，z 軸值最小。因此，如果想要在執行過程中動態改變重疊元件的 z 軸順序，就必須使用 ZStack。

在 ZStack 中的元件，預設的 z 軸值都是數字 0，所以放在 ZStack 中最下方的元件會位於最上層，例如下面這段程式碼，實心矩形會在空心矩形上面。

```
var body: some View {
    ZStack {
        Color
            .white
            .border(.black)
            .frame(width: 200, height: 200)

        Color
            .gray
            .frame(width: 200, height: 200)
            .offset(x: 40, y: 40)
    }
}
```

現在用 zIndex 修飾器改變空心矩形的 z 軸值，只要設定成比實心矩形的 z 軸值大，就會讓空心矩形覆蓋住實心矩形。預設值是 0，所以只要設定成比 0 大的值就可以了。

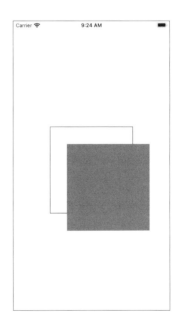

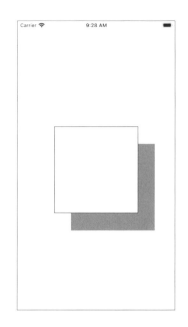

```
var body: some View {
    ZStack {
        Color
            .white
            .border(.black)
            .frame(width: 200, height: 200)
            .zIndex(2)

        Color
            .gray
            .frame(width: 200, height: 200)
            .offset(x: 40, y: 40)
    }
}
```

2-3 格狀佈局

格狀佈局（Grid Layout）可以讓畫面上的元件以格子狀的方式來排列。格狀佈局有 LazyVGrid、LazyHGrid 與 Grid 這三個元件可以使用，首先來看 LazyVGrid 與 LazyHGrid 這兩個。

LazyVGrid 與 LazyHGrid 元件

從名稱上來看這兩個元件，Lazy 代表需要的時候才會產生儲存格以及包含於其中的資料實體化，避免資料非常多的時候浪費記憶體，V 與 H 分別代表垂直方向（Vertical）與水平方向（Horizontal）。

首先宣告一個 GridItem 型態所組成的陣列。GridItem 用來設定每個格子的大小、與旁邊的間距以及對齊方式，這些設定放在初始化器中，但這裡我們先全部用預設值，所以初始化器中沒有任何參數。陣列中的元素個數用來決定在 LazyVGrid 中每列有多少欄，或者在 LazyHGrid 中決定每欄有多少列。例如下面這個陣列中有三個 GridItem，代表使用 LazyVGrid 時為資料分成三欄，若使用 LazyHGrid 時資料分成三列。


```
private let gridItem: [GridItem] = [
    .init(),
    .init(),
    .init()
]
```

接下來在畫面上將許多 60 x 60 的小方塊放到 LazyVGrid 中，來看這些小方塊是如何排列的。

```
LazyVGrid(columns: gridItem) {
    ForEach(1..<12) { i in
        Color.gray
            .frame(width: 60, height: 60)
            .overlay {
                Text("\(i)")
            }
    }
}
```

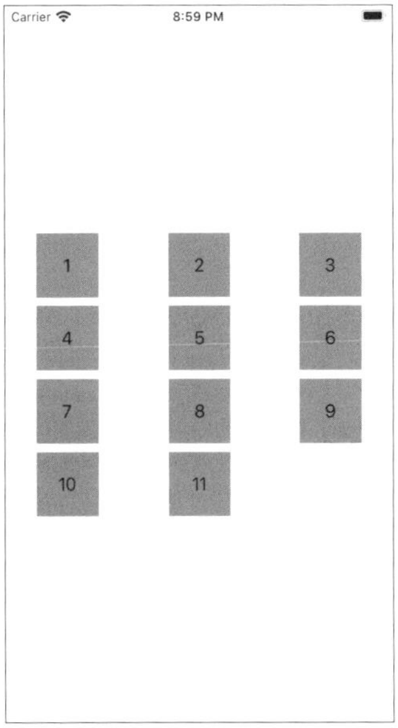

如果改使用 LazyHGrid，畫面就會改為只有三列資料。當資料很多超過螢幕大小時，可以加上 ScrollView 元件來讓使用者捲動，但要注意的地方是，如果使用 LazyHGrid 元件，此時 ScrollView 的捲軸設定必須改為水平方向，這樣內容才會正確呈現，如下。

```
ScrollView(.horizontal) {
    LazyHGrid(rows: gridItem) {
        ForEach(1..<50) { i in
            Color.gray
                .frame(width: 60, height: 60)
            .overlay {
                    Text("\(i)")
                }
        }
    }
}
```

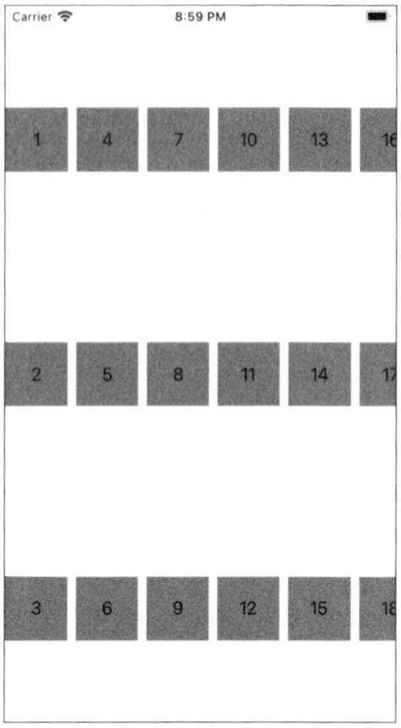

我們可以發現，格狀佈局其實就是 UIKit 中的 Collection View Controller，但程式碼簡單多了。如果希望畫面分成三欄，然後矩形方框自動依據螢幕大小調整最適當的大小，只要將修飾器 frame 改為 aspectRatio 就可以。

```
LazyVGrid(columns: gridItem) {
    ForEach(1..<12) { i in
        Color.gray
            .aspectRatio(contentMode: .fill)
            .overlay {
                Text("\(i)")
            }
    }
}
.padding()
```

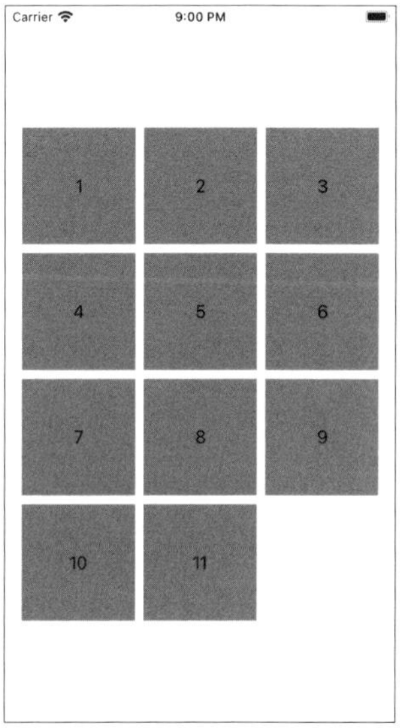

間距設定

使用 LazyVGrid 或 LazyHGrid 來排版時，儲存格與儲存格之間有預設的距離，可以透過參數修改他們。有兩個地方可以設定間距，第一個地方是 GridItem 的 spacing 參數，對 LazyVGrid 而言這個參數設定與下一欄之間的距離，對 LazyHGrid 而言這個參數設定的是與下一列之間的距離。第二個地方是在 LazyVGrid 與 LazyHGrid 元件的 spacing 參數。LazyVGrid 的 spacing 參數控制全部的列與列間距離，LazyHGrid 的 spacing 參數控制全部欄與欄間的距離。例如下面這段程式碼。

```
struct ContentView: View {
    private let gridItem = [
        GridItem(spacing: 2),
        GridItem(spacing: 2),
        GridItem()
    ]

    var body: some View {
        ScrollView {
            LazyVGrid(columns: gridItem, spacing: 2) {
                ForEach(1..<12) { i in
                    Color.gray
                        .aspectRatio(contentMode: .fill)
                        .overlay {
                            Text("\(i)")
                        }
                }
            }
        }
    }
}
```

產生的結果如下圖，格子與格子間的距離均為 2pt。並且 LazyVGrid 後面沒有加上 padding 修飾器，所以元件離螢幕邊界的距離為 0，也就是緊貼著螢幕邊緣排版。

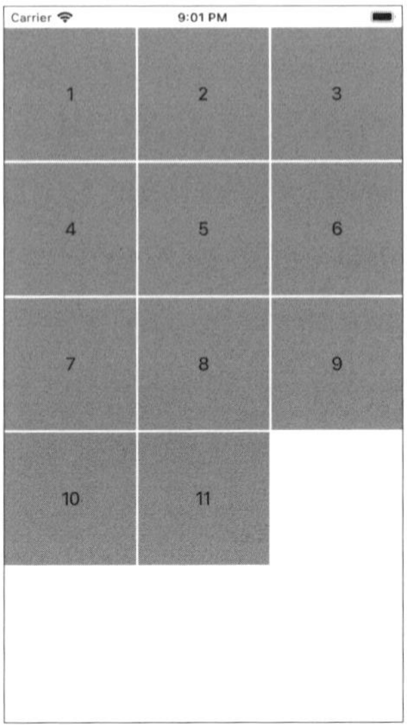

設定區段

也可以在 LazyVGrid 或 LazyHGrid 中使用 Section 元件來增加第二個區段。例如下面這段程式碼將資料分成兩個區段，並且加上了區段標題。

```
ScrollView {
    LazyVGrid(columns: gridItem) {
        Section {
            ForEach(1..<4) { i in
                Color.gray.opacity(0.4)
                    .aspectRatio(contentMode: .fill)
                    .overlay {
                        Text("\(i)")
                    }
            }
        } header: {
            Text("翻譯文學")
        }

        Section {
            ForEach(1..<6) { i in
```

```
                Color.gray
                    .aspectRatio(contentMode: .fill)
                    .overlay {
                        Text("\(i)")
                    }
            }
        } header: {
            Text("科幻小說")
        }
    }
    .padding()
}
```

上面這段程式碼的顯示結果如右，可以看到有兩個區段，第一個區段標題是「翻譯文學」，第二個是「科幻小說」。除了 header 外，也可以加上 footer，這部分就請大家自己試試看了。

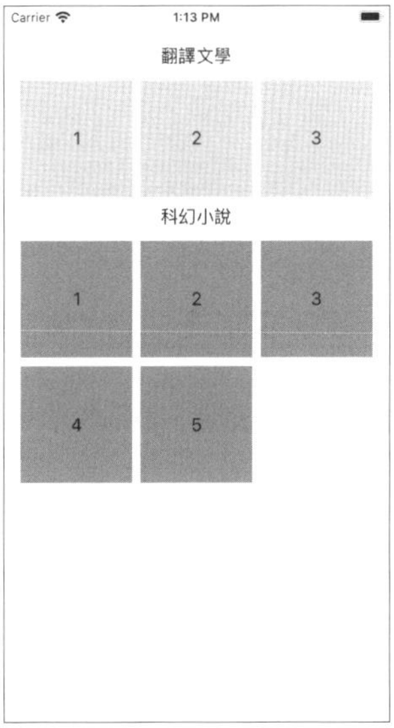

永遠顯示區段標題

想要在捲軸捲動時讓目前的區段標題不會被捲出螢幕，永遠保持可見狀態，可以在 LazyVGrid 加上 pinnedView 參數。例如下面這段程式碼，當畫面捲動時，區段標題並不會被捲到螢幕外面去。

```
LazyVGrid(columns: gridItem, pinnedViews: .sectionHeaders)
```

如下圖，「翻譯文學」這個標題位置會釘在螢幕上緣，不會被捲到螢幕外。

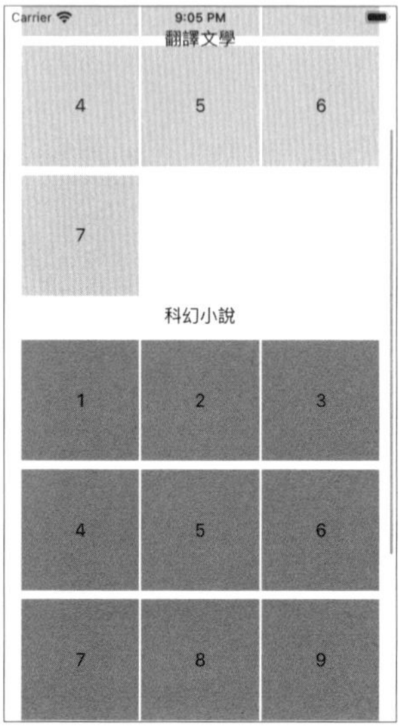

Gird 元件

Grid 元件是另一種從 Xcode 14 之後才支援的新的格狀佈局元件，想像一下 Excel 的工作表，Grid 元件就是用來快速提供這樣的排版畫面，我們可以用很簡單的方式決定有多少 row 多少 column、決定對齊方式並且可以合併儲存格。為了讓稍後的範例程式重點放在 Grid 元件上，這裡先定義一個可以產生正方形的 View 元件，之後就可以將這些正方形放到 Grid 中來說明各種排版技巧。

```
struct Square: View {
    var tag: Int
    var color: UIColor = .lightGray

    var body: some View {
        Color(uiColor: color)
            .frame(width: 80, height: 80)
```

```
            .overlay {
                Text("\(tag)")
            }
        }
    }
```

首先來看最簡單的使用方式，預設是垂直排列，所以排出來的效果跟 VStack 一樣。此時每筆資料都是獨立的一列（row）

```
var body: some View {
    Grid {
        Square(tag: 1)
        Square(tag: 2)
        Square(tag: 3)
    }
}
```

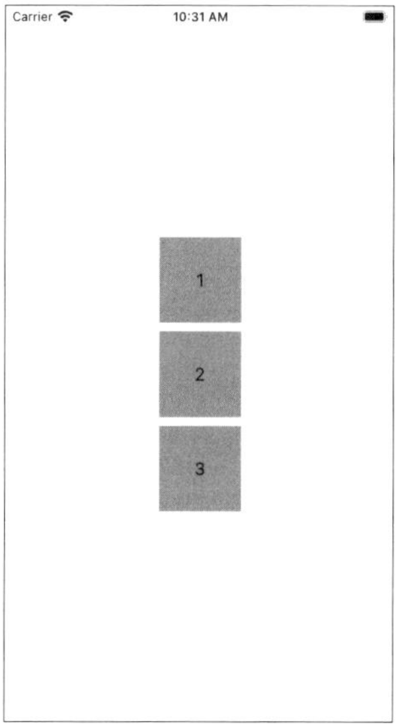

多筆資料在同一列

預設情況是在 Grid 中的每一筆資料都是一列，如果要將兩筆以上的資料放在同一列，就需要使用 GridRow 元件來群組想要放在同一列的資料。下面的例子可以看到資料四筆資料只分成了兩列，前三筆因為放在 GridRow 中，因此他們會在同一列。除此之外，可以發現 Grid 的預設對齊方式是置中對齊。

```
Grid {
    GridRow {
        Square(tag: 1)
        Square(tag: 2)
        Square(tag: 3)
    }
    Square(tag: 4)
}
```

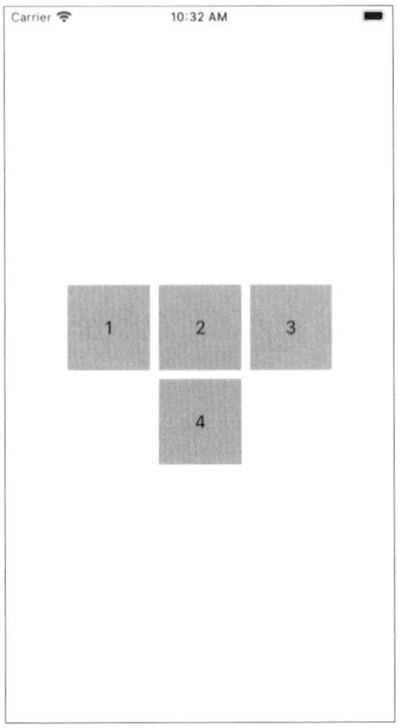

如果要改成靠左對齊，有兩種方式，一種是設定 Grid 的對齊參數，如下。

```
Grid(alignment: .leading)
```

另外一種則是將資料全部放到 GridRow 中，因為 GridRow 中的資料一定是從最左邊開始填入，所以就相當於靠左對齊，如下。

```
Grid {
    GridRow {
        Square(tag: 1)
        Square(tag: 2)
        Square(tag: 3)
    }
    GridRow {
        Square(tag: 4, color: .gray)
    }
    GridRow {
        Square(tag: 5, color: .darkGray)
        Square(tag: 6, color: .darkGray)
    }
}
```

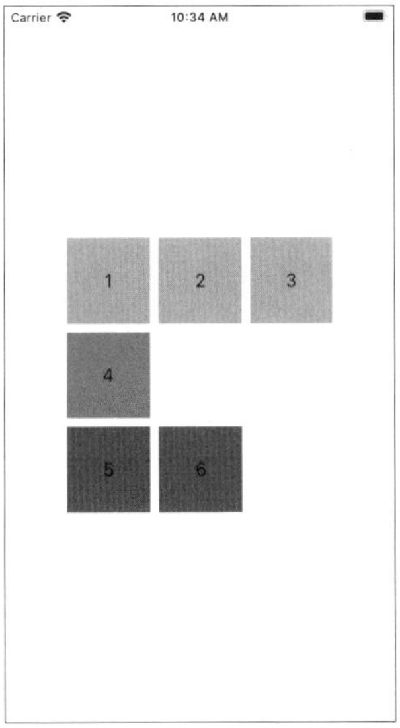

空格子

如果想要放一個「空的」格子，例如把上圖畫面中的「4 號」往右邊移一格，只要在 Spacer 元件上使用 gridCellUnsizedAxes 修飾器就可以了，這個修飾器的說明在程式碼下方。當然以上面的範例而言，放一個我們自訂的 Square 元件也可以，但要將顏色改為透明色（Color.clear）。

```
Grid {
    GridRow {
        Square(tag: 1)
        Square(tag: 2)
        Square(tag: 3)
    }
    GridRow {
        Spacer()
            .gridCellUnsizedAxes(
                [.horizontal, .vertical]
            )
        Square(tag: 4, color: .gray)
    }
    GridRow {
        Square(tag: 5, color: .darkGray)
        Square(tag: 6, color: .darkGray)
    }
}
```

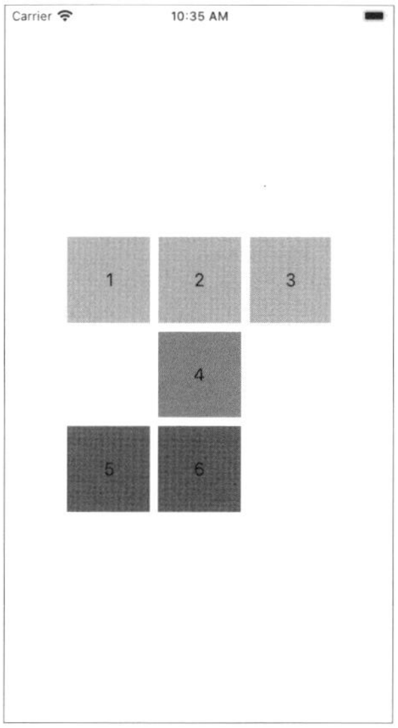

修飾器 gridCellUnsizedAxes 的目的是讓有些會自動將本身大小拉到最大面積的元件取消自動調整大小這個功能，如果上面的例子在 Spacer 後面沒有加上 gridCellUnsizedAxes 修飾器，會讓 Spacer 元件的大小拉到最大而擠壓其他元件導致整個排版亂掉，如下面這個範例，Spacer 元件後面只用了 border 修飾器來顯示他的範圍而已，沒有加上 gridCellUnsizedAxes 修飾器，導致 Spacer 元件的範圍會設定到最大範圍，因此排版就亂掉了，如下圖右。

```
Grid {
    GridRow {
        Square(tag: 1)
        Square(tag: 2)
        Square(tag: 3)
    }
    GridRow {
        Spacer().border(.gray)
        Square(tag: 4, color: .gray)
    }
    GridRow {
        Square(tag: 5, color: .darkGray)
        Square(tag: 6, color: .darkGray)
    }
}
```

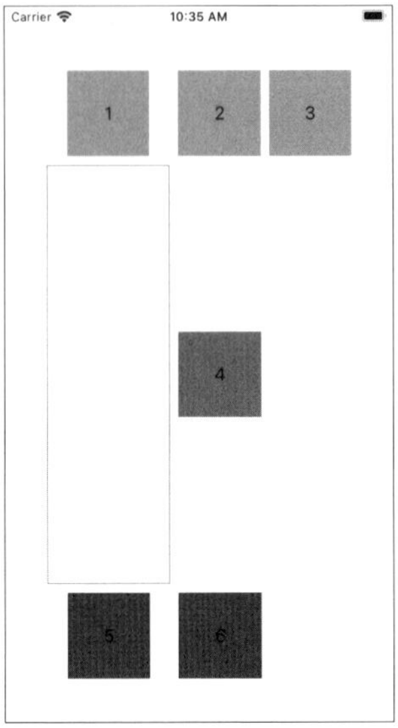

有幾個常用的元件預設都會將自身拉到最大，例如 Color、Spacer 與 Divider 這幾個元件，若在 Grid 中作為「留空」使用，記得要加上 gridCellUnsizedAxes 修飾器。

對齊與優先權

Grid 元件的預設對齊方式為水平置中與垂直置中，但這裡的對齊會有優先順序，因此有點複雜。為了說明方便，程式碼中會再增加一個小正方形結構，定義如下。

```
struct SmallSquare: View {
    var tag: Int
    var body: some View {
        Color.white
            .frame(width: 20, height: 20)
            .border(.black)
            .overlay {
                Text("\(tag)")
            }
```

```
    }
}
```

首先來看，當沒有使用任何對齊參數時，小方塊都是在置中位置。

```
Grid {
    GridRow {
        SmallSquare(tag: 1)
        Square(tag: 2)
        Square(tag: 3)
    }
    GridRow {
        SmallSquare(tag: 4)
        SmallSquare(tag: 5)
        Square(tag: 6, color: .gray)

    }
    GridRow {
        Square(tag: 7, color: .darkGray)
    }
}
```

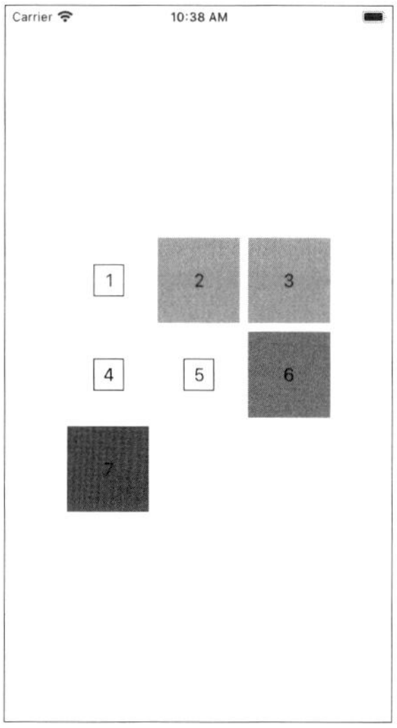

如果要全域調整，也就是調整所有小方塊的對齊方式，參數設定在 Grid 元件中，例如要將全部小方塊向左上角對齊的話，參數如下。

```
Grid(alignment: .topLeading) {
    ...
}
```

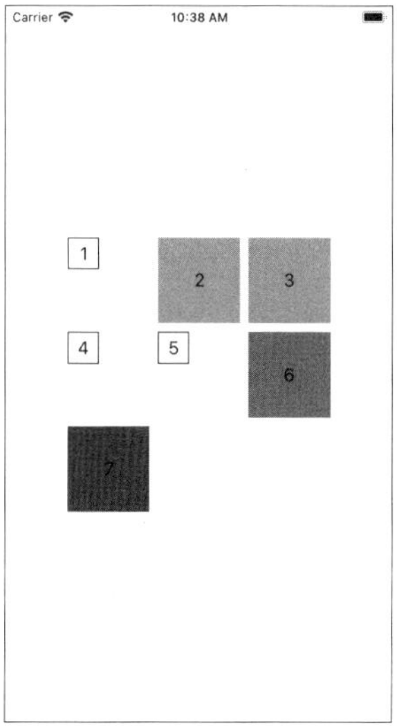

在 Grid 中設定的對齊參數會改變所有儲存格對齊方式，但是他的優先權最低，所以如果此時要單獨設定第一欄的對齊方式，只要在第一欄的任何一筆資料加上 gridColumnAlignment 修飾器即可，例如「1、4、7」任何一筆都可以，這個修飾器的優先權會大於 Grid 中的對齊參數。下面例子會讓第一欄的所有內容向右對齊，但因為 Grid 中的設定是左上對齊，所以兩者組合後的結果，第一欄變成右上對齊（注意 1 號與 4 號，其他欄則是左上對齊（注意 5 號）。

```
Grid(alignment:.topLeading) {
    GridRow {
        SmallSquare(tag: 1)
            .gridColumnAlignment(.trailing)
        Square(tag: 2)
        Square(tag: 3)
    }
    GridRow {
        ...
    }
    GridRow {
        ...
    }
}
```

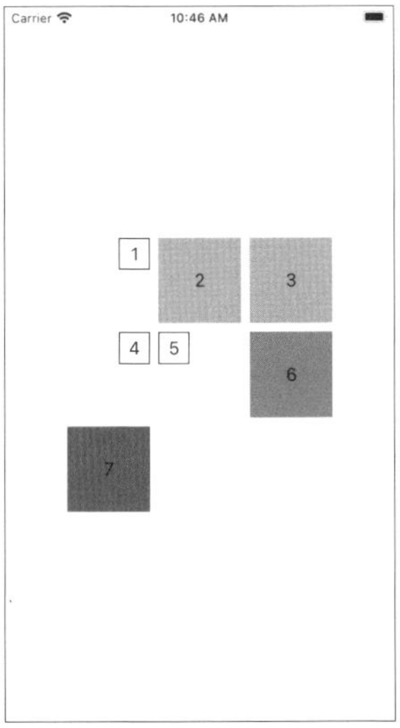

如果同一欄中有兩筆資料都設定了 gridColumnAlignment 修飾器，並且對齊方式不同時，例如下面這段程式碼，此時以第一個設定的優先權最高，後面設定都無效，因此這段程式的執行結果與上圖一樣，第一欄為右上對齊。

```
Grid(alignment:.topLeading) {
    GridRow {
        SmallSquare(tag: 1)
            .gridColumnAlignment(.trailing)
        ...
    }
```

```
GridRow {
    SmallSquare(tag: 4)
        .gridColumnAlignment(.center)
    ...

}
GridRow {
    ...
}
```

若要修改列的對齊方式，參數要設定在 GridRow 元件中，例如將第一列改為向下對齊，程式碼如下。1 號元件受到 GridRow 與 gridColumnAlignment 的對齊影響，覆寫了 Grid 的 topLeading 參數，變成向右下角對齊。4 號元件組合了 Grid 與 1 號元件的對齊參數，所以向右上角對齊。5 號元件僅受到 Grid 的左上對齊參數影響。

```
Grid(alignment:.topLeading) {
    GridRow(alignment: .bottom) {
        SmallSquare(tag: 1)
            .gridColumnAlignment(.trailing)
        Square(tag: 2)
        Square(tag: 3)
    }
    GridRow {
        SmallSquare(tag: 4)
        SmallSquare(tag: 5)
        Square(tag: 6, color: .gray)

    }
    GridRow {
        Square(tag: 7, color: .darkGray)
    }
}
```

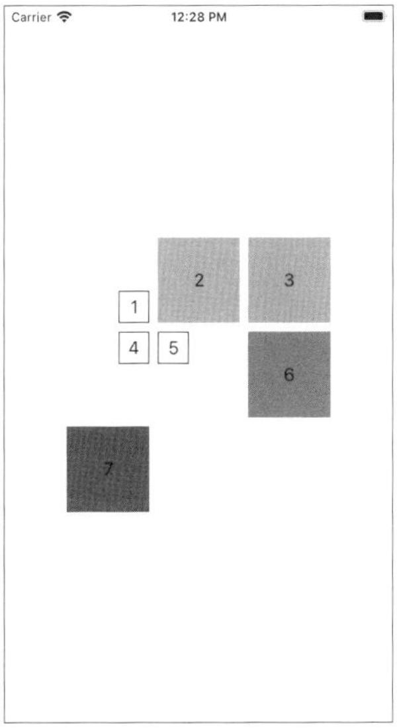

具有最高優先權的對齊方式是使用 gridCellAnchor 修飾器，用來指定單一儲存格要如何對齊，可以覆寫所有其他對齊參數。例如單獨將 5 號儲存格改為向下對齊。

```
Grid(alignment:.topLeading) {
    GridRow(alignment: .bottom) {
        SmallSquare(tag: 1)
            .gridColumnAlignment(.trailing)
        Square(tag: 2)
        Square(tag: 3)
    }
    GridRow {
        SmallSquare(tag: 4)
        SmallSquare(tag: 5)
            .gridCellAnchor(.bottom)
        Square(tag: 6, color: .gray)

    }
    GridRow {
        Square(tag: 7, color: .darkGray)
    }
}
```

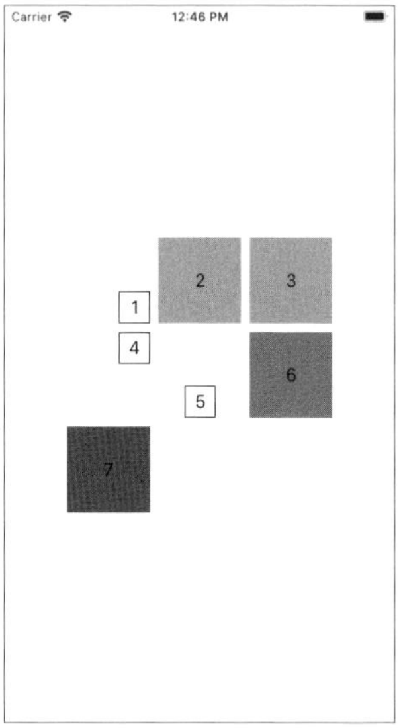

合併儲存格

如果需要，我們可以使用 gridCellColumns 修飾器將連續數個欄合併成一個，也就是水平方向的合併儲存格，目前 Grid 元件尚不支援垂直方向的合併儲存格。例如下面這段程式碼，「Hello, World!」字串佔據了兩個儲存格空間。

```
Grid {
    GridRow {
        ForEach(1..<4) {
            Square(tag: $0)
        }
```

```
        }
        GridRow {
            Text("Hello, World!")
                .gridCellColumns(2)
            Square(tag: 4)
        }
    }
```

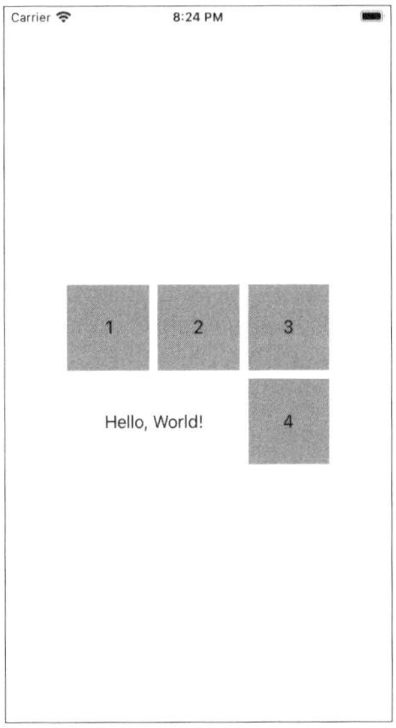

2-4 調整元件大小

每個 View 元件都有預設的大小，例如 Text 元件的大小會跟著內容而改變、Image 元件的大小會跟要顯示的圖片大小一樣，而 Color 元件會填滿整個父元件範圍。要調整這些元件預設的大小，需要靠修飾器。有幾種修飾器專門用來改變元件大小，首先來看 frame 修飾器。

Frame 修飾器

程式碼中會透過 border 修飾器替元件加上邊框，方便我們觀察元件的實際大小。frame 修飾器有順序問題，因此必須放在 border 修飾器前，若放在 border 修飾器之後就不會影響邊線位置，會看不出下面兩段程式碼的差異。

預設

```
var body: some View {
    Text("Hello Swift")
        .border(.black)
}
```

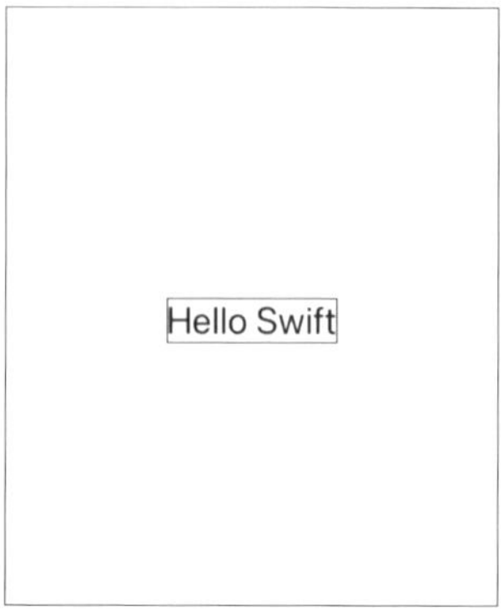

調整後

```
Text("Hello Swift")
    .frame(width: 200, height: 100)
    .border(.black)
}
```

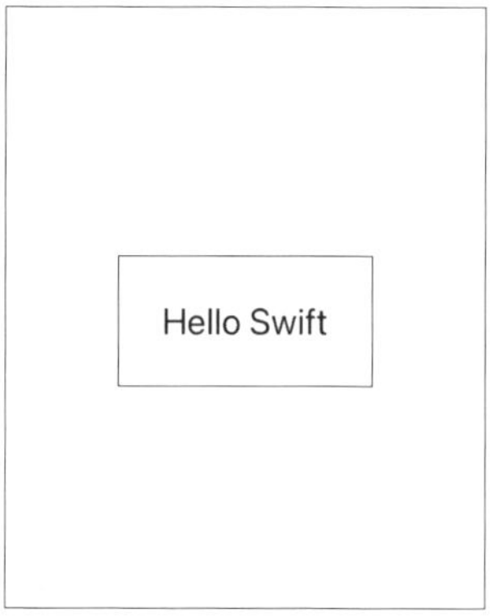

修飾器 frame 有三個參數，除了 width 與 height 外，alignment 用來決定元件內容的對齊方式，預設是置中。如果想要讓內容放到元件的右下角，程式碼可以這樣寫。

```
Text("Hello Swift")
    .frame(
        width: 200,
        height: 100,
        alignment: .bottomTrailing)
    .border(.black)
```

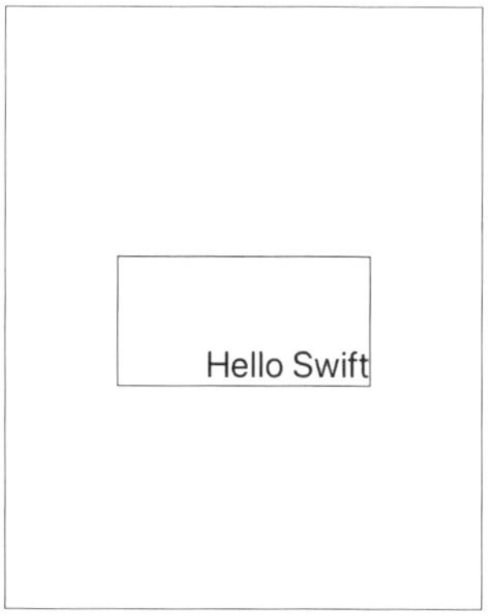

若在 Image 元件上使用 frame 修飾器，就可以改變圖片的大小，使用時需配合 resizable 這個修飾器，這樣 Image 元件中的圖片才能夠實際改變大小。

預設

```
var body: some View {
    Image(systemName: "globe")
        .border(.black)
}
```

調整後

```
Image(systemName: "globe")
    .resizable()
    .frame(width: 200, height: 200)
    .border(.black)
```

Padding 修飾器

除了使用 frame 來改變元件大小外，另外一個修飾器 padding 也可以做到同樣效果，但有一些不一樣。padding 的目的是用來改變元件內容與元件邊框間的距離，因此，若使用在 Image 元件上時，並不會改變圖片大小。

以 Text 元件為例，如果不加上 padding，Text 的邊框會緊貼著內容文字。加上 padding 後，文字與邊框間會增加參數中所指定的距離，若沒設定參數，會有一個預設的距離，這個距離會根據不同平臺有不同設定，通常我們不需要特別在意預設距離，如果想要很精準的設定間距時，設定參數就可以了。

預設

```
var body: some View {
    Text("Hello, World!")
        .font(.title)
        .border(.black)
}
```

調整後

```
Text("Hello, World!")
    .font(.title)
    .padding(40)
    .border(.black)
```

Padding 的參數設定很多樣，例如下方程式碼造成的效果是左側留空 40pt。

```
.padding(.leading, 40)
```

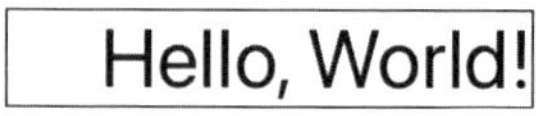

第二個參數可以省略，如果省略，會是預設的留空距離。所以下面三種寫法造成的效果一樣。

```
.padding()
.padding(.all)
.padding(.all, nil)
```

下表將所有的參數內容列出，數字部分可以省略。

說明	參數內容	結果
全部留空	.padding(.all, 40)	Hello, World!
左側留空	.padding(.leading, 40)	Hello, World!
右側留空	.padding(.trailing, 40)	Hello, World!
	.padding(.top, 40)	Hello, World!
下方留空	.padding(.bottom, 40)	Hello, World!
左右留空	.padding(.horizontal, 40)	Hello, World!
上下留空	.padding(.vertical, 40)	Hello, World!
左上留空	.padding([.leading, .top], 40)	Hello, World!

上表最後一個項目使用陣列的方式自由設定要留空哪個位置，這些項目也可以連續重複使用，效果會疊加上去，例如「左上留空」會等於使用「左側留空」加「上方留空」，效果一樣，如下。

```
Text("Hello, World!")
    .padding(.leading, 40)
    .padding(.top, 40)
```

也可以使用 EdgeInsets 同時指定四個方向的留空距離，如下。

```
Text("Hello, World!")
    .padding(EdgeInsets(top: 5, leading: 0, bottom: 5, trailing: 15))
```

2-5 調整元件位置

當我們把各種 View 元件放到畫面上的時候，並不需要去指定該元件所在的位置，因為元件位置是由他的上一層父元件來決定的。例如我們將一堆的元件放到 VStack 中，這些元件的位置就是由 VStack 來決定，而 VStack 的位置是由 ContentView 決定，最後系統會有一個內建的方式來決定最頂層元件位置。這種特性跟 Storyboard 專案在排版上很大不同的地方是，Storyboard 專案中各個元件的位置需要程式設計師來決定，而 SwiftUI 並不需要特別指定元件位置。當然如果需要，我們也可以重新安排元件位置。我們可以使用 offset 修飾器來調整元件的相對位置，或是用 position 修飾器並給定座標值來直接指定元件要放在哪裡。

Offset 修飾器

當元件已經被安排好位置後，我們可以透過 offset 修飾器來讓元件內容偏移原本的預設位置。這裡要特別注意的地方在於 offset 是調整元件內容的位置而不是元件本身。我們來看下面這段範例程式，首先將 VStack 加上邊框，方便我們觀察 VStack 的範圍在哪裡。

```
var body: some View {
    VStack {
        Image(systemName: "globe")
            .imageScale(.large)
        Text("Hello, world!")
            .font(.title)
    }
    .border(.black)
}
```

現在我們讓整個 VStack 的內容往右上角移動，注意 offset 修飾器要在 border 之前，offset 有順序問題，如果順序相反結果會不一樣。但不論是哪一種順序，移動的都是內容，而不是元件本身。

```
var body: some View {
    VStack {
        Image(systemName: "globe")
            .imageScale(.large)
        Text("Hello, world!")
            .font(.title)
    }
    .offset(x: 60, y: -30)
    .border(.black)
}
```

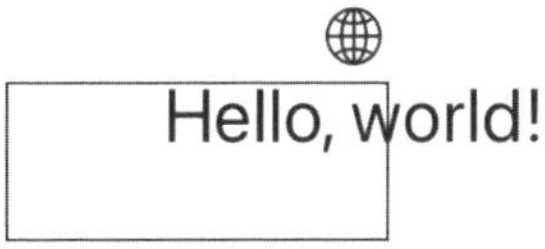

offset 修飾器中的 x、y 兩個參數可以省略其中一項，如果省略 x 時，元件內容只在垂直方向移動，若省略 y，則元件內容只在水平方向移動。

Position 修飾器

如果想要將元件放到特定的位置，可以使用 position 修飾器，在指定 x、y 座標後，該元件的中心點就會移到以父元件為基準的指定位置，例如將整個 VStack 的內容移到 280，400 位置去。

```
var body: some View {
    VStack {
        Image(systemName: "globe")
            .imageScale(.large)
        Text("Hello, world!")
            .font(.title)
    }
    .position(x: 280, y: 400)
    .border(.black)
}
```

要特別注意，使用 position 修飾器的元件，大小會改成跟父元件一樣大，所以上面這段程式碼的 VStack 大小已經跟螢幕大小一樣。你可以試試拿掉 position 修飾器，看看這時 VStack 的邊線在哪個位置。再請看下面這個例子，我們將 VStack 的大小改為 300 x 200，然後將 Text 元件的中心點使用 position 修飾器移動到(70, -20)位置，然後在 Text 元件周圍加上邊線，可以明顯看到，Text 元件的大小已經跟 VStack 一樣，此時原點座標位於 VStack 的左上角，所以(70, -20)才會讓文字跑到上方外面去。

```
var body: some View {
    VStack {
        Text("Hello")
            .position(x: 70, y: -20)
            .border(.black)
    }
    .frame(width: 300, height: 200)
}
```

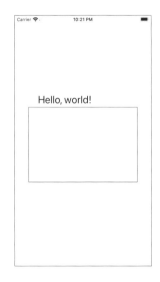

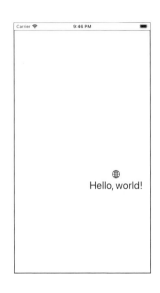

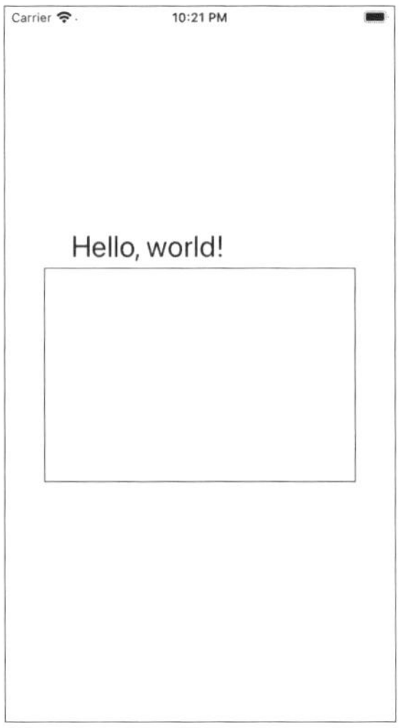

根據以上兩個例子我們可以得到一個結論，如果父元件內部有兩個以上的同層元件都要使用 position 來指定位置，這些元件應該都要放到 ZStack 中，避免他們的大小互相干擾而影響到正確座標位置，例如下面這個例子可以清楚看到，當同層的兩個元件都要使用 position 指定位置時，不使用 ZStack 與使用 ZStack 的差異。第一段程式碼兩個 Text 元件都使用了 position 修飾器，此時排版結果是明顯有問題的。第二段程式碼將兩個 Text 元件放在 ZStack 中，此時排版才是正確的。

```
var body: some View {
    VStack {
        Text("Hello, world!")
            .position(x: 100, y: -20)
            .border(.black)
        Text("Swift")
            .position(x: 80, y: 100)
            .rotationEffect(.degrees(20))
            .border(.black)
    }
    .frame(width: 300, height: 200)
}
```

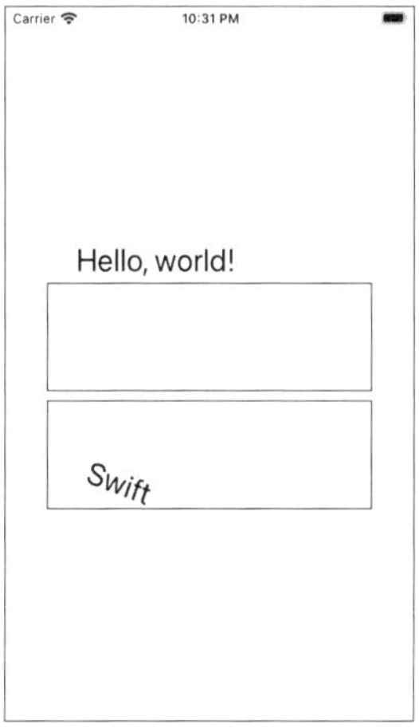


```
var body: some View {
    VStack {
        ZStack {
            Text("Hello, world!")
                .position(x: 100, y: -20)
                .border(.black)
            Text("Swift")
                .position(x: 80, y: 100)
                .rotationEffect(.degrees(20))
                .border(.black)
        }
    }
    .frame(width: 300, height: 200)
}
```

2-6 GeometryReader 元件

一般來說，在畫面上的 View 元件其實並不知道自己的大小是多少與位置在哪裡，因為大小與位置都是由他的父元件來決定，也就是說父元件有多大裡面的 View 元件就有多大，父元件在哪裡，裡面的 View 元件就會在哪裡。那 View 元件要如何知道他的父元件大小與位置這些資訊呢？這時就要靠 GeometryReader 元件了。例如，下面這段程式碼可以讓我們知道目前裝置的長寬有多少點。

```
struct ContentView: View {
    var body: some View {
        GeometryReader { proxy in
            Text("Hello")
                .onAppear {
                    print(proxy.size)
                }
        }
    }
}
```

其實 GeometryReader 也是一個 View 元件，他會讓自身大小拉到跟他的父元件一樣，並且會在後方的 Closure 區段中傳回目前 GeometryReader 元件的大小與位置等資訊，所以透過回傳的資料我們就可以得知 GeometryReader 目前大小與位置為何。由於 GeometryReader 的 Closure 中一定要放一個 View 元件，所以上面的範例隨意放了一個 Text 元件在其中，並藉由 Text 元件的 onAppear 修飾器取得 GeometryReader 的大小。如果在 iPhone 13 Pro 上執行這段程式碼，print 函數就會印出(390.0, 763.0)這個數據。如果加上 ignoresSafeArea 修飾器，這時就會得到(390.0, 844.0)，這個數據就是 iPhone 13 Pro 螢幕的最大長寬點數。

```
GeometryReader { proxy in
    Text("Hello")
        .onAppear {
            print(proxy.size)
        }
}
.ignoresSafeArea()
```

下面這個範例中，最裡面的 GeometryReader 會得到 VStack 元件的大小資料，最外面的 GeometryReader 則會得到螢幕大小資料。

```
var body: some View {
    GeometryReader { proxy in
        VStack {
            GeometryReader { proxy in
                Text("Hello")
                    .onAppear {
                        print(proxy.size)
                        // Prints (300.0, 200.0)
                    }
            }
        }
        .frame(width: 300, height: 200)
        .onAppear {
            print(proxy.size)
            // iPhone 13 Pro
            // Prints (390.0, 763.0)
        }
    }
}
```

如果想要知道 GeometryReader 的位置，也就是父元件的左上角座標，請看下面這段程式碼。

```
VStack {
    GeometryReader { proxy in
```

```
        Color
            .clear
            .onAppear {
                print(proxy.frame(in: .global))
                // iPhone 13 Pro
                // Prints (45, 328.5, 300.0, 200.0)
            }
    }
}
.frame(width: 300, height: 200)
.background(.gray)
```

取得的 frame 資料就是 VStack 的左上角座標與長寬，此時原點座標位於螢幕左上角，但是要扣除 Safe Area，也就是裝置最上方相機與喇叭的那一塊黑色區域，所以原點位置會稍微往下一點點，如右圖。

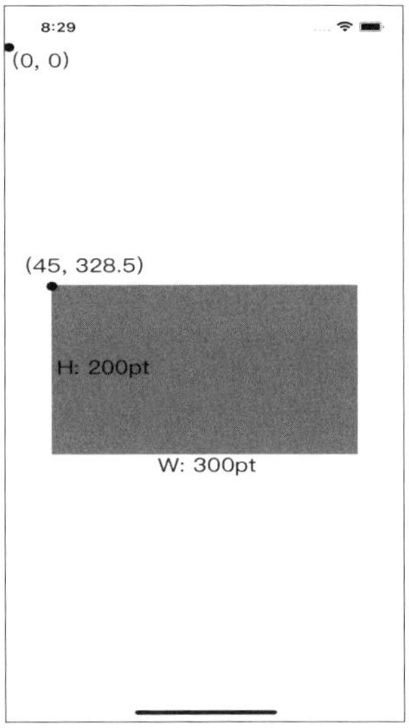

接下來舉個實際應用的例子。假設我們要畫一個橢圓，橢圓的大小只能是父元件的 70%，但因為我們不知道父元件會多大，因此就需要透過 GeometryReader 來取得父元件的大小後再指定橢圓的大小。首先先定義一個橢圓，大小是父元件的 70%，並且透過 position 修飾器將橢圓的位置移到父元件的正中央，否則橢圓的位置會貼齊父元件的左上角。

```
struct MyEllipse: View {
    @State private var width = 0.0
```

```
    @State private var height = 0.0
    var body: some View {
        GeometryReader { proxy in
            Ellipse()
                .stroke(lineWidth: 5)
                .frame(width: width * 0.7, height: height * 0.7)
                .position(x: width / 2.0, y: height / 2.0)
                .blendMode(.overlay)
                .onAppear {
                    width = proxy.size.width
                    height = proxy.size.height
                }
        }
    }
}
```

接下來用一些排版技巧在畫面上設定出大小不同的區域，然後在這些區域裡面畫橢圓，執行後會看到每個區域內的橢圓大小只有該區域的 70%。

```
struct ContentView: View {
    var body: some View {
        VStack {
            MyEllipse()
                .background(.green)
            HStack {
                MyEllipse()
                    .background(.yellow)
                    .frame(height: 50)
                MyEllipse()
                    .background(.blue)
                    .frame(height: 150)

            }
        }
        .frame(width: 200, height: 200)
    }
}
```

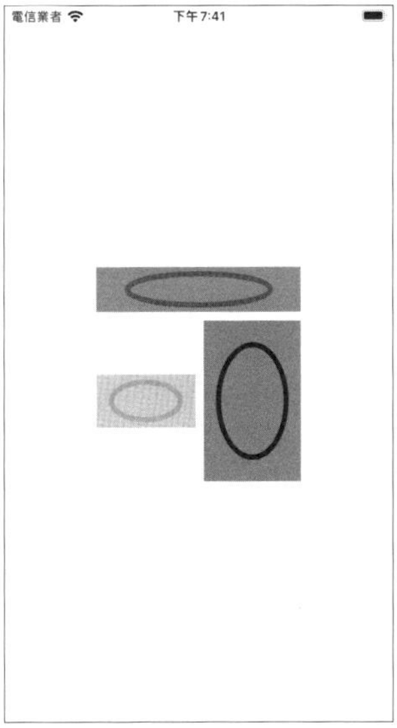

2-7 不同特徵不同排版

特徵（trait）指的是行動裝置提供了何種螢幕大小讓 App 顯示。我們知道 iPhone 與 iPad 的螢幕解析度目前的種類非常多，但在設計版面時我們絕大多數的時候並不需要去管實際的解析度，我們只要注意現在行動裝置是拿直向（portrait）或橫向（landscape），以及在 iPad 啟動多工模式時，App 擁有的螢幕大小是原本全螢幕的 1/2、1/3 或 2/3 即可，剩下的都是作業系統自動會去處理的問題。

以 iPhone 拿直向與橫向為例這個變化是非常大的，複雜一點的排版都沒有辦法應付這樣的改變，這時排版一定要重新設計才行，否則在 iPhone 換方向後排版會整個跑掉。前面提過，由於現在行動裝置的解析度太多，如果要去管每一種不同解析度下的排版是非常不切實際的事情，所以 Apple 讓作業系統與工程師一起互相合作，工程師先完成一部分事情，剩下的就交給作業系統去處理。工程師要做的事情是在不管解析度的情況下，處理不同特徵下的排版就好，因為特徵只有四個，所以我們處理起來就簡單太多，只有四種狀況需要處理而已。

Apple 將行動裝置 width 與 height 的實際解析度歸納成兩個項目：regular 與 compact。如果行動裝置的 width 比 height 小很多時，此時的 width 就稱為 compact 而 height 就稱為 regular，例如 iPhone 拿直向時，這時 width 為 compact 而 height 為 regular，以符號「wChR」表示。如果將 iPhone（Pro Max 機種）改為橫向，這時 width 會變的比 height 來的大很多，因此 width 變成 regular 而 height 變成 compact，以符號「wRhC」表示。所以不論是哪種螢幕大小，包含 iPad 是否啟動多工模式，regular 與 compact 的組合就只有四種，稱為四種不同的特徵。下圖表示四種特徵所包含的各種不同行動裝置在直向或橫向時的狀況，例如 iPad 在沒有啟動多工模式時，App 所得到的螢幕特徵，不論 iPad 是直向還是橫向，都是「wRhR」

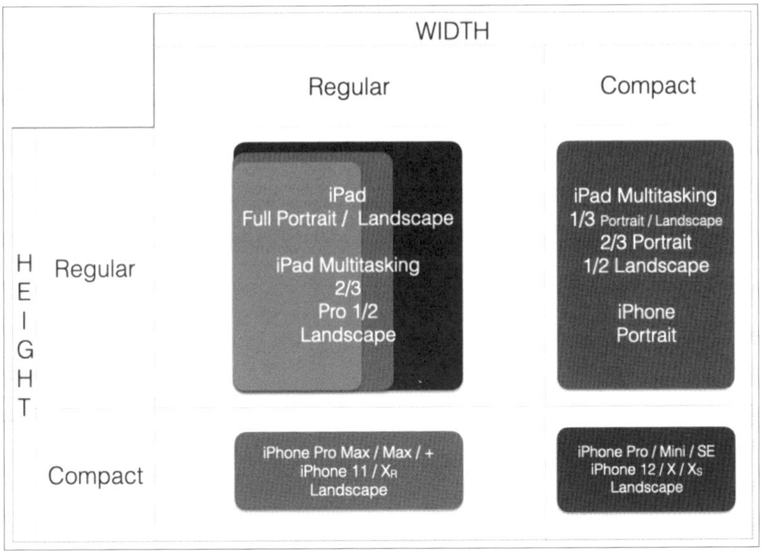

如果你想要知道所有裝置的實際解析度以及對映為 regular 或 compact，可以在 Apple 的人機介面設計指南中找到，網址如下。

https://developer.apple.com/design/human-interface-guidelines/foundations/layout/#platform-considerations

在程式碼中如何知道現在的螢幕特徵呢？首先從@Environment 中宣告兩個變數，如下。

```
struct ContentView: View {
    @Environment(\.horizontalSizeClass) var widthClass
    @Environment(\.verticalSizeClass) var heightClass
```

然後就可以透過這兩個變數得知現在行動裝置是在哪種特徵狀態下。我們寫一個小小個介面，顯示目前的狀況，程式碼如下。

```
var body: some View {
    VStack(alignment: .leading) {
        if widthClass == .compact {
            Text("Width: compact")
        } else {
            Text("Width: regular")
        }

        if heightClass == .compact {
            Text("Height: compact")
        } else {
            Text("Height: regular")
        }
    }
}
```

接下來就可以在不同裝置的模擬器中來執行這支程式了，例如以 iPhone 14 Pro 為例，直向時會顯示如下圖左（此時 wChR），橫向時為下圖右（此時 wChC）。

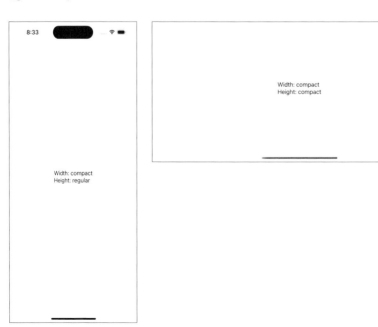

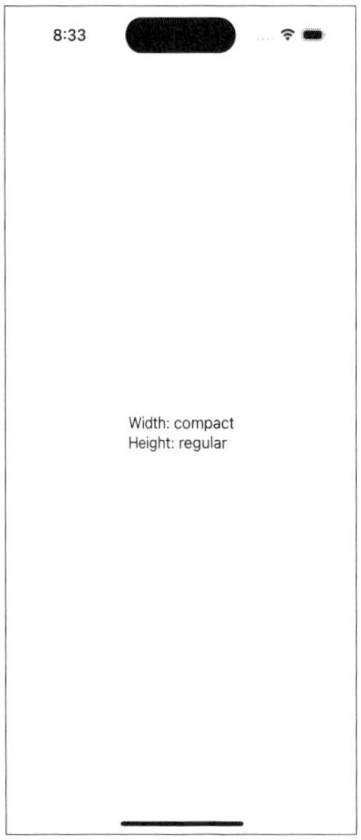

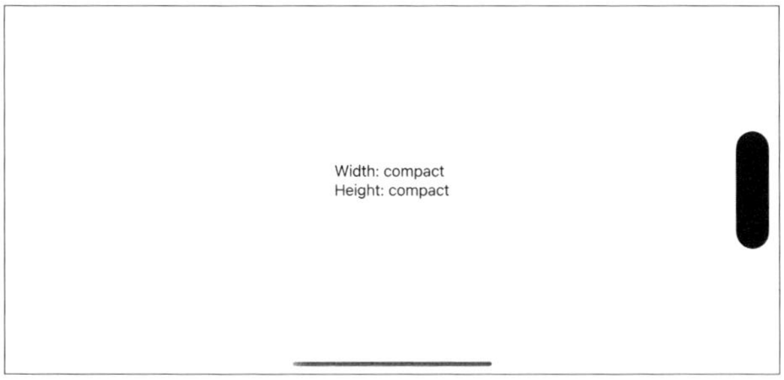

現在就很容易可以做到不同特徵不同排版了，試試看下面這段程式碼，想一想，這三個元件分別會在什麼時候出現？

```
var body: some View {
    if widthClass == .compact, heightClass == .regular {
        Text("Hello, World!")
    }

    if heightClass == .compact {
        Image(systemName: "globe")
    }

    if widthClass == .regular, heightClass == .regular {
        Text("Only for iPad").font(.largeTitle)
    }
}
```

特徵與圖片資源檔

在圖片資源檔中的圖片可以設定在不同特徵下顯示不同的圖片。首先，開啟專案的 Assets.xcassets 檔，按滑鼠右鍵點選「New Image Set」，然後在屬性面板上找到「Width Class」與「Height Class」，修改選項內容如下。

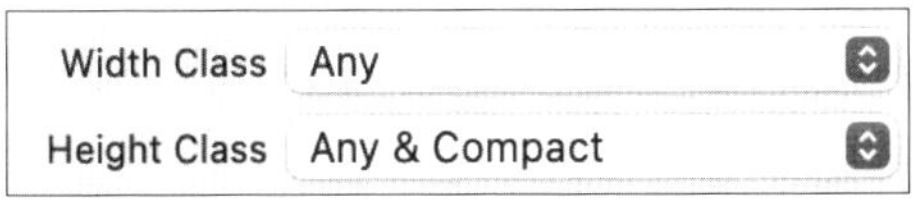

將兩張不同的圖片拖到資源檔中，位置如下。「Any Height」表示 iPhone 為直向或者是 iPad，而「Compact Height」的位置表示 iPhone 橫向。

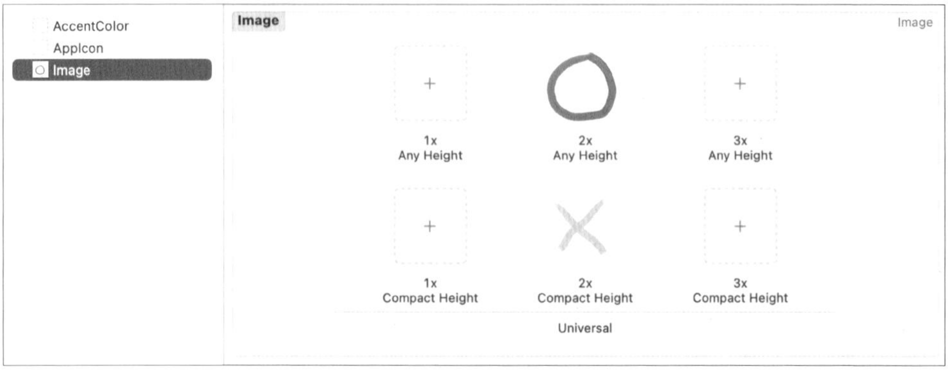

現在透過 Image 元件顯示這張圖片，程式碼如下。

```
struct ContentView: View {
    var body: some View {
        Image("Image")
    }
}
```

直接在 Xcode 右側的預覽視窗左下角點選「Orientation Variants」就可以看到直向與橫向時顯示不同的圖片了。

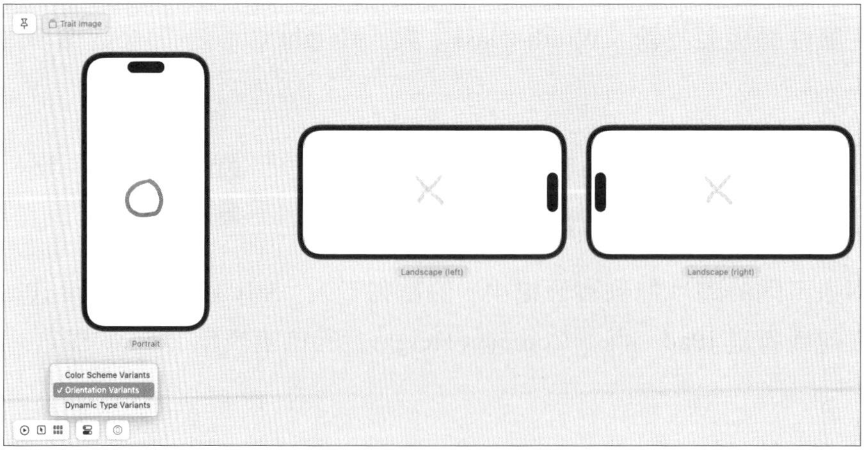

03 頁面切換與資料傳遞

Part 1

3-1 何謂頁

我們對「頁」的概念，通常是整個畫面稱為「一頁」，所以當我們將 App 設計成從這一頁進入到另外一頁時，原本的畫面就會被替換成新的畫面。Storyboard 類型的專案就是按照這樣的邏輯在設計一個一個 App 畫面的。每一個畫面都會有一個 View Controller 來管理該頁上面的各種視覺化元件，所以當使用者切換畫面時，程式碼就會從原本的 View Controller 進入到另外一個 View Controller。

但在 SwiftUI 中，頁的概念變的很不一樣。由於「頁」與「視覺化元件」都屬於同一種資料型態「View」，所以頁的概念就變的模糊。我們要如何區分當按鈕按下去後的動作稱為「換頁」還是「顯示某個視覺化元件」？例如在 SwiftUI 專案中新增一個 SwiftUI View 類型的檔案，並且取名為 SecondView，其內容僅用 Text 元件顯示一個字串，如下。此時 SecondView 無疑是「一頁」並且在 Xcode 中還可以預覽這頁的內容，所以我們一定會覺得 SecondView 與 Xcode 預先產生的 ContentView 是兩個獨立的畫面。

```
struct SecondView: View {
    var body: some View {
        Text("Hello, World!")
    }
}
```

現在我們在原本的 ContentView 中寫出下面這樣的程式碼，當按鈕按下去後畫面會呈現 SecondView，並且 SecondView 的大小佔據了幾乎全部螢幕的空間，此時我們會說 App 頁面從 ContentView 換到了 SecondView。

```
struct ContentView: View {
    @State var isPresented = false
    var body: some View {
        VStack {
            Button("Click Me") {
                isPresented = true
            }
            .sheet(isPresented: $isPresented) {
                SecondView()
            }
        }
    }
}
```

實際執行結果如下，此時按鈕按下去的行為是一個明確的換頁動作，因為整個 App 畫面已經被 SecondView 佔滿了（下圖右）。

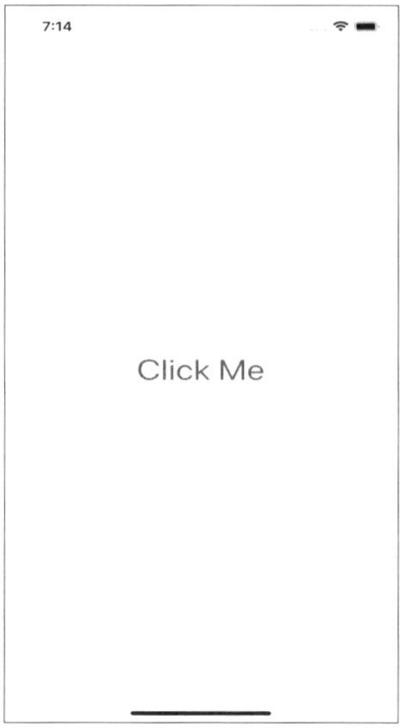

第一頁

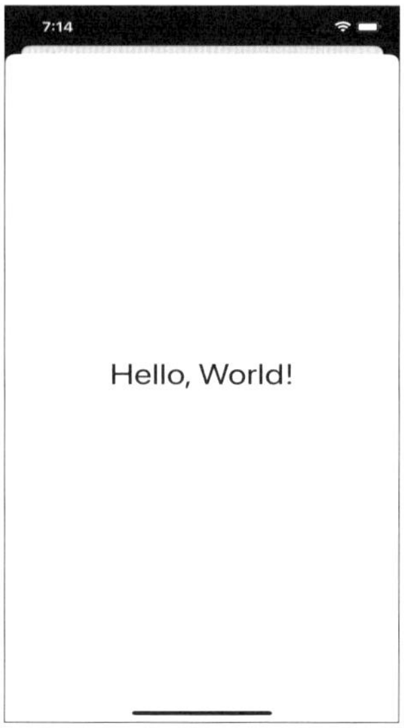

第二頁

現在我們修改一下 ContentView 中的程式碼，改成如下，此時按鈕按下去後的畫面如下方右圖，可以看到 SecondView 的內容跟按鈕在同一個畫面上。雖然按鈕下方的那一塊是由 SecondView 負責顯示，但這時應該不會有人認為按鈕按下去的行為是換頁。

```
struct ContentView: View {
    @State var isPresented = false
    var body: some View {
        VStack {
            Button("Click Me") {
                isPresented = true
            }
            if isPresented {
                SecondView()
            }
        }
    }
}
```

以上兩種 SecondView 出現的方式讓我們可以知道，SecondView 從頭到尾都不知道他是怎麼呈現在畫面上的，他可能佔滿全畫面也可能只佔據了一部份。現在再回到第一段程式碼，也就是按鈕按下去後 SecondView 佔據了整個畫面的那段程式碼，我們修改一下內容，將 SecondView 元件換成 Text 元件，只修改了 sheet 修飾器中的內容，如下。

```
struct ContentView: View {
    @State var isPresented = false
    var body: some View {
        VStack {
            Button("Click Me") {
                isPresented = true
            }
            .sheet(isPresented: $isPresented) {
                Text("Hello, World!")
            }
        }
        .font(.largeTitle)
    }
}
```

這時執行結果一樣是一個明確的換頁動作，但是內容已經不是由 SecondView 負責，而是一個 Text 元件。從上面這些例子來看，在 SwiftUI 中，一個視覺化元件，有時會擔負換頁的角色，有時卻僅僅是一頁中的一部份，這取決於我們用什麼方式來呈現該視覺化元件。所以在 SwiftUI 中，換頁的概念僅僅只是一個新的 View 元件佔據了原本大部分的畫面，但如果將這個 View 元件的大小縮小一點，他就變成只是原本畫面中的一小部分而已。

3-2 決定誰當第一個頁面

當一個 App 有多個頁面時，當然會有頁面與頁面之間的切換方式，例如按下某按鈕後，畫面切換到另外一頁。但現在的問題是，若有兩個以上畫面時，誰要當第一個頁面？在預設情況下，ContentView 是 App 的第一個頁面，但可以改。對 Storyboard 專案熟悉的讀者應該知道，要決定誰是第一個畫面很簡單，只要在 Storyboard 中將「起始箭頭」移到別的 View Controller 上時，該 View Controller 就會變成 App 一開起來後的第一個頁面。

SwiftUI 專案的「起始箭頭」必須透過程式碼來處理，因為 SwiftUI 根本沒有視覺化的箭頭可以讓我們拖拉。在 Xcode 左側打開有專案名稱的檔案後可以看到 WindowGroup 裡面有一行 ContentView()程式碼，這裡就是用來決定誰是 App 第一個畫面的地方，因此 ContentView 是預設的第一個畫面，其實就是這裡決定的，如下圖。

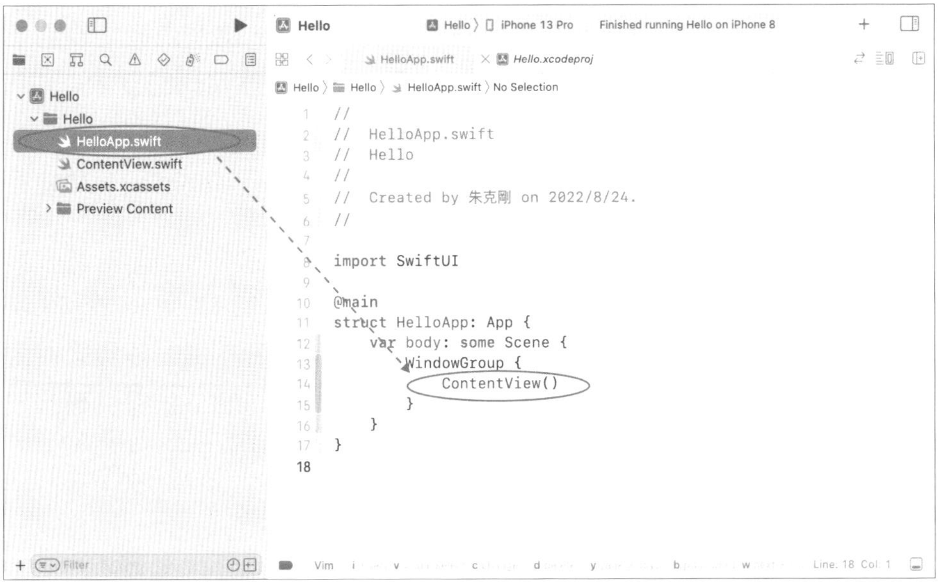
Hello
HelloApp.swift
ContentView.swift
Assets.xcassets
Preview Content
// HelloApp.swift
// Hello
// Created by 朱克剛 on 2022/8/24.
import SwiftUI
@main
struct HelloApp: App {
var body: some Scene {
WindowGroup {
ContentView()

任何一個 View 元件，不論是內建的或是我們自訂的，都可以當作 App 的起始畫面，只要修改上圖的 ContentView()就可以了，例如我們想要讓 Text 元件當作我們 App 的第一個畫面，雖然這樣做沒有什麼意義，但我們可以這樣做，如下。

```
@main
struct HelloApp: App {
    var body: some Scene {
        WindowGroup {
            Text("Hello, World!")
        }
    }
}
```

當程式執行起來後，第一個畫面就會出現 Hello, World 字串。

3-3 使用 NavigationStack 換頁

導覽元件會在 App 的頁面上方多了一個導覽工具列，當使用者切換到下一頁時，工具列左方會出現返回按鈕，使用者點選後就可以回到上一頁，這是很常見的一種頁面切換方式。導覽元件在 Xcode 14 開始稱為 NavigationStack，舊的元件稱為 NavigationView。NavigationStack 功能相容於舊的元件，但有一些新的特性，稍後會說明。

首先在專案中新增一個 SwiftUI View 類型的檔案，命名為 SecondView.swift，用來當作 App 的第二個頁面。接著在第一個頁面使用 NavigationStack 來管理頁面切換，然後使用 NavigationLink 提供類似按鈕的功能，讓使用者點擊後畫面進到下一頁，示意圖如下。

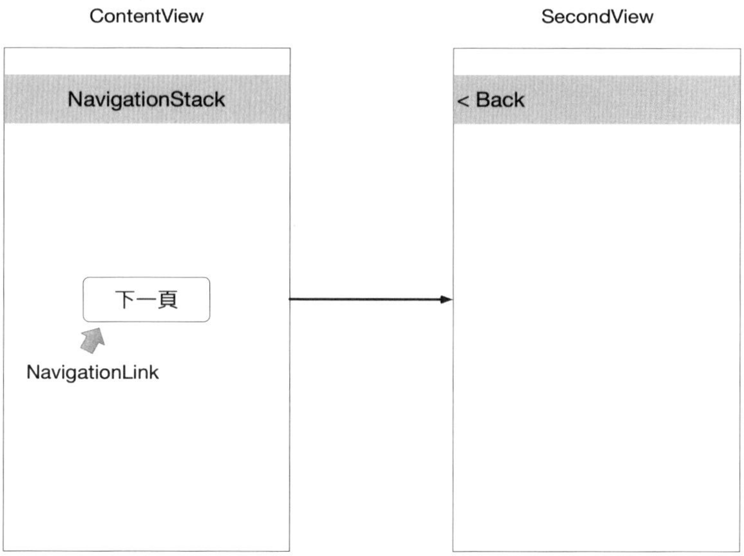

實際程式碼如下。記得換頁要使用 NavigationLink 元件，而不是 Button 元件，因為 Button 元件無法跟 NavigationStack 元件互相整合。

```
struct ContentView: View {
    var body: some View {
        NavigationStack {
            NavigationLink("About") {
                SecondView()
            }
            .navigationTitle("Setting")
        }
    }
}
```

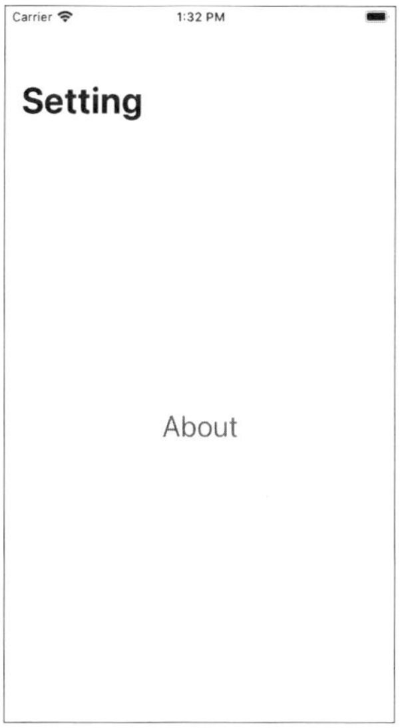

特別要注意的是，標題設定需將 navigationTitle 修飾器放在 NavigationStack 內部元件上，而不是放在 NavigationStack 上。現在使用者點選「About」後頁面會進入到 SecondView，並且左上角會出現返回按鈕，顯示的文字會是前一頁的標題，如右圖。

NavigationLink 支援另外一種具有 label 參數的語法，可以在進到下一頁的文字上加圖片或是只有圖片沒有文字，語法如下，現在點文字或圖片都可以切換到下一頁了。

```
NavigationStack {
    NavigationLink {
        SecondView()
    } label: {
        Label("About", systemImage: "person")
    }
    .navigationTitle("Setting")
}
```

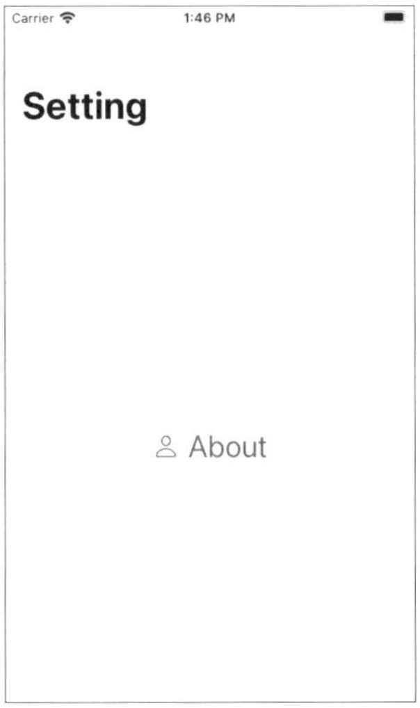

如果進入下一頁的按鈕只需要圖片不需要文字，只要設定 Label 元件的樣式就好，如下。當然也可以改為 Image 元件，這樣自然只顯示圖片。

```
Label("About", systemImage: "person")
    .labelStyle(.iconOnly)
```

Toolbar

NavigationStack 另一個重要功能就是讓我們可以使用 toolbar 修飾器，將一些元件放在畫面最上方或是最下方的 toolbar（工具列）中。例如下面這段程式碼，在畫面右上角放了一個購物車圖示。

```
NavigationStack {
    VStack {
        Text("Hello, World!")
    }
    .navigationTitle("Menu")
    .toolbar {
        Image(systemName: "cart")
    }
}
```

預設 toolbar 的背景是不顯示的，也就是顏色是透明色，我們可以使用 toolbarBackground 修飾器顯示 toolbar 背景甚至修改預設的顏色。

```
NavigationStack {
    VStack {
        Text("Hello, World!")
    }
    .navigationTitle("Menu")
    .toolbar {
        Image(systemName: "cart")
    }
    .toolbarBackground(
        .visible,
        for: .navigationBar
    )
}
```

如果要改變 toolbar 的顏色，只要連用兩次 toolbarBackground，如下，這樣就可以讓 toolbar 顏色從預設的淺灰色改成任何想要的顏色了。

```
NavigationStack {
    VStack {
        Text("Hello, World!")
    }
    .navigationTitle("Menu")
    .toolbar {
        Image(systemName: "cart")
    }
    .toolbarBackground(.orange, for: .navigationBar)
    .toolbarBackground(.visible, for: .navigationBar)
}
```

放在 toolbar 上的元件，預設位置會在右上角，如果需要改變位置的話，可以使用 ToolbarItem 元件來修改位置，例如改到螢幕下方，放在 bottom bar 裡面。

```
.toolbar {
    ToolbarItem(placement: .bottomBar) {
        Image(systemName: "cart")
    }
}
```

或者也可以放到上方中間位置，如下。

```
.toolbar {
    ToolbarItem(placement: .principal) {
        Image(systemName: "cart")
    }
}
```

另外還有幾個常用的位置參數，例如 navigationBarLeading、navigationBarTrailing 甚至還可以放到虛擬鍵盤上，稍後在「按鈕、選取與狀態」章節會有更多的參數說明。

根據資料型態換頁

接下來要介紹 NavigationStack 的新用法。首先，可以根據 NavigationLink 中不同的資料型態來決定要換到哪個頁面。例如我們先定義兩個符合 Hashable 協定的結構，如下。

```
struct Restaurant: Hashable {
    var name: String
}

struct Hotel: Hashable {
    var name: String
}
```

根據上面這兩個結構，各產生一筆資料，如下。

```
struct ContentView: View {
    private let restaurant = Restaurant(name: "高級餐廳")
    private let hotel = Hotel(name: "五星飯店")
```

接下來就可以在 NavigationLink 元件中使用 value 參數來設定不同的資料型態，如下。所以下面程式碼中的兩個 NavigationLink 已經知道他所對映的資料型態為何，此時雖然已經可以產生畫面但點擊項目還不會有反應。

```
var body: some View {
    NavigationStack {
        List {
            NavigationLink(value: restaurant) {
                Text(restaurant.name)
            }
            NavigationLink(value: hotel) {
                Text(hotel.name)
            }
        }
    }
}
```

接下來在 List 元件加上 navigationDestination 修飾器，讓使用者點選這兩個項目時會根據該項目的資料型態來決定下一頁為何。

```
var body: some View {
    NavigationStack {
        List {
            NavigationLink(value: restaurant) {
                Text(restaurant.name)
            }
            NavigationLink(value: hotel) {
                Text(hotel.name)
            }
        }
        .navigationDestination(for: Restaurant.self) { value in
```

```
            // 跟餐廳有關的程式碼寫這
            Text("這是\(value.name)")
            // 畫面顯示「這是高級餐廳」
        }
        .navigationDestination(for: Hotel.self ) { value in
            // 跟飯店有關的程式碼寫這
            Image(systemName: "house")
            // 畫面顯示飯店圖示
        }
    }
}
```

現在使用者點選「高級餐廳」畫面就會切換成用 Text 元件顯示「這是高級餐廳」的頁面，若使用者點選了五星飯店，畫面就會顯示一張房屋圖示的頁面。

3-4 使用 sheet 換頁

另外一種比較新穎的切換方式是當畫面進入到第二個頁面時，畫面最上方可以明顯看到第二個頁面是堆疊在第一個頁面上，使用者要回到上一個頁面的作法是透過下滑手勢，將第二個頁面「滑掉」就會回到原本的頁面了。這種作法不需要導覽元件就可以切換頁面並且返回到上一頁。

```
struct ContentView: View {
    @State var isPresented = false
    var body: some View {
        Button("About") {
            isPresented = true
        }
        .sheet(isPresented: $isPresented) {
            SecondView()
        }
    }
}
```

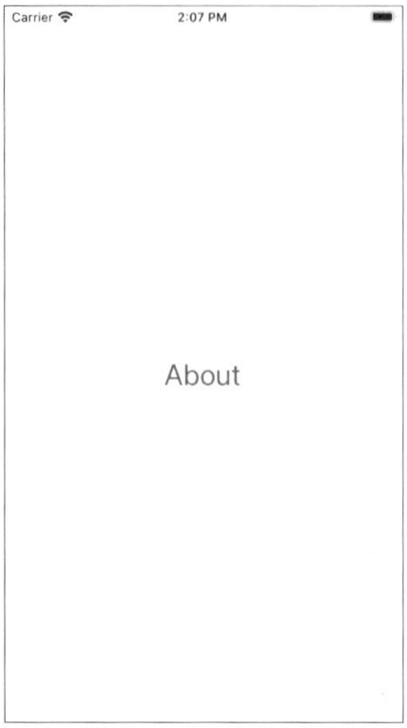

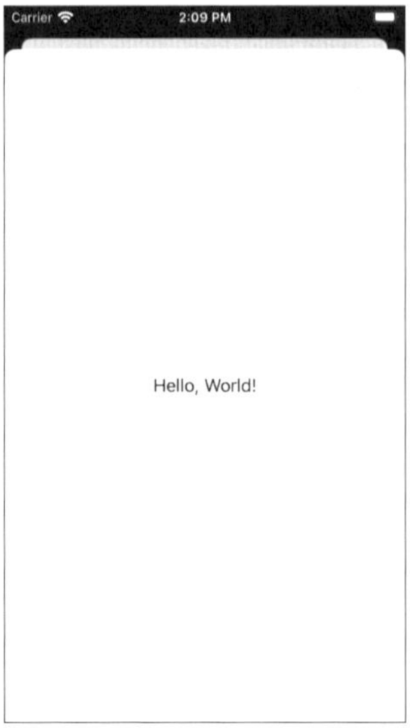

執行結果如上圖，點選左圖的「About」按鈕後畫面就會切換到 SecondView，如右圖。注意第二頁的畫面最上方，明顯看到此頁疊在第一頁之上。要回到上一頁時，用手勢向下把這一頁滑掉就可以了。

使用 sheet 修飾器來顯示第二個頁面時，預設是 100%覆蓋第一個頁面，這裡可以有更多的選擇，我們可以配合 presentationDetents 這個修飾器，來控制第二個頁面會有多少比例覆蓋掉第一個頁面。例如下面這個例子，在 SecondView 初始化後加上 presentationDetents 修飾器，並且在陣列中設定 SecondView 顯示時的高度佔 95pt、 75%、medium(相當於 50%)或是 large（相當於 100%）。如果只想讓 SecondVeiw 佔據一半的畫面，陣列中的四個設定值就只要留下.medium 其餘都刪除就可以了。

```
Button("About") {
    isPresented = true
}
.sheet(isPresented: $isPresented) {
    SecondView()
        .presentationDetents([
            .height(95),
```

```
            .fraction(0.75),
            .medium,
            .large
        ])
}
```

四種不同設定的執行結果如下。

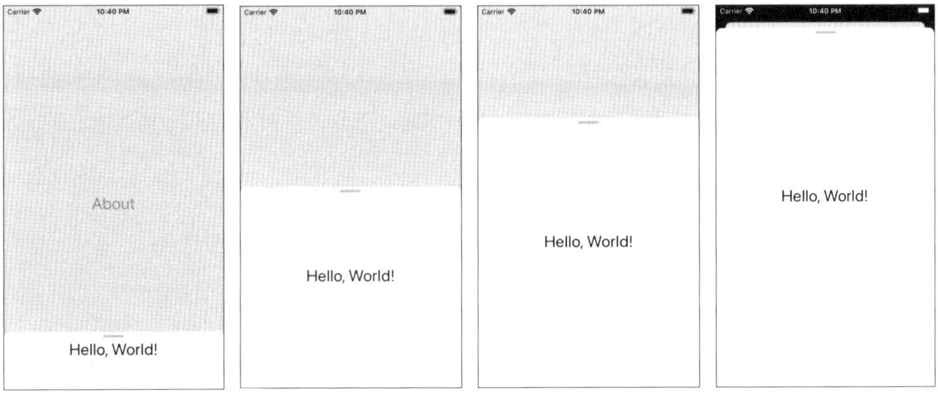

.height(95)　.medium　.fraction(0.75)　.large

3-5 全畫面替換

如果需要讓下一個畫面整個替換現在這個畫面，可以使用 fullScreenCover 修飾器，這時如果要返回原本的頁面，就需要透過程式碼呼叫 dismiss() 函數了。下面這個範例會在按鈕按下後，讓 SecondView 的畫面完全取代現有的畫面，此時如果不在 SecondView 中撰寫返回程式碼，使用者就無法回到原本的畫面。

```
struct ContentView: View {
    @State var isPresented = false
    var body: some View {
        Button("About") {
```

```
            isPresented = true
        }
        .fullScreenCover(isPresented: $isPresented) {
            SecondView()
        }
    }
}
```

現在必須在 SecondView 中撰寫返回程式碼。首先從@Environment 這個 Property Wrapper 中取出已經定義好的 dismiss 實體，這裡寫法很固定所以照抄就好，最後面的變數名稱 dismiss 可以任意命名，習慣上稱為 dismiss。

```
struct SecondView: View {
    @Environment(\.dismiss) private var dismiss
```

接下來在第二頁中可以簡單地透過一個按鈕來關閉目前的畫面，這樣就會回到上一頁了。

```
Button("Hello, World!") {
    dismiss()
}
```

下面這個範例是將關閉功能放到頁面的右上角，並且用圖片代替文字，功能跟上面的按鈕一樣。

```
var body: some View {
    VStack {
        HStack {
            Spacer()
            Button {
                dismiss()
            } label: {
                Image(systemName: "xmark.square")
            }
```

```
            .frame(height: 40)
            .padding(.trailing, 20)
        }
        Spacer()
        Text("Hello, World!").offset(y: -40)
        Spacer()
    }
}
```

產生的結果如右圖，可以看到在 SecondView 的右上角有一個關閉符號。

3-6 使用 TabView 換頁

當我們在模擬器開啟 Health（下圖左）或是 Files（下圖右）這兩個 App 時，可以在畫面下方看到幾個小圖示，點選不同圖示就會顯示不同的頁面，這個分頁功能使用的是 SwiftUI 中稱為 TabView 的元件。

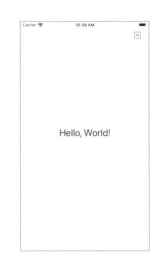

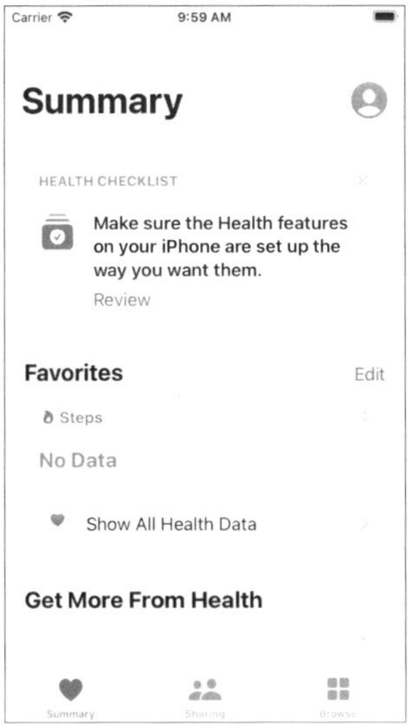

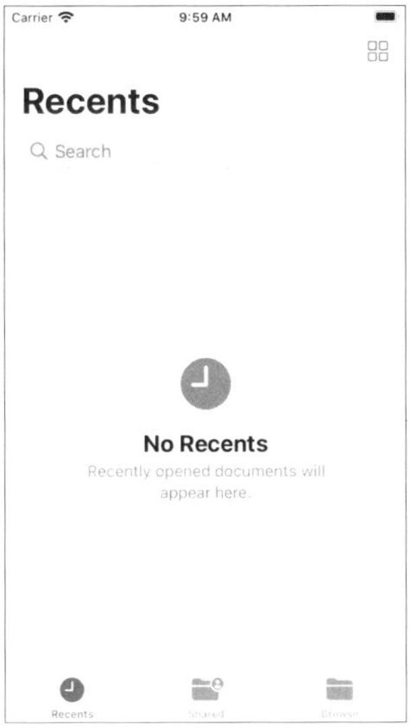

TabView 元件的使用方式很簡單，在 View 元件後方加上 tabItem 修飾器就會成為 TabView 頁籤上的一員。下面這個例子會在 TabView 元件中加上三個分頁，分頁上可以用 Image 顯示圖片，或是用 Label 顯示圖片與文字，在第二個分頁上還加上了 badge 修飾器，因此會在該圖示右上角顯示一個紅色的提示圖案。

```
struct ContentView: View {
    var body: some View {
        TabView {
            Text("First Page")
                .tabItem {
                    Image(systemName: "globe")
                }

            Text("Second Page")
                .badge(20)
                .tabItem {
                    Image(systemName: "sun.max")
                }

            Text("Third Page")
                .tabItem {
                    Label("About", systemImage: "info.circle")
                }
        }
    }
}
```

這段程式碼的執行結果如下，點選不同的分頁圖示就會切換到不同的畫面。

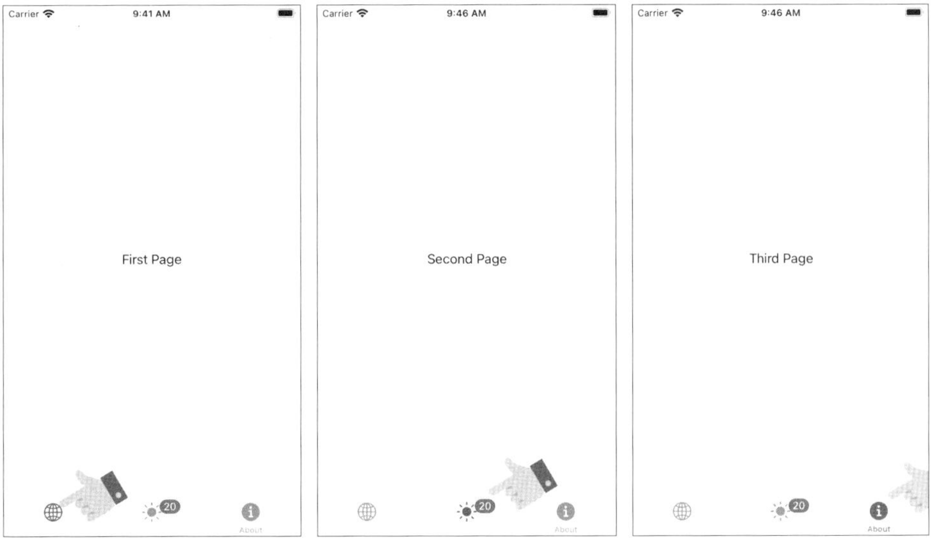

TabView 最多只能顯示五個分頁，若設定上超過了五個，TabView 會自動將最右邊的分頁圖示改為「More」圖示，並且將過多的分頁項目放到一份清單中，這部分 TabView 都自動幫我們處理好了，所以不用擔心太多分頁該怎麼辦，一切交給 TabView 就行了。

Page 樣式

有些 App 會在第一次啟動時出現介紹畫面，並且通常超過一個頁面，使用者可以左滑右滑來瀏覽這些介紹畫面，這種介紹型的頁面功能同樣也是由 TabView 提供的。只要在 TabView 加上 tabViewStyle 修飾器並填入 page 樣式就可以了，如下。預設情況只有在 Dark 模式下才會出現最下方的分頁提示符號，Light 模式不會顯示，稍後再處理這個問題。現在可以左滑右滑這三個頁面了。

```
TabView {
    ...
}
.tabViewStyle(.page)
```

如果想要在 Light 模式中也顯示下方的提示符號，再加一個 indexViewStyle 修飾器就可以，如下。

```
TabView {
    ...
}
.tabViewStyle(.page)
.indexViewStyle(
    .page(backgroundDisplayMode: .always)
)
```

如果細心一點可以發現，在 page 模式下，下方的提示符號顯示的是分頁小圖案，而不是常見的小圓圈圖示。如果想要還成小圓圈圖示，只要將 tabItem 移除就可以，如下。

```
TabView {
    Text("First Page")
    Text("Second Page")
    Text("Third Page")
}
.tabViewStyle(.page)
.indexViewStyle(
    .page(backgroundDisplayMode: .always)
)
```

3-7 使用 SplitView 分割頁面

一般來說，分割頁面這個元件主要是給 iPad 使用的，因為 iPad 螢幕夠大所以可以把一個畫面切割成兩欄或是三欄，若同樣的畫面要在 iPhone 上呈現時，只有在 iPhone Max Pro 機型並且手機為橫向時（Landscape）顯示的畫面才會與 iPad 一樣，其他情況只會顯示單一一個頁面，並不會看到分割頁面的畫面出現。分割頁面使用的元件稱為 NavigationSplitView，其中在第一欄也就是 sidebar 的部分可以使用 List 元件產生選項，使用者點選後的畫面會自動出現在 content 欄或是 detail 欄。若對 List 元件的使用還不熟習的話，建議先看「容器元件」中的 List 章節後再來看此單元較為合適。

下面為 NavigationSplitView 將畫面分為兩欄的基本架構。

```
NavigationSplitView {
    // 第一欄
```

```
} detail: {
    // 第二欄
}
```

首先準備好要放在 List 元件中的資料，之後要將 List 元件放在第一欄，如下。

```
struct Language: Identifiable {
    let id = UUID()
    var name: String
}

var langs: [Language] = [
    .init(name: "Python"),
    .init(name: "C++"),
    .init(name: "Swift"),
    .init(name: "Java"),
    .init(name: "JavaScript")
]
```

接下來在 body 中使用 NavigationSplitView 元件產生兩欄的分割頁面，左側第一欄 sidebar 的內容為 List 選項，也就是選單項目。使用者點選 List 中的項目後，我們可以根據點選的項目編號來更新第二欄 detail 區段中的 View 元件。

```
struct ContentView: View {
    @State private var selectedId: UUID?
    var body: some View {
        NavigationSplitView {
            // 左側 Sidebar 內容
            List(langs, selection: $selectedId) {
                Text($0.name)
            }
        } detail: {
            // 右側 Detail 內容
```

```
            let data = langs.first { lang in
                lang.id == selectedId
            }
            Text(data?.name ?? "")
        }
    }
}
```

這段程式碼在 iPad 中呈現的畫面如下，畫面會分割成左右兩個分頁，但 iPad 拿直的與橫的畫面雖略有不同，但大同小異。此外，若是 iPhone Max Pro 橫向時的畫面與 iPad 相同。

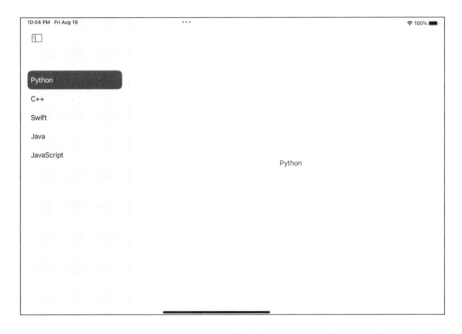

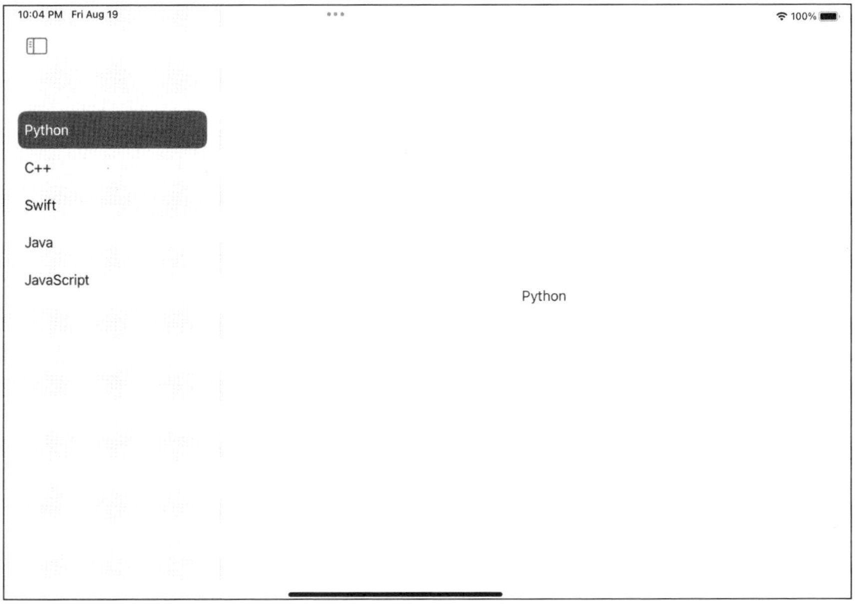

除 iPhone Max Pro 拿橫向外，其餘狀況一開始畫面只會顯示第一欄 sidebar 部分，如下圖左，待使用者點選項目後會將頁面轉到該項目所對映的頁面，也就是定義在第二欄 detail 區段中的畫面，如下圖右，並且在左上方出現「Back」按鈕回到之前的選項頁面。

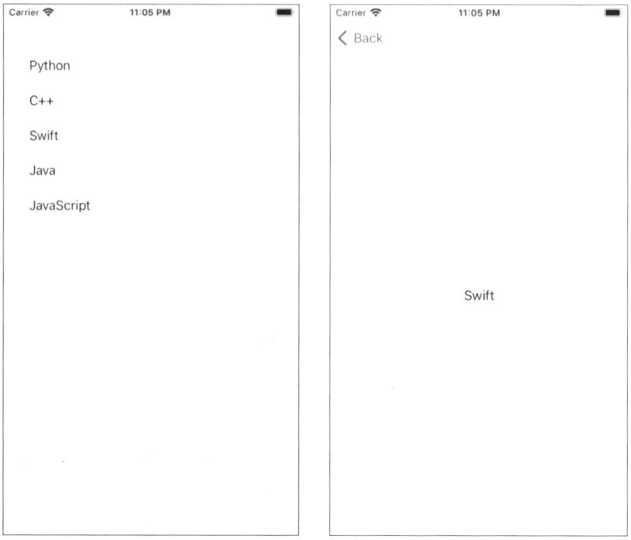

三欄分割頁面

除了兩欄外，NavigationSplitView 也可以設定成三欄，也就是畫面分割成三部分，架構如下。

```
NavigationSplitView {
    // 第一欄
} content: {
    // 第二欄
} detail: {
    // 第三欄
}
```

接下來將說明三欄分割頁面是如何運作的。這個範例會在第一欄 sidebar 讓使用者選擇「奇數」或「偶數」這兩個選項，在第二欄 content 根據使用者在 sidebar 選擇的項目產生幾個奇數或偶數的數字讓使用者點選，最後在第三欄 detail 顯示使用者選到的數字。首先先定義一個 enum 型態，如下。這個型態要放在 ContentView 裡面或外面都可以。

```
enum NumberType {
    case odd
    case even
}
```

接下來在 ContentView 中宣告兩個變數，用來儲存使用者在第一欄與第二欄選到的項目，並且將 NavigationSplitView 放到 body 中。

```
struct ConetentView: View {
    @State private var sidebarId: NumberType?
    @State private var contentId: Int?
    var body: some View {
        NavigationSplitView {
            // 第一欄
        } content: {
            // 第二欄
        } detail: {
            // 第三欄
        }
    }
}
```

這樣基本架構就完成了，現在先來處理第一欄的內容，如下。使用者可以點選奇數或偶數選項，並且使用 NavigationLink 元件讓使用者點選項目後，將 App 畫面轉到第二欄，這是 NavigationLink 放在 NavigationSplitView 中自動擁有的功能，我們不需要指定 NavigationLink 的下一頁是誰。順便使用 scrollDisabled 修飾器關掉 List 元件的滑動功能，因為只有兩個項目，沒什麼好滑動的。預期看到的畫面如下圖右。

```
// 第一欄
List(selection: $sidebarId) {
    NavigationLink(value: NumberType.odd) {
        Text("奇數")
    }
```

```
    NavigationLink(value: NumberType.even) {
        Text("偶數")
    }
}
.scrollDisabled(true)
```

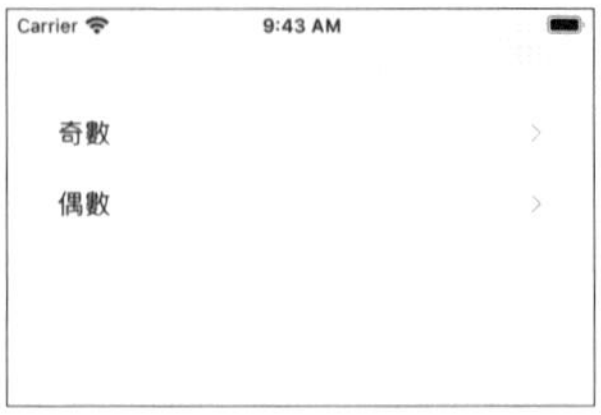

第一欄的程式碼完成後，接下來要處理第二欄的程式碼。這部分要根據使用者選到「奇數」或是「偶數」來決定要顯示「1、3、5...」還是「2、4、6...」。為了程式碼簡潔起見，我們在 ContentView 中自定義一個函數，用來產生需要的數字序列。這個函數的功能很簡單，就是根據傳進去的參數內容來決定要傳出的序列是奇數序列還是偶數序列。

```
private func getSequence(_ type: NumberType?) -> [Int] {
    switch type {
    case .odd:
        return Array(stride(from: 1, through: 10, by: 2))
    case .even:
        return Array(stride(from: 2, through: 10, by: 2))
    case .none:
        return []
    }
}
```

現在來撰寫第二欄的內容，如下。

```
// 第二欄
List(selection: $contentId) {
    ForEach(getSequence(sidebarId), id: \.self) { value in
        NavigationLink(value: value) {
            Text(value, format: .number)
        }
    }
}
```

最後是第三欄的內容，如下。

```
// 第三欄
if let contentId {
    Text("最後選到的數字是 \(contentId)")
} else {
    Text("尚未點選選項")
}
```

全部程式碼已經完成，在 iPad 上執行的畫面如下。

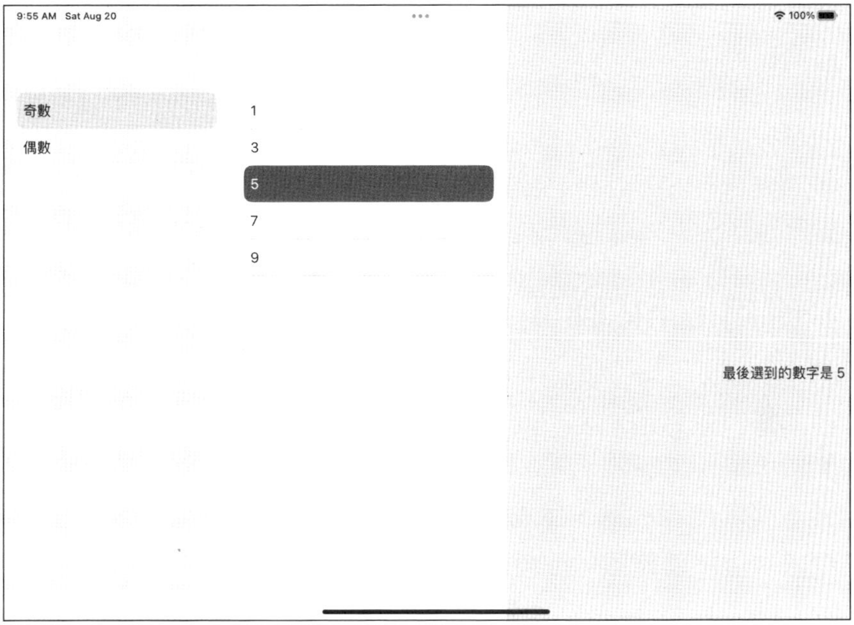

在 iPhone 上執行畫面如下。

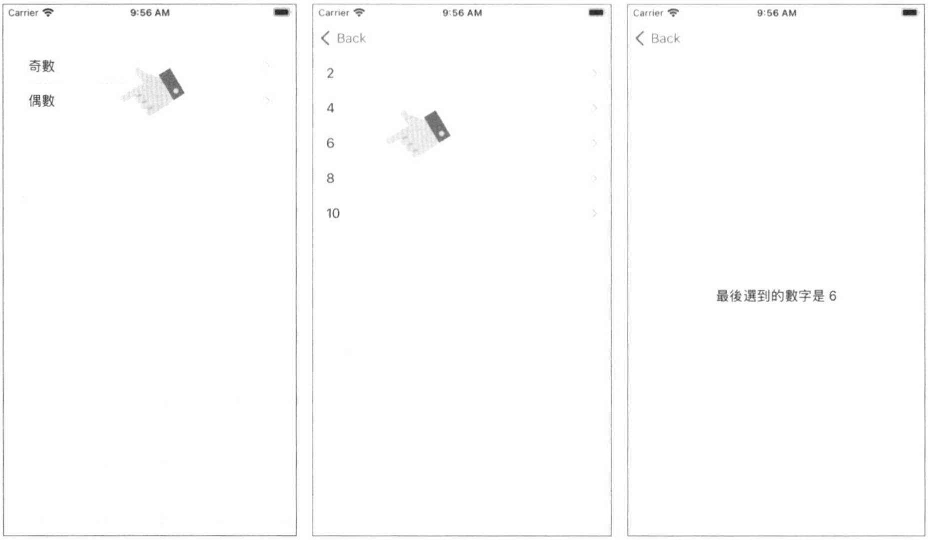

3-8 使用 Link 呼叫系統頁面

有些功能我們可以透過 URL 的方式讓畫面轉到作業系統內建的頁面去，例如開啟 Safari 瀏覽器，或是開啟撥電話介面，這種功能就需要使用 Link 元件。下面這段程式碼，就會在畫面上出現一個超連結，使用者點選後就會開啟 Safari 瀏覽器，並且連到 Apple 網站。

```
struct ContentView: View {
    var body: some View {
        Link("Apple", destination: URL(string: "https://www.apple.com")!)
    }
}
```

若想要在超連結的部分有比較多的排版變化，可以改成下面這樣的寫法，這裡將文字變大一點，並且換成黑色，然後加張圖片在旁邊。

```
Link(destination: URL(string: "https://www.apple.com")!) {
    Label("Apple", systemImage: "applelogo")
        .font(.title)
        .foregroundColor(.black)
}
```

上面的程式碼執行後，點選右圖中黑色的 Logo 與文字就會連到 Apple 網站了。

撥電話

如果把 URL 中的 https 改為 tel，就會啟動詢問使用者是否要通話的介面，使用者同意後就會撥電話了。tel 後方要不要跟 https 一樣加上「//」字串都可以，但 Apple 官方文件公布的資料是不用加。

```
Link(destination: URL(string: "tel:1234567")!) {
    Label("1234567", systemImage: "phone.fill")
        .font(.title)
        .foregroundColor(.black)
}
```

傳簡訊

簡訊使用的協定是 sms，如果對方也是 iPhone，這時就會以 iMessage 協定送出，也就是藍色畫面且不用簡訊費用，如果對方無法使用 iMessage 協定，這時就會以電訊公司的簡訊方式送出，此時為綠色畫面，發送者要付簡訊費用。不論是哪一種發送方式，最後都需要使用者按下「送出」按鈕，無法透過程式碼讓 iPhone 自動送出簡訊，Apple 在保護使用者這部分是非常謹慎的。

```
Link(destination: URL(string: "sms:1234567")!) {
    Label("1234567", systemImage: "message")
        .font(.title)
```

```
        .foregroundColor(.black)
}
```

發送 Email

如果要發送 Email，將 url 中的協定改為 mailto 即可，使用者點選連結後就會啟動預設的郵件 App。相關的 Email 欄位使用標準 url 參數格式填在 url 後面，如下。當然最後需要使用者按下發信按鈕後信件才會真的送出。

```
struct ContentView: View {
    private let to = "tom@email.com"
    private let subject = "中文標題"
    private let content = "內容\n 內容"

    private var mail: String {
        "mailto:\(to)?subject=\(subject)&body=\(content)"
            .addingPercentEncoding(
                withAllowedCharacters: .urlQueryAllowed
            )!
    }

    var body: some View {
        Link(destination: URL(string: mail)!) {
            Image(systemName: "envelope")
                .imageScale(.large)
                .foregroundColor(.black)
        }
    }
}
```

除了 to、subject 與 body 外，還可以加上 cc 與 bcc 欄位。如果內容有中文、韓文、日文這種語系的文字，字串後方加上 addingPercentEncoding 函數處理一下編碼問題。

3-9 資料傳遞

當畫面切換時，很多時候需要將資料從原本的頁面傳遞到新的頁面，或者在新頁面返回時要將資料帶回給原本的頁面。要做到這個功能，能夠使用的方式非常多種，包含了檔案存取、資料庫或是 UserDefaults 類別，這幾種都屬於檔案存取類型的資料傳遞方式，我們將在後續的章節來談這部分， 這裡要介紹的是非檔案存取類型的資料傳遞作法。

單向傳遞

首先來看如果資料只是單向的傳遞，也就是第二個頁面僅接收第一個頁面傳來的資料，而且不需要在返回時將資料再傳回給第一個頁面，這種是最簡單的情況。假設第二個頁面名稱為 SecondView，這個結構可以定義在 ContentView.swift 中或是在專案中再新增一個 SwiftUI View 類型的檔案，兩種作法都可以。在 SecondView 這個頁面中的 Text 元件要顯示的字串是由第一個頁面傳進來的，所以宣告一個變數 text 用來儲存傳進來的資料。

```
struct SecondView: View {
    var text: String = ""
    var body: some View {
        Text(text)
    }
}
```

現在在第一個頁面要將畫面切換到第二個頁面時，只要在 SecondView 的初始化器中加上 text 參數就可以將資料傳給第二個頁面了。下面的範例會在第一個頁面放一個 TextField 元件，用來讓使用者輸入字串，接著按下「Submit」按鈕後會顯示第二個頁面，並且將 TextField 中輸入的字串帶到第二個頁面去。

```
struct ContentView: View {
    @State var isPresented = false
    @State var text = ""
    var body: some View {
        VStack(alignment: .leading) {
            TextField("Account", text: $text)
            Button("Submit") {
                isPresented = true
            }
            .sheet(isPresented: $isPresented) {
                // 將輸入的資料傳遞給下一頁
                SecondView(text: text)
            }
        }
        .padding()
    }
}
```

第一個頁面的預覽結果如下圖左。Account 那幾個字是 TextField 的 placeholder 造成的效果，在這個位置輸入資料，如下圖中，並按下「Submit」按鈕，輸入的資料就會帶到第二頁了，如下圖右。

雙向傳遞 - @State 與@Binding

如果第二頁會修改第一頁傳進來的資料或是第二頁有資料要在返回第一頁時傳回去，只要透過@State 與@Binding 這兩個 Property Wrapper 就可以完成。下面這個範例會在第一頁顯示一個日期，預設是當天。畫面進入第二頁後會顯示一個日曆讓使用者可以選擇日期，然後返回第一頁後，就會顯示使用者在第二頁所選擇的新日期。

首先在第一頁個頁面宣告需要雙向傳遞的變數 date，變數前面加上@State，另外一個變數 isPresented 則是用來決定畫面是否要進到第二頁，預設為 false。

```
struct ContentView: View {
    @State var date = Date()
    @State var isPresented = false
```

然後在第一頁的 body 內容以及預覽畫面加上一個按鈕，按下後開啟第二頁，並且將變數 date 傳到第二頁去。注意傳給第二頁的變數 date 前面需要加上「$」號，這樣第二頁所宣告的變數才能與這個 date 變數連動，呈現的畫面如右圖。

```
var body: some View {
    VStack(spacing: 10) {
        Button("選擇日期") {
            isPresented = true
        }
        .sheet(isPresented: $isPresented) {
            SecondView(date: $date)
        }
        Text(date, style: .date)
    }
}
```

接下來設計第二頁的日曆畫面。使用者選擇的日期需要傳回去給第一頁的 date 變數，因此第二頁需要宣告一個變數與第一頁的 date 變數綁在一起，變數名稱一樣或不一樣都可以，但前面一定要加上@Binding，而且不需要初始化。

```
struct SecondView: View {
    @Binding var date: Date
```

然後在第二頁的 body 中使用日曆元件 DatePicker 顯示日曆，這個元件的詳細使用方式請參考「日期與時間」章節。目前 SecondView 的程式寫完後還無法預覽，你會看到一個錯誤訊息出現，因為此時預覽中的@Binding 變數還沒有初始化，稍後再處理這個問題。

```
var body: some View {
    DatePicker(
        "Pick a date",
        selection: $date,
        displayedComponents: .date
    )
    .datePickerStyle(.graphical)
}
```

現在修改第二頁的預覽程式碼，只要傳入參數 date 所需要的資料就可以預覽了，一般使用 constant 函數傳入目前的日期，如右。

```
struct SecondView_Previews: PreviewProvider {
    static var previews: some View {
        SecondView(date: .constant(Date()))
    }
}
```

執行看看。現在在第二頁選一個新的日期後回到第一頁，第一頁所顯示的日期就會更新成剛剛選擇的。透過@State 與@Binding 方式就可以將資料從第一頁傳到第二頁，並且在第二頁修改後再傳回給第一頁。

發佈訂閱 - @Published 與@EnvironmentObject

當要傳遞的資料更為複雜的時候，定義一個額外的類別來處理資料傳遞會比較適合。例如當變數中的資料要同時被好多頁面取用，或者某個頁面更改了該變數的內容後其他頁面也要同時更新，或者類別本身會更新資料，然後要通知相關的 View 資料改變了。這個類別的角色，相當於 Model-View 架構中的 Model 角色。

要定義這樣的類別，必須符合 ObservableObject 協定規範，並且讓其中的需要傳遞資料的屬性加上@Published 這個 Property Wrapper，這樣該屬性的內容改變時就會主動發出事件給訂閱該屬性的 View 元件收到新資料。例如下面這段程式碼，我們定義了一個名稱為 Preference 的類別，裡面只有一個屬性 color，並且前面加上了@Published，代表這個屬性的作用是發佈資料，也就是只要這個屬性的內容有變動，所有訂閱這個變數的 View 元件都會收到變動後的值。

```
class Preference: ObservableObject {
    @Published var color: Color = .accentColor
}
```

這個 Preference 類別可以放在專案中的任何一個 swift 檔案中，也可以專門為他新增一個 Swift 類型檔案都可以。此外，我們還要在 App 進入點的@main 檔案（檔名為「專案名稱+App.swift」），在 ContentView 的初始化後方呼叫 environmentObject() 函數，並在參數的位置初始化 Preference 類別，如下。

```
WindowGroup {
   ContentView().environmentObject(Preference())
}
```

DataTransfer
DataTransfer 〉 iPhone 8
Build Succeeded | 2022/9/18 at 15:14
DataTransferApp.swift
ContentView.swift
DataTransfer 〉 DataTransfer 〉 DataTransferApp.swift 〉 No Selection
DataTransfer
DataTransfer
DataTransferApp.swift
ContentView.swift
Assets.xcassets
Preview Content
//
// DataTransferApp.swift
// DataTransfer
//
// Created by 朱克剛 on 2022/8/24.
//
import SwiftUI
class Preference: ObservableObject {
    @Published var color: Color = .accentColor
}
@main
struct DataTransferApp: App {
    var body: some Scene {
        WindowGroup {
            ContentView().environmentObject(Preference())
        }
    }
}
Filter
Vim
Line: 1 Col: 1

接下來回到 ContentView.swift，在下方的預覽結構中如果出現錯誤訊息，表示也要加上 environmentObject()，不然 Xcode 右邊的預覽功能會出錯。這個部分可能會根據 Xcode 版本不同而有的要加有的不用加，依據有沒有錯誤訊息來決定就可以了。

```
struct ContentView_Previews: PreviewProvider {
   static var previews: some View {
      ContentView().environmentObject(Preference())
   }
}
```

現在我們要來定義兩個 View 元件，分別產生圓形與矩形圖案。內容幾乎是一樣的，但要宣告一個資料型態為 Preference 類別的屬性，屬性名稱可以任意決定，但前面要加上@EnvironmentObject，這樣才能夠存取

Preference 類別中的@Published 變數 color，這個屬性不要初始化，因為前面已經初始化了。

```
struct CircleView: View {
    @EnvironmentObject var preference: Preference
    var body: some View {
        Circle().fill(preference.color)
    }
}

struct RectangleView: View {
    @EnvironmentObject var preference: Preference
    var body: some View {
        Rectangle().fill(preference.color)
    }
}
```

接下來在 ContentView 中，一樣要宣告一個 Preference 型態的變數，然後加上兩個按鈕來設定 Preference 中的 color 變數值。

```
struct ContentView: View {
    @EnvironmentObject var preference:
Preference
    var body: some View {
        VStack(spacing: 30) {
            HStack {
                Button("Yellow") {
                    preference.color = .yellow
                }
                Button("Brown") {
                    preference.color = .brown
                }
            }
            .buttonStyle(.bordered)
        }
    }
}
```

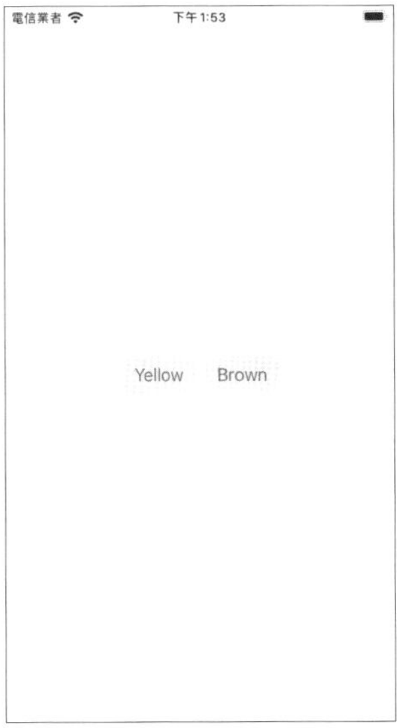

接下來我們將矩形 RectangleView 與圓形 CircleView 直接嵌入到按鈕下方。

```
VStack(spacing: 30) {
    HStack {
        Button("Yellow") {
            preference.color = .yellow
        }
        Button("Brown") {
            preference.color = .brown
        }
    }
    .buttonStyle(.bordered)

    HStack {
        RectangleView()
            .frame(width: 80, height: 150)
        CircleView()
            .frame(width: 150, height: 150)
    }
}
```

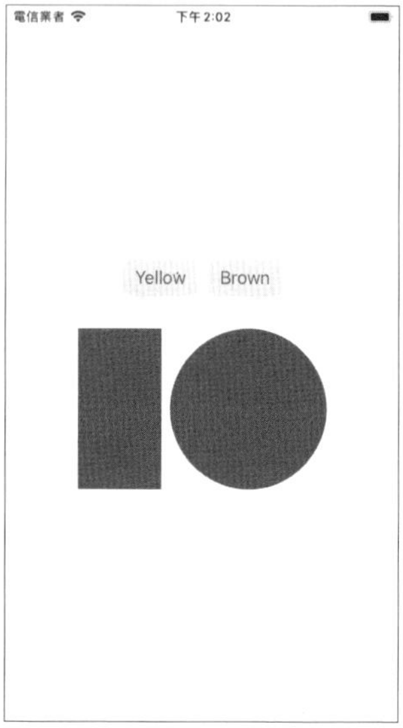

試試看，現在點選「Yellow」按鈕，兩個圖形就會變成黃色，點選「Brown」按鈕，兩個圖形就會同時變成咖啡色。這種資料傳遞的方式，就是透過自定義的 Preference 類別中來發佈顏色（color 屬性）更新訊息。此外，若 RectangleView 或 CircleView 中去改了 Preference 類別中的顏色屬性，這個改變也會立即發佈出去。例如，在 RectangleView 中有個按鈕改變了顏色，這時 CircleView 中的顏色就會立刻跟著改變。

發佈訂閱 - @Published 與@ObservedObject

另外一種發佈與訂閱是透過@Published 與@ObservedObject，功能與@EnvironmentObject 差不多，只是@EnvironmentObject 相當於將發佈訊息的類別其生命週期設定為全域，因為類別的初始化是在 environmentObject()

函數中，而@ObservedObject 則是在每個 struct 中個別初始化，所以初始化後的類別其生命週期為區域。使用@ObservedObject 時，並不需要在專案的程式進入點加上 environmentObject 程式碼，維持 Xcode 預先產生的程式碼就可以了，如下。


```
WindowGroup {
    ContentView().environmentObject(Preference())
}
```

然後在 ContentView 中，將使用@EnvironmentObject 的宣告方式改為@ObservedObject 就可以，但這裡要初始化 Preference 類別，後續的程式碼都不用變。

```
struct ContentView: View {
    @EnvironmentObject var preference: Preference
    @ObservedObject var preference = Preference()
```

最後將下方的預覽結構刪除 environmentObject，也就是恢復原本的程式碼，如下。

```
struct ContentView_Previews: PreviewProvider {
    static var previews: some View {
        ContentView().environmentObject(Preference())
    }
}
```

發佈訂閱 - @Published 與@StateObject

@StateObject 與@ObservedObject 有非常類似功能，差別在於前者會保留屬性值的狀態，而後者可能會重置。這裡換另外一個例子來做說明。我們先定義一個 Counter 類別，並且符合 ObservableObject 協定，如下。

```
class Counter: ObservableObject {
    @Published var n = 0
}
```

接下來定義兩個 View 結構，如下，兩個結構內容幾乎一模一樣，差別只在屬性 counter 所使用的 Property Wrapper 不一樣。

```
struct StateObject_View: View {
    @StateObject var counter = Counter()
    var body: some View {
        HStack {
            Button("StateObject_View") {
                counter.n += 1
            }
            Text(counter.n, format: .number)
        }
    }
}

struct ObservedObject_View: View {
    @ObservedObject var counter = Counter()
    var body: some View {
        HStack {
            Button("ObservedObject_View") {
                counter.n += 1
            }
            Text(counter.n, format: .number)
        }
    }
}
```

接下來在 ContentView 中設計主畫面，內容如下。

```
struct ContentView: View {
    @State private var text = ""
    var body: some View {
        VStack {
            TextField("input", text: $text)
                .textFieldStyle(.roundedBorder)

            StateObject_View()
            Divider()
            ObservedObject_View()
        }
    }
}
```

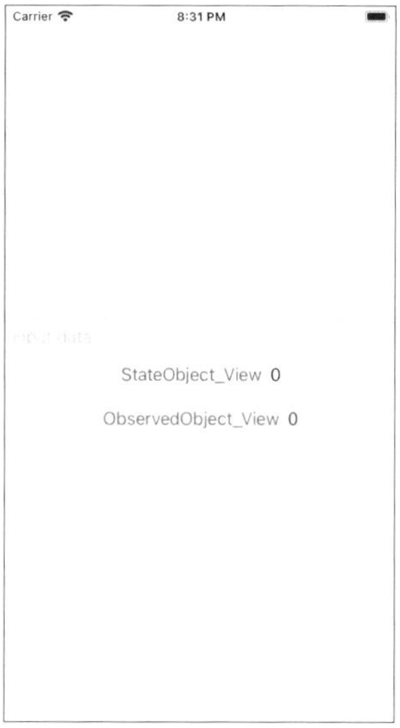

執行看看，先分別在兩個按鈕上點擊，可以看到右方的數字正確的累加，如下圖左。但只要在 TextField 中輸入文字，@ObservedObject 的屬性值就會立刻重置為 0，如下圖右。

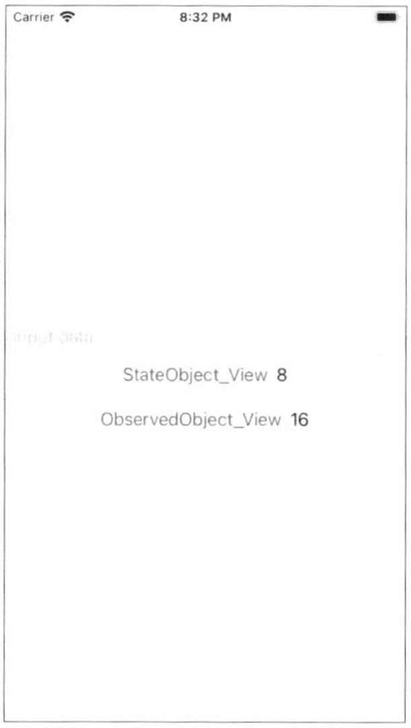

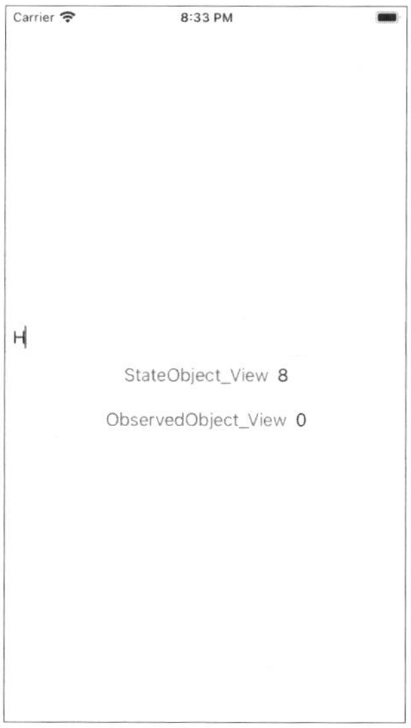

雖然@StateObject 與@ObservedObject 都是搭配@Published 一起使用的 Property Wrapper，功能上也非常類似，但是當上層的 ContentView 內容更新時，StateObject_View 與 ObservedObject_View 也會跟著更新，但加上了@StateObject 的屬性只會初始化一次，並不會隨著 View 被更新而不斷初始化，因此值就會被保存下來。所以如果希望父元件更新時，子元件中的屬性內容不要被重置，就要使用@StateObject，如果希望重置，就要使用@ObservedObject。

訂閱與發佈 – Receive 事件

如果我們需要將發佈端的內容變動，保存在訂閱端的變數中時，就需要靠 onReceive 修飾器來處理。例如發佈端每次會發佈一個新的字串，而訂閱端需要將所有發佈過的字串收集起來。首先，定義一個類別，並符合 ObservableObject 協定。

```
class BreakingNews: ObservableObject {
    @Published var title = ""
}
```

接下來在 ContentView 中宣告三個變數，如下。變數 news 用來訂閱觀察者，也就是 BreakingNews 物件，第二個變數 text 用來跟 TextField 元件綁定，讓使用者可以輸入資料，第三個變數 allNews 用來儲存所有曾經從 BreakingNews 發佈過的資料。

```
struct ContentView: View {
    @ObservedObject private var news = BreakingNews()
    @State private var text = ""
    @State private var allNews = ""
```

現在在 body 中填入下面的程式碼。重點是在最後的 onReceive 修飾器，這裡會收到 BreakingNews 中發佈者 title 所發佈的訊息，所以在這裡將所有的變動都保存到 allNews 變數中。

```
var body: some View {
    VStack(alignment: .leading) {
        HStack {
            TextField("news title", text: $text)
                .textFieldStyle(.roundedBorder)
            Button("發佈") {
                news.title = text
            }
        }
        Text(allNews)
    }
    .padding()
    .onReceive(news.$title) { output in
        allNews += output + "\n"
    }
}
```

執行結果如下，在 TextField 輸入的資料，發佈後都會保存起來，並呈現在下方的 Text 元件中。

04 容器元件

Part 1 SwiftUI

4-1 說明

容器元件的功能是用來容納其他的 View 元件，與排版元件相同的地方雖然都是容納其他的元件，但容器元件並不以排版為主。容器元件會將放置於其中的元件以特定的形式呈現，我們無法改變這個形式。雖然我們可以在容器元件中放置排版元件，然後在排版元件中再放其他的元件讓畫面看起來豐富多樣，但整體形式還是無法跳脫容器元件本身的限制，我們只是在內容上做一些排版的變化而已。

容器元件另一個主要目的，就是為了呈現大量資料，所以當我們要呈現的資料量很多的時候，挑一個適當的容器元件，並且與排版元件互相配合，可以節省很多版面設計時間，這其中以 List 元件最為常用，功能也最豐富完整，是 App 設計中最為重要的一個容器元件，所以我們先從 List 元件介紹起。

4-2 List

List 是很常見的一種元件，呈現出來的畫面就如同 Storyboard 中的 Table View Controller 一樣，只是 List 元件使用上更為方便，程式碼也少很多，不像 Table View Controller 要呈現客製化內容時那麼麻煩。由於 List 屬於容器元件，最簡單的用法就是在 List 中放置其他元件，畫面就會排列的整整齊齊了，如下。

```
var body: some View {
    List {
        Text("Python")
        Text("C++")
        Text("Swift")
        Text("Java")
        Text("JavaScript")
    }
}
```

我們可以先把資料放到一個陣列裡面，之後若陣列內容改變時，List 中呈現的資料可以同步更新。

```
private var items = [
    "Python", "C++", "Swift", "Java", "JavaScript"
]
```

要在 List 中呈現上面這個陣列內容，可以使用兩種方式，第一種將陣列資料放到 List 的初始化器中。

```
List(items, id: \.self) { text in
    Text(text)
}
```

另一種方式是在 List 中使用 ForEach 元件將整個陣列內容一一取出，兩種作法都可以。

```
List {
    ForEach(items, id: \.self) { text in
        Text(text)
    }
}
```

如果需要對特定的內容作一些客製化的調整，例如下面這段程式碼會將「Swift」以粗體字呈現。

```
List(items, id: \.self) { text in
    Text(text)
        .bold(text == "Swift")
}
```

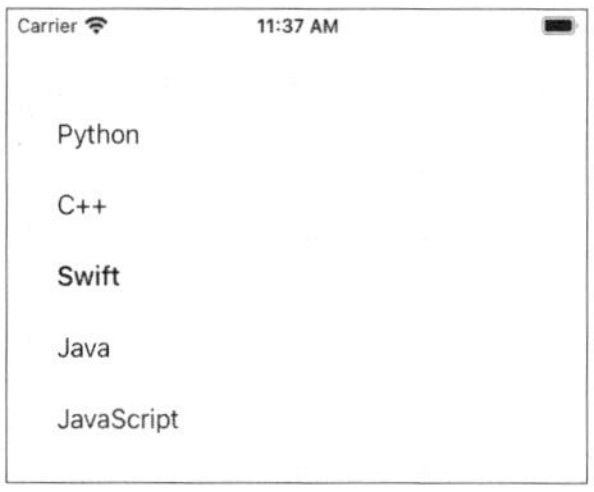

上面兩種作法都可以看到 List 或 ForEach 的初始化器中包含了 id 這個參數，其內容為「\.self」，這個參數的資料型態為 KeyPath，這是一個比較少見的資料型態，存放的內容是「物件.屬性」這樣的路徑。這個資料型態的詳細說明，請見下列網址。

https://www.chainhao.com.tw/keypath/

由於 List 與 ForEach 在很多時候必須能識別所顯示的每一筆資料身份，例如當使用者點選資料時，需要知道是哪筆資料被點選，這時就會用到這個 id 參數。所以，「\.self」的意思是把該筆資料本身當作識別碼。「\.self」事實上省略了結構名稱，完整的寫法應該是「\String.self」，但因為 List 或 ForEach 的第一個參數已經知道要顯示的資料型態為字串，所以第二個參數中的 String 就省略了。

很多時候，要放在 List 中的每筆資料的內容比較複雜，並非只是一個單純的 String，這時候定義一個結構來放每筆資料比較適合，因此我們改一下這個陣列的資料型態，由 String 改成自訂的結構，並且讓這個結構符合 Identifiable 協定，這樣 List 或 ForEach 的初始化參數 id 就可以省略。範例如下，其中 Identifiable 協定要求必須實作屬性 id，一般來說，使用 UUID 當成屬性值是很常見的作法。

```
struct Item: Identifiable {
    var id = UUID()
    var name: String
}
```

接下來就可以將 String 型態的陣列內容改為上面這個結構。

```
var items: [Item] = [
    .init(name: "Python"),
    .init(name: "C++"),
    .init(name: "Swift"),
    .init(name: "Java"),
    .init(name: "JavaScript")
]
```

現在不論是 List 還是 ForEach 的初始化器中都可以省略 id 參數了，如下。

```
List(items) { item in
    Text(item.name)
}
```

若在 List 中使用 ForEach 元件來呈現陣列內容，一樣可以省略 id 參數。

```
List {
    ForEach(items) { item in
        Text(item.name)
    }
}
```

List 是一種容器元件，裡面可以放各式各樣的 View 元件，如果需要排比較複雜的版面，可以在裡面放其他排版用元件，例如 VStack、HStack、Grid 甚至圖表...等都可以，形成畫面非常豐富的樣貌。List 也內建 Scroll Bar，所以當資料筆數超過螢幕高度時，會自動產生 Scroll Bar 讓使用者捲動。

區段、表頭與表尾

我們可以在資料的上方與結尾處加上表頭與表尾資料，只要為資料加上一個區段（section）即可，架構如下。表頭與表尾並不需要同時存在，不要的部分刪掉就可以了。

```
List {
    Section {

    } header: { // 表頭區域

    } footer: { // 表尾區域

    }
}
```

表頭與表尾區域除了放文字外，也可以放其他的 View 元件，這兩個位置內容我們可以客製化處理，例如在表頭放上一個基本的 Text 元件，表尾放上一個 HStack 排版元件，如下。

```
List {
    Section {
        Text("Python")
        Text("C++")
        Text("Swift")
        Text("JavaScript")
        Text("Java")
    } header: { // 表頭區域
        Text("程式語言：共 5 筆資料")
    } footer: { // 表尾區域
        HStack {
            Spacer()
            Button("點選看更多") {
                // 按鈕按下後的程式碼寫這
            }
            .buttonStyle(.bordered)
        }
        .padding()
    }
}
```

我們也可以在 List 中放入兩個 Section，讓資料呈現時有群組的效果，如下。

```
List {
    Section("編譯語言") {
        Text("C++")
        Text("Swift")
        Text("Java")
    }
    Section("直譯語言") {
        Text("Python")
        Text("JavaScript")
    }
}
```

我們可以透過 scrollContentBackground 修飾器將 List 的灰色背景移除掉，如下。

```
List {
    Section("編譯語言") {
        Text("C++")
        Text("Swift")
        Text("Java")
    }
    Section("直譯語言") {
        Text("Python")
        Text("JavaScript")
    }
}
.scrollContentBackground(.hidden)
```

樣式與顏色

List 有幾種內建的樣式可以讓我們選，使用 listStyle 修飾器就可以了，如下。

```
List {
    Text("Python")
    Text("C++")
    Text("Swift")
    Text("Java")
    Text("JavaScript")
}
.listStyle(.grouped)
```

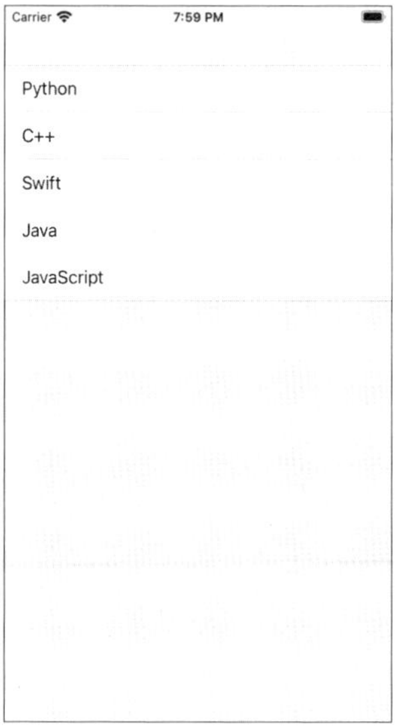

```
List {
    Text("Python")
    Text("C++")
    Text("Swift")
    Text("Java")
    Text("JavaScript")
}
.listStyle(.inset)
```

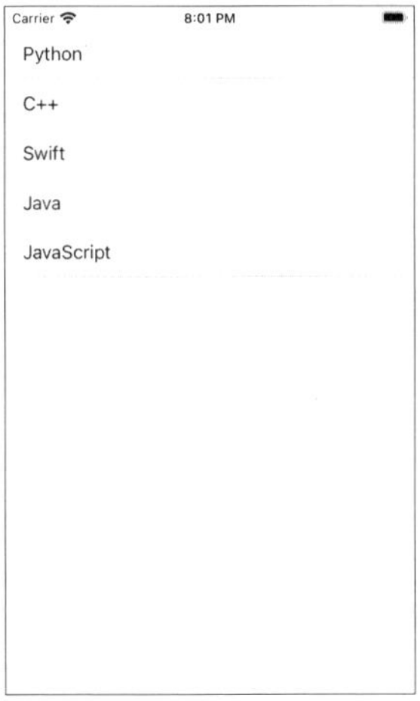


```
List {
    Text("Python")
    Text("C++")
    Text("Swift")
    Text("Java")
    Text("JavaScript")
}
.listStyle(.insetGrouped)
```

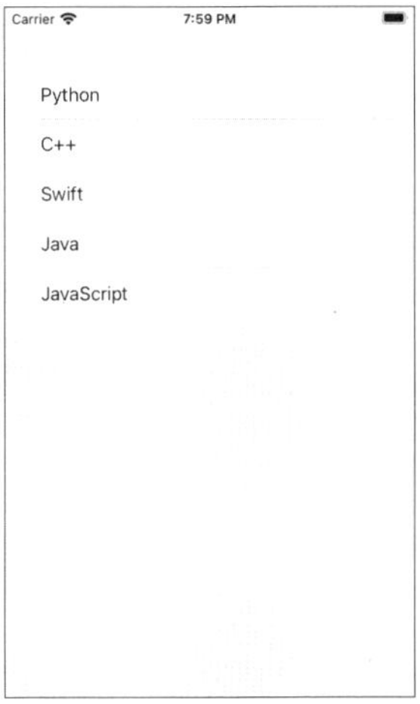


```
List {
    Text("Python")
    Text("C++")
    Text("Swift")
    Text("Java")
    Text("JavaScript")
}
.listStyle(.plain)
```

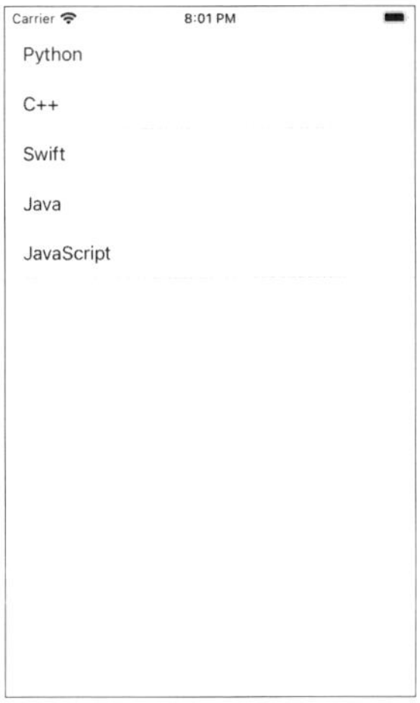

最後一種 sidebar 要在有 Section 的 List 才看得出效果，如下。注意每個 Section 右邊會出現收合按鈕，使用者點選後可以收合這個 Section。

```
List {
    Section("編譯語言") {
        Text("C++")
        Text("Swift")
        Text("Java")
    }
    Section("直譯語言") {
        Text("Python")
        Text("JavaScript")
    }
}
.listStyle(.sidebar)
```

顏色設定上，首先來看如何設定儲存格的背景顏色，也就是整個儲存格的背景換成別的顏色，如下。

```
List {
    Text("Python")
    Text("C++")
    Text("Swift")
        .listRowBackground(Color.orange)
    Text("JavaScript")
    Text("Java")
}
```

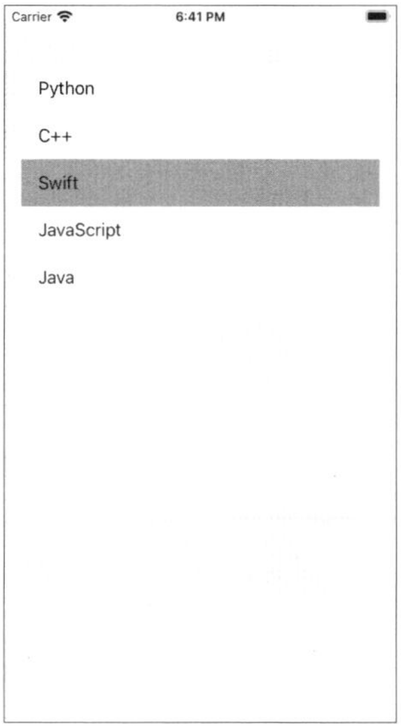

移除儲存格與儲存格間的分隔線，這個設定是針對個別儲存格設定，並且可以設定移除儲存的的上方線條還是下方線條，預設是上下皆移除。例如下面這個範例，C++儲存格的上下分隔線都移除了，而 JavaScript 只移除了下方的分隔線。

```
List {
    Text("Python")
    Text("C++")
        .listRowSeparator(.hidden)
    Text("Swift")
    Text("JavaScript")
        .listRowSeparator(.hidden,
edges: .bottom)
    Text("Java")
}
```

修改分隔線顏色是使用 listRowSeparatorTint，預設是上下兩條線都為同樣顏色，也可以加上 edges 參數分別設定上下線條是不同顏色。

```
List {
    Text("Python")
    Text("C++")
    Text("Swift")
        .listRowSeparatorTint(.black)
    Text("JavaScript")
    Text("Java")
}
```

點選列

要得知使用者點選 List 中的哪一列資料時，必須先宣告一個變數，這個變數用來儲存 Identifiable 協定中的 id 屬性值，所以宣告的屬性型態需要跟 Identifiable 中的 id 型態一致，如下。資料型態為「UUID?」時 List 為單選，也可以支援複選，但複選的型態要換，稍後介紹。

```
@State private var selectedId: UUID?
```

接下來在 List 的初始化器中加上 selection 參數，這樣就支援單選了。使用者點選某一列時，該列的背景顏色就會變成灰色，代表使用者選到了這一列，而該列的 id 就會儲存到 selectedId 變數中，最後把點選到的那一列資訊用 print()印出來。

```
List(items, selection: $selectedId) { item in
    Text(item.name)
}
.onChange(of: selectedId) { newValue in
    let tmp = items.first { item in
        item.id == selectedId
    }
    print(tmp?.name)
}
```

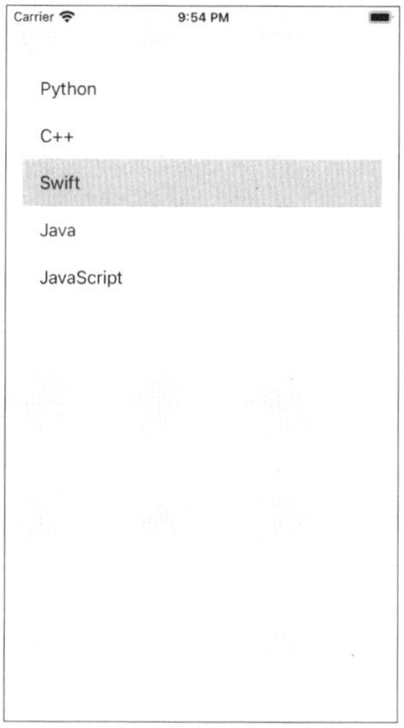

接下來的範例會說明如何利用 selectedId 變數修改使用者點選到的那一列中的資料內容。這裡使用 HStack 元件來組合兩個元件，打算在每一列的文字前面加上一個圖示，用來顯示使用者是否點選了該列。我們先在 ContentView 中自行定義一個函數，用來決定顯示何種圖示。

```
struct ContentView: View {
    ...
    private func indicatorImage(_ selected: Bool) -> some View {
        Image(systemName: selected ? "checkmark.circle.fill" : "circle")
            .foregroundColor(selected ? .accentColor : .gray)
            .imageScale(.large)
    }
    ...
}
```

然後修改一下 List 內容，就可以根據使用者點選的儲存格來改變該儲存格中的圖示了。

```
List(items, selection: $selectedId) { item in
    HStack {
        indicatorImage(selectedId == item.id)
        Text(item.name)
    }
}
```

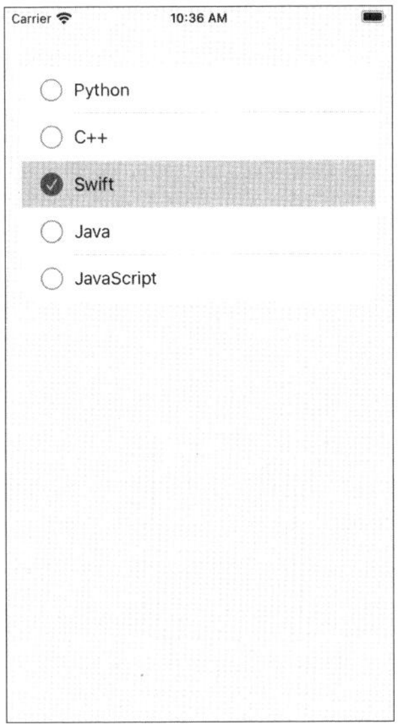

複選

上面的範例是單選，如果要讓使用者可以在 List 上複選，只要將變數 selectedId 的資料型態改為集合，這樣 List 就支援複選了，所選到的資料的 id 值就會存進 selectedId 變數中，換句話說，List 要支援單選還是複選，純粹看傳入 List 的 selection 參數的資料型態來決定。這裡先把變數型態改為集合。

```
@State private var selectedId = Set<UUID>()
```

複選在使用者操作上分成裝置有實體鍵盤與無實體鍵盤兩種操作，有實體鍵盤的裝置在複選時只要按下 Command 鍵然後再點選儲存格，就可以做到複選，程式碼只要略微調整一下就可以了，如下。

```
List(items, selection: $selectedId) { item in
    HStack {
        indicatorImage(
            selectedId.contains(item.id)
        )
        Text(item.name)
    }
}
```

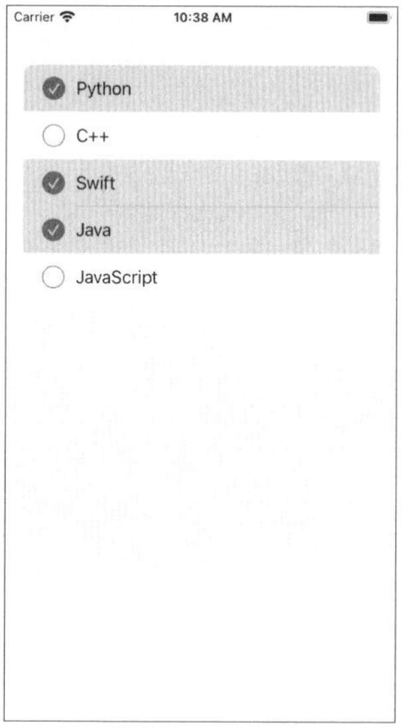

如果裝置沒有實體鍵盤，在複選時就需要先將 List 進入編輯模式，這樣使用者才可以複選。如果 List 進入編輯模式並且變數 selectedId 的資料型態為 Set 時，每列最前方的圈圈圖示為內建，因此在程式碼中就不需要再手動加上這個圖示（請見「點選列」單元）。下方的程式碼會讓 List 一開始就進入編輯模式，並且移除了最前方顯示圈圈的程式碼。

```
List(items, selection: $selectedId) { item in
    Text(item.name)
}
.environment(\.editMode, .constant(.active))
```

如果我們希望讓使用者可以有個按鈕來決定是否要進入編輯模式，程式碼改為如下的寫法，就可以在畫面上方的工具列加上編輯按鈕。

```
NavigationStack {
   List(items, selection: $selectedId) { item in
      Text(item.name)
   }
   .navigationTitle("Language")
   .toolbar {
      EditButton()
   }
}
```

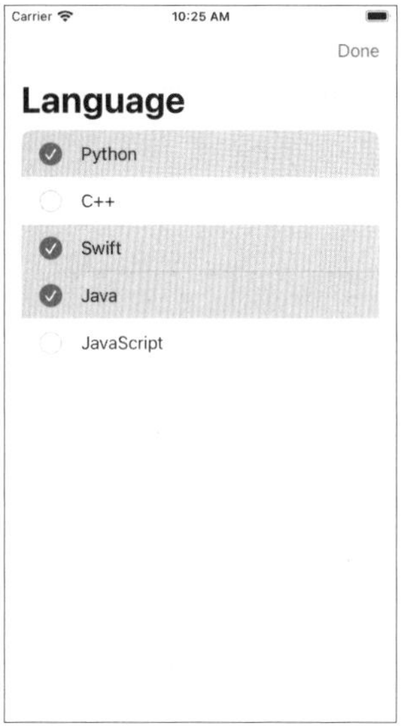

當使用複選功能時，除非所寫的程式是在 macOS 上執行，因為 macOS 的電腦一定會有實體鍵盤可以按 Command 鍵，至於其他的平臺，例如 iOS 或 iPadOS 必須讓 List 進入編輯模式後再讓使用者操作複選。

點選後換頁

想要讓使用者點選某一列後讓畫面切換到另一頁，可以使用 NavigationStack 元件輕易做到這個功能，當然還有其他的換頁方式，請參考「頁面切換」章節。使用 NavigationStack 有兩種作法，在介紹這兩種作法之前，先將點選後的下一頁畫面設計好，如下。

```
struct ItemDetailView: View {
   var item: Item!
   var body: some View {
      Text(item.name)
   }
}
```

第一種點選 List 後切換頁面的寫法如下，在 NavigationLink 的 Closure 區段初始化下一頁的 View 元件，也就是 ItemDetailView，並傳入點選到的那一列資料。

```
var body: some View {
    NavigationStack {
        List(items) { item in
            NavigationLink(item.name) {
                ItemDetailView(item: item)
            }
        }
        .navigationTitle("Language")
    }
}
```

NavigationStack 新功能

現在要來看第二種寫法。第二種寫法使用了 NavigationStack 的新功能，透過 navigationDestination 修飾器來換頁。首先，要改寫 Item 結構，讓他符合 Hashable 協定，只要加上 Hashable 即可其他地方都沒有改變。

```
struct Item: Identifiable, Hashable {
    let id = UUID()
    var name: String
}
```

然後將 NavigationLink 改成如下的寫法，就完成了。這種寫法的特色就是根據 List 中各項目的資料型態來決定要換成哪一頁，由於目前所有項目的資料型態都是 Item，所以修飾器 navigationDestination 只要實作一個就可以。

```
var body: some View {
    NavigationStack {
        List(items) { item in
            NavigationLink(item.name, value: item)
        }
        .navigationTitle("Language")
        .navigationDestination(for: Item.self) { item in
            ItemDetailView(item: item)
        }
    }
}
```

再看一個例子。在這個例子中，顯示在 List 元件的資料包含了兩種不同的資料型態，這時透過 navigationDestination 修飾器很容易可以處理不同型態的資料切換到不同的頁面。首先先將要顯示在 List 中的資料準備好，如下。

```
struct Restaurant: Identifiable, Hashable {
    var id = UUID()
    var name: String
}

struct Hotel: Identifiable, Hashable {
    var id = UUID()
    var name: String
}

let hotels = [
    Hotel(name: "君悅酒店"),
    Hotel(name: "寒舍艾麗酒店"),
    Hotel(name: "晶華酒店")
]

let restaurants = [
    Restaurant(name: "鼎泰豐"),
    Restaurant(name: "士林夜市")
]
```

然後將資料顯示在 List 上。這裡使用兩個 Section 元件，讓顯示的飯店與餐廳資料可以分成兩個區段，並且加上區段標題。

```
NavigationStack {
    List {
        Section("飯店") {
            ForEach(hotels) { data in
                NavigationLink(value: data) {
                    Text(data.name)
                }
            }
        }

        Section("餐廳") {
            ForEach(restaurants) { data in
                NavigationLink(value: data) {
                    Text(data.name)
                }
            }
        }
    }
    .navigationTitle("旅遊指南")
}
```

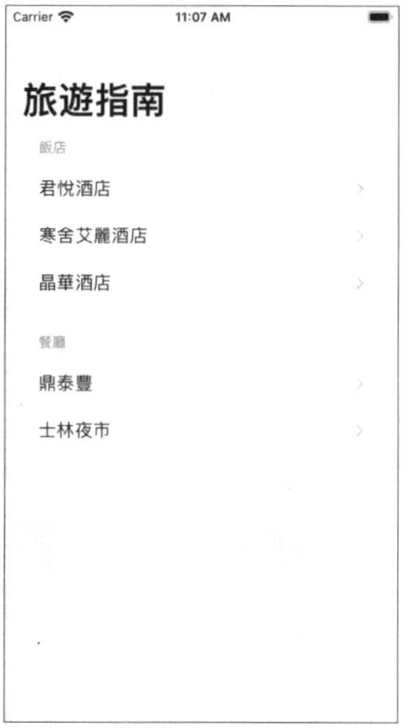

接下來在 navigationTitle 修飾器下方加上兩個 navigationDestination 修飾器，分別在使用者點選餐廳類項目與飯店類項目時，可以顯示不同的排版畫面。

```
NavigationStack {
    List {
        ...
    }
    .navigationTitle("旅遊指南")
    .navigationDestination(for: Hotel.self) {
        Text("飯店推薦：\($0.name)")
    }
    .navigationDestination(for: Restaurant.self) {
```

```
        Text("餐廳推薦：\($0.name)")
    }
}
```


上面的範例是由兩個陣列與 List 中的兩個 Section 設計出來的畫面，但有時候只會有一個陣列與一個 Section 但是要做到同樣的功能，也就是點選不同項目會切換到不同頁面，這時該如何處理呢？首先我們將 hotels 與 restaurants 這兩個陣列內容合併成一個就好，注意資料型態為 Any，如下。

```
let spots: [Any] = [
    Hotel(name: "君悅酒店"),
    Hotel(name: "寒舍艾麗酒店"),
    Hotel(name: "晶華酒店"),
    Restaurant(name: "鼎泰豐"),
    Restaurant(name: "士林夜市")
]
```

接下來在 List 中使用一個 Section（預設就是一個）來呈現 spots 陣列中的所有項目，並且透過判斷式來判定每個項目的原始資料型態，這樣當使用者點選飯店或餐廳時，就會自動切換到不同類型的頁面了。

```
var body: some View {
    NavigationStack {
        List {
            ForEach(0..<spots.count, id: \.self) { index in
                if let spot = spots[index] as? Hotel {
                    NavigationLink(spot.name, value: spot)
                }
                else if let spot = spots[index] as? Restaurant {
                    NavigationLink(spot.name, value: spot)
                }
            }
        }
        .navigationTitle("旅遊指南")
        .navigationDestination(for: Hotel.self) {
```

```
            Text("飯店推薦：\($0.name)")
        }
        .navigationDestination(for: Restaurant.self) {
            Text("餐廳推薦：\($0.name)")
        }
    }
}
```

與搜尋列結合

在 SwiftUI 中，搜尋列並不是元件而是修飾器，名稱為 searchable。我們可以將 searchable 修飾器裝在 NavigationStack 中的 List 元件上，來搜尋 List 中的資料。

```
struct ContentView: View {
@State private var text = ""
var body: some View {
    NavigationStack {
        List {
            ForEach(items) { item in
                if item.name.contains(text) || item.name.isEmpty {
                    Text(item.name)
                }
            }
        }
        .searchable(text: $text)
    }
} }
```

這段程式碼產生的畫面如下，當使用者在搜尋列中輸入資料的同時，List 中所顯示的內容就會立即反應搜尋結果，也就是支援隨打隨搜尋的功能。

編輯模式

List 元件在預設情況下，可以讓使用者瀏覽資料與點選，但 List 還有一個編輯模式，在編輯模式下可以讓使用者刪除儲存格與調整儲存格順序。SwiftUI 已經內建讓 List 進入編輯模式的函數，稱為 EditButton()，並且函數本身還包含了一個按鈕。首先先把要顯示在 List 上的資料準備好，這份資料必須是可編輯的變數，不能宣告為常數。一般來說，List 的編輯按鈕會習慣放在導覽列右方，如下，注意右上角的「Edit」按鈕。

```
NavigationStack {
    List {
        ForEach(items) { item in
            Text(item.name)
        }
    }
    .navigationTitle("Languages")
    .toolbar {
        EditButton()
    }
}
```

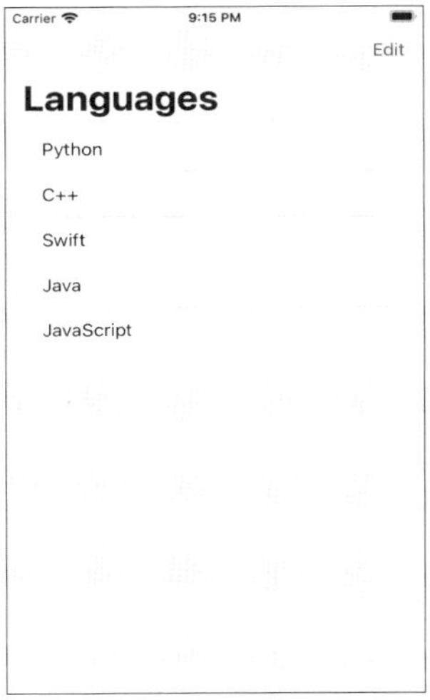

目前這個 Edit 按鈕按下去 List 還不會有任何作用，因為要讓 List 可以左滑刪除，必須實作 onDelete 修飾器；要讓 List 可以移動儲存格，要實作 onMove 修飾器，如下。

```
NavigationStack {
    List {
        ForEach(items) { item in
            Text(item.name)
        }
        .onDelete { indexSet in
            items.remove(atOffsets: indexSet)
        }
        .onMove { indexSet, to in
            items.move(fromOffsets: indexSet, toOffset: to)
        }
    }
    .navigationTitle("Languages")
    .toolbar {
        EditButton()
    }
}
```

現在按下按鈕，List 就真正可以刪除儲存格與移動儲存格了，如右圖。

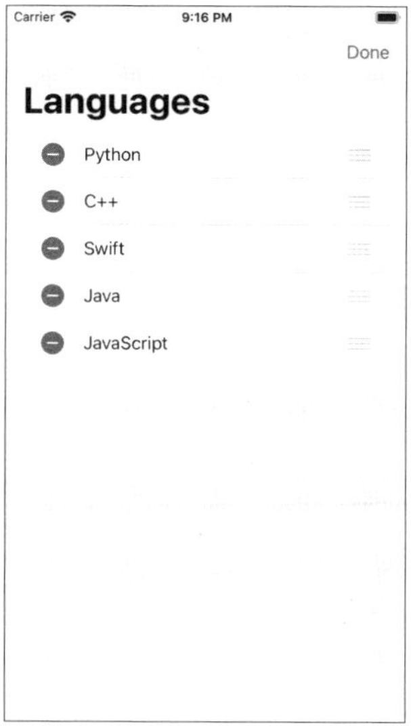

只要刪除資料

由於在 List 上左滑刪除資料這個功能太常使用，每次都要進入編輯模式實在有點麻煩，因此如果只是要左滑刪除功能的話，在 List 加上 onDelete 修飾器就可以了，如下。

```
List {
    ForEach(items) { item in
        Text(item.name)
    }
    .onDelete { indexSet in
        items.remove(atOffsets: indexSet)
    }
}
```

左滑與右滑按鈕

在預設模式下，List 支援左滑與右滑儲存格後在滑出的空間上放按鈕的功能，這個功能稱為 swipeActions，如下，預設是儲存格左滑後出現按鈕。

```
List {
    ForEach(items) { item in
        Text(item.name)
            .swipeActions {
                Button(role: .destructive) {
                    // 按鈕按下後要做的事情寫這
                } label: {
                    Text("Delete")
                }
            }
    }
}
```

上面這段程式碼讓使用者可以左滑儲存格後出現刪除按鈕，點選按鈕後要做的事情就寫在按鈕裡面即可，畫面如右圖。這個功能不需要讓 List 進入編輯模式就可以操作了。

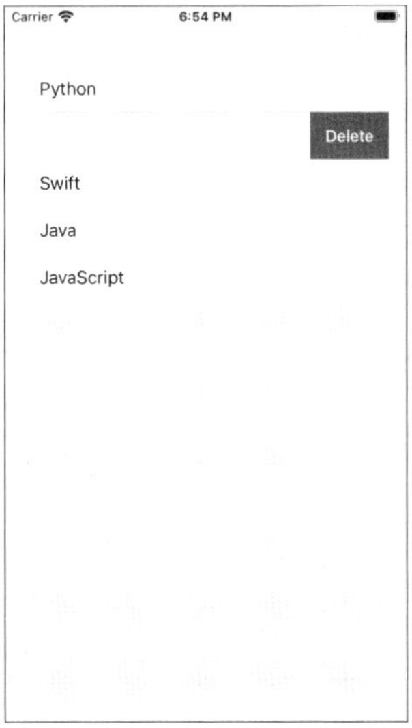

當然按鈕可以不只一個，而且也沒限制只能放右邊，按鈕要放左邊也可以，也就是使用者右滑儲存格，然後在左邊滑出來的空間上放按鈕，如下。

```
List {
    ForEach(items) { item in
        Text(item.name)
            .swipeActions(edge: .leading) {
                Button {
                    // 按鈕 1 按下後要做的事情寫這
                } label: {
                    Label("Share", systemImage: "square.and.arrow.up")
                }
                .tint(.blue)

                Button {
                    // 按鈕 2 按下後要做的事情寫這
                } label: {
                    Label("Info", systemImage: "info.circle")
                }
                .tint(.purple)
```

```
            }
        }
    }
```

執行看看，儲存格往右滑之後的畫面如右，出現兩個按鈕讓使用者點選。最左邊的是按鈕 1，右邊有個「i」符號的是按鈕 2。

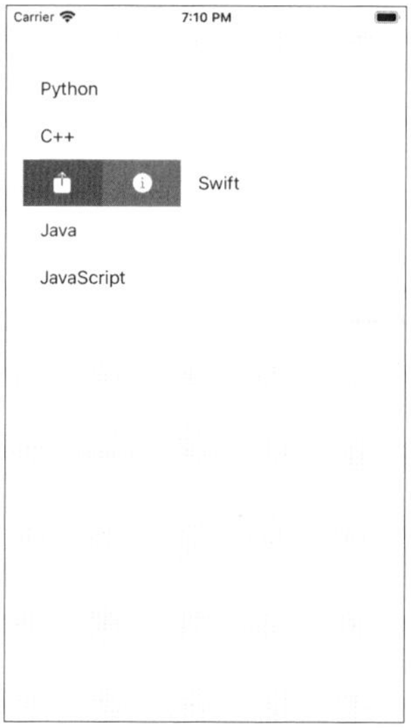

下拉更新

List 內建了下拉更新的功能，只要加上 refreshable 修飾器就完成了，如下。使用者只要將 List 往下拉動就會觸發這個修飾器，並且顯示一個預設的轉圈圈圖案。

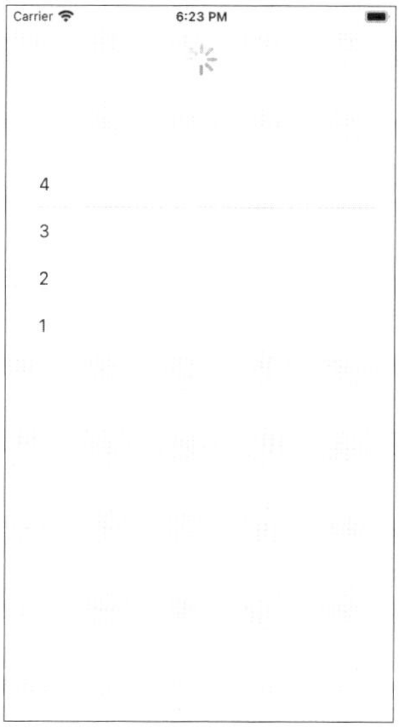


```
@State private var n: [Int] = [1]
var body: some View {
    List(n, id: \.self) { value in
        Text(value, format: .number)
    }
    .refreshable {
        n.insert(n.count + 1, at: 0)
    }
}
```

4-3 Form

有一個跟 List 呈現出來的畫面幾乎一樣的元件，稱為 Form。這個元件主要用途是呈現一個讓使用者可以輸入資料的表單畫面，所以放在 Form 裡面的元件會以輸入資料為主的元件，例如 TextField、SecureField、Toggle、Picker...等這些元件。但事實上這些元件也可以放在 List 裡面，畫面是一樣的，只是 Form 的功能比 List 少，例如不支援使用者點選列，並且呈現的樣式也比 List 少。

```
var body: some View {
    Form {
        Section {
            TextField("username", text: .constant(""))
            SecureField("password", text: .constant(""))
        }
        Section {
            Toggle("Administrator", isOn: .constant(false))
        }
        Section {
            Button("Login") {

            }
        }
    }
}
```

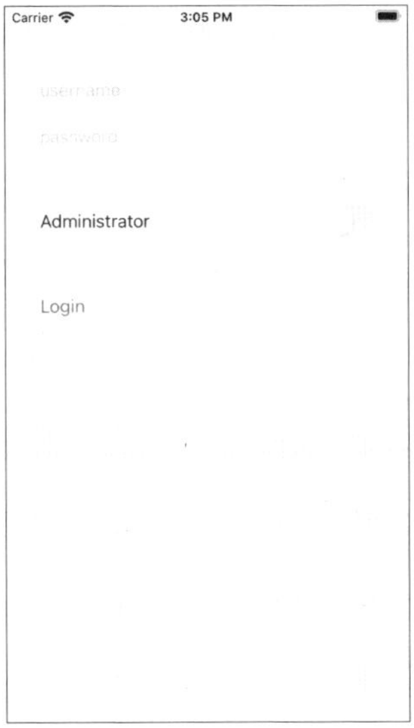

上面程式碼呈現的畫面結果如右圖，如果我們將 Form 改為 List，畫面結果是一樣的。

其實 Form 與 List 最大不同處在於兩者在 macOS 上呈現的畫面略有不同，除此之外，使用 Form 或是 List 基本沒有差異。下面是 List 以 insetGrouped 樣式呈現的程式碼，這是目前 List 的預設樣式，也是 Form 的預設樣式。

```
List {
    ...
}
.listStyle(.insetGrouped)
```

當然 List 與 Form 可能會在某些細節的地方略有不同，甚至不同的作業系統版本是 Xcode 版本也可能會形成差異，建議使用時還是在各平臺上測試一下，看看畫面是否符合所需較為妥當。

4-4 Table

Table 是一個新的元件，可以非常簡單的讓資料以列的形式呈現。Table 元件的主要特色是用來呈現當資料有非常多欄位時，例如資料庫中的資料表，且為了節省大量排版時間，這時 Table 就是一個適合的元件了。但 Table 元件只有在 Mac 與 iPad 裝置上才會完整顯示所有欄位，iPhone 只會顯示第一欄資料，所以使用這個元件時，必須考慮在不同裝置上需要有不同的排版方式。

先準備好一份天氣資料，包含了城市名稱、最高溫度、最低溫度與降雨機率，如下。

```
struct Weather: Identifiable {
    let id = UUID()
    var city: String
    var highTemp: Int
    var lowTemp: Int
```

```
    var rain: Int
}

let today: [Weather] = [
    .init(city: "臺北", highTemp: 34, lowTemp: 26, rain: 70),
    .init(city: "新竹", highTemp: 32, lowTemp: 30, rain: 60),
    .init(city: "臺中", highTemp: 34, lowTemp: 31, rain: 60),
    .init(city: "臺東", highTemp: 32, lowTemp: 30, rain: 30),
    .init(city: "花蓮", highTemp: 31, lowTemp: 25, rain: 40)
]
```

在 Table 元件中使用 TableColumn 元件顯示上述資料，如下。

```
Table(today) {
    TableColumn("城市", value: \.city)
    TableColumn("高溫") {
        Text("\($0.highTemp) °C")
    }
    TableColumn("低溫") {
        Text("\($0.lowTemp) °C")
    }
    TableColumn("降雨機率") {
        Text("\($0.rain) %")
    }
}
```

上述程式碼中的 TableColumn 使用了兩種語法。在第一欄的位置要顯示「城市」名稱，由於資料中的屬性 city 型態為 String，並且在此欄中也只打算用 Text 元件顯示字串時，這時就可以在 TableColumn 中加上 value 參數，並且填入屬性 city 的 key path 路徑即可。但是若要顯示的資料不是 String 型態，或是該欄中還要加上更多的 View 元件時，就必須使用 TableColumn 的 Closure 語法，將要顯示的資料放到 Closure 區段中，例如高溫、低溫與降雨機率都是用這種語法來呈現。呈現的結果如下圖，必須在 iPad 或 Mac 才能看到下圖左的樣子，其餘都是下圖右的樣子。

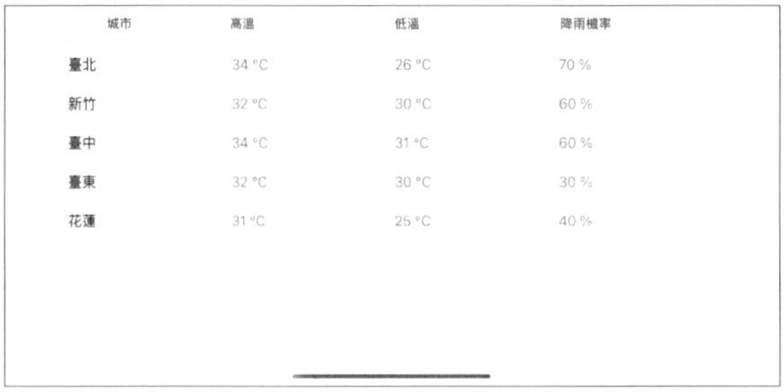

城市 高溫 低溫 降雨機率
臺北 34 °C 26 °C 70 %
新竹 32 °C 30 °C 60 %
臺中 34 °C 31 °C 60 %
臺東 32 °C 30 °C 30 %
花蓮 31 °C 25 °C 40 %

排序

若要讓使用者可以點選 Table 中每欄的標題來排序該欄資料，首先必須讓 Table 開啟排序功能，然後再決定哪些欄要支援排序，總共有四個地方需要處理。首先需要宣告一個型態為 KeyPathComparator 的陣列，內容代表哪一欄的標題上有預設的排序標記，下面程式中設定的是 highTemp（高溫）欄位；再來要修改 Table 的初始化器，加上 sortOrder 參數；第三要決定哪些欄支援排序，只要在 TableColumn 加上 value 參數就支援排序，沒有這個參數的欄位就不支援排序，以下面的程式碼而言四個欄位全部支援；最後 Table 要加上 onChange 修飾器，當使用者點選欄標題的時候，Table 才會針對該欄內容進行排序。

```
@State private var sortOrder = [KeyPathComparator(\Weather.highTemp)]

var body: some View {
    Table(today, sortOrder: $sortOrder) {
        TableColumn("城市", value: \.city)
        TableColumn("高溫", value: \.highTemp) {
            Text("\($0.highTemp) °C")
```

```
        }
        TableColumn("低溫", value: \.lowTemp) {
            Text("\($0.lowTemp) °C")
        }
        TableColumn("降雨機率", value: \.rain) {
            Text("\($0.rain) %")
        }
    }
    .onChange(of: sortOrder) {
        today.sort(using: $0)
    }
}
```

這段程式碼執行後的畫面如下，注意欄標題的位置具有排序符號，代表該欄目前的排序狀況，例如下圖針對高溫資料由小到大做排序。

城市	高溫 ⌄	低溫	降雨機率
花蓮	31 °C	25 °C	40 %
新竹	32 °C	30 °C	60 %
臺中	34 °C	31 °C	60 %
臺北	34 °C	26 °C	70 %
高雄	36 °C	32 °C	30 %

點選列

Table 也支援使用者點選某一列或者複選多列，作法與 List 元件一樣，但複選與排序兩個功能不要一起使用，會出現錯誤。以單選為例，先宣告一個@State 變數，如下。

```
@State private var selectedId: UUID?
```

然後在 Table 的初始化器中加上 selection 參數就可以讓使用者點選 Table 中的某一列了。

```
Table(today, selection: $selectedId) {
    TableColumn("城市", value: \.city)
    TableColumn("高溫") {
        Text("\($0.highTemp) °C")
    }
    TableColumn("低溫") {
        Text("\($0.lowTemp) °C")
    }
    TableColumn("降雨機率") {
        Text("\($0.rain) %")
    }
}
```

複選

若要複選，先將@State 變數改為集合，如下。

```
@State private var selectedId = Set<UUID>()
```

然後將 Table 設定為編輯模式就可以了。請同時參考 List 元件的複選，在該單元有更多的複選說明，該說明也適用於 Table 元件。

```
Table(today, selection: $selectedId) {
    TableColumn("城市", value: \.city)
    TableColumn("高溫") {
        Text("\($0.highTemp) °C")
    }
    TableColumn("低溫") {
        Text("\($0.lowTemp) °C")
    }
    TableColumn("降雨機率") {
        Text("\($0.rain) %")
    }
}
.environment(\.editMode, .constant(.active))
```

iPhone 處理

由於 Table 元件只能在 iPad 或 Mac 上才會完整顯示，其餘情況都只會顯示 Table 的第一欄資料，因此，如果需要在只能顯示第一欄的裝置或狀態時做一些額外的處理，例如這時換成別的元件來顯示資料，那就需要取得什麼時候會完整顯示整個 Table 內容而什麼時候只會顯示 Table 中的第一欄。下面這段程式碼會在 Table 只能顯示第一欄的時後，換成 Text 元件，實際開發的真實系統，我們可以把 Text 元件換成其他需要的元件。

```
struct ContentView: View {
    @Environment(\.horizontalSizeClass)
    var widthClass: UserInterfaceSizeClass?
    @Environment(\.verticalSizeClass)
    var heightClass: UserInterfaceSizeClass?

    var body: some View {
        if widthClass == .regular, heightClass == .regular {
            Table(today) {
                ...
            }
        } else {
            Text("Hello, World!")
        }
    }
}
```

然後在各種狀態下試試這段程式碼什麼時候會顯示完整的 Table，什麼時候會顯示「Hello, World!」字串。例如將 iPad 轉成橫向，並且開啟多工模式，當 App 佔據 2/3 畫面時會顯示完整 Table，1/2 或 1/3 畫面的 App 只會顯示「Hello, World!」字串。如下圖開啟了 iPad 的多工模式，左側為 2/3 畫面，所以 Table 元件完整顯示，右側為 1/3 畫面，Table 元件就被換成了 Text 元件。

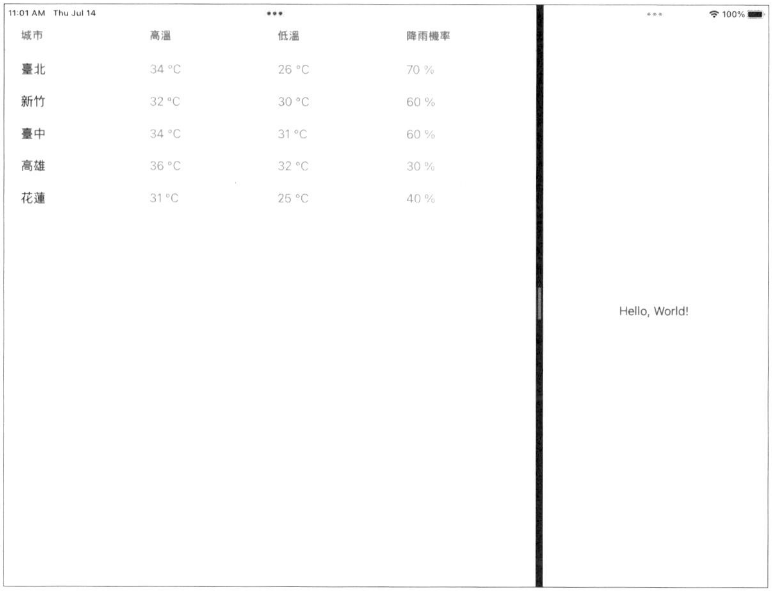

11:01 AM Thu Jul 14
100%
城市 高溫 低溫 降雨機率
臺北 34 °C 26 °C 70 %
新竹 32 °C 30 °C 60 %
臺中 34 °C 31 °C 60 %
高雄 36 °C 32 °C 30 %
花蓮 31 °C 25 °C 40 %
Hello, World!

如果在 iPad 上不開啟多工模式，則不論如何轉向，Table 都會完整呈現。而 iPhone 裝置的使用者，只會顯示「Hello, World!」字串。順道一提，在 Xcode 14 beta 版本時，Table 元件可以在 iPhone Pro Max 機型且橫向時完整顯示內容，但在正式版發佈後就取消了，所以現在只能顯示第一個欄位。未來也許會再開放讓 iPhone 機型顯示完整內容，因此使用這個元件開發 App 時要留意一下這個部分。

與情境選單結合

如果要使用 Table 元件，又不打算設計兩種版面，還有另外一種方式可以處理，就是利用 contextMenu 情境選單修飾器，讓使用者長按某一列時將該列的詳細資料顯示在情境選單中，程式碼如下。注意 Table 初始化器的參數已經移除，並且「城市」欄位的寫法也需要跟著調整。

```
@Environment(\.horizontalSizeClass)
var widthClass: UserInterfaceSizeClass?
@Environment(\.verticalSizeClass)
```

```
var heightClass: UserInterfaceSizeClass?

var body: some View {
    Table {
        TableColumn("城市") {
            Text($0.city)
        }
        TableColumn("高溫") {
            Text("\($0.highTemp) °C")
        }
        TableColumn("低溫") {
            Text("\($0.lowTemp) °C")
        }
        TableColumn("降雨機率") {
            Text("\($0.rain) %")
        }
    } rows: {
        ForEach(today) { row in
            TableRow(row)
                .contextMenu {
                    if widthClass == .compact || heightClass == .compact {
                        Text("高溫 \(row.highTemp) °C")
                        Text("低溫 \(row.lowTemp) °C")
                        Text("降雨機率 \(row.lowTemp) %")
                    }
                }
        }
    }
}
```

這段程式碼執行後，在只顯示 Table 第一欄的狀態下，使用者長按某一列時就會挑出情境選單，然後可以在情境選單中顯示其他欄位資料。如下。例如下圖左，使用者長按「臺中」這個項目後會開啟情境選單（下圖右），然後就將其他欄位資料顯示在情境選單中。

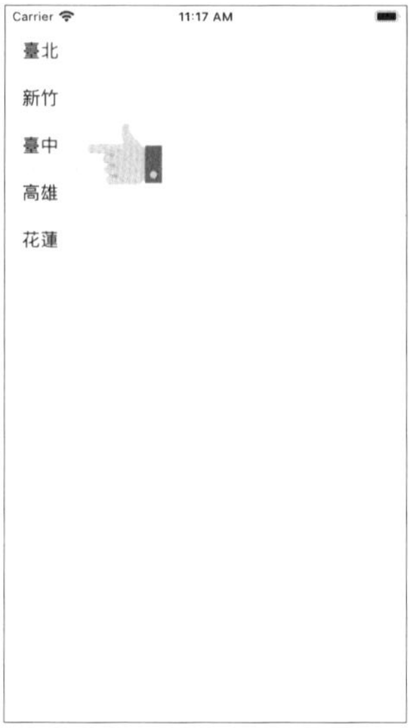

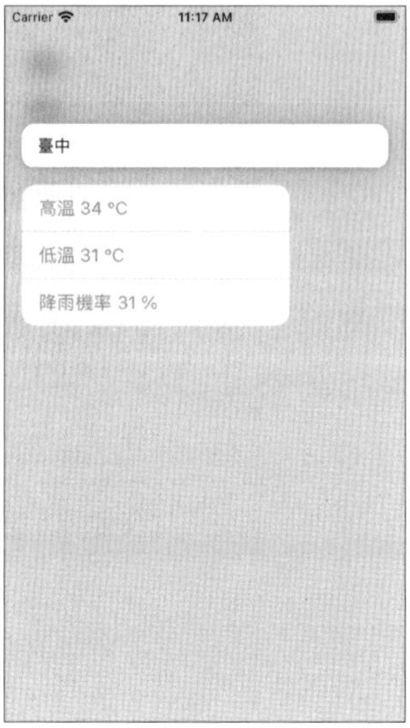

4-5 Group

如同字面意思，Group 元件可以將數個元件群組成一個元件。主要應用在元件數量超過 10 個上限時，就用 Group 元件將其合併成一個。例如下面這段程式碼會得到一個「Extra argument in call」的錯誤，因為 VStack 中的元件數量超過 10 個。元件數量的 10 個限制除了 VStack、HStack 外，換成 List、Form 也會有同樣的問題，所以都需要使用 Group 元件來解決。

```
VStack {
    Text("1")
    Text("2")
    Text("3")
    Text("4")
    Text("5")
    Text("6")
    Text("7")
    Text("8")
    Text("9")
```

```
    Text("10")
    Text("11")
}
```

一般來說，簡單的排版不會遇到這個問題，但如果複雜一點的排版，使用到的元件數量很容易就超過 10 個，遇到這種狀況時，就用 Group 元件把數個元件群組起來就可以了。

```
VStack {
    Group {
        Text("1")
        Text("2")
        Text("3")
        Text("4")
        Text("5")
        Text("6")
        Text("7")
        Text("8")
        Text("9")
        Text("10")
    }
    Text("11")
}
```

Group 後的元件只算一個，因此在上面的程式碼中，VStack 內部的元件只有兩個，一個是 Group，另外一個是 Text。當 Group 後面加上修飾器的時候，這個修飾器會同時作用到 Group 中的所有元件，如下。

```
VStack {
    Group {
        Text("1")
        Text("2")
        Text("3")
        Text("4")
        Text("5")
```

```
        Text("6")
        Text("7")
        Text("8")
        Text("9")
        Text("10")
    }
    .font(.largeTitle)
    Text("11")
}
```

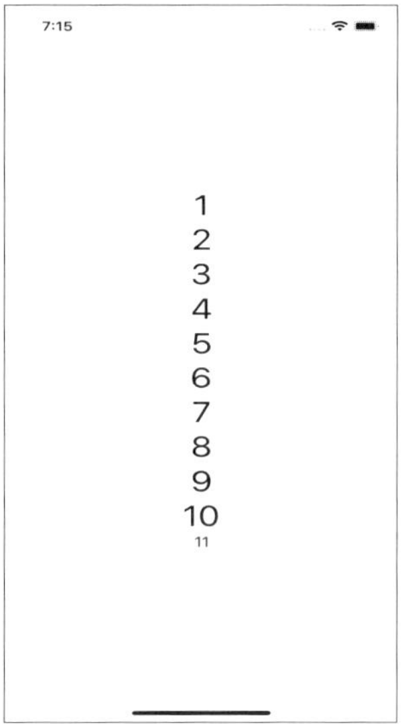

Group 本身並不帶排版功能，唯一功能僅僅只是將一堆元件群組在一起而已，因此群組內的元件要如何排列是以 Group 的父元件為準。例如 Group 的父元件是 VStack 時，Group 中的元件就會以 VStack 的方式下去排。

4-6 GroupBox

GroupBox 跟 Group 元件一樣具有將許多元件群組成一個的功能，但與 Group 元件的差異處在 GroupBox 元件可以使用 frame 修飾器設定大小，並且可以加上標題。先準備好要放到 GroupBox 中的資料，這裡附庸風雅放一段蘇東坡的詞。

```
@State var text = "大江東去，浪淘盡、千古風流人物。故壘西邊，人道是、三國周郎赤壁。亂石崩雲，驚濤裂岸，捲起千堆雪。江山如畫，一時多少豪傑。遙想公瑾當年，小喬初嫁了，雄姿英發。羽扇綸巾，談笑間、檣櫓灰飛煙滅。故國神遊，多情應笑我，早生華髮。人生如夢，一尊還酹江月。"
```

接下來在 body 中使用 GroupBox 顯示上面這段文字，並且設定 GroupBox 大小後使用 ScrollView 元件讓使用者可以捲動超過 GroupBox 範圍外的文字。

```
var body: some View {
    GroupBox("蘇東坡") {
        ScrollView {
            Text(text)
        }
    }
    .frame(width: 300, height: 230)
}
```

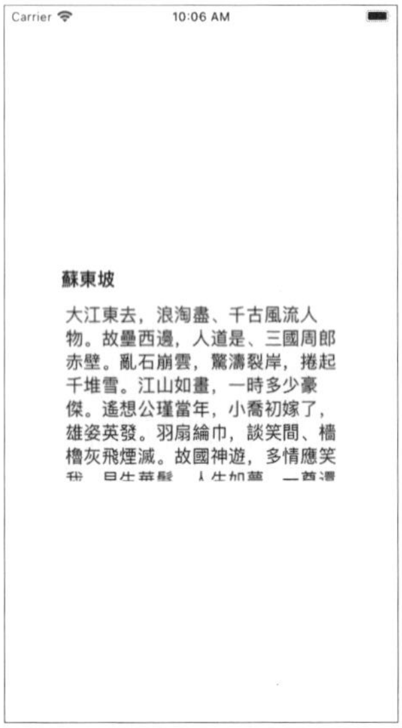

這樣的版面雖然不一定要用 GroupBox 才能做到，但使用 GroupBox 就很方便，短短幾行程式碼就可以排出這樣精緻的畫面。GroupBox 提供另外一種包含 label 參數的 Closure 語法，可以自訂標題格式。下面的範例中將標題自放大一點，並且順便在詩詞的文字上方加上一張圖片，這樣畫面看起來就更漂亮了。

```
GroupBox {
    Image("demo")
        .resizable()
        .scaledToFill()
    ScrollView {
        Text(text)
    }
} label: {
    Text("蘇東坡")
        .font(.title)
}
.frame(width: 300, height: 400)
```

4-7 OutlineGroup

這個元件可以用來顯示一個樹狀結構，例如開啟「檔案」App 後所看到的以列表形式呈現的檔案結構。現在先來定義一個樹狀結構，如下。

```
struct Tree: Identifiable {
    let id = UUID()
    var name: String
    var children: [Tree]?
}
```

接下來準備好要呈現的資料，如下。

```
let data: [Tree] = [
    .init(name: "中文書", children: [
            .init(name: "翻譯文學"),
            .init(name: "心靈成長"),
            .init(name: "攝影")]),

    .init(name: "外文書", children: [
            .init(name: "日文", children: [
                    .init(name: "語言學習"),
                    .init(name: "文學")]),
            .init(name: "英文", children: [
                    .init(name: "語言學習"),
                    .init(name: "文學")])])
]
```

從程式碼看起來有點複雜，其實就是將下面這張圖轉成程式碼而已。

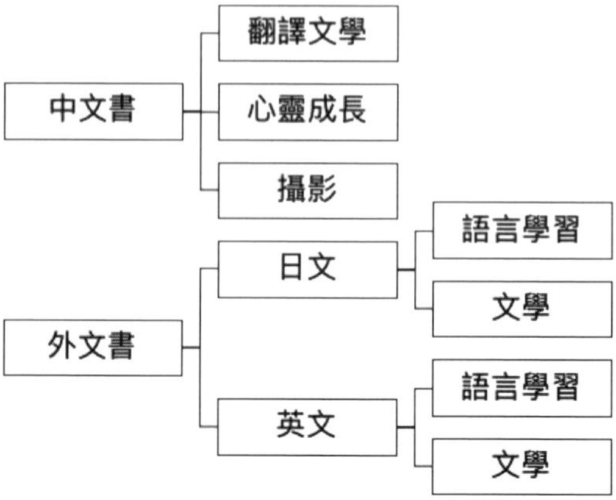

接下來使用 OutlineGroup 把上面這個結構展示出來，特別注意 children 參數，必須填入樹狀結構中一個指向本身結構的變數，如下。

```
struct ContentView: View {
    var body: some View {
        OutlineGroup(data, children: \.children) { value in
            Text(value.name)
        }
    }
}
```

這段程式碼執行結果如右，雖然畫面不是很理想（因為沒有加上任何排版有關的程式碼），但看得出有樹狀結構的樣子。

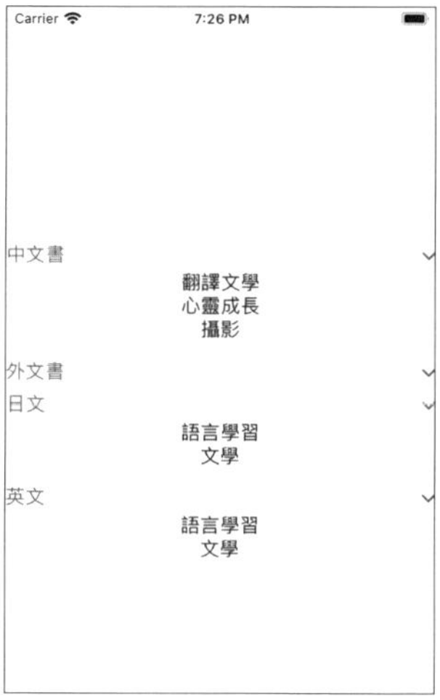

接下來我們將整個 OutlineGroup 放到 List 裡面，如下。

```
struct ContentView: View {
    var body: some View {
        List {
            OutlineGroup(data, children: \.children) { value in
                Text(value.name)
            }
        }
    }
}
```

甚至我們可以將 OutlineGroup 元件直接換成 List 元件，這兩段程式碼是一樣的。

```
struct ContentView: View {
    var body: some View {
        List(data, children: \.children) { value in
            Text(value.name)
        }
    }
}
```

現在畫面就變的很精緻了，如右。

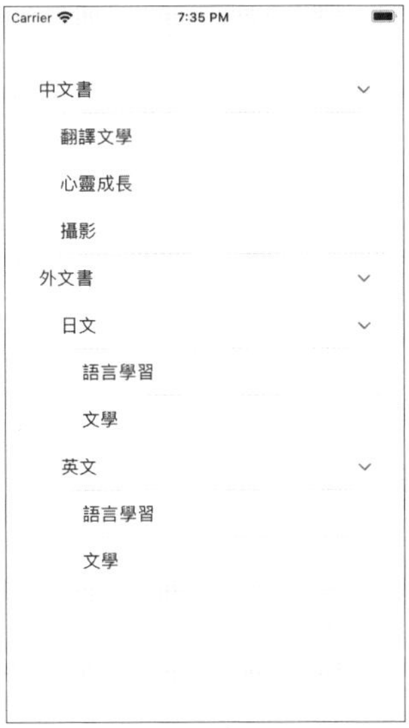

現在我們將 List 與 OutlineGroup 合在一起始用，我們讓樹狀結構的第一層透過 List 的 Section 來呈現，每個 Section 的內容使用 OutlineGroup 呈現，程式碼如下。

```
struct ContentView: View {
    var body: some View {
        List {
            ForEach(data) { section in
                Section(section.name) {
                    OutlineGroup(section.children ?? [], children: \.children)
{ value in
                        Text(value.name)
                    }
                }
            }
        }
    }
}
```

執行後會得到一個非常好看的頁面，如下圖左，將「日文」與「英文」展開後的頁面如下圖右。

4-8 ScrollView

ScrollView 元件也是一種容器元件，當 ScrollView 內部包含的元件範圍超過 ScrollView 範圍時，ScrollView 就會產生捲軸讓使用者可以捲動後看到範圍外的資料。在上一個 GroupBox 單元，我們在 Text 元件外面加上一個 ScrollView 元件，就可以替 Text 元件加上捲軸了。

ScrollView 元件預設的捲軸為垂直方向捲軸，下面這個例子會在一張圖片上同時加上垂直與水平方向的捲軸，讓使用者可以捲動整張圖片。後面的 frame 修飾器會限制 ScrollView 的大小，如果需要讓 ScrollView 佔滿整個父元件就將 frame 修飾器拿掉。

```
ScrollView([.horizontal, .vertical]) {
    Image("demo")
}
.frame(width: 300, height: 400)
```

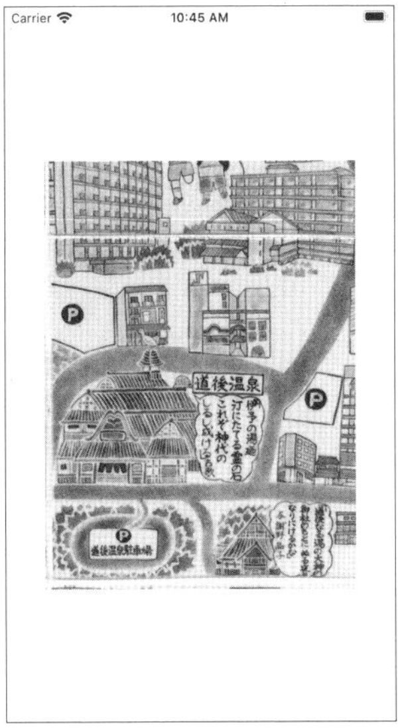

有些元件已經內建 ScrollView，例如 List、Form 或 Table，當這些元件中的內容數量如果超過 List、Form 或 Table 範圍時，就會自動產生捲軸，所以就不需要再把他們放到 ScrollView 中了。

使用程式碼捲動捲軸

有的時候我們想要透過程式碼來捲動捲軸，例如按個按鈕就讓畫面捲到最上方，或是捲到某個特定的位置，這時就需要透過 ScrollViewReader 元件來設定捲軸位置。捲軸要捲到的位置，必須是 ScrollView 中某個元件所在的位置，這個位置是透過該元件的 id 修飾器來指定。例如下面這段程式碼，分別在捲軸中的第一個元件與最後一個元件，用 id 修飾器註冊一個數字。所以 id 為 0 的位置就是 ScrollView 中最上方元件所在的位置，而 id 為 1 就是 ScrollView 中最下方元件所在的位置。

```
ScrollView {
    VStack {
        Text("Header").id(0)  // 最上方位置
        Divider()
        ForEach(0..<20) {
            Text("\($0)")
        }
        Divider()
        Text("Footer").id(1) // 最下方位置
    }
}
.frame(height: 200)
```

修飾器 id 中不一定要放數字，只要型態符合 Hashable 協定就可以，所以要用字串也沒有問題。另外一種方式，就是讓系統自動幫我們決定一個值，我們就不需要去煩惱該給什麼數字或給什麼字串。作法是宣告一個變數，名稱可以任意，不需要給型態，然後前面加上@Namespace 這個 Property Wrapper 就可以了。Xcode 在編譯過程中會自動把這個變數轉成一個整數常數，並且保證不重複。

```
@Namespace private var topID
@Namespace private var bottomID
```

接下來將 ScrollView 放到 ScrollViewReader 元件中，然後再加上兩個按鈕來讓捲軸自動捲到開頭或是結尾的位置，另外不要忘記捲動時要加上一點動畫效果提高使用者體驗。

```
ScrollViewReader { proxy in
    VStack {
        HStack {
            Button("Top") {
                withAnimation {
                    proxy.scrollTo(topID)
                }
            }
            .buttonStyle(.borderedProminent)

            Button("Bottom") {
                withAnimation {
                    proxy.scrollTo(bottomID)
                }
            }
            .buttonStyle(.borderedProminent)
        }
        ScrollView {
            VStack {
                Text("Header").id(topID)
                Divider()
                ForEach(0..<20) {
                    Text("\($0)")
                }
                Divider()
                Text("Footer").id(bottomID)
            }
        }
        .frame(height: 200)
    }
}
```

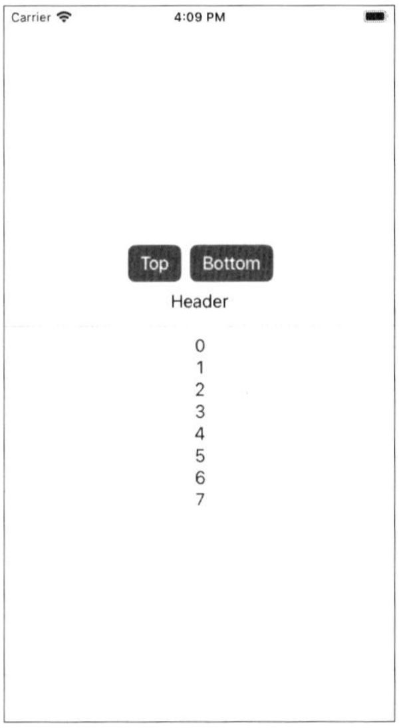

自帶 ScrollView 的 List 元件，要用程式捲動捲軸也是同樣的方式，請參考下列程式碼，按鈕按下後就自動捲到最尾端數字 20 那筆資料了。

```
ScrollViewReader { proxy in
    VStack {
        Button("到最尾端資料") {
            withAnimation {
                proxy.scrollTo(1)
            }
        }.buttonStyle(.borderedProminent)

        List {
            ForEach(0..<20) {
                Text("\($0)")
            }
            Text("20").id(1)
        }
    }
}
```

ScrollViewReader 這個元件的運作原理跟 GeometryReader 很類似，前者用來得到 ScrollView 中的元件位置，而後者則是得到父元件的大小與座標。GeometryReader 請參考「排版元件與技巧」章節。

05 文字、圖片與資料分享

Part 1

5-1 文字顯示

若元件的使用率有被統計的話，用來顯示文字的元件在排名上一定是第一名。在 SwiftUI 中要顯示文字，使用的元件是 Text 元件，具備的功能非常多，畢竟大家對 App 上的文字輸出有太多不同的需求。這個元件很類似 UIKit 框架中的 UILabel 元件，但在 SwiftUI 中改名為 Text。Text 元件基本使用上很簡單，如下，這樣一行程式碼就會顯示一個字串到畫面上。

```
Text("Hello, World!")
```

如果想要顯示數字，有兩種作法：轉成文字，或是告訴 Text 元件，這是數字。轉成文字的作法如下。

```
Text(String(123.06))
```

也可以在字串中使用「\()」符號，如下。

```
Text("\(123.06)")
```

告訴 Text 元件這是數字的作法是加上 format 參數，如下。

```
Text(123.06, format: .number)
```

參數 format 的內容除了 number 外還有許多其他格式，例如貨幣格式。假設想要顯示歐元「€100.00 」，也就是數字前面加上歐元符號，可以使用名稱 EUR。其他貨幣名稱可參考此網站：https://www.xe.com/symbols/。

```
Text(100, format: .currency(code: "EUR"))
```

想要加上百分比符號有兩種作法，一種是將數字轉成文字後加上「%」，也可以直接在 format 參數加上 percent，效果一樣，例如要顯示「75%」。

```
Text(75, format: .percent)
```

若要顯示的資料是 Date 型態的日期時間，可以在 Text 元件中加上 style 參數，這樣就不用將 Date 型態的資料轉成字串了，如下。

```
Text(Date.now, style: .date)
// Auguest 22, 2022
Text(Date.now, style: .time)
// 3:10 PM
```

當然這樣做法能夠顯示的日期時間樣式非常有限，想要更多樣化的顯示，請參考「日期與時間」章節，那裡會有非常完整的介紹。style 有兩個比較有趣的參數：offset 與 timer。這兩個參數都會顯示從指定時間到現在時間過了多久，只是顯示的單位不一樣而已。offset 的單位會是秒、分、時...不一定，若是 60 秒內的差距，顯示單位會是秒，一小時內的單位就會改為分，而 timer 的單位都是秒。App 執行後，顯示的數字會自動更新，也就是 Text 元件一出現就開始計時了。

```
Text(Date.now, style: .offset)
// +12minutes
Text(Date.now, style: .timer)
// 13:20
```

Text 元件也支援部分 markdown 格式，例如下面這個例子，範例中最後兩個項目可以讓使用者點選，點選後分別會開啟瀏覽器或是撥打電話。要特別注意第二個項目與第三個項目，如果 markdown 字串是先放在某個常數或變數中，這時在 Text 元件中就會直接顯示出來，如果要顯示成 markdown 格式，必須轉成 LocalizedStringKey 型態，程式碼中的.init() 函數就是該型態的初始化器。

```
let str = "**Hello** *World*"
List {
    Text("**Hello** *World*")
    Text(str) // 不會以 markdown 顯示
    Text(.init(str))

    Text("~About me~")
    Text("[Apple](https://www.apple.com)")
    Text("[Tel](tel://0800000123)")
}
```

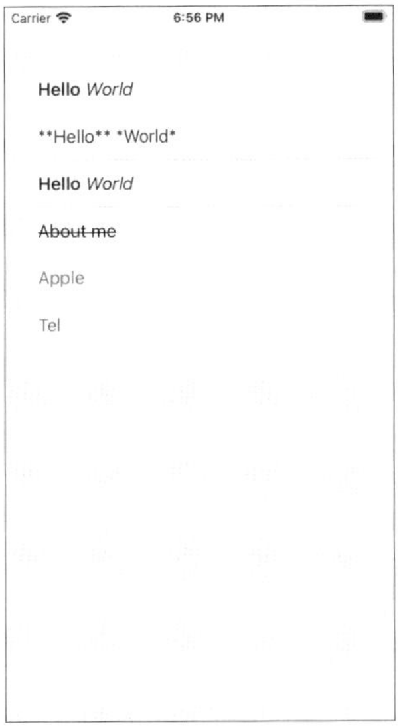

多行文字與超過截斷

在沒有設定 Text 大小的情況下，Text 的大小會隨著內容自動調整，若寬度已到最大寬度時，則高度會自動增加，並且文字會自動換行。

```
Text("關關雎鳩，在河之洲。窈窕淑女，君子好逑。")
    .font(.system(size: 21))
    .frame(width: 150)
```

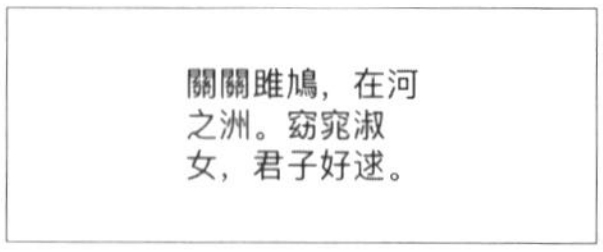
關關雎鳩，在河
之洲。窈窕淑
女，君子好逑。

如果需要的話，可以使用 lineLimit 修飾器來限制行數，如下，程式碼中設定 Text 的寬度為 150pt，而高度不限，但最多只能顯示兩行文字，所以超過的部分會被截掉。

```
Text("關關雎鳩，在河之洲。窈窕淑女，君子好逑。")
    .font(.system(size: 21))
    .frame(width: 150)
    .lineLimit(2)
```

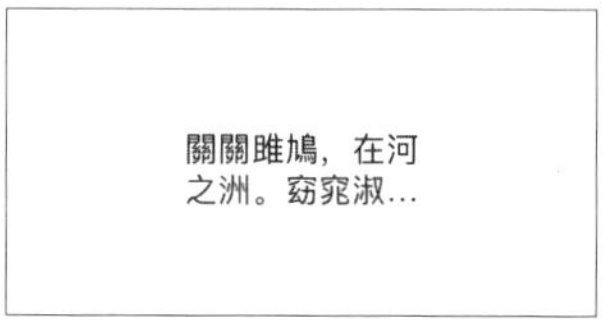
關關雎鳩，在河
之洲。窈窕淑...

從上面的輸出結果來看，當文字內容超過 Text 大小時，預設會從尾端截掉，如需要改成從中間截掉，可以使用 truncationMode 修飾器，如下。

```
Text("關關雎鳩，在河之洲。窈窕淑女，君子好逑。")
    .font(.system(size: 21))
    .frame(width: 150)
    .lineLimit(2)
    .truncationMode(.middle)
```

關關雎鳩，在河
之洲。...好逑。

除了將超過 Text 範圍的文字裁減掉之外，也可以透過 minimumScaleFactor 修飾器讓字體大小自動縮小一些，好盡量讓 Text 顯示更多的文字。例如設定最小可以縮小 0.6 倍，整個文字就可以放進 Text 中。當然如果字體縮小到 0.6 倍後還放不進 Text 元件的話，就只能截掉部分文字了。

```
Text("關關雎鳩，在河之洲。窈窕淑女，君子好逑。")
    .font(.system(size: 21))
    .frame(width: 150)
    .lineLimit(2)
    .minimumScaleFactor(0.6)
```

關關雎鳩，在河之洲。
窈窕淑女，君子好逑。

從上面這幾個範例可以知道，當文字長度到達 Text 最大寬度時會自動換行，也就是說 Text 元件預設是支援多行文字的，所以除了自動換行外，也可以在字串中加上換行符號「\n」或字串本身就是多行文字，例如下面這兩個字串，都會在指定的位置主動換行，兩者顯示的結果是一樣的。

```
Text("關關雎鳩，\n 在河之洲。\n 窈窕淑女，\n 君子好逑。")
    .font(.system(size: 21))

Text("""
    關關雎鳩，
    在河之洲。
    窈窕淑女，
    君子好逑。
""").font(.system(size: 21))
```


文字與背景顏色

要調整文字的顏色，修飾器 foregroundColor 為文字顏色，修飾器 background 為背景顏色。這些顏色的型態為 Color 型態，內建的幾種顏色在 Light 模式與 Dark 模式都有很好的表現，所以盡量使用這幾種內建的顏色。

```
Text("關關雎鳩，\n 在河之洲。\n 窈窕淑女，\n 君子好逑。")
    .font(.largeTitle)
    .foregroundColor(.yellow)
    .background(.green)
```

如果想要一些特殊顏色當然也可以，指定 RGB 就可以了，如下，但要特別在 Dark 模式下測試看看，所設定的顏色是否依然清楚顯示。

```
Text("關關雎鳩，\n 在河之洲。\n 窈窕淑女，\n 君子好逑。")
    .font(.largeTitle)
    .foregroundColor(
        Color(
```

```
            red: 173 / 255.0,
            green: 216 / 255.0,
            blue: 210 / 255.0
        )
    )
```

除了這種「solid」顏色外，也可以填入漸層色，但這有一點點取巧，不然文字顏色是無法直接填入漸層色的。先宣告一個漸層色的常數好方便之後使用，這個漸層色是由左上角藍色漸層到右下角綠色，如下。

```
private let gradient = LinearGradient(
    colors: [.blue, .green],
    startPoint: .topLeading,
    endPoint: .bottomTrailing
)
```

在 body 中使用一個矩形元件並填滿漸層色，然後將 Text 元件放到矩形的 mask 修飾器中，因為此時顯示的文字會變成遮罩，也就是文字的地方會鏤空，好讓下面的矩形圖層顯示出來，這時文字就變成漸層色了

```
Rectangle()
    .fill(gradient)
    .frame(width: 200, height: 200)
    .mask {
        Text("關關雎鳩，\n 在河之洲。\n 窈窕淑女，\n 君子好逑。")
            .font(.largeTitle)
    }
```

這邊的 frame 修飾器大小是一個關鍵，因為 Rectangle 元件的大小會跟父元件一樣大，所以在沒有限制 Rectangle 大小的情況下，通常 Text 元件的範圍會遠小於 Rectangle 元件，導致文字上漸層色的範圍跟預期不一樣，甚至漸層色不夠明顯。想要解決這個問題，有幾種作法，其中一種作法就是透過 frame 來設定 Rectangle 大小，讓他盡量跟 Text 元件一樣

大，但這種作法不夠彈性，因為我們無法知道 Text 元件實際會多大。比較好的作法是讓 Rectangle 範圍自動調整到跟 Text 範圍一樣就可以。

下面這段程式碼就是讓 Rectangle 的範圍與 Text 一樣大的方式，相當於有兩個 Text 元件，而中間夾了一層有漸層色的矩形。最底層的 Text（第一行程式碼）唯一的用途就是框定範圍，好讓 Rectangle 與最底層的這個 Text 元件一樣大，真正顯示在畫面上的文字是 mask 修飾器中的 Text 元件，但這兩個 Text 元件的內容與字型大小都必須完全一樣才行。

```
Text("關關雎鳩，\n 在河之洲。\n 窈窕淑女，\n 君子好逑。")
    .font(.largeTitle)
    .overlay {
        gradient
            .mask {
                Text("關關雎鳩，\n 在河之洲。\n 窈窕淑女，\n 君子好逑。")
                .font(.largeTitle)
            }
    }
```

雖然正確了，但程式碼看起來有點醜，我們修改一下上面這段程式碼，讓他變的比較漂亮一點，不要寫成有兩個一模一樣的 Text 元件，這看起來很奇怪。首先擴充 Text 元件功能，加上一個漸層色函數，然後把兩個 Text 元件隱藏在這裡，如下。

```
extension Text {
    func lineGradient(_ gradient: LinearGradient) -> some View {
        self
            .overlay {
                gradient
                    .mask {
                        self
                    }
            }
    }
}
```

接下來在 body 中的主程式就可以讓有漸層色文字的寫法變的非常乾淨漂亮，如下。

```
Text("關關雎鳩，\n在河之洲。\n窈窕淑女，\n君子好逑。")
    .font(.largeTitle)
    .lineGradient(gradient)
```

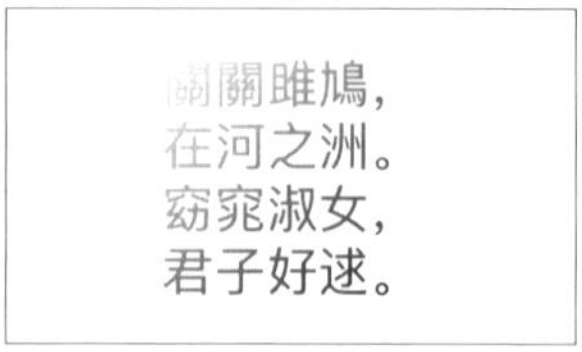
關關雎鳩，
在河之洲。
窈窕淑女，
君子好逑。

豐富樣式文字

我們可以在一個字串裡面，加上許多的樣式，例如每個字都有不同的顏色與不同的大小，像這樣的字串其型態就不是一般的 String 了，必須為 AttributedString 型態，這個型態代表裡面的字串可以加上特定格式。會有這樣的需求，通常就是要顯示一個有不同格式的字串，但是又不想使用太多的 Text 元件來排版，所以可以透過一個 Text 元件，然後放入 AttributedString 就完成原本需要很多 Text 元件才能做到的畫面。例如下面這個畫面，猜猜看需要多少個 Text 元件才能排出來，三個、兩個還是一個？答案是一個就可以了。

電信業者
下午9:13
今天
天氣晴

首先我們自定義一個函數，如下。這個函數的內容雖然字多了一點，但不算太難懂，主要就是找出「今天」、「天氣」、「晴」這三個字串後分別設定三種不同的顏色與大小，最後將設定完的字串傳回去。

```
func richText() -> AttributedString {
    var attributedString = AttributedString("今天\n天氣晴")

    if let range = attributedString.range(of: "今天") {
        attributedString[range].font = .title2
    }
```

```
    if let range = attributedString.range(of: "天氣") {
        attributedString[range].foregroundColor = .blue
        attributedString[range].font = .body
    }

    if let range = attributedString.range(of: "晴") {
        attributedString[range].foregroundColor = .green
        attributedString[range].font = .largeTitle.bold()
    }

    return attributedString
}
```

接下來在 Text 元件中呼叫上面的函數並顯示傳回的字串就完成了，如下。

```
var body: some View {
    Text(richText())
}
```

其實這個概念有點類似 HTML 標籤作法，也就是要顯示的字串加上了各種不同格式的標籤，而 Text 元件內建支援這些標籤符號，所以在顯示時就可以呈現豐富樣式的文字了。

複製到剪貼簿

如果要讓使用者可以長按 Text 元件來複製 Text 上的文字，只要在 Text 元件加上 textSelection 修飾器並傳入 enabled 就可以了。當使用者長按 Text 元件後會開啟一個選單，選擇選單上的「Copy」按鈕就可以將 Text 元件所顯示的字串複製到剪貼簿中。畫面上再放上一個按鈕，當使用者按下「Paste」按鈕後，就可以從剪貼簿中取出資料。

```
VStack {
    Text("Hello, World!")
        .textSelection(.enabled)
    Button("Paste") {
        print(UIPasteboard.general.string)
    }
}
```

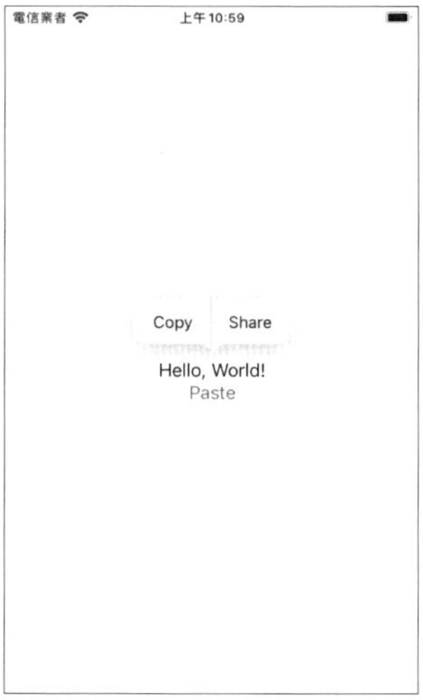

多國語系

SwiftUI 的多國語系處理很容易，Text 預設就已經啟用了多國語系，我們只要在專案中加入語系檔就可以了。首先在專案中新增一個 Strings File 類型的檔案，如下。

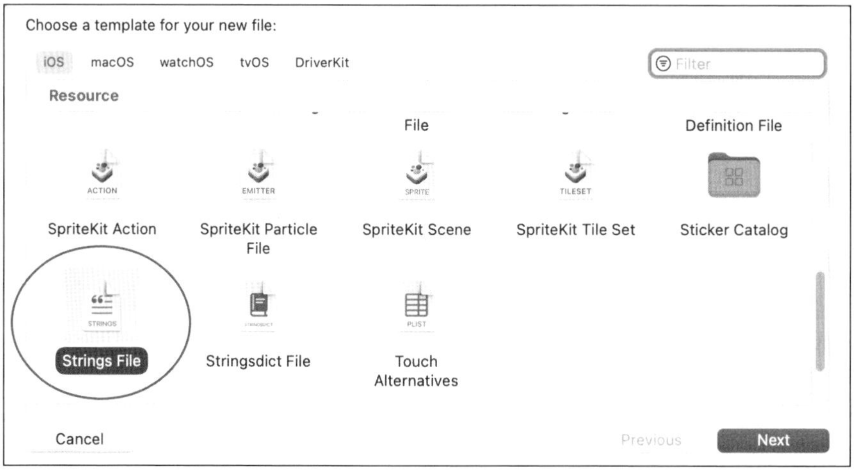

下一步後要設定檔名，語系檔的檔名一定要叫做 Localizable.strings，不可以改並且注意大小寫。

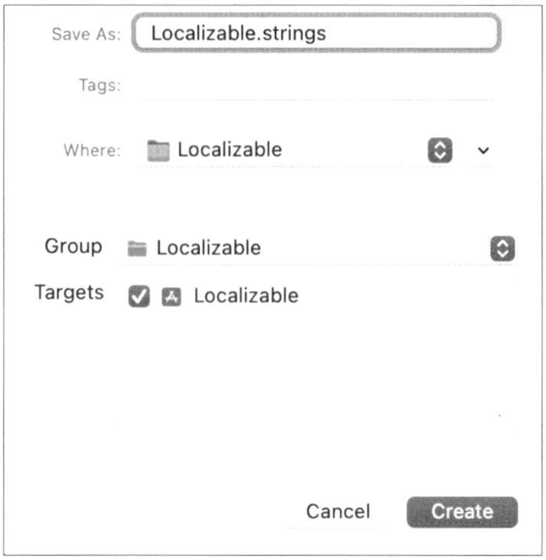

檔案新增完成後，在右側的屬性面板上點選「Localize」按鈕，讓這個檔案支援多國語系。

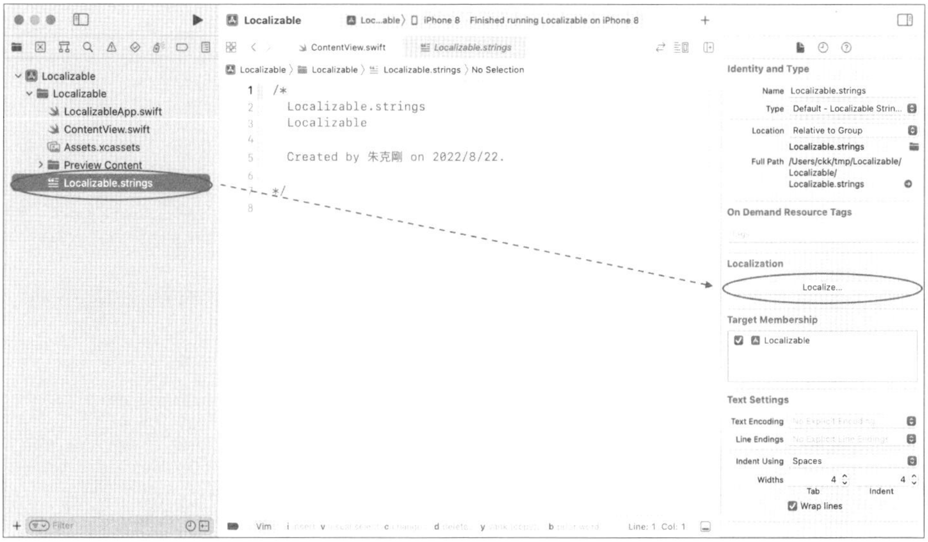

接下來到專案的語系設定位置，增加想要的語系，例如繁體中文語系。接著就會發現剛剛新增的 Localizable.strings 檔案現在變成兩個了，其實這個檔案就是語系檔，一個是英文語系，另外一個是繁體中文語系。

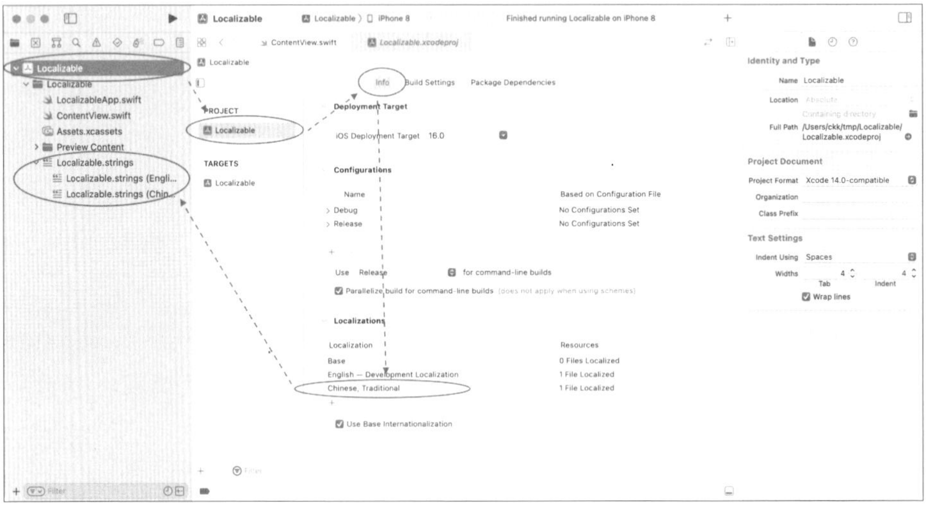

接下來在英文語系檔中輸入下面這一行，注意格式，分隔符號用的是「=」號，並且結尾的分號絕對不要忘記。

```
"hello" = "Hello, World!";
```

然後在中文語系檔中輸入下面這一行。

```
"hello" = "嗨，世界！";
```

大功告成，現在使用 Text 元件，內容為 hello 時就會參考語系檔中等號左邊的 hello。

```
Text("hello")
```

所以 Text 元件中的字串，其實就是語系檔中等號左邊的 key，如果在語系檔中可以找到對映的 key，就會抓等號右邊的 value，如果找不到就會直接輸出該字串。現在有另外一個問題，就是如果要顯示的字串可以在語系檔中找到，但是卻不希望抓語系檔中的內容，這時該怎麼辦？只要在 Text 元件中加上 verbatim 參數就可以了，如下，這樣就會顯示 hello，而不會去抓語系檔中的內容了。

```
Text(verbatim: "hello")
```

最後有個地方跟 markdown 一樣要特別注意，就是要顯示的字串被放在變數或常數中，這時在 Text 顯示時就不會去抓語系檔內容，所以一定要加上 LocalizedStringKey 才會顯示語系檔中的字串，例如下面這段程式碼，如果在 Text 中沒有加上 LocalizedStringKey 的話，畫面上會顯示「hello」，而不是語系檔中 hello 這個 key 所對映的 value。

```
struct ContentView: View {
    private var text = "hello"
    var body: some View {
        Text(LocalizedStringKey(text))
    }
}
```

5-2 文字輸入

若我們需要讓使用者輸入文字資料，就需要靠文字輸入框了，此元件名稱為 TextField。由於這個元件會讓使用者輸入資料，因此需要宣告一個 @State 變數來儲存使用者輸入的字串，最基本的程式寫法如下。TextField 元件初始化器中的第一個參數為 placeholder，所以字串 Note 會以淡淡的灰色顯示在 TextField 元件中，提示使用者這個格子要輸入什麼資料。

```
struct ContentView: View {
    @State private var text = ""
    var body: some View {
        TextField("Note", text: $text)
    }
}
```

如果希望 TextField 加上邊線，可以使用 textFieldStyle 修飾器，就可以得到一個圓角有邊線的文字輸入框，建議多使用。

```
TextField("Note", text: $text)
    .textFieldStyle(.roundedBorder)
    .padding()
```

預設情況下，TextField 顯示了單行的文字輸入框，但可以加上 axis 參數，讓使用者在按下「return」鍵後讓 TextField 增加高度以容納兩行文字，而且沒有行數限制。

```
TextField("Note", text: $text, axis: .vertical)
```

若配合 lineLimit 修飾器，就可以限制 TextField 最多呈現幾行文字。以下面這個程式碼為例，最多可以顯示三行，但一開始只有單行，當使用者按下「return」鍵換行後，才會變成兩行，再按一次「return」鍵就會變成三行，然後就維持三行的高度。

```
TextField("Note", text: $text, axis: .vertical)
    .lineLimit(3)
```

下面這段程式碼在 lineLimit 中的「10...15」會讓 TextField 一開始就顯示 10 行，最多可以顯示 15 行。另外，範例中將 TextField 放到 Form 元件中，這樣可以明顯看出一開始就給了 10 行的高度。

```
Form {
    TextField("Note", text: $text,
        axis: .vertical
    ).lineLimit(10...15)
}
```

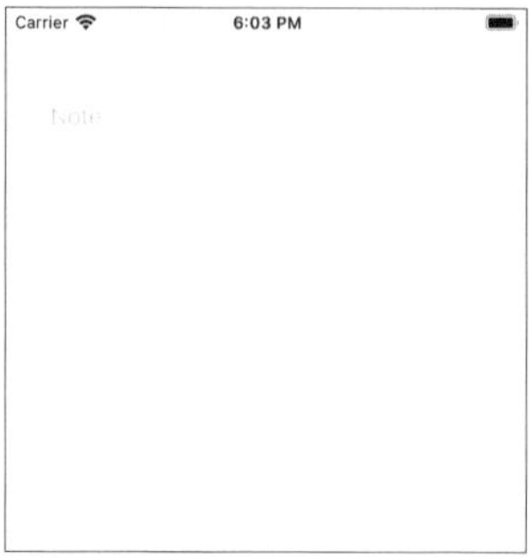

在 SwiftUI 中，不論是單行文字輸入框或是多行文字輸入框，使用的元件都是 TextField。

避開鍵盤

以前在 Storyboard 專案，當使用者因為要輸入資料而啟動了虛擬鍵盤時，若沒處理好虛擬鍵盤開啟後的畫面排版，往往會因為文字輸入框被虛擬鍵盤擋住而無法看到輸入了什麼資料的窘境。所以當虛擬鍵盤開啟後，讓整個畫面往上移動就是一種常見的處理方式。現在在 SwiftUI 專案中，當虛擬鍵盤開啟後，畫面就會自動往上移動一個鍵盤的高度，所以我們再也不用自己去處理這部分的程式碼了，當然僅限簡單的排版。試試看下面這段程式碼，畫面下方的 TextField 會在虛擬鍵盤開啟後自動往上移動。

```
VStack {
    Spacer()
    TextField("Bottom", text: $text)
}
.textFieldStyle(.roundedBorder)
.padding()
```

但如果設計出下面這樣的畫面，就要特別處理當使用者點選上方的 TextField。此時會因為虛擬鍵盤啟動的關係可能會在螢幕高度較小的 iPhone 上讓靠近螢幕上方的 TextField 跑到螢幕外面去，而目前 TextField 還無法讓虛擬鍵盤啟動時自動判定需不需要將畫面向上移動，除非中間的元件沒有指定大小。面對這種情況，現階段可以將 TextField 放在 List、Form 或是 ScrollView 元件中，並重新設計適合的版面，這樣做會比透過複雜的程式碼來解決要不要移動畫面容易許多。

```
VStack {
    TextField("Top", text: $text)
    Spacer()
        .frame(height:500)
    TextField("Bottom", text: $text)
}
.textFieldStyle(.roundedBorder)
.padding()
```

試試看在螢幕小一點的 iPhone 模擬器（例如 iPhone 8）上執行這段程式，然後點選上方的 TextField 後，就會因為虛擬鍵盤啟動的關係，讓這個輸入框跑到螢幕外面去。

關閉鍵盤

iPhone 的虛擬鍵盤上並沒有關閉鍵盤按鈕，雖然在單行的 TextField 可以按「return」鍵將虛擬鍵盤關閉，但如果需要主動關閉虛擬鍵盤的話，就需要撰寫一些程式碼了。我們可以在虛擬鍵盤上方加上工具列，並且將關閉鍵盤的按鈕放在工具列上。

假設有兩個 TextField 元件並且放在 Form、List 或 VStack...等元件中，並且加上 focused 修飾器來儲存目前 TextField 是否取得焦點，也就是使用者是否點選了該元件而開啟了虛擬鍵盤。

```
struct ContentView: View {
    @State private var email = ""
    @State private var tel = ""
    @FocusState private var isFocused

    var body: some View {
        Form {
            TextField("Email", text: $email)
                .focused($isFocused)
            TextField("Tel", text: $tel)
                .focused($isFocused)
        }
    }
}
```

接下來在 Form 元件加上 toolbar 修飾器，並且將 toolbar 的位置指定在虛擬鍵盤上，然後在 toolbar 中的「Done」按鈕按下後將 isFocused 變數改為 false 就可以關閉虛擬鍵盤了。

```
Form {
    TextField("Email", text: $email)
        .focused($isFocused)
    TextField("Tel", text: $tel)
        .focused($isFocused)
}
.toolbar {
    ToolbarItem(placement: .keyboard) {
        HStack {
            Button("Done") {
                isFocused = false
            }
            Spacer()
        }
```

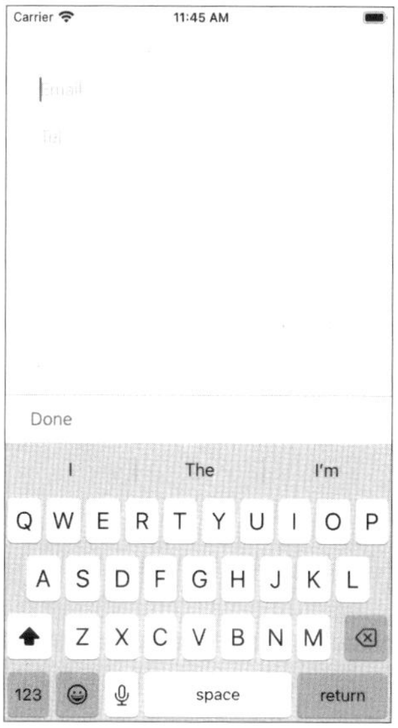

```
    }
}
```

另外一種關閉鍵盤方式是捲動關閉，但這個要配合捲動畫面運作的時候，例如將 TextField 放到 Form 或者 List 元件內，因為 Form 或 List 元件內建 ScrollView，所以這時 TextField 所在位置就具有捲動功能了，這時就可以設定捲動關閉鍵盤了，例如下面這段程式碼。

```
struct ContentView: View {
    @State private var texts = Array(repeating: "", count: 10)
    var body: some View {
        Form {
            ForEach(1...10, id: \.self) {
                TextField("Field \($0)", text: $texts[$0 - 1])
            }
        }
        .scrollDismissesKeyboard(.interactively)
    }
}
```

上面這段程式碼執行後的畫面如右，當使用者點選任何一個 TextField 讓虛擬鍵盤開啟後，只要手指向下滑動到鍵盤位置後再往下滑動就可以關閉虛擬鍵盤，不論 Form 或 List 元件中的數量是否少到不會真正產生捲軸都沒關係。

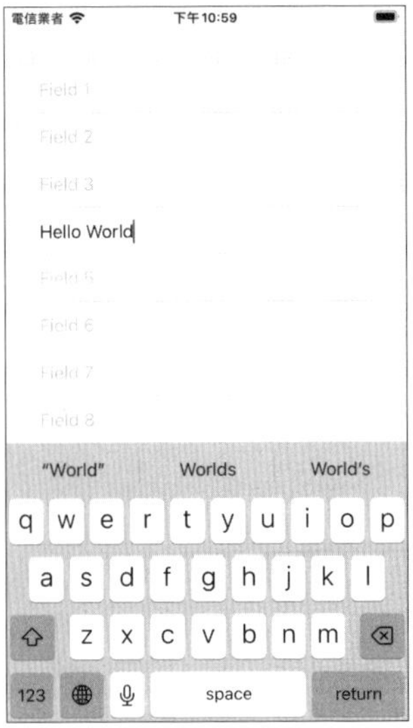

如果想讓使用者只要一滑動 Form 或 List 元件就立即關閉鍵盤，可以將參數 interactively 改為 immediately 就可了，這時只要一有捲動動作發生，鍵盤就關閉了，如下。

```
Form {
    ...
}
.scrollDismissesKeyboard(.immediately)
```

設定焦點

有時在一些需要輸入驗證碼的 App 會看到當使用者輸入驗證碼第一個字的時候，游標會自動跳到需要輸入第二個字的位置，這個功能就是透過程式碼讓另外一個 TextField 取得輸入焦點（在 Storyboard 專案稱此為 First Responder）。接下來的範例將會示範如何做到這個功能，並且順便透過鍵盤種類設定，讓使用者只能輸入數字。範例程式碼稍微有一點多，目的是讓使用者在第一個 TextField 輸入完資料後，游標自動跳到第二個 TextField，然後在第二個 TextField 輸入完資料後游標跳到第三個 TextField，等全部都輸入完後將鍵盤關閉。為了讓 TextField 有統一的樣式，我們先自訂一個修飾器，避免三個 TextField 的程式碼重複太多。

下面這個 MyTextFieldModifier 修飾器的目的是為了讓 TextField 元件大小為 40 x 40 的正方形，並且使用 keyboardType 修飾器來設定虛擬鍵盤為數字鍵盤。

```
struct MyTextFieldModifier: ViewModifier {
    func body(content: Content) -> some View {
        content
            .font(.title)
            .textFieldStyle(.roundedBorder)
            .keyboardType(.numberPad)
            .multilineTextAlignment(.center)
```

```
            .frame(width: 40, height: 40)
        }
    }
```

接下來需要定義一個 enum 型態，放在 ContentView 裡面或外面都可以，如果沒有其他地方會用到這個型態，建議放到 ContentView 裡面。這個 enum 的目的是儲存之後的三個 TextField 中誰得到了焦點，也就是在程式碼中要能辨識出每一個 TextField 身份，注意變數 field 的資料型態為我們定義的 enum 型態。變數 chars 陣列儲存使用者在每一個 TextField 中輸入的資料，最後 text 變數用來儲存 chars 中每一個字元合併後的結果，也就是假設 chars 中的資料是["1", "2", "3"]時，text 中的資料就會是字串"123"。

```
struct ContentView: View {
    enum Field: Hashable {
        case first
        case second
        case third
    }

    @FocusState private var field: Field?
    @State private var chars = ["", "", ""]
    @State private var text = ""
```

現在在 body 中加上三個 TextField 元件，除了使用我們自己定義的修飾器外，在 focused 修飾器中設定哪一個 TextField 取得焦點，例如當第一個 TextField 取得焦點時，變數 field 中就會儲存 enum 型態中的 first 項目。除此之外，再使用 onChange 修飾器來當使用者輸入一個字元時，就立刻將焦點改到下一個 TextField。最後當變數 field 等於 nil 時，就會關閉虛擬鍵盤並且把三個 TextField 的資料儲存到變數 text 中。

```
var body: some View {
    HStack {
        TextField("", text: $chars[0])
            .modifier(MyTextFieldModifier())
            .focused($field, equals: .first)
            .onChange(of: chars[0]) { newValue in
                field = .second
            }

        TextField("", text: $chars[1])
            .modifier(MyTextFieldModifier())
            .focused($field, equals: .second)
            .onChange(of: chars[1]) { newValue in
                field = .third
            }

        TextField("", text: $chars[2])
            .modifier(MyTextFieldModifier())
            .focused($field, equals: .third)
            .onChange(of: chars[2]) { newValue in
                field = nil
                text = chars.joined()
            }

        Text(text)
    }
}
```

這段程式碼執行後的畫面如下，每輸入一個數字後，游標會自動跳到下一個 TextField，直到三個 TextField 都輸入完畢，關閉虛擬鍵盤並顯示輸入結果。

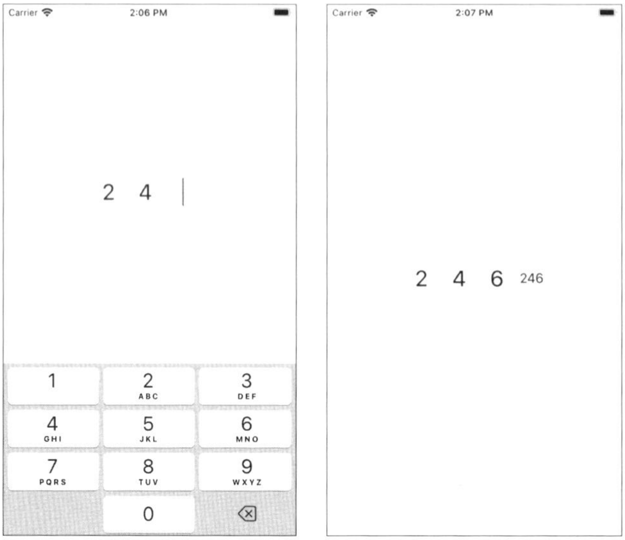

修正內容

預設情況下，TextField 的自動拼字修正與第一個字元大寫是開啟的，所以當使用者輸入英文資料時，TextField 會自動將拼錯的字改成他認為正確的，以及自動將第一個字元改為大寫。如果你不需要這些功能，可以透過修飾器關掉他們。首先關掉拼字修正的程式碼如下。

```
TextField("Input data", text: $text)
    .autocorrectionDisabled(true)
```

如果第一個字元大寫這個功能要關掉，程式碼如下。除了 never 這個參數值外，還可以設定成 characters，這樣所有字都自動大寫。也可以設定成 words，代表每個字的第一個字元都是大寫，例如「Hello World」，其中 H 與 W 都是大寫。此修飾器預設值為 sentences。

```
TextField("Input data", text: $text)
    .textInputAutocapitalization(.never)
```

複製貼上

在上個單元 Text 元件的介紹中，我們知道如何複製 Text 元件上的內容，現在我們要將複製的內容貼到 TextField 元件內。對 TextField 元件而言，從剪貼簿貼上資料這個功能不需要特別處理，TextField 內建這個功能，因此只要剪貼簿中有字串資料，長按 TextField 元件就會出現選單讓使用者可以貼上資料了。

```
@State private var text = ""
var body: some View {
    Form {
        Text("Hello, World!")
            .textSelection(.enabled)
        TextField("paste here", text: $text)
    }
}
```

密碼輸入

TextField 並不適合用來輸入密碼，因為輸入的內容都會以明碼顯示，若要保護輸入的資料不會在畫面上呈現，應改用 SecureField 元件，這個元件使用上跟 TextField 幾乎一模一樣。

```
SecureField("Password", text: $pwd)
```

Submit 事件

在使用者在 TextField 或 SecureField 輸入資料時，最後按下鍵盤的 return 鍵就會產生這個事件，所以我們可以實作 onSubmit 修飾器來攔截。

```
TextField("Input", text: $text)
    .onSubmit {
        // 按下 enter 後的程式碼寫這
    }
```

Change 事件

Change 這個事件會發生在 TextField 或 SecureField 元件的內容有所變動時，所以如果我們想要立即知道使用者改變了什麼，就要實作 onChange 這個修飾器。變動的內容透過變數 text 或是 Closure 傳進來的變數 newValue 都可以知道，其實這兩個變數的內容是一樣的。

```
struct ContentView: View {
    @State private var text = ""
    var body: some View {
        TextField("Input", text: $text)
            .onChange(of: text) { newValue in
                // 內容變動時的程式碼寫這
                // 變數 text 與 newValue 是一樣的內容
            }
    }
}
```

5-3 標籤

Label 元件可以將文字與圖片整合在一塊兒，如果想要在文字旁順便加一張圖片的話，Label 元件可以快速達到這個目的。最簡單的用法如下。

```
Label("Hello, World!", systemImage: "globe")
```

上面這段程式碼會在文字左側放一張 SF Symbols 圖片，如果想要顯示我們自己放到專案中的圖片，可以將參數 systemImage 換成 image 即可。Label 元件另外一種用法是透過兩個 Closure 區段，分別放入文字與圖片，如下。

```
Label {
    Text("Hello, World!")
```

```
} icon: {
    Image(systemName: "globe")
}
```

兩種寫法的結果是一樣的，只是第二種寫法更具彈性。第二種寫法透過 Closure 標示了文字區與圖示區，而這兩個區域內可以放多個元件。例如下面這段程式碼，將文字、按鈕與圖片合在一個 Label 元件中。

```
Label {
    Text("18")
    Button("結帳") {
        // code here
    }
    .buttonStyle(.bordered)
} icon: {
    Image(systemName: "cart")
}
```

樣式與自訂樣式

有些元件的修飾器名稱中有 style 這個字，例如 Label 元件的 labelStyle，這個修飾器可以設定 Label 元件是否只要顯示圖片或文字或兩者都要。例如下面這個設定就只會顯示圖片而不會顯示文字。

```
Label("機場", systemImage: "airplane")
    .labelStyle(.iconOnly)
```

這種具有 style 的修飾器，查看 Xcode 右側的說明文件或是在修飾器上按滑鼠右鍵後選「Jump To Definition」，應該可以看到修飾器需要的參數型態為某個 Style，例如 LabelStyle。接著再去查 LabelStyle 的內容，若發現其中有 makeBody()這個函數的話，就可以讓我們自訂樣式。只要宣告一個結構並且符合 LabelStyle 協定，然後實作 makeBody()函數即可。

現在我們自訂一個標籤樣式，讓圖示與文字改為垂直排列，並且設定一個背景顏色也加上圓角，如下。

```
struct MyLabelStyle: LabelStyle {
    func makeBody(configuration: Configuration) -> some View {
        VStack {
            configuration.title
            configuration.icon
        }
        .padding()
        .background(Color(.systemGray4))
        .cornerRadius(10)
    }
}
```

現在在 Label 元件上使用我們的自訂樣式時，產生的效果如下圖。

```
Label("機場", systemImage: "airplane")
    .labelStyle(MyLabelStyle())
```

這裡我們以標籤的樣式為範例，說明如何自訂樣式。下一章會談到 Button 元件，該元件也有一個 style 稱為 ButtonStyle，事實上 SwiftUI 中有很多元件都可以透過 style 來改變樣式，而這些我們都可以重新客製。之後若遇到時，請讀者自行試試看了。

5-4 圖片

想要在畫面上顯示圖片，有兩個元件可以使用，一個是 Image 元件，另外一個是 AsyncImage 元件。AsyncImage 是透過網路以非同步方式顯示網路上的圖片，這個元件稍後說明，這裡先來介紹 Image 元件。

Image 元件主要用來顯示已經存在於專案中的圖片、系統 SF Symbols 圖庫中的圖片或是從 UIImage 元件載入的圖片。若是要載入專案中的圖片，該圖片必須放到資源檔（Assets.xcassets）中，如下。

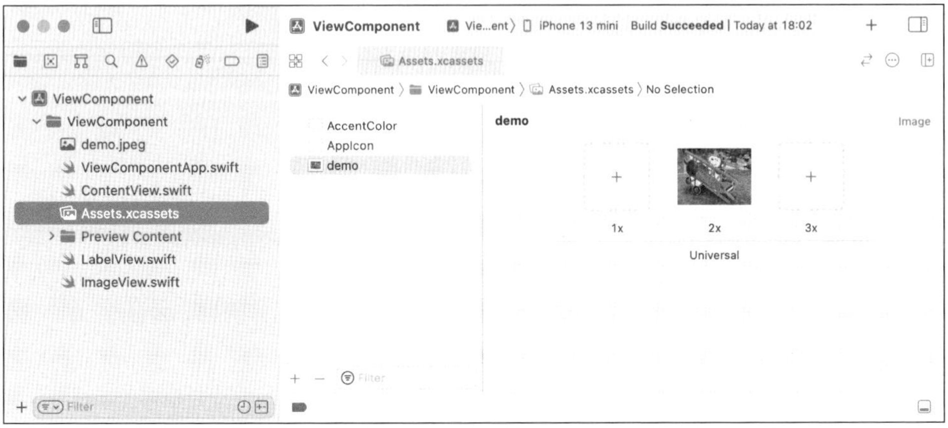

只有放在資源檔中的圖片才能被 Image 元件載入，程式碼如下。名稱「demo」是資源檔中該圖片的名稱，這個名稱可與實際的檔名不同。

```
Image("demo")
```

如果圖片不在資源檔中，或是圖片目前是存在於資料型態為 Data 的變數中，這時要顯示圖片就必須藉由 UIKit 框架中的 UIImage 元件。例如非資源檔中的圖片，可以使用下列程式碼載入。

```
struct ContentView: View {
    var body: some View {
        Image(uiImage: UIImage(named: "demo.jpeg")!)
    }
}
```

若資料型態為 Data 的圖片，也一樣是透過 UIImage 來載入，如下。

```
Image(uiImage: UIImage(data: data)!)
```

若要載入 SF Symbols 圖檔中的圖片，也就是 Xcode 內建的圖示，只要知道圖示名稱就可以了。想要知道所有的圖示名稱，建議電腦安裝 SF Symbols App，這是 Apple 官方發佈的 App，方便開發者瀏覽所有圖示，網址為 https://developer.apple.com/sf-symbols/。例如要顯示一張名稱為 globe 的圖示，程式碼如下。

```
Image(systemName: "globe")
```

變數圖

從 SF Symbols 4 也就是 Xcode 14 開始，有些圖可以跟變數綁在一起，透過變數值來即時改變圖片內容，這種圖稱為變數圖。在 SF Symbols App 左側的「變數」選項中所列出的圖都具備了跟變數綁在一起的功能。

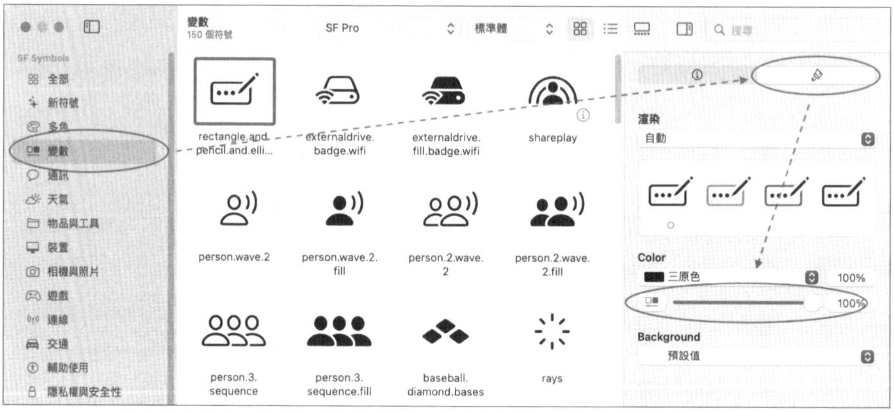

在程式中，宣告一個浮點數，然後在 Image 中透過 variableValue 參數綁定所宣告的浮點數就可以了。所綁定的變數值範圍為 0 到 1 之間的浮點數，因此下面程式碼透過 Slider 元件來改變變數值，Slider 元件預設的範圍剛好就是 0 到 1 之間的浮點數。接下來滑動 Slider 元件就可以看到圖片會根據變數值大小而有所變化了。

```
struct VariableImage: View {
    @State var value = 0.0

    var body: some View {
        VStack {
            Image(
                systemName: "cellularbars",
                variableValue: value
            )
            .resizable()
            .frame(width: 100, height: 100)

            Slider(value: $value)

                .frame(width: 150)
        }
    }
}
```

等比例縮放

大部分情況下，要顯示的圖片大小與 Image 元件的大小並不一致，例如圖片是橫向拍攝，也就是寬度比高度來的大，但是 Image 的範圍卻是直向或是正方形而且範圍也比圖片來的小。當有這種情形時，我們會發現 Image 上所顯示的圖片已超過 Image 範圍。以下圖為例，將左圖的圖片要放進右圖 Image 框框中時，很顯然是大小與比例都是不對的。

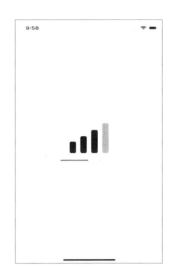

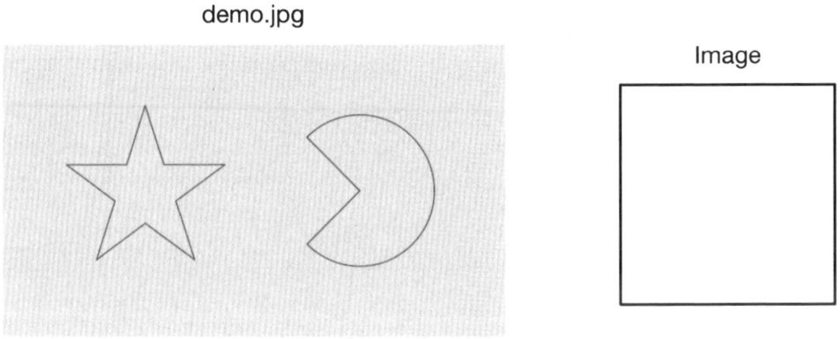

在預設情況下，顯示的狀況如下圖右。會發現，圖片超過了 Image 的範圍，並且圖片與 Image 的中心點都位於同一個座標點上。

```
Image("demo")
    .frame(width: 200, height: 200)
```

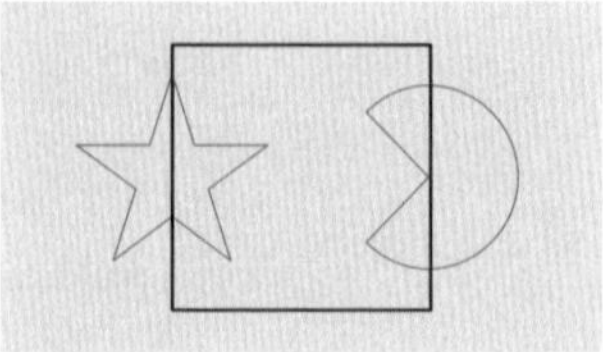

在預設情況，圖片是不會主動根據 Image 範圍而調整解析度的，因此圖片才會超過 Image 範圍，若想要調整圖片大小，必須加上 resizable 修飾器。但這時會發現顯示的圖片變形了，因為 Image 的長寬比跟圖片的長寬比並不一樣，而圖片被硬塞到 Image 中造成的結果。

```
Image("demo")
    .resizable()
    .frame(width: 200, height: 200)
```

想要讓圖片等比例的調整到適合 Image 大小，需要靠 scaledToFill 與 scaledToFit 這兩個修飾器，注意他們必須在 frame 修飾器之前使用才是正確的。

```
Image("demo")
    .resizable()
    .scaledToFill()
    .frame(width: 200, height: 200)
```

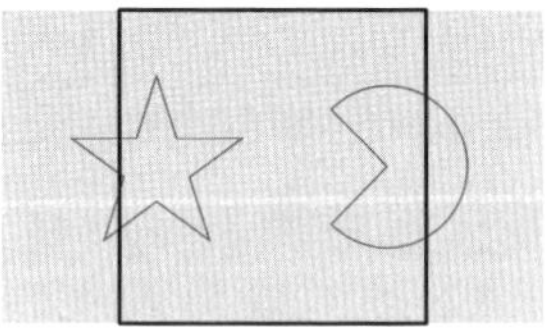

```
Image("demo")
    .resizable()
    .scaledToFit()
    .frame(width: 200, height: 200)
```

裁切

不論是 fill 或是 fit 都可以將圖片等比例縮放至適合 Image 大小，但是使用 fill 時，圖片必定有兩邊會超過 Image 範圍，可能是兩個長邊也可能是兩個短邊。要將超過 Image 範圍的部分剪掉，可以使用 clipped 修飾器，如下，左右兩邊超過的部分就被裁切掉了。

```
Image("demo")
    .resizable()
    .scaledToFill()
    .frame(width: 200, height: 200)
    .clipped()
```

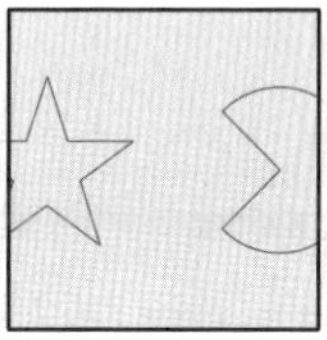

除了 scaledToFill 與 scaledToFit 修飾器外，也可以使用 aspectRatio(_:contentMode:)這個修飾器，參數填入 fill 或是 fit 即可。

裁切成圓形

除了順著 Image 元件的周圍裁切成矩形外，我們也可以將圖片裁切成任意形狀，這裡以內建的圓形為範例，任意形狀請參考「繪圖與動畫」章節。要裁切成特殊形狀，需使用 clipShape 修飾器，如下。

```
Image("demo")
    .resizable()
    .scaledToFill()
    .frame(width: 300, height: 300)
    .clipShape(Circle())
}
```

如需要在裁切後的圖形外圍加上邊線，需使用 overlay 修飾器，而不是使用 border 修飾器，如下，其實就是疊了一個空心圓在裁成圓形的圖片上。

```
Image("demo")
  .resizable()
  .scaledToFill()
  .frame(width: 300, height: 300)
  .clipShape(Circle())
  .overlay {
     Circle()
        .stroke(.white, lineWidth: 10)
  }
  .shadow(radius: 20)
```

對齊與偏移

雖然大部分情況我們不會特別去修改圖片的哪部分要顯示在 Image 中，但必要時我們還是可以做一些調整，例如要顯示圖片的右下角。

```
Image("demo")
    .frame(width: 200, height: 200,
         alignment: .bottomTrailing)
```

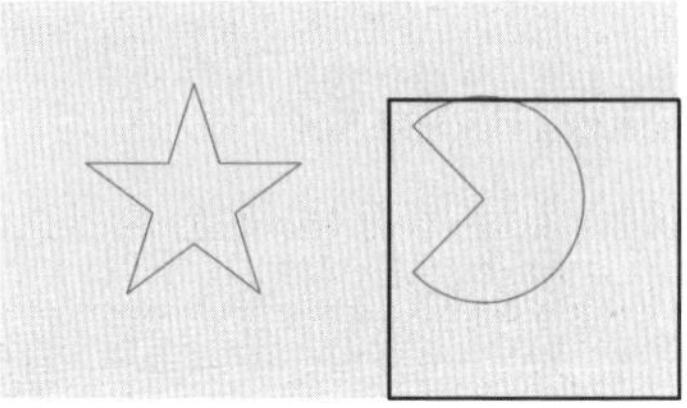

除了對齊外，還可以透過 offset 修飾器來偏移圖片的位置，例如顯示圖片的右下角後還要再將圖片往右下角移動 20pt。

```
Image("demo")
    .frame(width: 200, height: 200,
         alignment: .bottomTrailing)
    .offset(x: 20, y: 20)
```

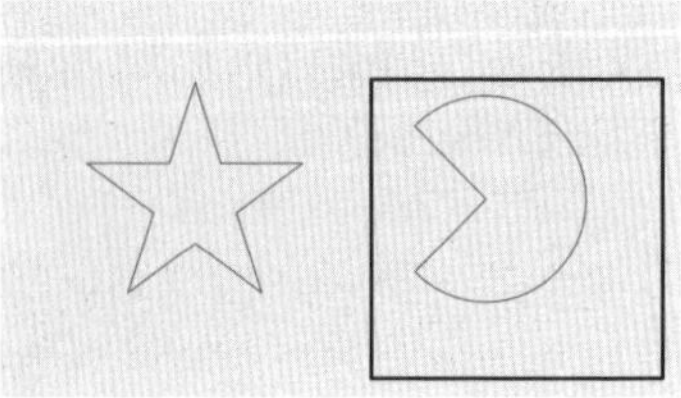

捲動

我們可以在 Image 外面套上 ScrollView 元件，讓使用者可以透過捲軸來捲動圖片。當使用 ScrollView 時，ScrollView 的捲動範圍會依據 Image 的大小來決定，而 Image 可以自己決定大小，也可以讓 ScrollView 來決定其大小。先來看下面這個例子，由於 Image 沒有設定大小，且由於 ScrollView 只設定了水平方向捲動，因此 Image 的高度會跟 ScrollView 一樣也就是 200pt，而寬度則是等比例縮放，若這時 Image 的寬度超過 ScrollView 的寬度，這時就可以水平捲動 ScrollView 了。

```
ScrollView(.horizontal) {
    Image("demo")
        .resizable()
        .scaledToFill()
}
.frame(width: 200, height: 200)
```

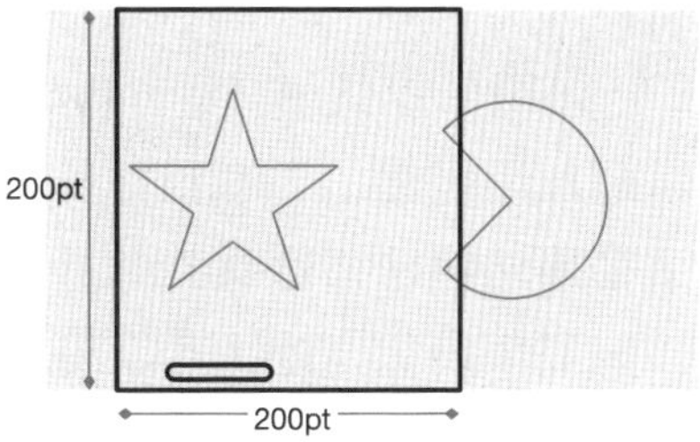

若 ScrollView 同時設定了水平與垂直方向捲動，而 Image 沒有設定大小，此時對 Image 而言就沒有改變圖片大小的必要，因為水平與垂直方向都可以捲動，此時圖片會呈現原圖大小。Image 的 resizable 與 scaledToFill 這兩個修飾器變的沒有作用，可以刪除。

```
ScrollView([.horizontal, .vertical]) {
    Image("demo1")
}
.frame(width: 200, height: 200)
```

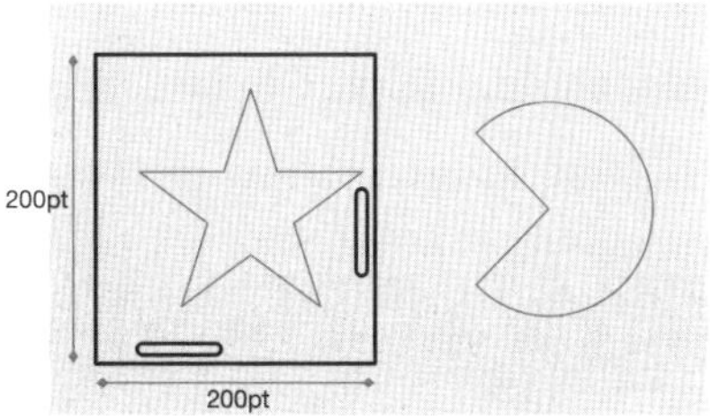

最後圖片也可以自己設定大小，也就是調整圖片的解析度，原則上改變後的長與寬至少都要大於 ScrollView 的長與寬，然後再決定 ScrollView 的水平捲動、垂直捲動或是兩者都要，以下面的範例而言是兩者都要。

```
ScrollView([.horizontal, .vertical]) {
    Image("demo1")
        .resizable()
        .scaledToFill()
        .frame(width: 350, height: 350)
}
.frame(width: 200, height: 200)
```

非同步圖片下載

若畫面上要顯示的圖片是需要透過一個網址從網路上下載回來後再顯示的，這時可以使用 AsyncImage 元件。這個元件只要給個網址，就可以從該網址下載圖片，並且以非同步方式下載。最簡單的用法如下，且由於這種用法無法修改圖片大小，因此下載的圖片其解析度應該小於 frame 修飾器中所設定的大小。此外，當圖片還沒下載完畢或是下載失敗時，要顯示圖片的位置會以一個灰色矩形替代。

```
AsyncImage(url: URL(string: str)!)
    .frame(width: 200, height: 200)
```

倘若想要像 Image 元件一樣可以修改下載的圖片大小，甚至想將下載尚未完成時的灰色矩形改為轉圈圈圖示，可以使用下面這樣的語法。placeholder 這個 Closure 區段放的就是當圖片還在載入中的提示圖案，這裡透過 ProgressView 元件顯示一個轉圈圈圖示，當然需要的話也可以自訂圖示。

```
AsyncImage(url: URL(string: str)!) { image in
    image.resizable()
} placeholder: {
    ProgressView()
}
.scaledToFill()
.frame(width: 200, height: 200)
.clipped()
```


5-5 資料分享

資料分享是 App 啟動作業系統內建的一個資料分享畫面，可以將我們想要的資料分享給其他的 App。這個元件在 Storyboard 中稱為 Activity View Controller，在 SwiftUI 中改名字為 ShareLink，並且從 Xcode 14 開始的 SwiftUI 才具有這個元件。

分享網址

基本的使用方式很簡單，給一個 URL，然後啟動分享頁面，程式碼如下。

```
struct ContentView: View {
    var body: some View {
        ShareLink(item: URL(string: "https://www.apple.com")!)
    }
}
```

執行後一開始的畫面如下圖左，點選分享的圖示後會開啟內建的資料分享畫面，如下圖右。這是在模擬器上執行的結果，所以可分享的 App 很少，如果是在實機上面執行，分享畫面開啟後應該會有非常多的 App 可接收這個網址資料。

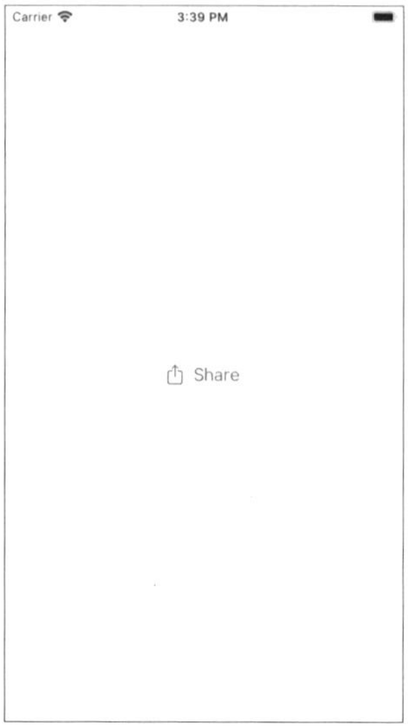

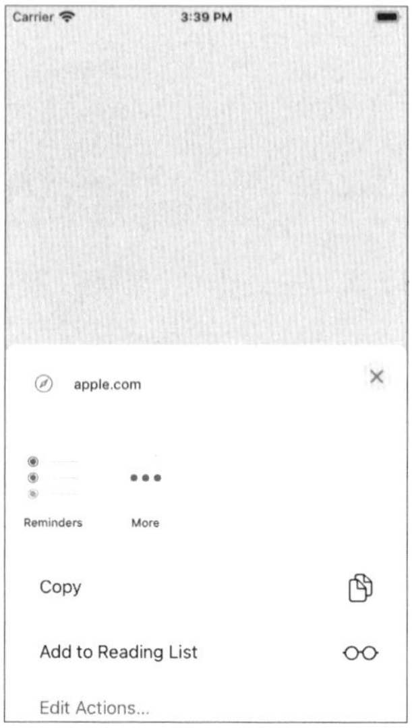

分享文字

除了網址外，還可以分享文字與圖片，以分享文字為例，這裡把 ShareLink 放到 List 裡面的目的是為了讓右側的 ShareLink 按鈕不會被分享頁面擋住，讓大家可以看到 ShareLink 所顯示的圖示與文字。

```
List {
    ShareLink("Title", item: "要分享的字串")
}
```

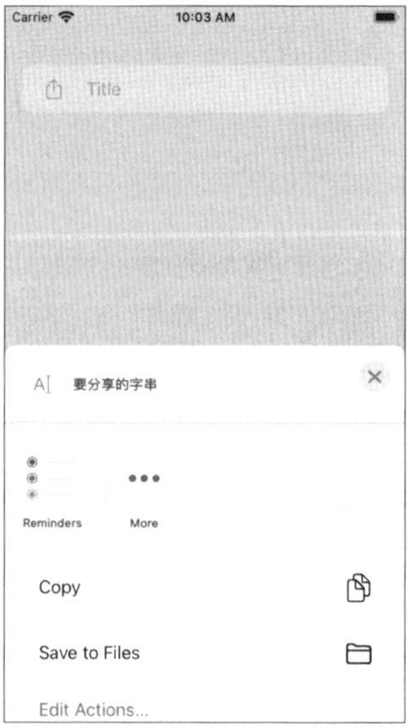

分享圖片

如果要分享圖片，請先在專案中自行加入一張圖片到資源檔 Assets.xcassets 中，然後要填入分享頁面開啟後左上角的預覽圖片與文字內容為何，如下。請特別注意分享頁面的左上角圖示與文字。

```
let image = Image("demo")
ShareLink(
    item: image,
    preview: .init("風景", image: image)
)
```

分享檔案

分享檔案只要傳入檔案的檔名（包含路徑）就可以了。下面這段程式碼會將一個 hello 字串儲存到 App 家目錄下的/Documents/a.txt 檔案中，然後要把這個檔案分享出去。存檔功能使用 String 型態內建的 write()函數，給個檔名就儲存起來了，非常容易。

```
struct ContentView: View {
    private let name = NSHomeDirectory() + "/Documents/a.txt"
    var body: some View {
        VStack {
            Button("存檔") {
                do {
```

```
                try String("hello").write(
                    toFile: name,
                    atomically: true,
                    encoding: .utf8
                )
            } catch {
                print(error)
            }
        }
        ShareLink(item: URL(filePath: name))
        Spacer()
    }
  }
}
```

執行後注意看分享頁面的左上角，除了顯示檔案的主檔名外，也會顯示檔案中的文字長度，這些預設的圖片、文字如果不喜歡的話，可以透過 ShareLink 元件中的 preview 參數來自訂。

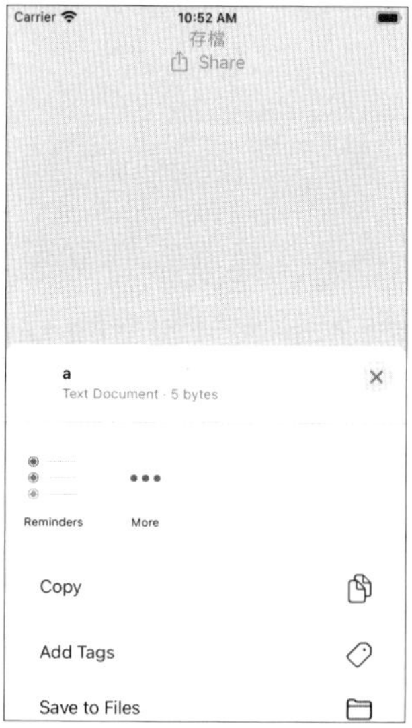

06

按鈕、選取與狀態表示

Part 1 SwiftUI

6-1 按鈕

按鈕使用上很簡單，只要將程式碼放在按鈕按下去後的 Closure 區段中就可以了，最基本的語法形式如下。

```
Button("Click Me") {
    // 要做的事情寫這
}
```

也可以使用下面這種語法形式做出圖形按鈕。

```
Button {
    // 要做的事情寫這
} label: {
    Image(systemName: "trash")
}
```

按鈕總共有四種樣式，可以讓按鈕呈現不同的樣貌，透過 buttonStyle 修飾器就可以改變樣式了，如下。

```
Form {
    Button(".bordered") {
    }.buttonStyle(.bordered)

    Button(".borderedProminent") {
    }.buttonStyle(.borderedProminent)

    Button(".borderless") {
    }.buttonStyle(.borderless)

    Button(".plain") {
    }.buttonStyle(.plain)
}
```

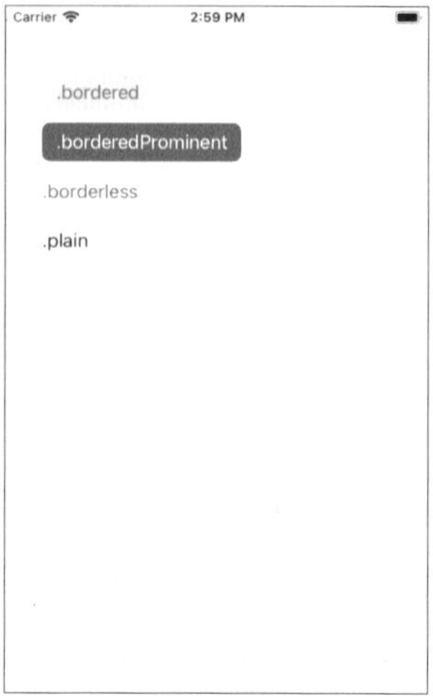

如果樣式是 bordered 或是 borderedProminent，還可以透過 buttonBorderShape 修飾器改變按鈕的外觀形狀，例如膠囊形狀或是圓角形狀。

```
Form {
    Button(".capsule") {
    }
    .buttonStyle(.bordered)
    .buttonBorderShape(.capsule)

    Button(".roundedRectangle") {
    }
    .buttonStyle(.bordered)
    .buttonBorderShape(.roundedRectangle)

    Button(".roundedRectangle(radius:)") {
    }
    .buttonStyle(.bordered)
    .buttonBorderShape(
        .roundedRectangle(radius: 12)
    )
}
```

與 Alert 訊息框結合

按鈕經常會跟 Alert 訊息框結合，例如一個刪除功能的按鈕按下後，如果想要再次向使用者確認是否真的要刪除，這時就需要使用訊息框來進行確認的工作。Alert 訊息框在 SwiftUI 不是元件，而是使用修飾器。下面這段程式碼就會在按鈕按下去後，產生一個有兩個按鈕的訊息框，一個按鈕是程式碼中的 Button，另外一個是系統自動加上去的取消按鈕。

```
struct ContentView: View {
    @State private var isPresented = false
    var body: some View {
        Button("Delete") {
            isPresented = true
        }
        .alert("Delete All Files", isPresented: $isPresented) {
            Button("Delete", role: .destructive) {
                // code here
            }
        }
    }
}
```

Delete 按鈕按下後的畫面如右。預設的取消按鈕按下後本來就沒有要做事情，只是關掉訊息框而已，所以程式中也沒有地方可以寫這個按鈕的程式碼，如果要撰寫取消按鈕的程式碼，這個按鈕就不能用預設的，我們需要自己實作。

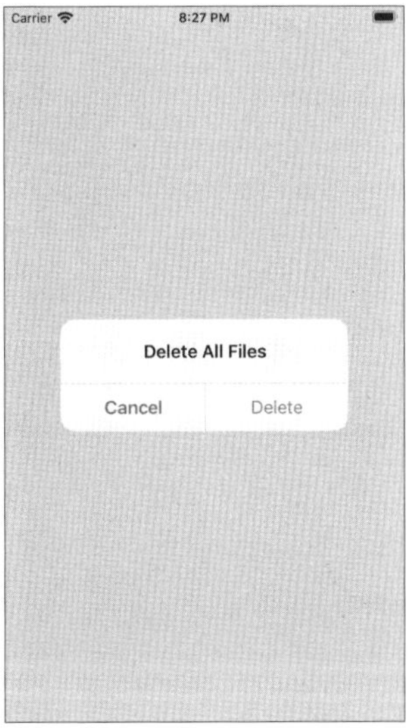

如果要提醒使用者某件事情，而使用者只需要一個「OK」按鈕時，這時在 alert 修飾器的 Closure 區段中可以不寫任何程式碼，系統就會預設給一個 OK 按鈕，如下。

```
Button("Delete") {
    isPresented = true
}
.alert("Successful", isPresented: $isPresented) {

}
```

訊息框除了標題文字之外，也可以加上訊息文字，但目前 message 區段只支援 Text 元件，並且只能顯示一個沒有裝飾過的字串。所以很可惜，訊息框依然不支援圖片。

```
Button("Delete") {
    isPresented = true
}
.alert("Warning", isPresented: $isPresented) {
    Button("Delete", role: .destructive) {
        // code here
    }
} message: {
    Text("All files will be deleted.")
}
```

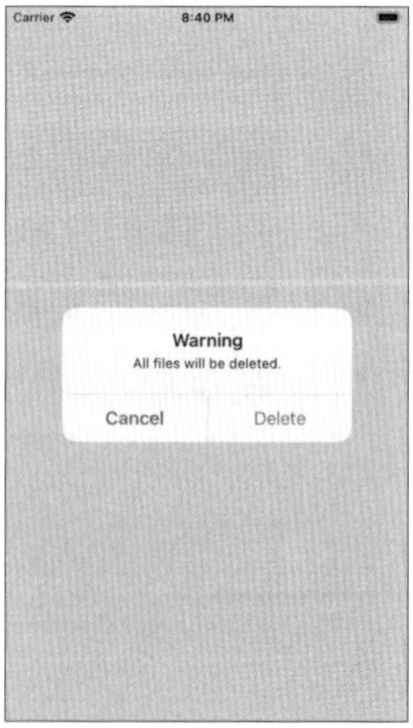

在訊息框中也可以放入 TextField 元件來讓使用者輸入資料，下面這段程式碼會在按鈕按下後，讓使用者輸入帳號密碼進行登入程序，其中 uid 與 pwd 變數請自行宣告@State 等級的字串變數。

```
Button("Login") {
    isPresented = true
}
.alert("Login", isPresented: $isPresented) {
    TextField("your email", text: $uid)
    SecureField("password", text: $pwd)

    Button("Cancel", role: .cancel) { }
    Button("Submit") {
        // code here
    }
} message: {
    Text("Input your account and password.")
}
```

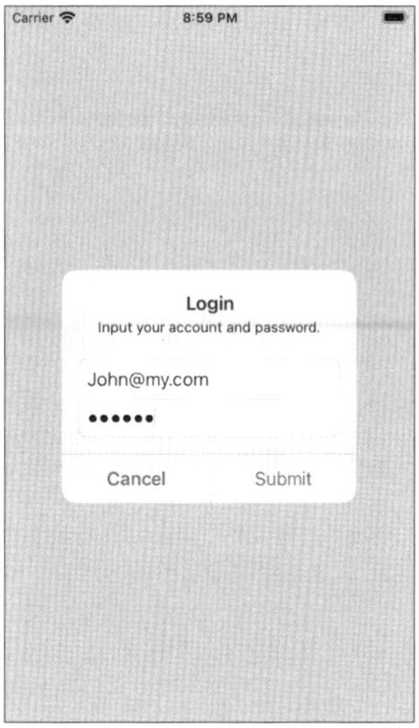

6-2 選取

要讓使用者可以在多個項目中選擇一個，除了 List 元件外，Picker 元件提供了更多樣的變化，這個元件一口氣整合了 UIKit 中的 Picker View、Segmented Control 與 Pop Up Button 等多個元件，這代表在 SwiftUI 中我們可以用同樣的程式碼來呈現不同的操作畫面，這對程式設計師而言是件好事，因為我們不需要學習太多不同元件用法。

最基本的用法如下，首先必須宣告一個@State 變數，用來存放使用者在 Picker 元件中選到的項目，變數的資料型態只要符合 Hashable 協定即可，這裡選用 Int 型態。Picker 的第一個參數 title 必須配合 List 或 Form 元件才看得出效果，放在 Picker 中供使用者選擇的選項不一定要使用 Text 元件，Image 元件也可以，只要在後面補上 tag 修飾器，內容填上與@State

變數相同的資料型態，這樣使用者選到的項目，該 tag 值就會放到@State 變數中。

```
struct PickerView: View {
    @State private var tagValue = 0

    var body: some View {
        Picker("Title", selection: $tagValue) {
            Text("One").tag(0)
            Text("Two").tag(1)
            Text("Three").tag(2)
        }
    }
}
```

將上述的程式碼放到 List 或是 Form 中，呈現畫面會比較精緻，如下，這時可以看到 Picker 元件第一個參數 Title 這個字串所在位置，而右方就可以讓使用者點選。

```
List {
    Picker("Title", selection: $tagValue) {
        Text("One").tag(0)
        Text("Two").tag(1)
        Text("Three").tag(2)
    }
}
```

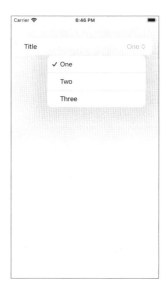

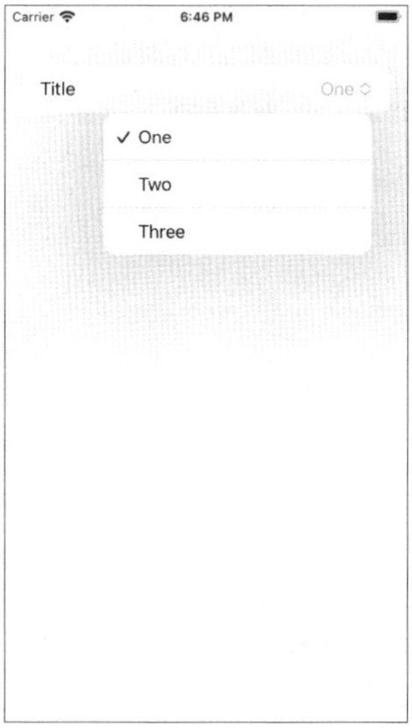

Picker 可以透過 pickerStyle 這個修飾器來改變呈現的樣貌，上述程式碼所呈現的畫面效果相當於使用了 menu 這個參數值，如下。

```
Picker("Title", selection: $tagValue) {
    ...
}
.pickerStyle(.menu)
```

另外幾種樣式，wheel 與 inline 樣式必須在 List 或 Form 元件中才有差異，所以下面範例均將 Picker 放在 List 中呈現。

```
List {
    Picker("Title", selection: $tagValue) {
        Text("One").tag(0)
        Text("Two").tag(1)
        Text("Three").tag(2)
    }
    .pickerStyle(.wheel)
}
```

```
List {
    Picker("Title", selection: $tagValue) {
        Text("One").tag(0)
        Text("Two").tag(1)
        Text("Three").tag(2)
    }
    .pickerStyle(.inline)
}
```

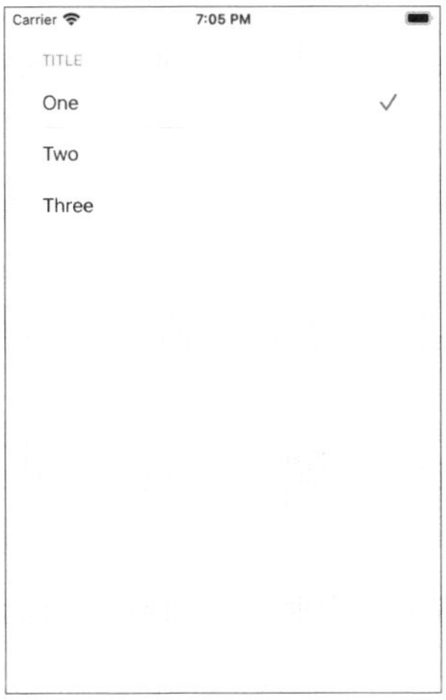

區段樣式

最後一種 segmented 樣式，這個樣式效果會讓 Picker 元件呈現出如同 UIKit 中的 Segmented Control 元件的樣子。一般來說這個樣式的 Picker 元件不會放在 List 中，因為是讓使用者點選不同頁籤來呈現不同的畫面，因此下面的範例程式碼改用 VStack 來將 Picker 元件移到畫面最上方，比較符合常見的排版樣子。然後在 Picker 元件下方使用 Text 元件呈現使用者點選了哪一個頁籤。

```
VStack {
    Picker("Title", selection: $tagValue) {
        Text("One").tag(0)
        Text("Two").tag(1)
        Text("Three").tag(2)
    }
    .pickerStyle(.segmented)
    Spacer()
    Text(String(tagValue))
        .font(.system(size: 200))
    Spacer()
}
```

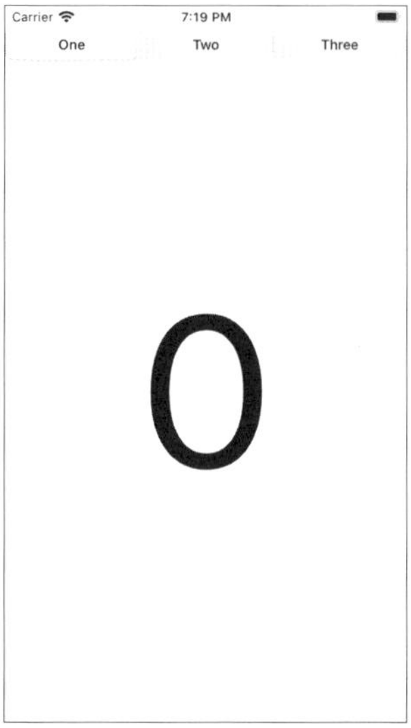

放在 Toolbar 上

要讓 Picker 元件適當的放在畫面上而不顯得突兀，經常需要與 NavigationStack 元件緊密配合，然後就可以將 Picker 元件放在工具列位置。下面來看幾個例子，為了程式碼說明方便，首先準備好一個自訂的修飾器，修飾器的目的是在指定的地方顯示 Picker 元件，並且 Picker 元件中的選項也一併放在這個修飾器中。

```
struct PickerToolbar: ViewModifier {
    @Binding var tagValue: Int
    @State var placement: ToolbarItemPlacement = .automatic
```

```
    func body(content: Content) -> some View {
        content
            .toolbar {
                ToolbarItem(placement: placement) {
                    Picker("", selection: $tagValue) {
                        Text("One").tag(0)
                        Text("Two").tag(1)
                        Text("Three").tag(2)
                    }
                    .pickerStyle(.segmented)
                }
            }
    }
}
```

有了上面這個修飾器後，我們就可以透過下面這段程式碼產生兩個頁面，並且在頁面加上導覽工具列。

```
struct ContentView: View {
    @State private var tagValue = 0

    var body: some View {
        NavigationStack {
            VStack {
                NavigationLink("Next Page") {
                    Text("This is Next Page")
                        .modifier(PickerToolbar(tagValue: $tagValue))
                }
            }
            .navigationTitle("MyTitle")
            .modifier(PickerToolbar(tagValue: $tagValue))
        }
    }
}
```

在 PickerToolbar 修飾器中變數 placement 的內容為 automatic，此時 Picker 元件會放在上方的導覽工具列中。並且從下方的預覽圖可以看到，Picker

元件不論在何時都會出現在導覽列右側，包含手機方向為橫向時也一樣。參數 automatic 與參數 navigationBarTrailing 結果是一樣的。

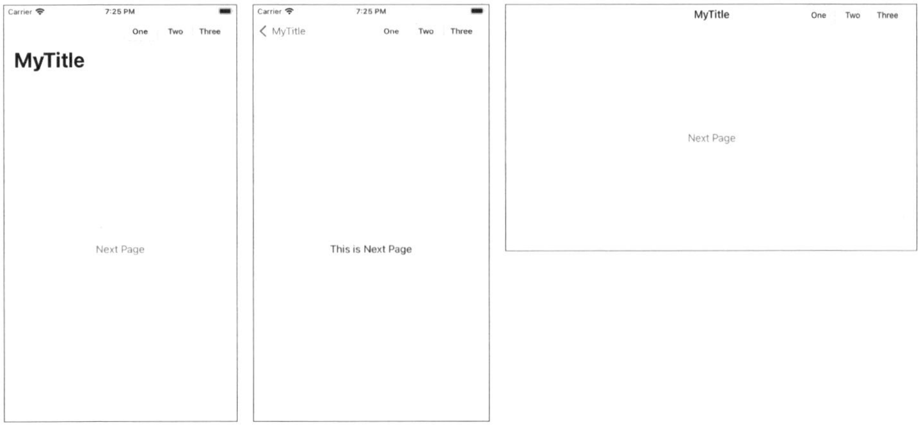

若將位置改為 navigationBarLeading，此時 Picker 元件就會出現在導覽工具列的左側。

```
@State var placement: ToolbarItemPlacement = .navigationBarLeading
```

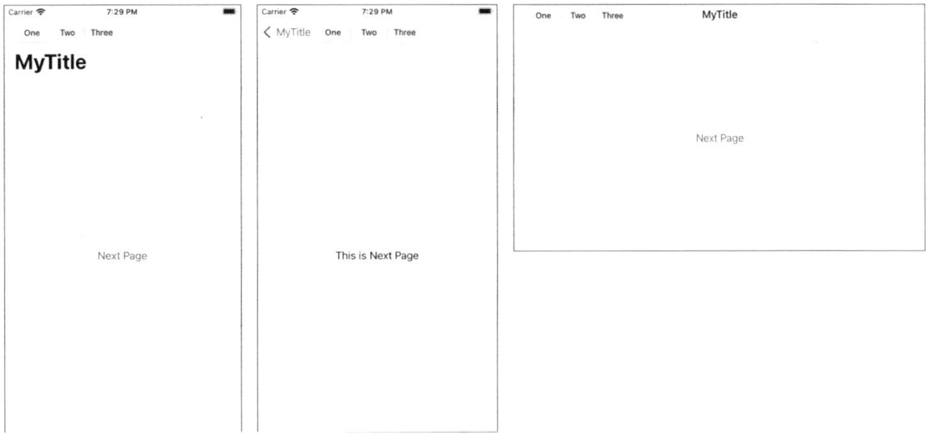

若參數為 navigation 時，一般情況下 Picker 元件會出現在左側，若左側出現了「Back」按鈕，Picker 元件會移到右側。

```
@State var placement: ToolbarItemPlacement = .navigation
```

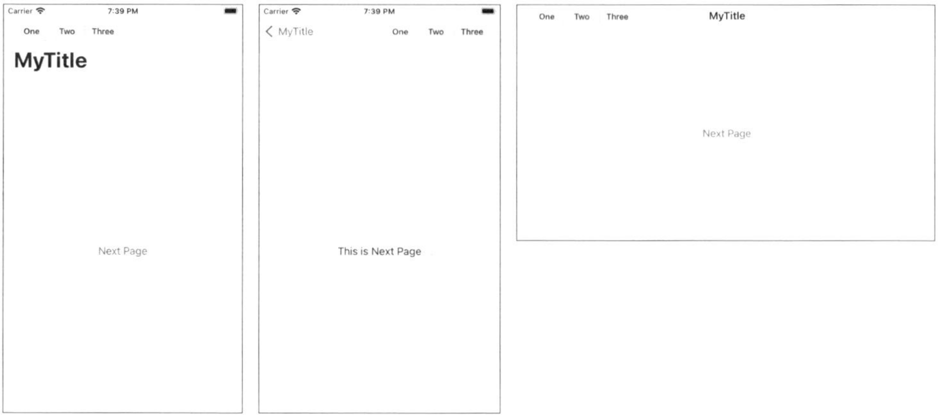

若想要讓 Picker 元件佔滿整個導覽工具列，可以使用 principal 參數。

```
@State var placement: ToolbarItemPlacement = .principal
```

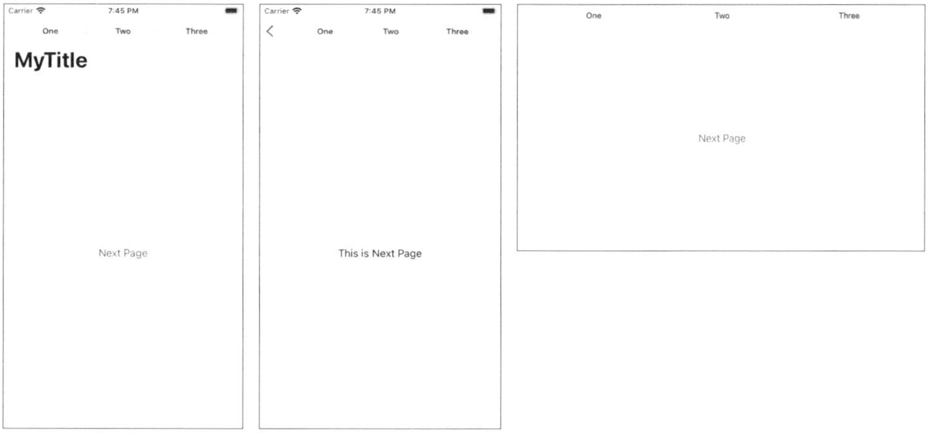

想要將 Picker 元件放到畫面最下方也可以，雖然比較少見，但如果真的需要時，可以使用 bottomBar 或是 status 這兩個參數。

```
@State var placement: ToolbarItemPlacement = .bottomBar
@State var placement: ToolbarItemPlacement = .status
```

bottomBar status

6-3 圖片選取

Xcode 14 提供了一個新的圖片選取元件，讓我們可以從相簿中挑選圖片，之前必須藉由 UIKit 中的 UIImagePickerController，處理起來比較麻煩，現在透過這個新元件就簡單多了。基本架構如下。

```
import PhotosUI

struct ContentView: View {
    @State private var selectedItem: PhotosPickerItem?
    var body: some View {
```

```
        PhotosPicker(
            selection: $selectedItem,
            matching: .images,
            photoLibrary: .shared()
        ) {
            Text("Pick a photo")
        }
    }
}
```

上面這段程式碼執行後的畫面如下圖左，點選「Pick a photo」按鈕後就會顯示相簿中的照片列表，這個介面是由系統提供的，挑選後的圖片會放到變數 selectedItem 中。

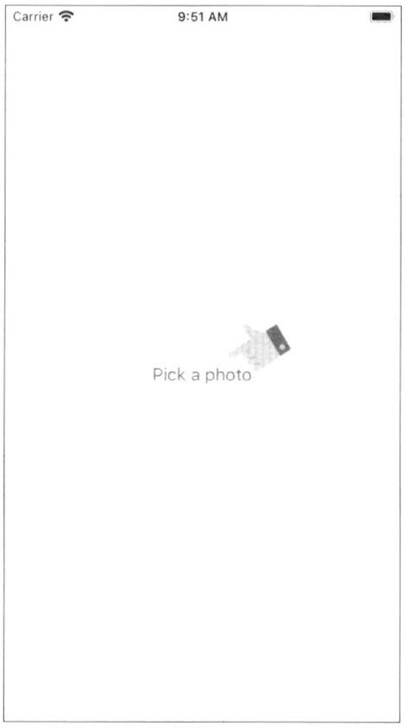

接下來我們將挑選到的圖片由 PhotosPickerItem 型態轉成 Data 型態，這樣我們才能作接下來的處理，例如透過 Image 元件顯示到螢幕上，或是呼叫 Web API 傳到後端伺服器上。當然需要先宣告一個 Data 型態的變數，如下。

```
@State private var imageData: Data?
```

然後在 PhotoPicker 後面加上 onChange 修飾器，透過 loadTransferable() 函數就可以將選到的圖片轉成 Data 型態了。此函數為 async 函數，所以要放在 Task 中呼叫。

```
PhotosPicker(
    selection: $selectedItem,
    matching: .images,
    photoLibrary: .shared()
) {
    Text("Pick a photo")
}
.onChange(of: selectedItem) { newValue in
    Task {
        if let data = try await selectedItem?.loadTransferable(type: Data.self) {
            imageData = data
        }
    }
}
```

如果要在 App 中顯示選到的圖片，程式碼範例如下，這裡將開啟 PhotosPicker 畫面的按鈕放到導覽列中，然後在畫面中央顯示選到的圖片。

```
NavigationStack {
    Group {
        if let imageData, let uiImage = UIImage(data: imageData) {
            Image(uiImage: uiImage)
                .resizable()
                .scaledToFill()
                .clipped()
                .border(.gray)
        } else {
            Image(systemName: "photo")
                .navigationTitle("Hello")
        }
    }
```

```
    .frame(width: 200, height: 200)
    .background(.gray.opacity(0.2))
    .toolbar {
        PhotosPicker ...
    }
}
```

執行後顯示的畫面如下。

6-4 開關

開關是一個用來顯示狀態為 On 或 Off 的元件，在 Storyboard 中稱為 Switch 元件，而 SwiftUI 中改名為 Toggle。用法很簡單，與一個布林型態的@State 變數綁在一起就可以了，該變數的初始值就是 Toggle 預設的狀態，如下。

```
struct ContentView: View {
    @State private var isOn = false
    var body: some View {
        Toggle("開關狀態", isOn: $isOn)
    }
}
```

Toggle 除了 Switch 樣貌外，還有另外一種 Button 樣貌，呈現出與按鈕一樣的畫面。當按鈕有背景顏色時為狀態 On，無背景顏色時為狀態 Off，如下。

```
Toggle(isOn: $isOn) {
    if isOn {
        Text("開關 On")
    } else {
        Text("開關 Off")
    }
}
.toggleStyle(.button)
```

很多時候為了配合整個版面的顏色，我們會改變 Toggle 元件在 On 狀態時的顏色（預設是綠色），要改變 Toggle 顏色，使用的是 tint 修飾器，如下。

```
Toggle("開關狀態", isOn: $isOn)
    .tint(.purple)
```

6-5 步進

Stepper 元件提供了一個「- / +」的按鈕，讓使用者增加或減少某個數值，預設情況下，減號每點選一次減少 1，加號每點選一次會增加 1，長按則連續增加或減少。最簡單的用法如下。

```
struct ContentView: View {
    @State private var value = 0
    var body: some View {
        Stepper("目前數值 \(value)", value: $value)
    }
}
```

若要客製化標題位置呈現的內容，可以改成下列具有 Closure 的語法。在 Text 元件部分可以改成 Label 或 Image 元件，這樣 Stepper 元件左側的文字就變成圖片了。

```
Stepper(value: $value) {
    Label(String(value), systemImage: "figure.run")
}
```

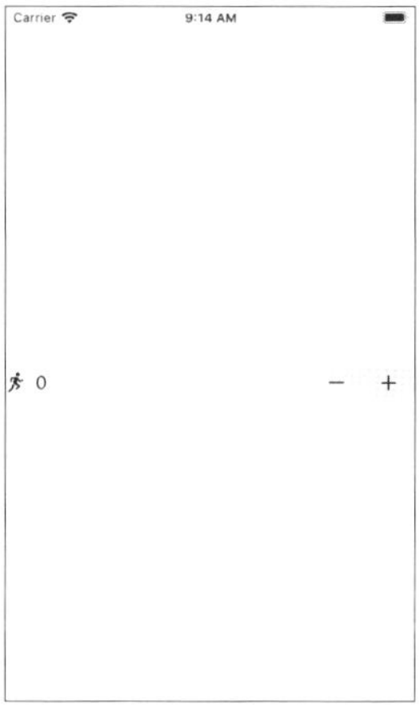

限制範圍

我們可以設定 Stepper 範圍，讓使用者無法無限制的加或減。要做到這樣的功能，可以透過 Stepper 的初始化器中參數 in 來限制範圍，例如只允許在 0 到 9 之間調整。

```
Stepper(value: $value, in: 0...9) {
    Text("目前數值 \(value)")
}
```

當 Stepper 被設定範圍後，使用者就無法透過「- / +」按鈕按出超過這個範圍的數值，到邊界時按鈕就會變成 disable 狀態。

設定步進距離

在預設情況下，步進值為 1，也就是按下加號或減號時，每次加 1 或減 1，我們可以透過 step 參數修改步進值，例如一次加減 5。

```
Stepper(value: $value, step: 5) {
    Text("目前數值 \(value)")
}
```

步進值也可以是 Double 型態的小數，例如一次加減 0.3，這時綁定的變數型態也要同步改為 Double 型態。

得知按減還是按加

步進元件可以透過 onIncrement 與 onDecrement 這兩個 Closure 區段，得知使用者按下了「-」還是「+」的按鈕，如下。這個範例是當使用者按下「-」的時候，下方的 Text 元件會顯示 Decrement 字串，若使用者按下「+」，則 Text 元件會顯示 Increment 字串。

```
struct ContentView: View {
    @State private var text = ""

    var body: some View {
        List {
            Stepper("Title") {
                text = "Increment"
            } onDecrement: {
                text = "Decrement"
            }
            Text(text)
        }
    }
}
```

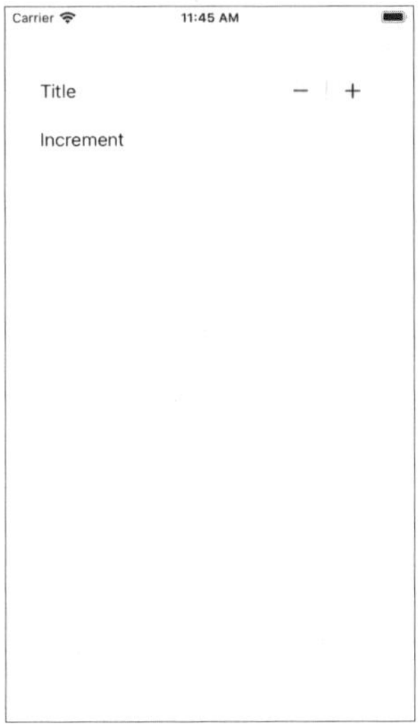

使用這種方式就不需要將 Stepper 與某個變數綁定，因為我們可以在這兩個 Closure 中做更多數值上的處理。

6-6 滑桿

上一節介紹了 Stepper 元件，讓使用者可以透過「- / +」按鈕來調整數值，如果要讓使用者更快速的調整數值，就可以使用滑桿元件，元件名稱為 Slider。Slider 元件的數值調整範圍預設是 0 到 1 之間的浮點數，所以最簡單的程式寫法如下。@State 變數的初始值會直接反應到 Slider 元件一開始的指示器所在位置，例如下面範例中 value 的初始值為 0.2，所以 Slider 元件的數值指示器一開始的位置就在 0.2 的位置。

```
struct ContentView: View {
    @State private var value = 0.2
    var body: some View {
        VStack {
            Slider(value: $value)
            Text(String(value))
        }
    }
}
```

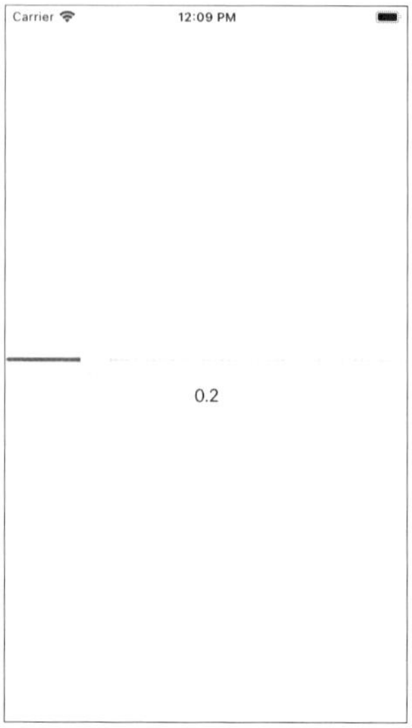

設定左側與右側畫面

我們可以在 Stepper 元件的左側與右側透過 Closure 區段來顯示一些資料，例如文字或是圖片，提示使用者滑桿往左或往右滑會造成什麼效果。

```
VStack {
    Slider(value: $value) {
        Text(String(value))
    } minimumValueLabel: {
        Text("0.0")
    } maximumValueLabel: {
        Text("1.0")
    }

    Text(String(value))
}
.padding()
```

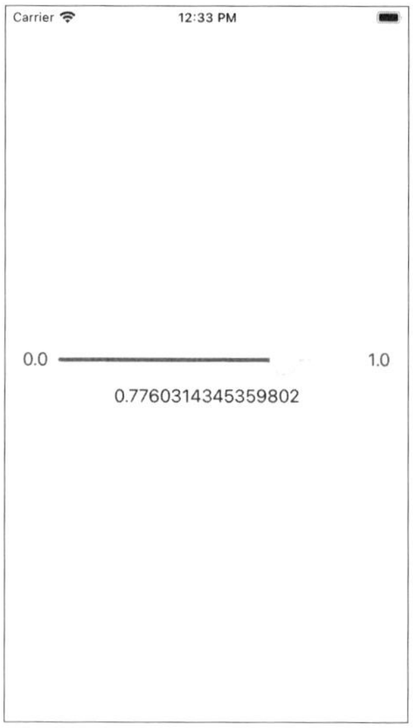

設定範圍

如果需要設定 Slider 可以拉動的範圍，例如 0.7 到 0.9 之間，可以加上 in 參數，如下，這時使用者就只能在這個範圍內調整 Slider 了。

```
Slider(value: $value, in: 0.7...0.9)
```

設定步進值

如果希望使用者在拉動 Slider 時，可以設定增加或減少的數值幅度，只要加上 step 參數就可以，例如希望 Slider 只能在 1、2、3 與 4 這四個數字間變化，程式碼如下。

```
Slider(value: $value, in: 1...4, step: 1)
```

6-7 進度

進度元件（ProgressView）純粹用來顯示某項工作目前的進度為何，例如當下載資料尚未完成時，畫面上會出現的轉圈圈圖案，或是顯示一件工作目前已經完成了百分之多少等。這個元件使用上不複雜，如下。

```
ProgressView()
```

```
ProgressView("Loading...")
```

```
ProgressView(value: 0.7)
```

```
ProgressView("In progress", value: 0.7)
```

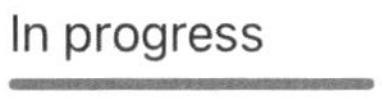

```
ProgressView("In progress", value: 3, total: 10)
```

```
ProgressView(value: 0.7) {
    Text("In progress")
} currentValueLabel: {
    Text("0.7")
}
```

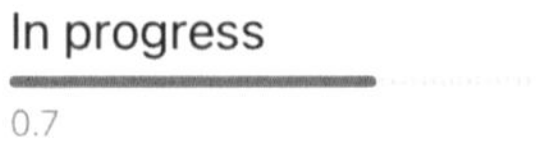

如果 ProgressView 呈現的是第一種轉圈圈圖示時，可以透過 controlSize 修飾器將圖示改大一點，如下。若將參數值 large 改為 small 或 mini 就會讓圖示比預設的小一點，預設值是 regular。

```
ProgressView()
    .controlSize(.large)
```

若希望更大一點，可以使用 scaleEffect 修飾器將畫面放大，例如放大 4 倍，但這種作法會讓放太大後的圖示變模糊，使用上需要留意。

```
ProgressView()
    .scaleEffect(4)
```

顯示與關閉轉圈圈圖示

一個好的使用者體驗設計，當資料還在處理中的時候，通常會在畫面上加上轉圈圈的圖示，如果處理完畢後這個轉圈圈圖示應該要從畫面上移除，這部分應該要如何撰寫？首先畫面上有轉圈圈的頁面設計如下，在 onAppear 中模擬這個頁面所需要的資料要等 5 秒鐘才能正常顯示，所以在這之前畫面上只有轉圈圈圖示。等資料準備完成後，使用動畫將轉圈圈圖示移除，並且顯示資料。

```
struct SecondView: View {
    @State private var text = ""
```

```
    @State private var hidden = false
    var body: some View {
        ZStack {
            Text(text)

            if !hidden {
                ProgressView("Loading...")
            }
        }
        .onAppear {
            Task {
                // 模擬資料準備需要 5 秒才能完成
                try! await Task.sleep(nanoseconds: 5_000_000_000)
                withAnimation {
                    hidden = true
                    text = "Hello, World!"
                }
            }
        }
    }
}
```

主畫面設計就按照一般的設計即可，例如使用按鈕來載入上面的 SecondView 畫面。

```
struct ContentView: View {
    @State private var isPresented = false
    var body: some View {
        Button("Download") {
            isPresented = true
        }
        .sheet(isPresented: $isPresented) {
            SecondView()
        }
    }
}
```

執行後的結果如下，主畫面的按鈕按下後進入 SecondView 畫面，這時會出現轉圈圈圖示，五秒鐘後會消失並顯示正確資料。

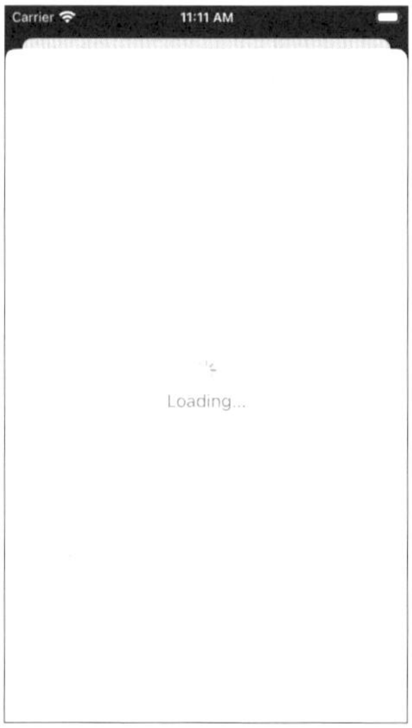

6-8 量計

量計元件(Gauge)是從 iOS16 開始才有的元件，這個元件跟 ProgressView 有異曲同工之妙，都可用來表示某項工作在目前的進度為何。量計的畫面呈現目前有兩種樣式，一種是水平線，另外一種是環形。

水平線樣式

最基本的程式碼如下所示，Gauge 顯示了從 0 到 1 之間的一個浮點數位置。

```
Gauge(value: 0.7) {
    Text("Training...")
}
```

如果要改變 Gauge 的樣式，需使用 gaugeStyle 修飾器，例如上面這段程式碼與使用 gaugeStyle 修飾器並且填入 linearCapacity 後的呈現結果是一樣的，其實這個參數就是預設值，如下。

```
Gauge(value: 0.7) {
    Text("Training...")
}
.gaugeStyle(.linearCapacity)
```

如果修飾器內容改成 accessoryLinearCapacity 則會呈現出細一點的線條，並且文字位置也移動了一些

```
Gauge(value: 0.7) {
    Text("Training...")
}
.gaugeStyle(.accessoryLinearCapacity)
```

除了在水平線上方顯示標題外，還可以在下方顯示目前的進度，以及左側加上最小值標籤與右側的最大值標籤，如下。

```
Gauge(value: 0.4) {
    Text("Power")
} currentValueLabel: {
    Text(0.4, format: .percent)
} minimumValueLabel: {
    Image(systemName: "tortoise.fill")
} maximumValueLabel: {
    Image(systemName: "hare.fill")
}
```

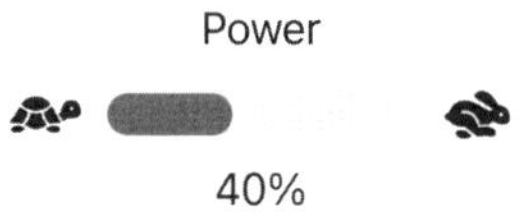

環形樣式

環形樣式在許多地方都可以看到，尤其是運動類型的 App。程式寫法如下。當然也可以將參數 in 去除，而 value 部分改成 0 到 1 之間的小數。

```
Gauge(value: 5620, in: 0...10000) {
   Image(systemName: "figure.walk")
} currentValueLabel: {
   Text(5620, format: .number)
}
.gaugeStyle(.accessoryCircular)
```

另外一種環形樣式會讓整個環頭尾接在一起，使用這種樣式時，只能在環形中間顯示資料，因此有些參數無法使用，像是 minimumValueLabel 與 maximumValueLabel 這兩個參數即便使用了也沒有效果。然後如果背景顏色是白色的話，一定要透過 tint 修飾器改變環的顏色，否則環形會無法正確顯示。

```
Gauge(value: 0.76) {
   Text(76, format: .percent)
}
.tint(.black)
.gaugeStyle(.accessoryCircularCapacity)
```

07 圖表

Part 1

7-1 說明

圖表是一個非常重要的資料顯示方式，但過去 Xcode 一直沒有提供跟圖表有關的框架，所以在 App 中要繪製圖表就變成要使用第三方函數庫或是自己使用繪圖函數計算座標畫出需要的長條圖、折線圖這類的圖形，是很辛苦的一件工作。但從 Xcode 14 開始，Apple 終於重視圖表在 App 中的份量，提供了官方的圖表框架，名稱為 Charts。

有了 Charts 框架，現在要畫長條圖、折線圖、點圖...等一些常見的圖形就非常容易了。雖然這個框架可以呈現的圖表種類還不算太多，但未來一定會有更豐富的圖表類型出現，畢竟圖比原始資料更容易理解數據背後代表的意義。

Charts 框架目前提供了六種圖形：長條圖、折線圖、點形圖、基準線、面積圖與矩形圖。透過參數設定與組合應用，還可呈現更多種類的圖，例如熱區圖、箱型圖...等。透過 Charts 框架繪製圖表，程式架構很簡單，各種參數設定也很容易，整體來看，這是一個簡單易上手的框架，對於經常需要在 App 中繪製圖表的開發人員，一定會喜歡這個框架帶來的效益。

從 Charts 框架的設計方式來看，這個框架主要是使用在 SwiftUI 介面上，若想要在 Storyboard 的 View Controller 中使用，建議的作法是透過 UIKit 的 UIHostingController 元件來讓 View Controller 中嵌入 SwiftUI 所繪出來的圖表，這樣做程式碼少又簡單應該是比較適當的作法，請參考「Storyboard 載入 SwiftUI View」章節，有詳盡解說如何操作。

7-2 長條圖

這個單元先介紹長條圖，這是一個非常常見的圖表類型，透過這個單元就可以理解圖表框架的基本操作邏輯與使用方式。

首先在 SwiftUI 專案中新增一個 SwiftUI View 類型的檔案，檔名可以任意，這裡取名 BarChart.swift。不新增這個檔案也可以，那就是把長條圖相關的程式碼全部放在預設的 ContentView.swift 中。

在 BarChart.swift 匯入 Charts 框架，並且定義一個存放商品資訊的結構。這個結構建議符合 Identifiable 協定，所以要實作 id（變數或常數都可以），這樣之後在畫圖時可以不需要透過 ForEach 迴圈來跑每一筆資料。其他三個屬性分別為 name 表示商品名稱，count 表示商品數量，color 作為長條圖上設定各長條的顏色，不自己指定顏色也沒關係，Charts 會提供預設的顏色。

```
import Charts

struct Product: Identifiable {
    var id = UUID()
    var name: String
    var count: Int
    var color: Color
}
```

有了上面這個結構後，我們就可以產生一些商品資料放在這個結構中。實務上，這些資料應該從資料庫中取得，但這裡模擬一下。

```
var products: [Product] = [
    .init(name: "鉛筆", count: 10, color: .brown),
    .init(name: "橡皮擦", count: 5, color: .indigo),
    .init(name: "膠帶", count: 13, color: .mint)
]
```

在 BarChart 結構的 body 屬性中（如果沒有新增 BarChart.swift 的話就在 ContentView 的 body 屬性），透過 Chart 畫出圖表。畫法是在 Chart 的 Closure 中使用 BarMark 畫出長條圖，最後透過修飾器 foregroundStyle 就可以指定顏色，不加這個修飾器顏色會是預設的藍色。

```
var body: some View {
    Chart(products) { item in
        BarMark(
            x: .value("名稱", item.name),
            y: .value("銷售量", item.count)
        )
        .foregroundStyle(item.color)
    }
}
```

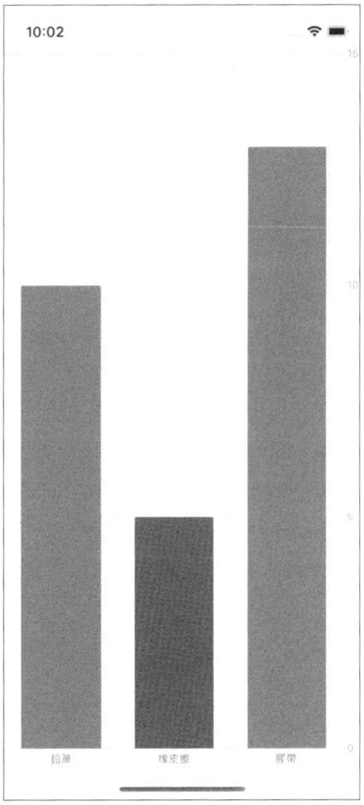

如果將 x 軸與 y 軸的內容對調，就會畫出水平方向的長條圖，也稱為橫條圖。

```
BarMark(
    x: .value("銷售量", item.count),
    y: .value("名稱", item.name)
)
```

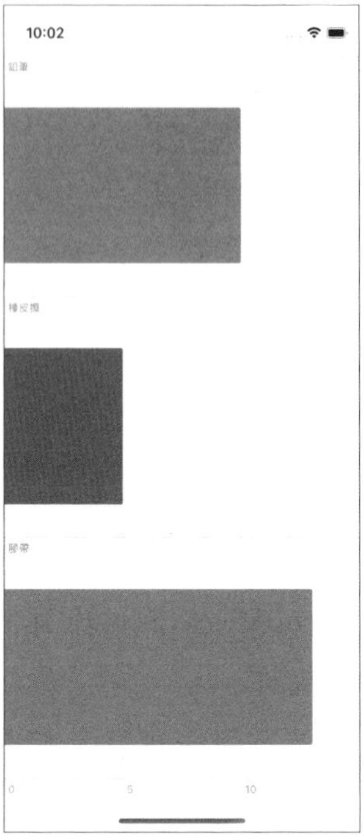

顯示數值標記

有時候會需要在長條圖上顯示數值標記，這時可以使用 annotation 這個修飾器來完成。

```
BarMark(
    x: .value("名稱", item.name),
    y: .value("銷售量", item.count)
)
.foregroundStyle(item.color)
.annotation(position: .automatic, alignment: .center, spacing: nil) {
    Text(item.count, format: .number)
}
```

執行結果如下，注意看長條圖的頂端顯示了該長條圖的數值資料。

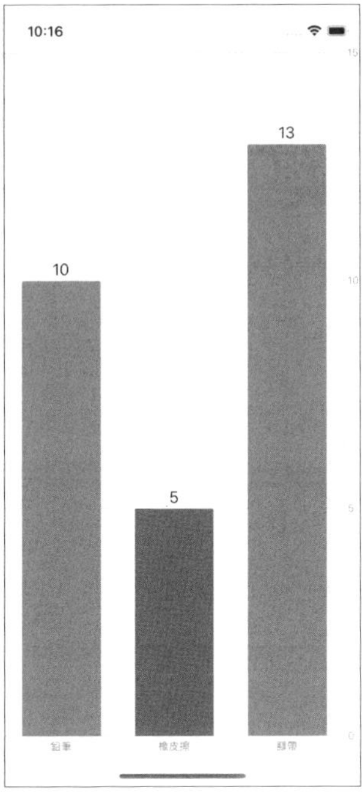

上述 annotation 中的三個參數值都是預設值，如果不打算調整的話，這三個參數可以省略，程式碼就會更簡單一些。

```
.annotation {
    Text(item.count, format: .number)
}
```

7-3 堆疊長條圖、群組長條圖

堆疊長條圖與群組長條圖可以在一個項目上同時顯示多個分類的資料，例如不同年份的銷售量。這裡先調整上一節使用的 Product 結構，增加一個 year 屬性，用來記錄該商品在該年度的銷售狀況。在堆疊或是群組長條圖中，用來做分類的變數 year 必須為 String 型態。順便移除原本的 color 屬性，因為接下來的範例用不到，所以先移除掉。

```
struct Product: Identifiable {
    var id = UUID()
    var name: String
    var count: Int
    var year: String
}
```

接著產生 2021 與 2022 這兩個年份產品銷售資料，如下。

```
var products: [Product] = [
    .init(name: "鉛筆", count: 17, year: "2021"),
    .init(name: "橡皮擦", count: 8, year: "2021"),
    .init(name: "膠帶", count: 15, year: "2021"),

    .init(name: "鉛筆", count: 20, year: "2022"),
    .init(name: "橡皮擦", count: 13, year: "2022"),
    .init(name: "膠帶", count: 2, year: "2022"),
]
```

堆疊長條圖

在修飾器 foregroundStyle(by:)中使用屬性 year 作為顏色分類，由於 year 的內容有 2021 與 2022 兩種，因此在每個長條上會用兩種不同的顏色代表這兩個年份，顏色為預設的，稍後會介紹如何自訂顏色。另外修飾器 annotation 中的 position 參數應該使用 overlay 才會讓每個分類的數值顯示出來，這裡若使用預設值 automatic，顯示的數值會被長條圖蓋住。

```
Chart(products) { item in
    BarMark(
        x: .value("名稱", item.name),
        y: .value("銷售量", item.count)
    )
    .foregroundStyle(by: .value("Color", item.year))
    .annotation(position: .overlay) {
```

```
        Text(item.count, format: .number)
    }
}
```

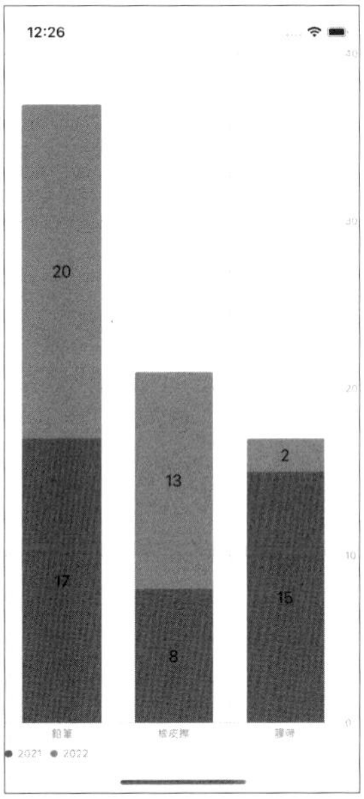

如果要修改預設的顏色，需要使用 Chart 元件專屬的修飾器 chartForegroundStyleScale，例如將 2021 年資料換成薄荷藍，2022 年資料換成黃色。由於單色書籍印出來還是灰階顏色，因此這裡就只列程式碼不列實際結果了。

```
Chart(products) { item in
    BarMark(
        x: .value("名稱", item.name),
        y: .value("銷售量", item.count)
    )
    .foregroundStyle(by: .value("Color", item.year))
    .annotation(position: .overlay) {
        Text(item.count, format: .number)
    }
}
.chartForegroundStyleScale([
    "2021": .mint,
    "2022": .yellow
])
```

群組長條圖

群組長條圖是將原本一個長條上所堆疊出來的多份資料變成獨立的長條圖，作法很簡單，只要在 BarMark 後方加一個 position 修飾器就可以了。

```
Chart(products) { item in
    BarMark(
        x: .value("名稱", item.name),
        y: .value("銷售量", item.count)
    )
    .foregroundStyle(by: .value("Color", item.year))
    .position(by: .value("年份", item.year))
    .annotation {
        Text(item.count, format: .number)
    }
}
```

執行結果如下。

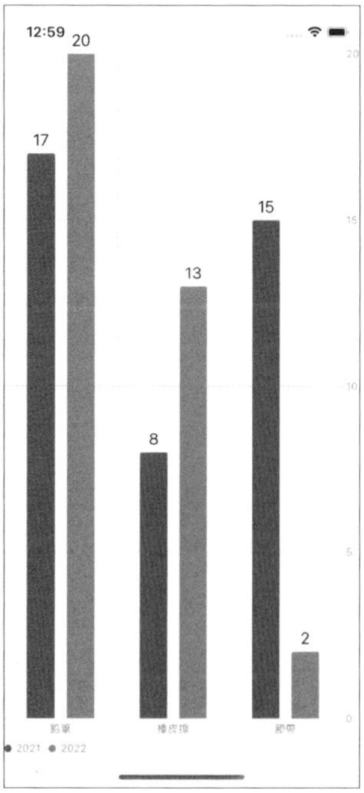

7-4 甘特圖

當我們要規劃專案進度，或是追蹤目前專案進行的狀況，可以使用甘特圖。甘特圖其實也是一種長條圖，只不過是水平方向繪製，並且由於每個項目有開始時間與結束時間，因此每個長條圖的起始點並不一致。

首先定義用來儲存每個工作項目所需要的資料結構，裡面有工作名稱、起始時間與結束時間。

```
struct TaskItem: Identifiable {
    var id = UUID()
    var title: String
    var startTime: Int
    var endTime: Int
}
```

假設我們有一個專案，這個專案包含了七個工作項目，我們將這七個項目放到 tasks 陣列中。

```
var tasks: [TaskItem] = [
    .init(title: "Task1", startTime: 1, endTime: 5),
    .init(title: "Task2", startTime: 7, endTime: 13),
    .init(title: "Task3", startTime: 10, endTime: 17),
    .init(title: "Task4", startTime: 5, endTime: 13),
    .init(title: "Task5", startTime: 18, endTime: 23),
    .init(title: "Task6", startTime: 3, endTime: 24),
    .init(title: "Task7", startTime: 20, endTime: 24)
]
```

接下來就用 BarMark 畫出一個具有起始與結束數值的長條圖就可以了。其中的參數 height 只是讓每個 bar 的高度稍微窄一點，比較好看。

```
var body: some View {
    Chart(tasks) { item in
        BarMark(
            xStart: .value("Start", item.startTime),
            xEnd: .value("End", item.endTime),
            y: .value("Title", item.title),
            height: .ratio(0.4)
        )
    }
}
```

執行結果如下。

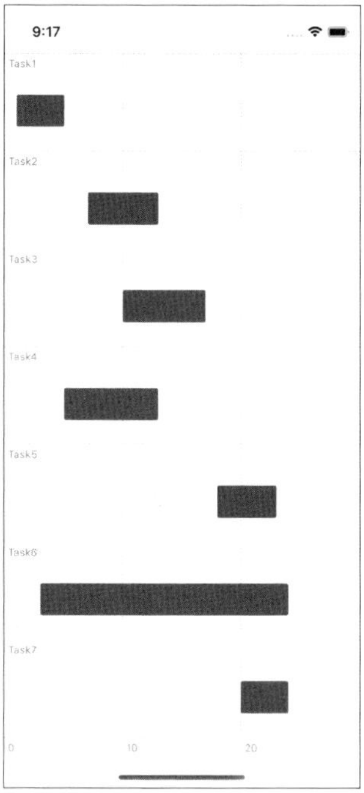

7-5 折線圖、點形圖與基準線

折線圖通常用來表示一個跟時間有關的序列資料變化，先來看一個簡單的折線圖。資料結構與資料定義如下，其中屬性 x 為折線圖的 x 軸資料，屬性 y 為折線圖的 y 軸資料。

```
struct Record: Identifiable {
    var id = UUID()
    var x: Int
    var y: Int
}

var records: [Record] = [
    .init(x: 1, y: 20),
    .init(x: 2, y: 25),
    .init(x: 3, y: 33),
    .init(x: 4, y: 27),
    .init(x: 5, y: 36)
]
```

接下來畫出折線圖，程式碼如下。

```
var body: some View {
    Chart(records) { record in
        LineMark(
            x: .value("X", record.x),
            y: .value("Y", record.y)
        )
    }
}
```

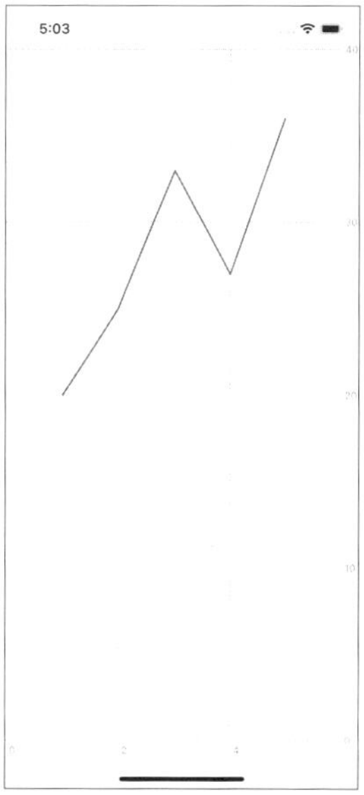

如果加上 interpolationMethod 修飾器，就可以改變折線圖的呈現樣式，例如畫成階梯折線圖。

```
Chart(records) { record in
    LineMark(
        ...
    )
    .interpolationMethod(.stepStart)
}
```

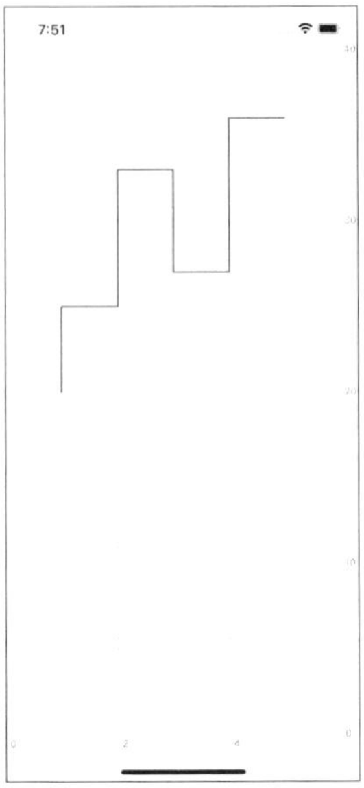

也可以畫成曲線圖，如下。

```
Chart(records) { record in
    LineMark(
        ...
    )
    .interpolationMethod(.cardinal)
}
```

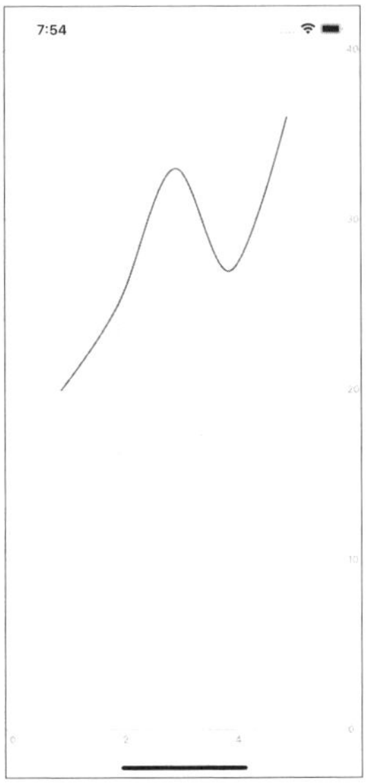

目前支援的折線圖形狀有 cardinal、catmullRom、linear、monotone、stepCenter、stepEnd 與 stepStart 這七種，有興趣的讀者就自行試試看了。

多折線

這個單元要在圖表上畫出兩條折線，分別表示兩個地點的每小時溫度變化。首先定義一個用來儲存某個時間點的數值資料，名稱任意，這裡稱為 Record。結構 Record 中的屬性 date 代表 x 軸資料，屬性 value 為 y 軸資料。

```
struct Record: Identifiable {
    var id = UUID()
    var publishTime: String

    var value: Int
    var date: Date { // 將時間日期字串轉成標準的 Date
        get {
            let formatter = DateFormatter()
            formatter.dateFormat = "yyyy/M/d H:m:s"
            return formatter.date(from: publishTime)!
        }
    }
}
```

接下來定義一個儲存時間序列資料的結構，如下。

```
struct TemperatureSensor: Identifiable {
    var id: String
    var records: [Record]
}
```

最後使用一個陣列，將兩個地點（例如：車庫與花園）的每小時溫度資料儲存到上述定義好的 TemperatureSensor 結構中。

```
var allSensors: [TemperatureSensor] = [
    .init(id: "車庫", records: [
        .init(publishTime: "2022-6-1 10:0:0", value: 23),
        .init(publishTime: "2022-6-1 11:0:0", value: 24),
        .init(publishTime: "2022-6-1 12:0:0", value: 26),
```

```
        .init(publishTime: "2022-6-1 13:0:0", value: 29),
        .init(publishTime: "2022-6-1 14:0:0", value: 28),
        .init(publishTime: "2022-6-1 15:0:0", value: 25),
    ]),
    .init(id: "花園", records: [
        .init(publishTime: "2022-6-1 10:0:0", value: 18),
        .init(publishTime: "2022-6-1 11:0:0", value: 19),
        .init(publishTime: "2022-6-1 12:0:0", value: 23),
        .init(publishTime: "2022-6-1 13:0:0", value: 17),
        .init(publishTime: "2022-6-1 14:0:0", value: 16),
        .init(publishTime: "2022-6-1 15:0:0", value: 14),
    ]),
]
```

資料現在已經準備完成，接著使用 LineMark 畫出折線圖。當 x 軸的資料型態為 date 時，可以加上 unit 參數來設定時間間隔，以目前的資料而言，這個參數值設定為 hour 或 minute 都是適合的。除此之外，程式碼中用到兩個修飾器：lineStyle 用來設定線條粗細，若沒有這個修飾器的話，預設線條粗細為 2pt；foregroundStyle 用來根據某個屬性的值決定畫出多少條獨立折線，目前是根據 TemperatureSensor 結構中的 id 屬性。

```
var body: some View {
    Chart(allSensors) { sensor in
        ForEach(sensor.records) { record in
            LineMark(
                x: .value("Time", record.date, unit: .hour),
                y: .value("Value", record.value)
            )
            .lineStyle(.init(lineWidth: 10))
        }
        .foregroundStyle(by: .value("Location", sensor.id))
    }
}
```

執行結果如下。

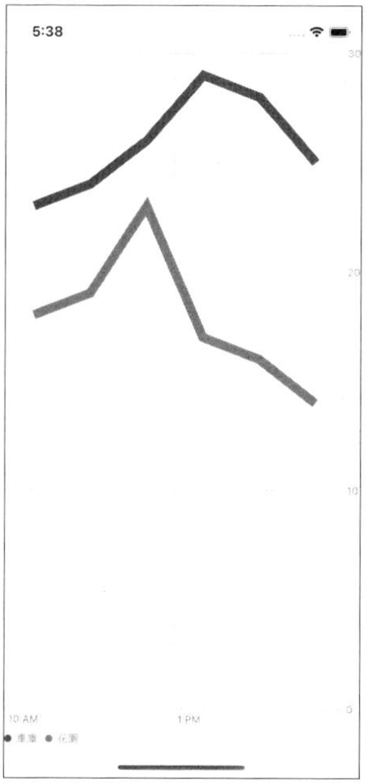

若要在折點上加上記號可以使用 symbol 修飾器，另外一個 symbolSize 修飾器是用來改變記號大小，如下。

```
Chart(allSensors) { sensor in
    ForEach(sensor.records) { record in
        LineMark(
            x: .value("Time", record.date, unit: .hour),
            y: .value("Value", record.value)
        ).lineStyle(.init(lineWidth: 5))
    }
    .foregroundStyle(by: .value("Location", sensor.id))
    .symbol(by: .value("Sensor Location", sensor.id))
    .symbolSize(400)
}
```

執行結果如下，可以看到每個折點的地方都有一個特殊記號出現。

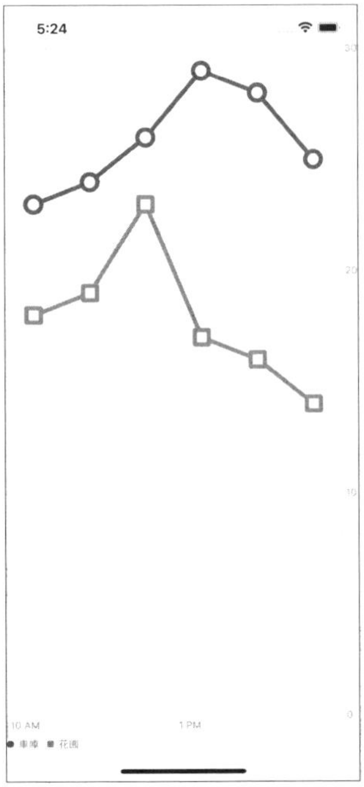

點形圖

點形圖也稱為散佈圖，只要將折線圖的 LineMark 改為 PointMark，就會產生點形圖了。

```
Chart(allSensors) { sensor in
    ForEach(sensor.records) { record in
        PointMark(
            x: .value("Time", record.date, unit: .hour),
            y: .value("Value", record.value)
        ).lineStyle(.init(lineWidth: 4))
    }
    .foregroundStyle(by: .value("Location", sensor.id))
    .symbol(by: .value("Sensor Location", sensor.id))
    .symbolSize(400)
}
```

結果如下，其實就是把折線拿掉留下記號而已。

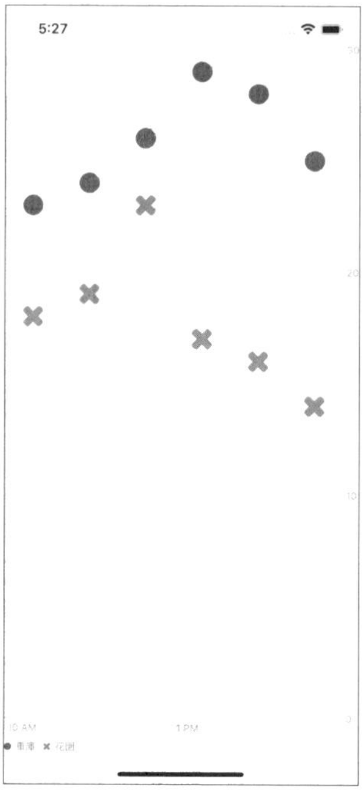

基準線

有時我們會想要在一個圖表上畫出基準線，例如上述溫度感測數據呈現出的折線圖上加一條平均溫度線，這時就可以使用 RuleMark 畫出這條線。RuleMark 只能畫出直線，水平方向或垂直方向都可以，要在折線圖上畫出基準線，只要在 Chart 中同時使用 LineMark 與 RuleMark，圖表上就會自動重疊顯示出折線圖與基準線。例如下面這段程式碼，在折線圖上顯示一條平均溫度線，以虛線方式呈現，線條顏色設定為 brown，在暗色模式下也有良好的呈現效果。

```
Chart(allSensors) { sensor in
    ForEach(sensor.records) { record in
        LineMark(
            x: .value("Time", record.date, unit: .hour),
```

```
        y: .value("Value", record.value)
    ).lineStyle(.init(lineWidth: 5))

}
.foregroundStyle(by: .value("Location", sensor.id))
.symbol(by: .value("Sensor Location", sensor.id))
.symbolSize(400)

RuleMark (
    y: .value("Average", 21.8)
)
.foregroundStyle(.brown)
.lineStyle(.init(lineWidth: 3, dash: [5, 3]))
.annotation(position: .bottom, alignment: .leading) {
    Text("Average: 21.8")
}
}
```

執行結果會在 y 軸 21.8 的位置畫一條水平虛線，並且在線條下方靠左處加上線條說明文字。

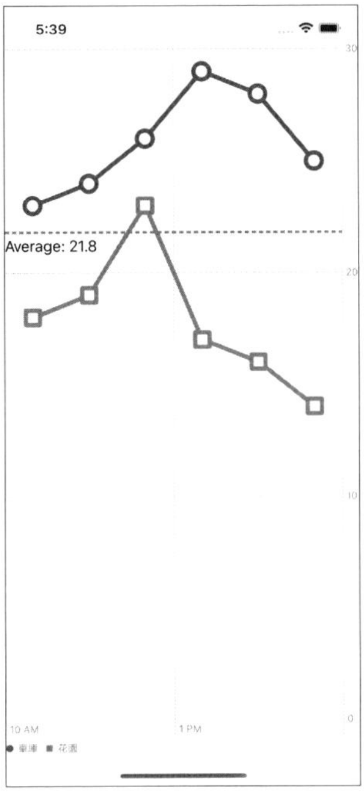

加上數值標記

在前面的長條圖單元我們知道，使用 annotation 修飾器可以在圖形上加上數值標記。但這個修飾器用在 LineMark 時會發現只有第一個資料點會顯示標記，後面的資料點都不會出現標記。這是因為整條折線圖只視為一條線，因此只會出現一個數值標記，如下。

```
Chart(allSensors) { sensor in
    ForEach(sensor.records) { record in
        LineMark(
            x: .value("Time", record.date, unit: .hour),
            y: .value("Value", record.value)
        )
        .lineStyle(.init(lineWidth: 5))
        .annotation(position: .top, spacing: 20) {
            Group {
                if sensor.id == "車庫" {
                    Image(systemName: "flame")
                } else {
                    Image(systemName: "snowflake")
                }
            }
            .imageScale(.large)
        }
    }
    .foregroundStyle(by: .value("Location", sensor.id))
    .symbol(by: .value("Sensor Location", sensor.id))
    .symbolSize(400)
}
```

執行結果如右，注意折線圖起始點上方有個小圖示。

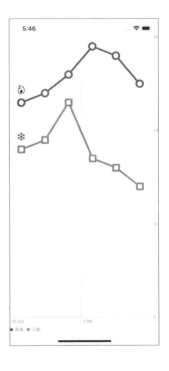

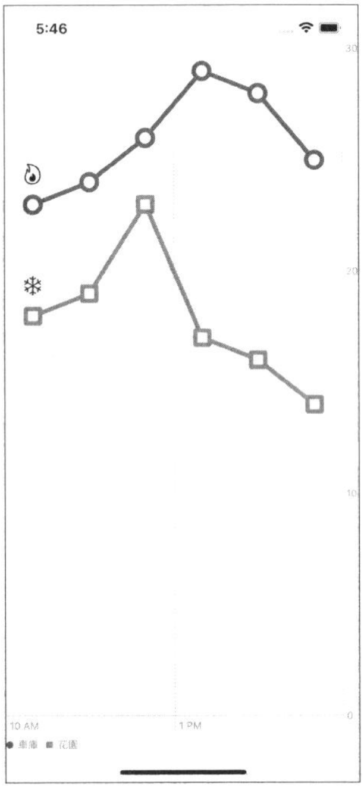

想要在折線圖的資料點上加上標記，應該要在折線圖上再疊加一個點形圖 PointMark，數值標記放在 PointMark 上就可以了，如下。

```
Chart(allSensors) { sensor in
    ForEach(sensor.records) { record in
        LineMark(
            x: .value("Time", record.date, unit: .hour),
            y: .value("Value", record.value)
        )
        .lineStyle(.init(lineWidth: 5))

        PointMark(
            x: .value("Time", record.date, unit: .hour),
            y: .value("Value", record.value)
        )
        .annotation(position: .top) {
            Text(record.value, format: .number)
        }
```

```
    }
    .foregroundStyle(by: .value("Location", sensor.id))
    .symbol(by: .value("Sensor Location", sensor.id))
    .symbolSize(400)
}
```

執行結果如右，現在就是在每一個折點上加上數值標記了。

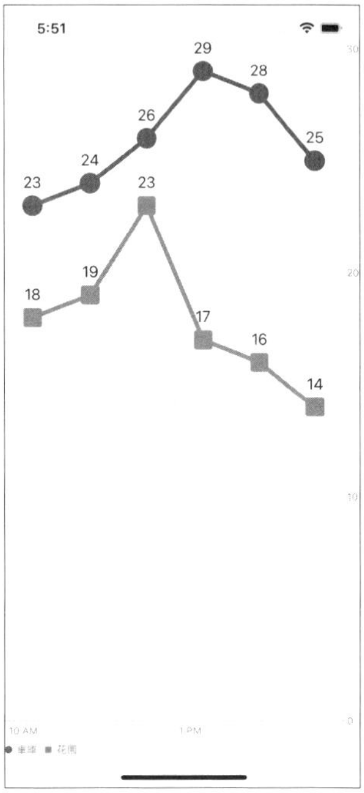

修改折線顏色

要修改預設的線條顏色，透過 chartForegroundStyleScale 修飾器就可以了，例如將「車庫」的線條改成紅色，「花園」的線條改為紫色。

```
Chart(allSensors) { sensor in
        ...
}
.chartForegroundStyleScale([
    "車庫": .red,
    "花園": .purple
])
```

7-6 面積圖

面積圖可以畫出兩種不同類型的圖形，一種是以折線圖為基礎，然後將折線圖下方的區域填滿，請參考前面的折線圖單元，將 LineMark 改為 AreaMark 就可以產生面積圖，產生的圖形如右。

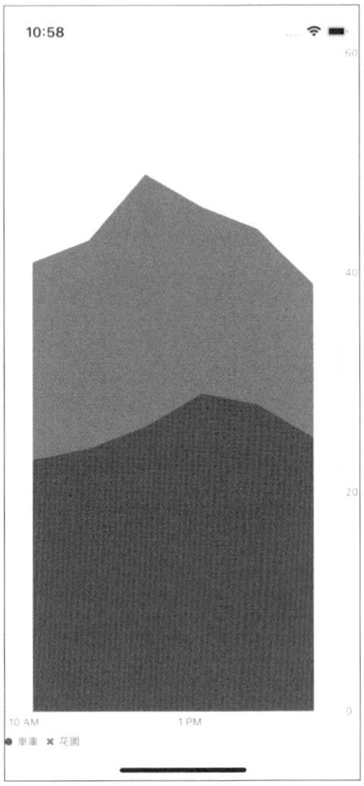

另外一種面積圖可以用來表示同一筆資料中的兩個值，例如天氣資料中的最低溫度與最高溫度。在這將以每月最高溫與最低溫為範例，用面積圖顯示一年 12 個月的溫度資料。首先定義儲存溫度的資料結構，如下。

```
struct Weather: Identifiable {
    var id = UUID()
    var date: Date
    var lowTemp: Int
    var highTemp: Int

    init(year: Int, month: Int, lowTemp: Int, highTemp: Int) {
        self.date = Calendar.current.date(from:
            DateComponents(year: year, month: month, day: 1)
        )!
```

```swift
        self.lowTemp = lowTemp
        self.highTemp = highTemp
    }
}

var weatherData: [Weather] = [
    .init(year: 2021, month: 1, lowTemp: 13, highTemp: 19),
    .init(year: 2021, month: 2, lowTemp: 14, highTemp: 20),
    ...
    .init(year: 2021, month: 12, lowTemp: 15, highTemp: 21)
]
```

接下來使用 AreaMark 畫出每個月的最高溫與最低溫，並同時使用 LineMark 畫出每個月的平均溫度（這裡平均值算法僅為示意，不是真正的每個月平均值）。修飾器 interpolationMethod 用來改變資料點的線條形狀，參數值 cardinal 會讓折線變的圓滑一些，還有其他的參數值可以設定。

```swift
Chart(weatherData) { w in
    AreaMark(
        x: .value("Date", w.date, unit: .month),
        yStart: .value("Low Temperature", w.lowTemp),
        yEnd: .value("High Temperature", w.highTemp)
    )
    .interpolationMethod(.cardinal)

    LineMark(
        x: .value("Date", w.date, unit: .month),
        y: .value("Avg", (w.highTemp + w.lowTemp) / 2)
    )
    .foregroundStyle(.yellow)
    .interpolationMethod(.cardinal)
}
```

最後在 Chart 後面補上修飾器，用來更改軸線密度。這部分請參考之後的「客製化圖表」單元，在那裡會詳細說明。

```
Chart(weatherData) { w in
    ...
}
.chartXAxis {
    AxisMarks(
        format: .dateTime.month(.defaultDigits),
        values: .stride(by: .month)
    )
}
.chartYAxis {
    AxisMarks(values: .stride(by: 1))
}
```

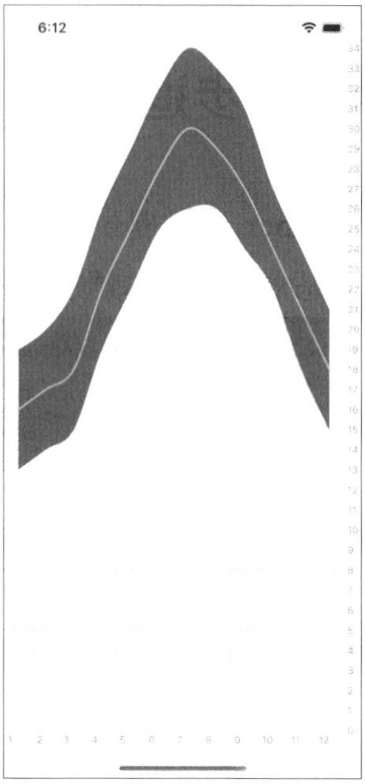

7-7 矩形圖、熱區圖

矩形圖可以在圖表上根據資料內容畫出矩形，大部分的情況，矩形圖效果可以用長條圖呈現。這裡一樣使用上個單元的每月溫度資料，我們將 AreaMark 換成 RectangleMark，就可以呈現矩形圖效果了。

```
Chart(weatherData) { w in
    RectangleMark(
        x: .value("Date", w.date, unit: .month),
        yStart: .value("Low Temperature", w.lowTemp),
        yEnd: .value("High Temperature", w.highTemp)
    )
    .foregroundStyle(.gray.opacity(0.4))

    LineMark(
        x: .value("Date", w.date, unit: .month),
        y: .value("Avg", (w.highTemp + w.lowTemp) / 2)
    )
```

```
    .interpolationMethod(.cardinal)
}
```

圖形如下。

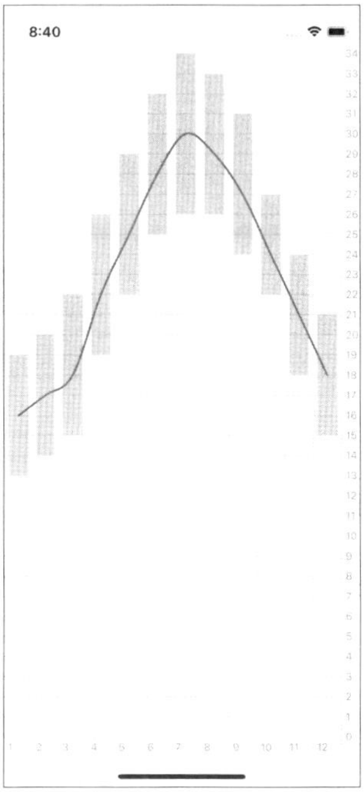

熱區圖

矩形圖另外一種用法就是畫熱區圖，透過顏色的強度或色度來表示資料的聚集狀況或變化情形。首先準備好資料，這份資料顯示星期六、星期日與星期一這三天早上 10 點到 13 點的人潮數量。

```
struct Visitors: Identifiable {
    var id = UUID()
    var day: String
    var hour: Int
    var number: Int
}
```

```
var weekdayData: [Visitors] = [
    .init(day: "sat", hour: 10, number: 90),
    .init(day: "sat", hour: 11, number: 108),
    .init(day: "sat", hour: 12, number: 110),
    .init(day: "sat", hour: 13, number: 102),

    .init(day: "sun", hour: 10, number: 120),
    .init(day: "sun", hour: 11, number: 139),
    .init(day: "sun", hour: 12, number: 180),
    .init(day: "sun", hour: 13, number: 130),

    .init(day: "mon", hour: 10, number: 80),
    .init(day: "mon", hour: 11, number: 85),
    .init(day: "mon", hour: 12, number: 70),
    .init(day: "mon", hour: 13, number: 89)
]
```

熱區圖的程式碼如下，注意 x、y 軸的資料型態需為 String 型態才能畫出正確的圖。

```
Chart(weekdayData) { data in
    RectangleMark(
        x: .value("Weekday", data.day),
        y: .value("Hour", String(data.hour))
    )
    .foregroundStyle(by: .value("Number", data.number))
}
```

畫出的熱區圖如下。

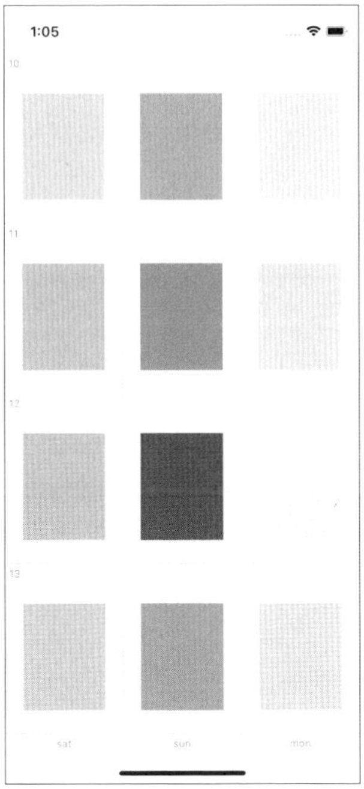

預設圖形會在每個矩形周圍保留間距，如果想要移除間距，讓每個矩形都是緊接著隔壁矩形，只要設定 RectangleMark 的 width 與 height 以及讓 y 軸軸線延伸到 y 軸標籤上即可，程式碼如下。

```
Chart(weekdayData) { data in
    RectangleMark(
        x: .value("Weekday", data.day),
        y: .value("Hour", String(data.hour)),
        width: .ratio(1),
        height: .ratio(1)
    )
    .foregroundStyle(by: .value("Number", data.number))
}
.chartYAxis {
    AxisMarks(preset: .extended)
}
```

執行結果如下，可以看到矩形與矩形間已經沒有空隙了。

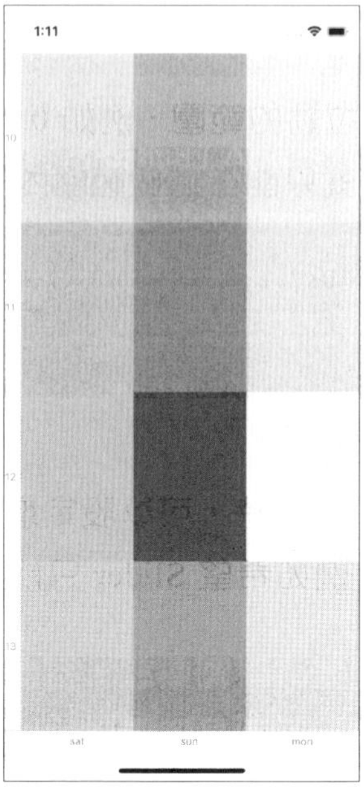

從上面的例子可以知道，熱區圖的顏色是根據資料中某個屬性值的相對大小來決定該矩形的透明度，因此，如果想要換成別的顏色，只要算出相對大小就可以了，例如要將藍色換成橘色。首先定義一個函數，取得所有資料中的最大值資料，如下。

```
private func maxNumber() -> Int {
    return weekdayData.max { $0.number < $1.number }!.number
}
```

然後將預設的藍色改為想要的顏色並且修改該顏色的透明度即可。

```
Chart(weekdayData) { data in
    RectangleMark(
        ...
    )
    .foregroundStyle(.orange.opacity(
        Double(data.number) / Double(maxNumber())
    ))
}
```

7-8 組合應用（箱型圖）

箱型圖可以用來表示最小值、最大值、第一四分位數、第三四分位數以及中位數這五個數值，如果我們想要看資料的分布狀況，箱型圖是一個很適當的圖表類型。在目前 Charts 框架並沒有直接提供箱型圖，所以要畫箱型圖就需要靠組合的方式將各種圖形組合起來。首先把需要的資料準備好。

```
struct Box: Identifiable {
    var id = UUID()
    var name: String
    var min: Double
    var max: Double
    var q1: Double
    var q3: Double
    var median: Double
}

var boxData: [Box] = [
    .init(name: "A", min: 4, max: 21, q1: 6, q3: 15, median: 11),
    .init(name: "B", min: 12, max: 22, q1: 16, q3: 20, median: 17),
    .init(name: "C", min: 18, max: 32, q1: 23, q3: 28, median: 27)
]
```

接下來就用長條圖、矩形圖、點狀圖這些基本圖形組合出箱型圖，每個圖形在箱型圖中負責的部分已寫在註解中。

```
Chart(boxData) { box in
    // 用長條圖表示 Q1 到 Q3 資料
    BarMark(
        x: .value("Name", box.name),
        yStart: .value("Q1", box.q1),
        yEnd: .value("Q3", box.q3),
        width: .fixed(40)
    )
```

```
    .cornerRadius(6)

    // 畫出長條圖上下的垂直線條
    RuleMark(
        x: .value("Name", box.name),
        yStart: .value("Min", box.min),
        yEnd: .value("Max", box.max)
    )

    // 畫出最大值短線
    PointMark(
        x: .value("Name", box.name),
        y: .value("Max", box.max)
    )
    .annotation(alignment: .center, spacing: 0) {
        Color.blue.frame(width: 20, height: 2)
    }
    .symbolSize(0)

    // 畫出最小值短線
    PointMark(
        x: .value("Name", box.name),
        y: .value("Min", box.min)
    )
    .annotation(alignment: .center, spacing: -1) {
        Color.blue.frame(width: 20, height: 2)
    }
    .symbolSize(0)

    // 表示中位數
    RectangleMark(
        x: .value("Name", box.name),
        y: .value("Median", box.median),
        width: .fixed(40),
        height: .fixed(4)
    )
    .foregroundStyle(.black)
}
```

以上所呈現出來的箱型圖如下。

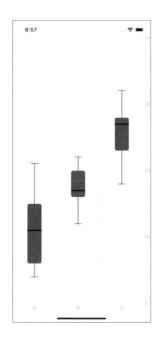

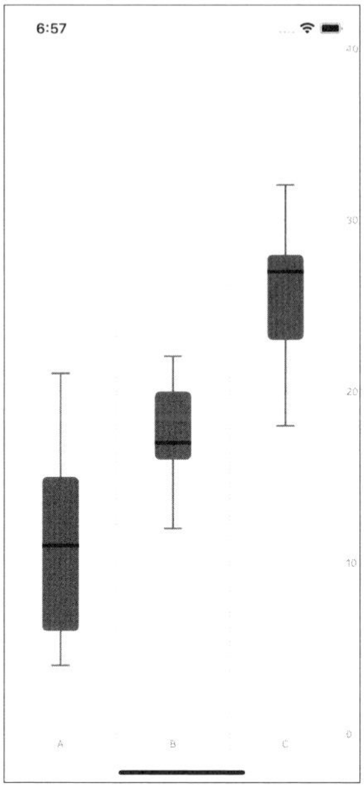

7-9 與圖表互動

我們可以在圖表上加上手勢操作，讓使用者可以點選圖表上的圖例，做到圖表可以跟使用者互動，而不是單純的顯示圖形而已。目前在圖表加上手勢的程式碼稍微有點複雜，主要原因在於圖表上所呈現的圖形已經是最後渲染的結果，而不是一個一個圖形物件堆疊起來，也就是我們看到圖其實已經是一張圖。以長條圖為例，要知道使用者手指目前點選或時滑動到圖上的哪一個長條，並沒有那麼容易，必須靠座標來計算。

先把長條圖上需要的資料準備好。

```
struct Product: Identifiable {
    var id = UUID()
    var name: String
```

```
    var count: Int
}

var products: [Product] = [
    .init(name: "A", count: 7),
    .init(name: "B", count: 10),
    .init(name: "C", count: 12),
    .init(name: "D", count: 15),
    .init(name: "E", count: 20),
    .init(name: "F", count: 23),
    .init(name: "G", count: 18),
    .init(name: "H", count: 17),
    .init(name: "I", count: 15),
    .init(name: "J", count: 11),
    .init(name: "K", count: 9)
]
```

然後畫出長條圖，這裡使用 ForEach 迴圈來畫出長條圖上的每一筆資料，而不是像前面的長條圖單元省略 ForEach 迴圈的寫法，主要是稍後會透過 RuleMark 來標示使用者點到哪一個長條上，如果不使用 ForEach 迴圈這種寫法，會讓 RuleMark 與 BarMark 兩個圖形在渲染時出現問題。

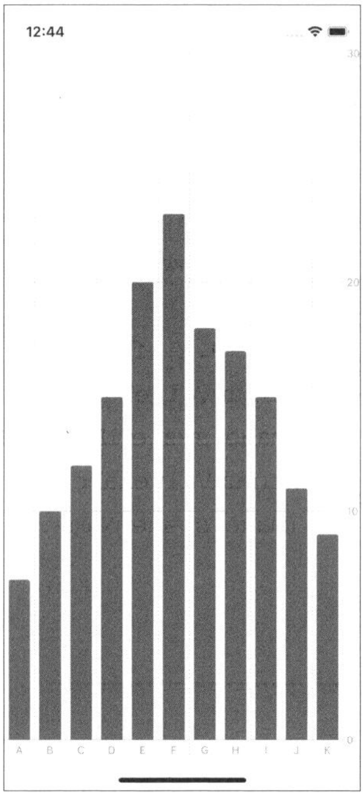


```
var body: some View {
    Chart {
        ForEach(products) { item in
            BarMark(
                x: .value("Name", item.name),
                y: .value("Count", item.count)
            )
        }
    }
}
```

加上手勢

接下來我們替這個長條圖加上拖移手勢，讓使用者在各長條間使用手指滑動時，圖表上會特別標註使用者目前滑動到哪一個長條上。

步驟與說明

1 先使用 chartOverlay 修飾器，取得整個圖表的長、寬等資訊。

```
Chart {
       ...
}
.chartOverlay { chartProxy in

}
```

2 在 chartOverlay 中放入一個 GeometryReader 元件，其大小與位置自動會跟原本的圖表一樣，然後在裡面放一個矩形。矩形的大小與位置也會自動調整到跟 GeometryReader 一樣，所以其實最後矩形會跟圖表完全重疊。將矩形填滿透明色，因為不能蓋住原本的圖表內容。

矩形後方的 contentShape 修飾器中又填入了一個矩形，這個矩形大小會自動調整到跟前面的矩形一樣，作用是為了偵測手勢是否發生在矩形範圍內。因為目前的矩形顏色是透明色，相當於一個空心矩形，手勢是沒有辦法作用在空心圖案上，所以需要透過 contentShape 來偵測目前的矩形範圍內是不是有手勢發生。如果沒有這個修飾器，手勢就沒有作用。加個手勢這麼麻煩的原因是因為圖表不支援手勢，所以得要在圖表上疊一層可支援手勢的矩形圖案才行。

```
Chart {
       ...
}
.chartOverlay { chartProxy in
    GeometryReader { geoProxy in
```

```
        Rectangle().fill(.clear).contentShape(Rectangle())
    }
}
```

3 接下來替這個矩形加上拖移手勢，這樣當手指在圖表上移動時手勢中的 onChanged 會被呼叫，當手勢結束時 onEnded 會被呼叫，所以先把這兩個 Closure 準備好。

```
Chart {
        ...
}
.chartOverlay { chartProxy in
    GeometryReader { geoProxy in
        Rectangle().fill(.clear).contentShape(Rectangle())
            .gesture(DragGesture()
                .onChanged { value in

                }
                .onEnded { _ in

                }
            )
    }
}
```

4 在手勢的 onChanged 區段中程式碼非常複雜，因為各長條圖形並不是一個一個物件，所以這裡必須透過手指的座標來計算目前點到哪個長條上。常數 plotArea 儲存實際圖形所在的位置，也就是扣掉了圖表上 x、y 軸標記所佔用的區域以及邊線寬度...等跟圖形無關的部分。

常數 xPosition 為手指目前在圖表上的座標。for 迴圈會根據 x 軸的每一筆資料來檢查目前手指所在位置是在哪個長條範圍內，其中第一個 if let 判斷式會根據給定 x 軸的資料後傳回該長條所在的座標範圍，也就是 positionRange(forX:)函數的功能；第二個判斷式用來判斷手指目前在哪一個長條上；第三個判斷式用來決定最後有一段文字要顯示時的對齊方式，這部分稍後會看到。三個變數 thisBarName、thisBarValue 與 isLeading 的宣告方式也同樣在稍後說明。

```
.onChanged { value in
    let plotArea = geoProxy[chartProxy.plotAreaFrame]
    let xPosition = value.location.x - plotArea.origin.x
    for product in products {
        // 判斷式 1
        if let range = chartProxy.positionRange(forX: product.name) {
            // 判斷式 2
            if range.contains(xPosition) {
                // 變數 product 為目前手勢作用的那筆資料
                thisBarName = product.name
                thisBarValue = product.count
                // 判斷式 3
                // 判斷手指點到的長條圖是否已超過 x 軸一半
                if range.lowerBound > plotArea.midX {
                    isLeading = false
                } else {
                    isLeading = true
                }

                break
            }
        }
    }
}
```

5 完成拖移手勢中 onEnded 修飾器內容。

```
.onEnded { _ in
    thisBarName = nil
}
```

6 上述兩步驟中的 thisBarName、thisBarValue 與 isLeading 變數，宣告如下。

```
struct BarChart: View {
    @State var thisBarName: String? = nil
    @State var thisBarValue = 0
    @State var isLeading = true
```

7 最後在 Chart 區段中根據 thisBarName 變數狀況來決定是否加上 RuleMark 圖形。

```
Chart {
    ForEach(products) { item in
        BarMark(
            x: .value("Name", item.name),
            y: .value("Count", item.count)
        )
    }

    if let thisBarName {
        RuleMark(
            x: .value("Focus", thisBarName)
        )
        .foregroundStyle(.red)
        .annotation(
            alignment: isLeading ? .leading : .trailing,
            spacing: -30
        ) {
            Text(" Count: \(thisBarValue) ")
        }
    }
}
.chartOverlay { chartProxy in
        ...
}
```

8 執行看看。讓手指在長條圖上滑動，就可以看到一條垂直線以及文字標示出現在手指滑到的長條上了。

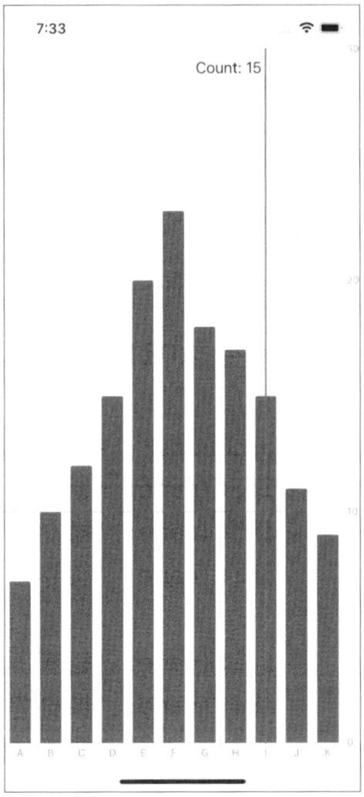

7-10 客製化

預設的圖表樣式基本上已經很漂亮，也可以滿足大多數的需求，當然如果要客製也沒什麼問題。在前面幾個單元，我們已經看過使用 foregroundStyle 或 chartForegroundStyleScale 改變圖形顏色，這個單元將介紹一些其他常用的客製化技巧。這裡使用的資料來自於前面的折線圖單元。

修改 y 軸值的範圍

預設情況下，圖表會根據資料內容自動決定 x 軸與 y 軸的範圍，當然也可以自行調整。以 y 軸為例，要將範圍改為 20 到 50，使用的修飾器為 chartYScale。

```
Chart(allSensors) { sensor in
        ...
}
.chartYScale(domain: 10...50)
```

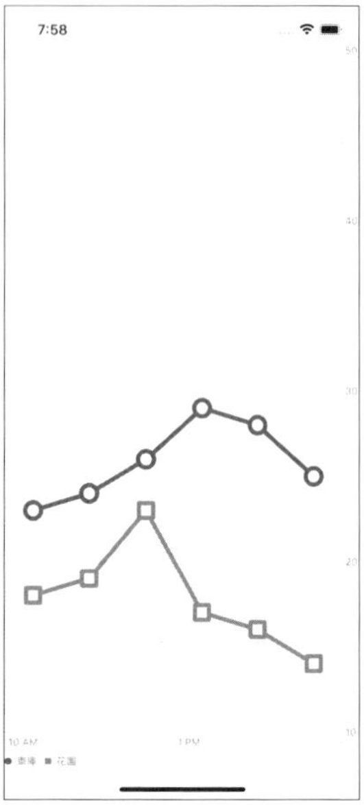

圖中的 y 軸範圍已調整為 10 到 50，所以整個折線圖就變的「矮」了一點。

將 y 軸位置改為左側

y 軸預設的位置在圖表右側，如果需要也可以改為左側。

```
Chart(allSensors) { sensor in
        ...
}
.chartYAxis {
    AxisMarks(position: .leading)
}
```

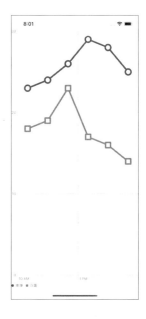

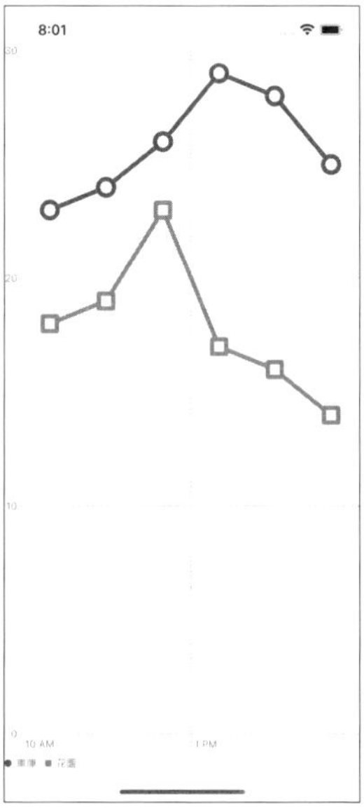

注意圖中 y 軸的資料顯示位置已經位於圖表左側。

改變 x 軸與 y 軸的標籤密度

圖表框架會根據資料內容自動決定 x 軸與 y 軸的標籤數量，稱之為密度，表示在同樣的空間內要顯示多少個標籤。以下圖為例，x 軸顯示了兩個標籤，分別是 10 AM 與 1 PM，最後一個顯然是 4PM，但沒顯示出來；y 軸顯示了四個標籤，分別是 0、10、20 與 30。

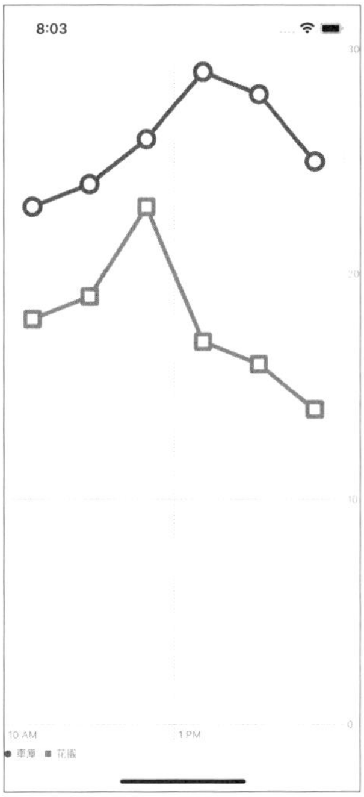

若希望 x 軸每隔一小時 y 軸每隔數值 5 就顯示一個標籤，程式碼如下，注意 x 軸與 y 軸需要分開設定。此外，AxisMarks 的 Closure 中函數 AxisTick()的作用是延伸軸線到標籤上；AxisGridLine()設定每個標籤都要加上軸線；AxisValueLabel()則是加上標籤，並且依需要可以設定標籤所顯示的內容樣式。設定 y 軸的 AxisMarks 的 Closure 可以省略（目前註解部分），因為其中三個初始化函數都不帶參數，此時這三個函數造成的效果對 AxisMarks 而言就是預設效果，因此註解部分寫不寫都一樣。

```
Chart(allSensors) { sensor in
    ...
}
.chartXAxis {
    AxisMarks(values: .stride(by: .hour)) { _ in
        AxisTick()
```

```
            AxisGridLine()
            AxisValueLabel(format: .dateTime.hour(
                .defaultDigits(amPM: .narrow)
            ))
        }
    }
    .chartYAxis {
        AxisMarks(values: .stride(by: 5)) /* { _ in
            AxisTick()
            AxisGridLine()
            AxisValueLabel()
        } */
    }
```

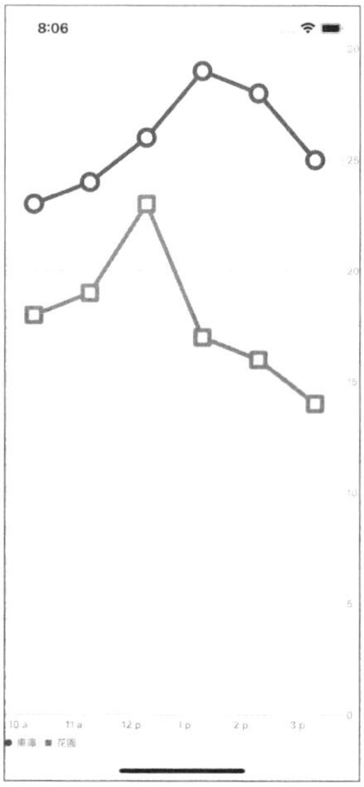

隱藏 x 軸與 y 軸

有時候圖表上不需要顯示 x 軸與 y 軸時，可以把他們隱藏起來。

```
Chart(allSensors) { sensor in
        ...
}
.chartXAxis(.hidden)
.chartYAxis(.hidden)
```

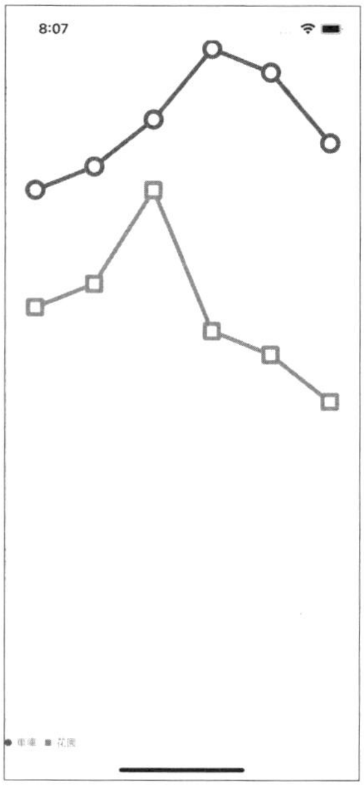

08 動畫與繪圖

Part 1 SwiftUI

8-1 動畫

當畫面上的元件狀態有所變化時，能夠在變化的過程中加上一點動畫效果，對使用者體驗有很大的加分效果。例如在改變元件位置的時候加上動畫，會比讓該元件瞬間移動到新位置，更能讓使用者印象深刻。SwiftUI 中在許多屬性值改變時已經內建了動畫效果，我們只要開啟動畫功能，剩下的 Xcode 會自動幫我們完成。

我們來看一個簡單的範例，下面這段程式碼會在按鈕按下後讓圖片以滑動的方式往右邊移動 100pt，而不是直接「跳」到右邊去。

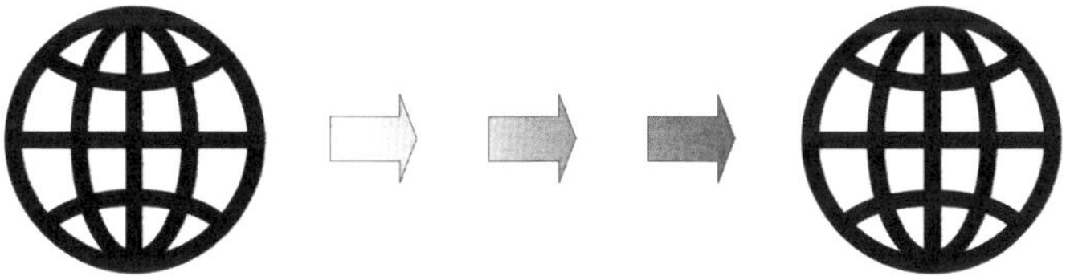

```
struct ContentView: View {
    @State private var offset: CGSize = .zero
    var body: some View {
        VStack {
```

```
            Image(systemName: "globe")
                .offset(offset)
                .animation(.default, value: offset)

            Button("Move") {
                offset = CGSize(width: 100, height: 0)
            }
        }
    }
}
```

修飾器 animation 中的兩個參數，第一個參數是動畫種類，除了 default 外當然還有許多其他的動畫效果，例如 easeIn 是先慢後快，easeOut 是先快後慢，easeInOut 當然是頭尾慢中間快，linear 則是維持等速。第二個參數則是監視哪個變數內容改變時要使用動畫。

在動畫效果中，彈簧 spring 是一個有趣的效果，這個效果可以讓物體移動到目的地時好像撞上一個彈簧，來回彈跳幾次後才停止。彈簧動畫有兩個重要參數，response 越小彈簧剛性越強也就是彈簧越硬，dampingFraction 越小會增加物體震盪次數。

```
private let spring = Animation.spring(
    response: 0.3,
    dampingFraction: 0.1
)
```

宣告上面這個彈簧效果後，修改動畫效果為 sprint，這時就可以看到圖形往右移動到指定位置後會彈跳一陣子後才停止。

```
Image(systemName: "globe")
    .offset(offset)
    .animation(spring, value: offset)
```

我們再看一個圖形旋轉的動畫效果，在旋轉的過程中，讓圖形的顏色變深並且逐漸變大，如下。

程式碼如下。

```
struct ContentView: View {
    @State private var angle = Angle(degrees: 0)
    @State private var scale = 1.0
    @State private var opacity = 0.2

    var body: some View {
        Image(systemName: "chevron.right.circle")
            .imageScale(.large)
            .rotationEffect(angle)
            .scaleEffect(scale)
            .foregroundColor(.blue.opacity(opacity))
            .animation(.default, value: angle)
            .onTapGesture {
                angle += .degrees(90)
                scale = (scale == 1.0) ? 2.0 : 1.0
                opacity = (opacity == 1.0) ? 0.2 : 1.0
            }
    }
}
```

從上面的程式碼中會發現，雖然我們只監視變數 angle 的內容是否改變，但動畫產生的效果卻同時發生在 angle、scale 與 opacity 三者身上。

使用 withAnimation 函數

若好幾個元件都要因為某一個變數值改變而產生動畫效果，除了在每個元件上使用 animation 修飾器外，也可以將該變數放到 withAnimation 函數中，這樣只要使用到這個變數的元件，都會自動啟動動畫效果了。我們來看下面這個龜兔賽跑的例子。

在這個例子中，兩個圖片在移動時都想要加上動畫，於是把需要產生動畫的變數放到按鈕按下後的 withAnimation 函數中，意思是當 withAnimation 中的變數內容有變動時，只要使用到這個變數的元件就會有動畫效果。執行看看，烏龜與兔子就會以動畫效果往右邊移動。

```
struct TortoiseAndHare: View {
    @State private var tortoiseSpeed = 0.0
    @State private var hareSpeed = 0.0

    var body: some View {
        HStack(alignment: .top) {
            Button("Go") {
                withAnimation(.easeOut(duration: 2)) {
                    tortoiseSpeed = 150
                    hareSpeed = 200
                }
            }
            .buttonStyle(.bordered)

            VStack {
                // 烏龜圖案
                Image(systemName: "tortoise")
                    .offset(x: tortoiseSpeed)
                // 兔子圖案
                Image(systemName: "hare")
                    .offset(x: hareSpeed)

            }
            Spacer()
```

```
        }
        .frame(width: 300)
    }
}
```

執行結果會從一開始的下圖左以動畫方式變成下圖右，當然兔子永遠是贏家，除非改寫程式碼。

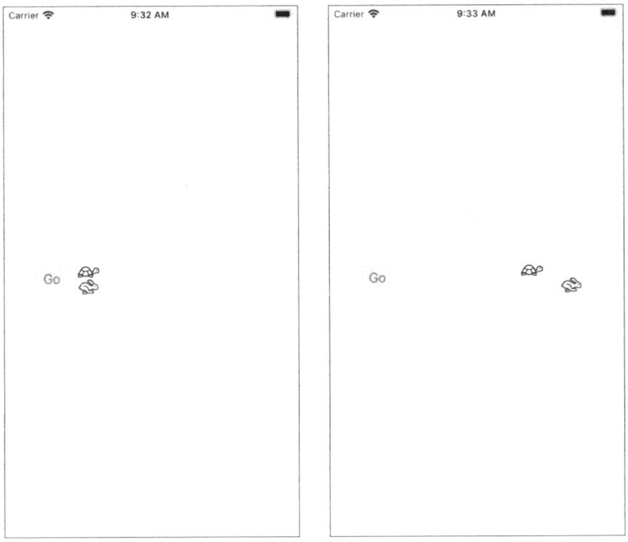

8-2 內建圖形

SwiftUI 有幾個內建的圖形，因為這些圖形很常用，所以就內建了。目前內建的圖形有 Circle、Rectangle、Rounded Rectangle、Ellipse 與 Capsule 這五種，顯示的結果如下。

```
VStack {
    Circle()
        .stroke()
    Rectangle()
        .stroke()
    RoundedRectangle(cornerRadius: 20)
        .stroke()
    Ellipse()
        .stroke()
    Capsule()
        .stroke()
}
.padding()
```

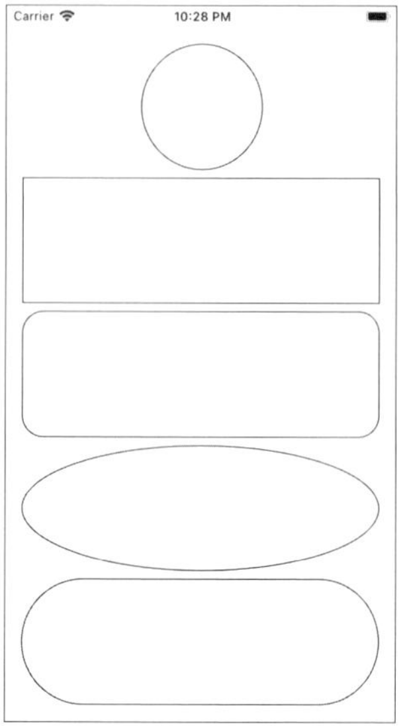

上面這幾種圖形都加上了 stroke 修飾器，這是用來設定畫筆的樣式，預設為 1pt 寬度的黑色實線。因為 VStack 的關係，因此這五個圖形高度都一樣，而寬度就是螢幕大小再扣掉 padding 的距離。仔細看，這五種圖形的大小似乎被一個虛擬的矩形所限制，也就是圖形不會超過這個矩形的大小。以橢圓為例，我們使用 border 修飾器將矩形的邊線畫出來，很明顯會發現橢圓形其實是一個矩形的內接圓，如下。

```
Ellipse()
    .stroke(lineWidth: 2)
    .frame(width: 200, height: 300)
    .border(.gray)
```

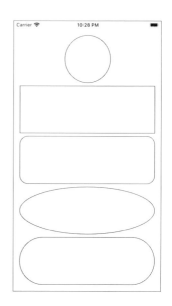

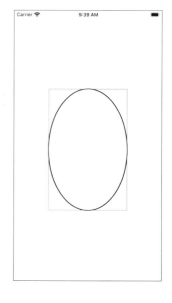

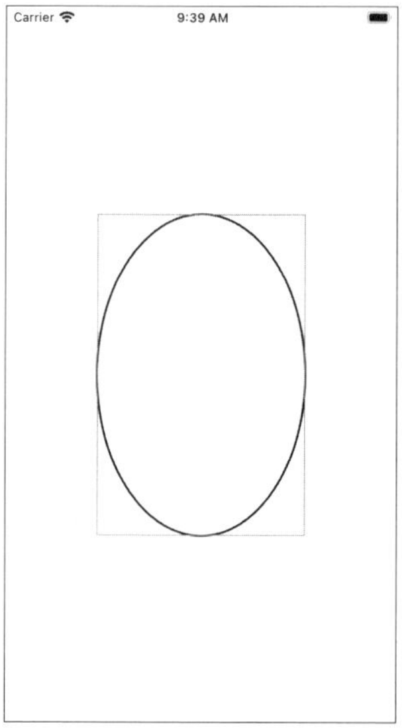

換句話說，如果這個矩形是正方形，畫出的橢圓其實就是圓形了。接下來，如果想要畫出虛線圖形，要修改的是畫筆 stroke 修飾器的內容，程式碼如下。其中，陣列 [25, 5] 表示先畫 25pt 實線，然後空 5pt，重複這個動作，所以畫出來就是虛線。可以試試 [25, 5, 10, 3] 會畫出什麼虛線。

```
Circle()
    .stroke(style: .init(
        lineWidth: 10,
        dash: [25, 5]
    ))
```

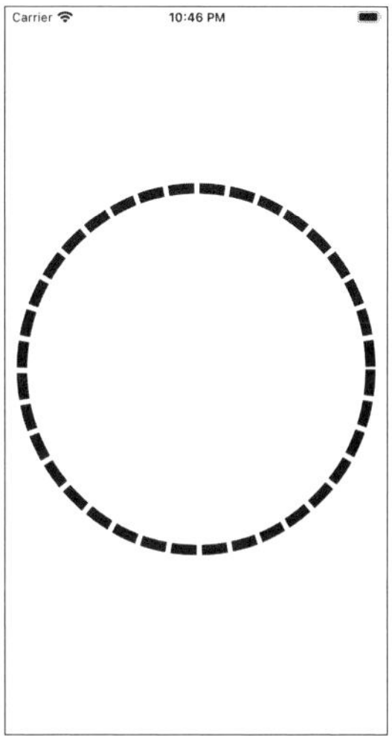

若想要畫出不一樣的顏色，下列幾種作法都可以畫出橘色的空心圓，我們可以挑一個喜歡的寫法。

```
Circle()
    .stroke(.orange, lineWidth: 2)

Circle()
    .stroke(.orange, style: .init(lineWidth: 2))

Circle()
    .stroke(style: .init(lineWidth: 2))
    .fill(.orange)

Circle()
    .stroke(style: .init(lineWidth: 2))
    .foregroundColor(.orange)
```

如果想要畫出不一樣顏色的實心圓，使用 fill 修飾器去填顏色就可以了。下面這段程式碼會畫出一個藍色的實心圓。

```
Circle()
    .fill(.blue)
```

除了單一顏色外，還可以畫出漸層色的實心圓。下面程式碼舉兩個漸層色的例子，一個是圓錐狀漸層色，另外一個是線性漸層色。

```
Circle()
    .fill(.conicGradient(
        .init(colors: [.blue, .yellow, .red]),
        center: .center)
    )
```

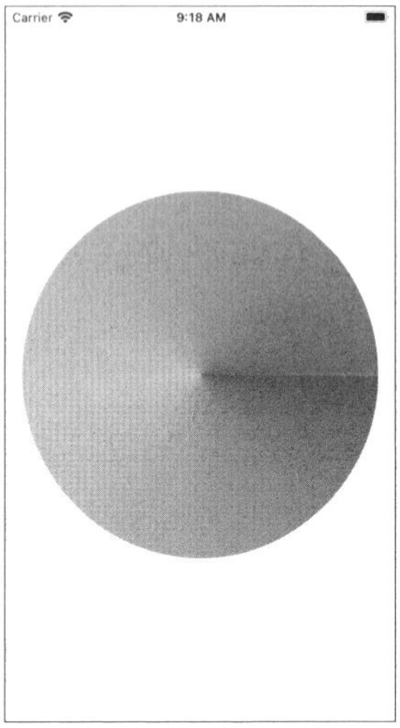


```
let gradient = LinearGradient(
    colors: [.white, .black],
    startPoint: .top,
    endPoint: .bottom
)

Circle()
    .fill(gradient)
```

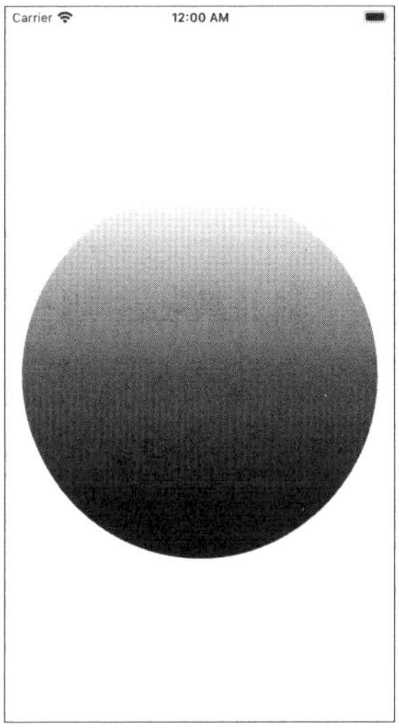

第一個圓錐狀漸層色其實就是使用 AngularGradient 結構，所以與下面這樣的程式寫法結果一樣。

```
let gradient = AngularGradient(
   colors: [.blue, .yellow, .red], center: .center
)
Circle()
   .fill(gradient)
```

想要畫出一個有漸層色的邊線也很簡單，只要在邊線顏色上選一個漸層色就可以了，沒有什麼特殊技巧，如下。

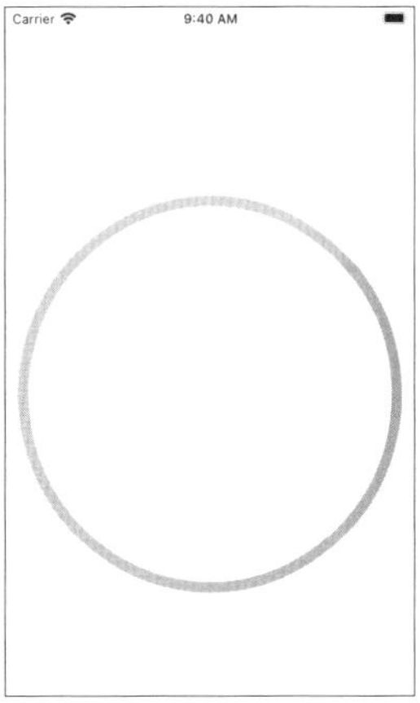


```
let gradient = AngularGradient(
   colors: [.blue, .yellow, .red],
   center: .topTrailing
)

Circle()
   .stroke(gradient, lineWidth: 10)
```

若要在填滿顏色的圖形上畫出不同顏色的邊線，就需要靠 overlay 修飾器了，程式碼如下。其實原理就是畫出兩個重疊的圓，一個實心，另外一個空心帶邊線。

```
Circle()
   .fill(.blue)
   .overlay {
      Circle()
          .stroke(.green, lineWidth: 10)
   }
```

以上幾種設定顏色的方式雖然以圓形為範例，但其他幾種圖形的作法與圓形一樣，請讀者自行舉一反三了。

8-3 自訂圖形

如果上一單元內建的圖形都不符合需求，那就只能自己畫出想要的圖形了。這一節目的，就是介紹各種繪圖方式。要畫出自己想要的圖形需要計算座標，所以在程式碼中會看到許多的座標資料，座標原點位於畫布（也就是 View 元件）的左上角。

直線

要畫直線只要給出兩個端點的座標即可，例如直線的左上角座標為(20, 30)，右下角座標為(200, 400)，程式碼如下。

```
let start = CGPoint(x: 20, y: 30)
let end = CGPoint(x: 200, y: 400)

Path { path in
   path.move(to: start)
   path.addLine(to: end)
}
.stroke(lineWidth: 10)
```

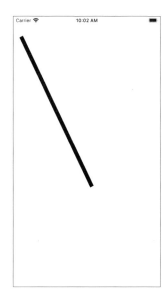

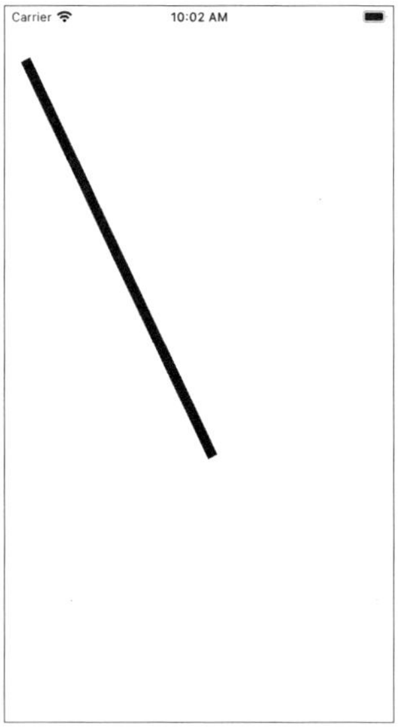

注意看直線的兩端點是「平切」的，如果想要畫成有弧度的端點，修改 stroke 修飾器的內容就可以了，如下。

```
Path { path in
    ...
}
.stroke(style:
      .init(lineWidth: 30, lineCap: .round)
)
```

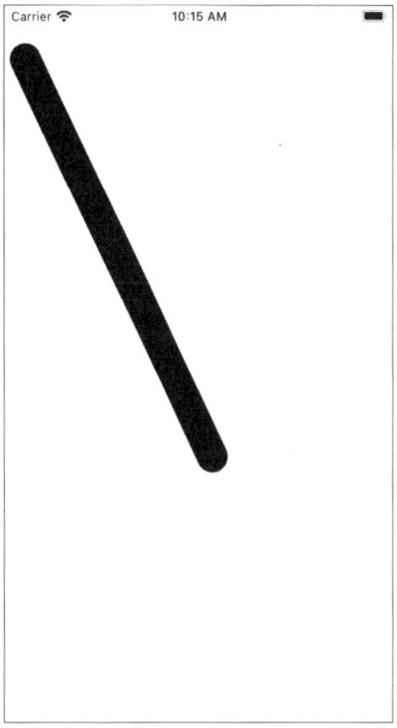

折線

```
Path { path in
   path.move(to: .zero)
   path.addLine(to: .init(x: 100, y: 200))
   path.addLine(to: .init(x: 200, y: 200))
   path.addLine(to: .init(x: 250, y: 400))
}
.stroke(lineWidth: 10)
```

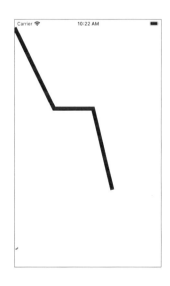

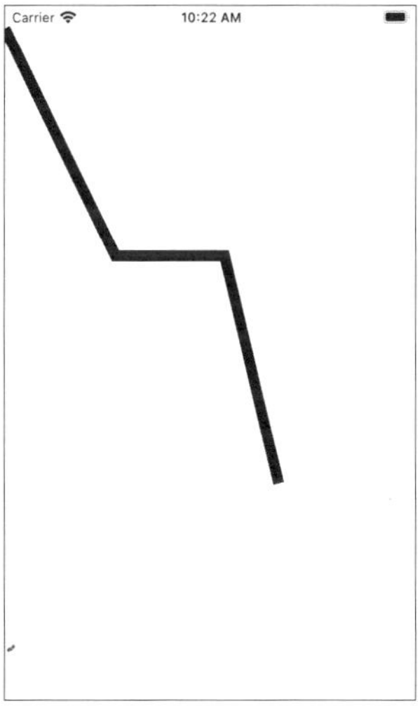

以前想要在 App 中畫出折線圖，就是用這種連續線條的方式繪出，但現在應該使用不需要再這樣做了，因為 Xcode 14 開始已經提供了 Charts 框架，可以輕易畫出漂亮的折線圖，請參考「圖表」章節。

我們也可以將各線條的座標資料放在陣列裡面，然後一次畫出來，如下。

```
private let lines: [CGPoint] = [
    .init(x: 50, y: 50),
    .init(x: 100, y: 100),
    .init(x: 140, y: 250),
    .init(x: 240, y: 240),
    .init(x: 300, y: 80)
]

var body: some View {
    Path { path in
        path.addLines(lines)

    }
    .stroke(lineWidth: 10)
}
```

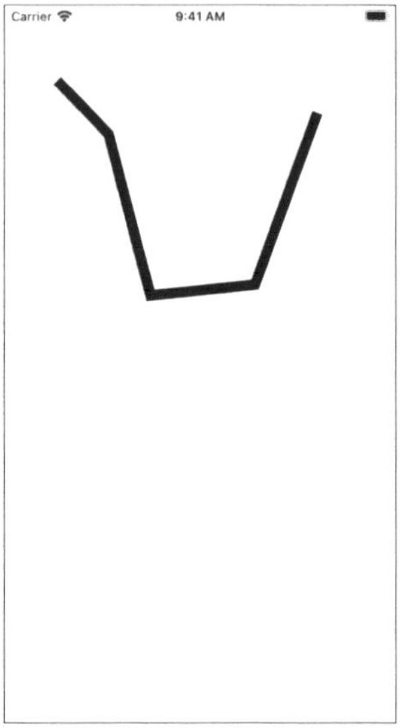

如果需要的話，可以呼叫 closeSubpath()函數將線條的頭尾接起來，形成封閉圖形，如下。

```
private let lines: [CGPoint] = [
    .init(x: 200, y: 50),
    .init(x: 50, y: 300),
    .init(x: 300, y: 300)
]

var body: some View {
    Path { path in
        path.addLines(lines)
        path.closeSubpath()
    }
    .stroke(lineWidth: 10)
}
```

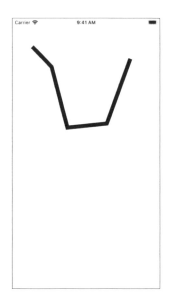

矩形、圓角矩形、圓

這三種圖形基本架構都一樣，矩形與圓角矩形很容易理解，至於圓，會畫出一個矩形的內接圓，因此若矩形為正方形，則繪出的圓就是正圓，若是矩形，則會繪出橢圓。

先定義一個矩形，如下。

```
private let rect = CGRect(
    x: 100,
    y: 20,
    width: 200,
    height: 150
)
```

接下來分別畫出矩形、圓角矩形與橢圓形，如下。

```
VStack {
    // 矩形
    Path { path in
        path.addRect(rect)
    }
    .stroke(lineWidth: 10)

    // 圓角矩形
    Path { path in
        path.addRoundedRect(
            in: rect,
            cornerSize: CGSize(
                width: 10,
                height: 10)
            )
    }
    .stroke(lineWidth: 10)

    // 橢圓
    Path { path in
        path.addEllipse(in: rect)
```

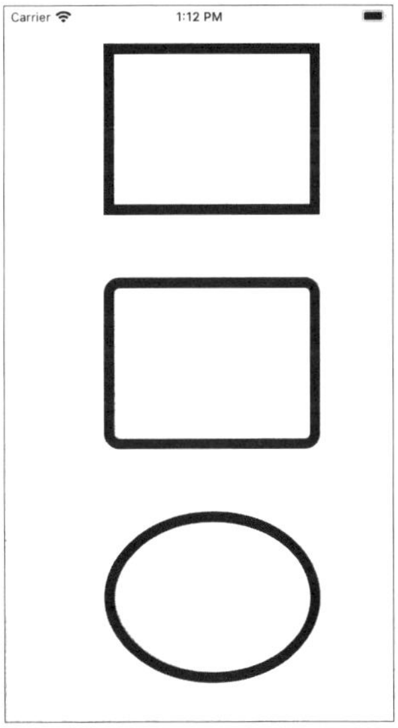

```
    }
    .stroke(lineWidth: 10)
}
```

弧形

有兩種弧形的畫法，下面這一種 addArc 函數是給定起始角度與終止角度。其中起始角度為 0 度，終止角度為 300 度，三點鐘方向為 0 度，圖形會以順時鐘方向畫到 300 度位置（右上角約 1 點鐘方向）。

```
Path { path in
    path.addArc(
        center: .init(x: 150, y: 200),
        radius: 100,
        startAngle: .degrees(0),
        endAngle: .degrees(300),
        clockwise: false
    )
}
.stroke(lineWidth: 10)
```

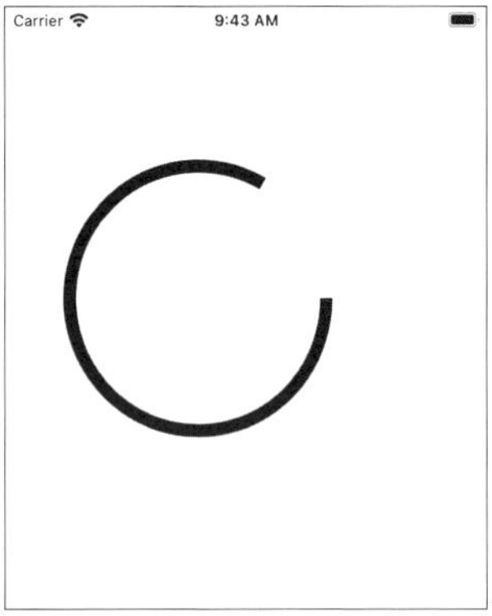

另一種畫弧形的方式是使用 addRelativeArc 函數，一樣給一個起始角度，但參數 delta 則表示以起始角度為基準，加多少度或減多少度。例如起始角度為 0 度，畫出減 150 的弧線。正數是順時鐘方向畫，負數則是逆時鐘方向畫。

```
Path { path in
    path.addRelativeArc(
        center: .init(x: 150, y: 200),
        radius: 100,
        startAngle: .degrees(0),
        delta: .degrees(-150)
    )
}
.stroke(lineWidth: 10)
```

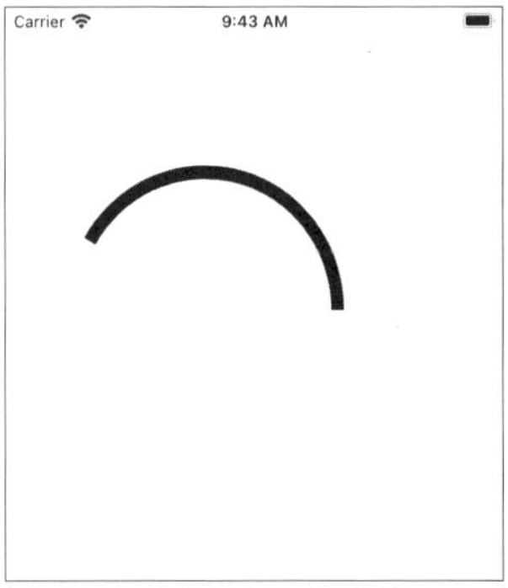

扇形

扇形其實也是弧形的一種，只要先將路徑起始點移到弧形的中心位置，就可以畫出扇形了。

```
Path { path in
    path.move(to: CGPoint(x: 200, y: 200))
    path.addArc(
        center: CGPoint(x: 200, y: 200),
        radius: 150,
        startAngle: Angle(degrees: 0),
        endAngle: Angle(degrees: 140),
        clockwise: false
    )
}
```

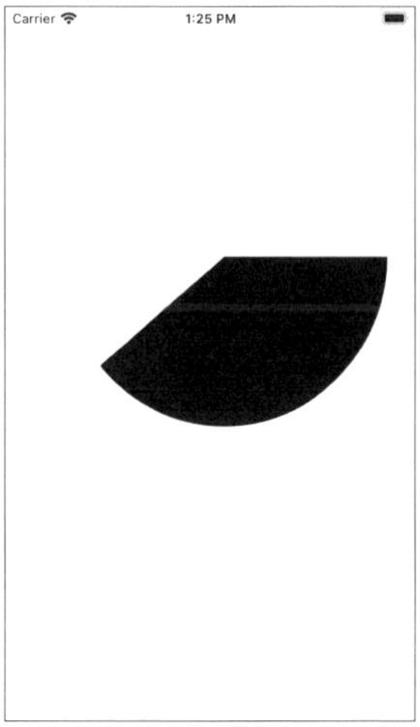

對這個扇形而言，中心點座標位於(200, 200)的位置，半徑為 150 點，起點為 0 度，也就是 3 點鐘方向，畫到 140 度位置。若 clockwise 改為 true，則會畫出扇形的上半部。若要畫出空心扇形，只要加上畫筆寬度，並且封閉這個圖形就可以了，如下。

```
Path { path in
    ...
    path.closeSubpath()
}
.stroke(lineWidth: 10)
```

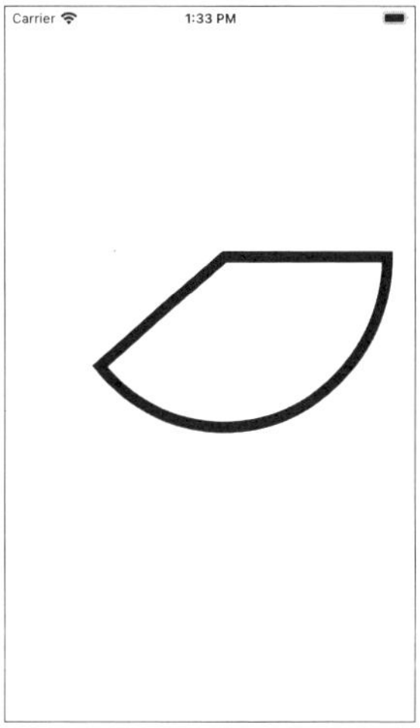

曲線

Xcode 提供了二次貝茲曲線與三次貝茲曲線兩個函數，分別是 addQuadCurve()與 addCurve()。下面的範例是用一個三次貝茲曲線畫出一個水滴形狀，如下。

```
Path { path in
    path.move(to: CGPoint(x: 200, y: 400))
    path.addCurve(
        to: CGPoint(x: 200, y: 400),
        control1: CGPoint(x: -100, y: 100),
        control2: CGPoint(x: 500, y: 100)
    )
}
.stroke(lineWidth: 10)
```

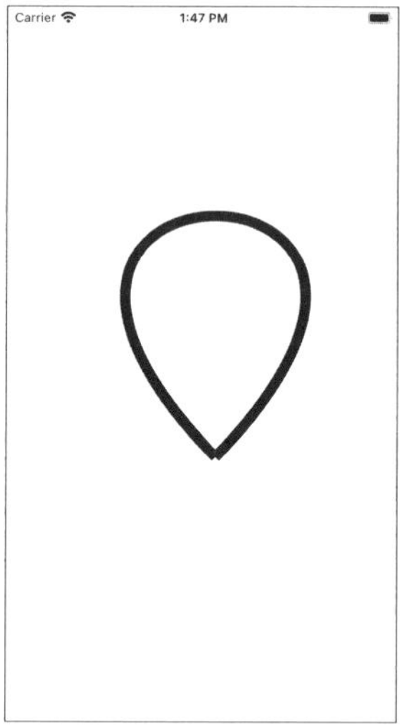

接下來的這個範例會將一個二次貝茲曲線與一個三次貝茲曲線接在一起，繪出一個連續的曲線圖形。座標計算需很小心，尤其是曲線交界處的斜率必須一致，不然會看到明顯的轉折點。

```
let slope: CGFloat = (200 - 400) / (150 - 40)
Path { path in
    path.move(to: CGPoint(x: 10, y: 200))
    // 二次貝茲曲線
    path.addQuadCurve(
        to: CGPoint(x: 150, y: 200),
        control: CGPoint(x:40,y:400)
    )
    // 三次貝茲曲線
    path.addCurve(
        to: CGPoint(x: 350, y: 200),
        control1: CGPoint(x: 200, y: slope * (200 - 150) + 200),
```

```
        control2: CGPoint(x: 250, y: 350)
    )
    // 接點處
    path.addEllipse(in:
        CGRect(x: 130, y: 180, width: 40, height: 40)
    )
}
.stroke(lineWidth: 10)
```

繪出的曲線如下圖，圓圈處就是兩個貝茲曲線的交界處。

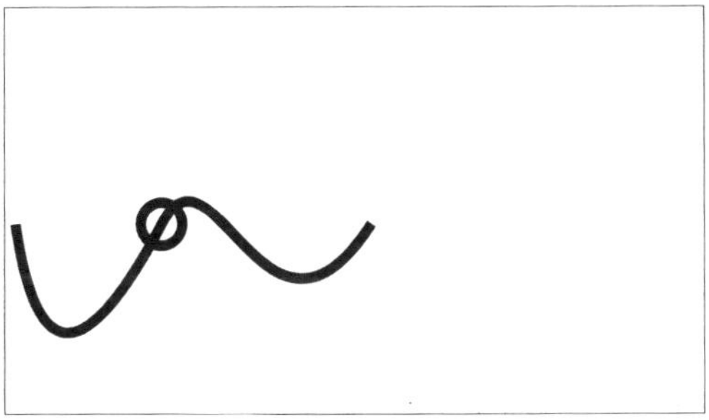

修剪

我們在 Path 中畫的圖形，預設是全部顯示，但也可以透過 trim 修飾器來決定是不是要全部畫出。舉個例子，下面這段程式碼會畫出一個矩形。

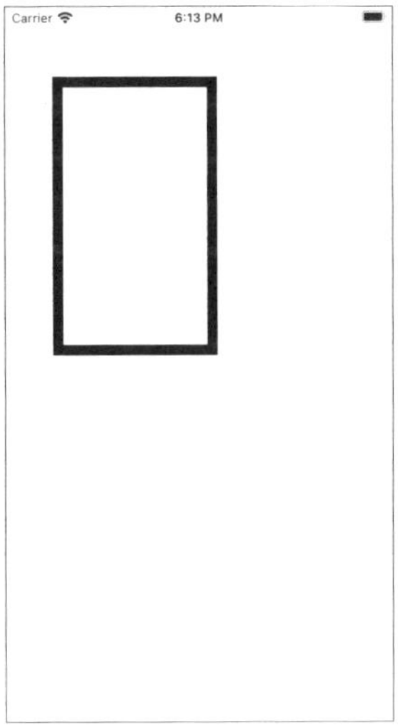


```
Path { path in
    path.move(to: .init(x: 50, y: 50))
    path.addLine(to: .init(x: 200, y: 50))
    path.addLine(to: .init(x: 200, y: 300))
    path.addLine(to: .init(x: 50, y: 300))
    path.closeSubpath()
}
.stroke(lineWidth: 10)
```

現在在畫面上加上一個 Slider 元件，並且在 Path 後面使用 trim 修飾器來控制這個矩形要畫到什麼程度。修飾器 trim 中的參數 to，如果填入 1.0 代表不要剪裁，如果填入 0 代表圖形全部剪掉，如果填入 0.5 表示圖形只畫一半即可。

```
struct ContentView: View {
    @State private var value = 1.0
    var body: some View {
        VStack {
            Slider(value: $value)
                .frame(width: 200)
            Text(value, format: .number)

            Path { path in
                path.move(to: .init(x: 50, y: 50))
                path.addLine(to: .init(x: 200, y: 50))
                path.addLine(to: .init(x: 200, y: 300))
                path.addLine(to: .init(x: 50, y: 300))
                path.closeSubpath()
            }
            .trim(to: value)
            .stroke(lineWidth: 10)
        }
    }
}
```

現在拉動 Slider，可以看到矩形是如何一步一步顯示，或消失的。

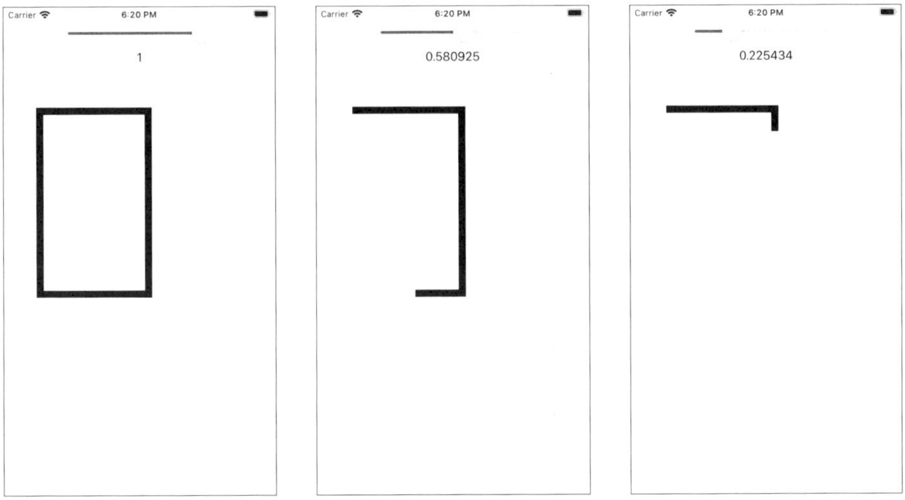

只要放在 Path 中的圖案，都可以透過 trim 修剪，然後觀察圖案是怎麼畫出來的。有了這個技術，就可以產生動畫效果了。

路徑動畫

在上個小節畫出的矩形圖案，我們透過 Slider 元件配合 trim 修飾器，用手動的方式看到圖案是怎麼一步步出現，現在我們把這個手動改為自動，就變成一種順著 Path 內容所產生的動畫效果了。下面這段程式碼就會讓畫面出現的時候以動畫的方式將矩形畫出來，就如同用手動的方式將 Slider 元件從最左邊拉到最右邊，一模一樣的效果。

```
struct SwiftUIView: View {
    @State private var value = 0.0
    var body: some View {
        Path { path in
            path.move(to: .init(x: 50, y: 50))
            path.addLine(to: .init(x: 200, y: 50))
            path.addLine(to: .init(x: 200, y: 300))
            path.addLine(to: .init(x: 50, y: 300))
            path.closeSubpath()
        }
```

```
            .trim(to: value)
            .stroke(lineWidth: 10)
            .animation(.easeOut, value: value)
            .onAppear {
                value = 1.0
            }
    }
}
```

自訂動畫

大部分的動畫需求，SwiftUI 都幫我們處理好了，但有時候還是有一些常見的情況需要我們自己手動處理。舉個簡單的例子，畫面上有一條直線需要從 A 點移動到 B 點，我們會寫出下面這樣的程式碼，讓直線在點擊後移動到 B 點，並且加上了動畫效果。

```
struct ContentView: View {
    @State private var start = CGPoint.zero
    @State private var end = CGPoint(x: 100, y: 100)

    var body: some View {
        Path { path in
            path.move(to: start)
            path.addLine(to: end)
        }
        .stroke(lineWidth: 10)
        .frame(width: 200, height: 200)
        .onTapGesture {
            withAnimation {
                start = .init(x: 170, y: 30)
                end = .init(x: 30, y: 180)
            }
        }
    }
}
```

程式執行後，點選左圖中的線條，畫面會瞬間跳到右圖的畫面，然後完全沒有任何動畫。

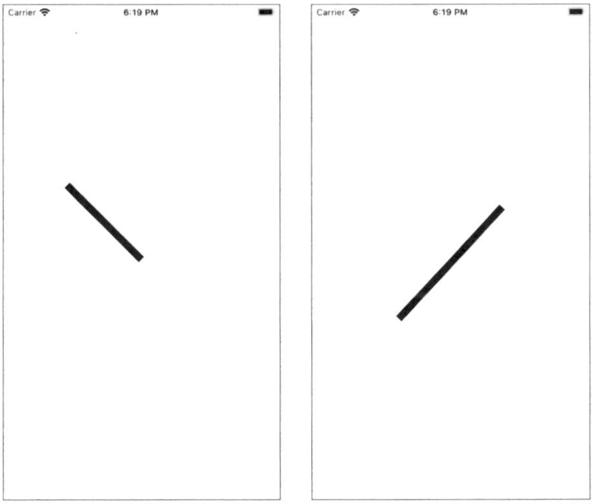

動畫不會出現的原因很簡單，就是 Path 中的座標改變並不支援動畫。也就是說，有些屬性值的改變支援動畫，例如顏色改變就支援動畫，而有些不支援。遇到這種不支援的時候，就是需要我們自己寫程式告訴 SwiftUI 該怎麼做的時候了。首先必須把 Path 中的圖形拉出去變成一個新的 Shape，如下。

```
struct MyLine: Shape {
    var start: CGPoint = .zero
    var end: CGPoint = .zero

    func path(in rect: CGRect) -> Path {
        Path { path in
            path.move(to: start)
            path.addLine(to: end)
        }
    }
}
```

接下來修改原本畫直線的程式碼，改成呼叫上面我們自己定義的 MyLine。

```
struct ContentView: View {
    @State private var start = CGPoint.zero
    @State private var end = CGPoint(x: 100, y: 100)

    var body: some View {
        MyLine(start: start, end: end)
            .stroke(.black, lineWidth: 10)
            .frame(width: 200, height: 200)
            .onTapGesture {
                withAnimation {
                    start = .init(x: 170, y: 30)
                    end = .init(x: 30, y: 180)
                }
            }
    }
}
```

到這裡的執行結果與之前一樣，雖然畫面相同但是還是沒有動畫，剩下一步，我們需要告訴 MyLine 中的 Path 元件，當變數 start 與 end 改變時該怎麼處理。其實當我們使用 withAnimation 或是在 MyLine 後方加上 animation 修飾器的時候，會有一系列的座標值傳到 MyLine 結構中，這一系列的座標值就是 start 變數從一開始的(0, 0)要變成最後的(170, 30)的中間變化座標，end 變數也是一樣。所以我們只要在 MyLine 結構中取得座標中間變化值就可以讓線條以動畫方式移動。取得中間值的方式是覆寫變數 animatableData，只能叫這個名字，不可以改，如下。座標的中間變化值會放到系統變數 newValue 中，所以只要將 newValue 的內容填入 start 與 end 變數就可以了。有興趣的讀者可以在 set 區段中用 print()函數印出 newValue，就可以看到一系列的座標中間值，其實在動畫的過程中，set 區段會被呼叫很多次，每次都會有一個新的座標傳進來。

```
struct MyLine: Shape {
    var animatableData: AnimatablePair<CGPoint.AnimatableData,
CGPoint.AnimatableData> {
        get {
            AnimatablePair(start.animatableData, end.animatableData)
        }
        set {
            start.animatableData = newValue.first
            end.animatableData = newValue.second
        }
    }
    ...
}
```

再執行看看這段修改過的程式碼，現在用手點擊線條後，線條的移動就會以動畫方式呈現了，示意圖如下。

8-4 應用－漸層色進度環

我們經常在一些顯示用來程度的 App 畫面上，可以看到右邊這樣很漂亮的環形圖案，並且用漸層色來顯示該狀態的程度，例如空氣污染程度。並且表示程度的那層色環會以動畫的方式畫到指定的位置，這樣的畫面設計會有很棒的視覺效果。這個單元的目的就是學會如何製作出這個漸層色進度環。

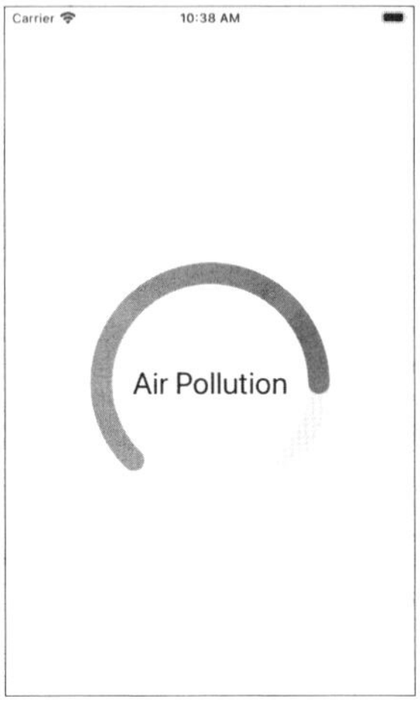

首先自己定義一個 Shape，基本上是用 Arc 弧線畫出一個有缺口的圓，並且讓缺口朝下，這樣就會產生一個我們想要的環，程式碼如下。

```
struct MyCircle: Shape {
    @State var angle = Angle(degrees: 45)

    func path(in rect: CGRect) -> Path {
        Path { path in
            path.addArc(
                center: CGPoint(x: rect.midX, y: rect.midY),
                radius: rect.width / 2.0,
                startAngle: Angle(degrees: 135),
                endAngle: angle,
                clockwise: false
            )
        }
    }
}
```

如果將 MyCircle 圖形畫出來，程式碼以及執行結果如下，會看到一個淺灰色的環，兩端為圓形，並且缺口朝下。環形的起點在左下角（135 度位置），終點在右下角（45 度位置）。

```
struct ContentView: View {
   private let style = StrokeStyle(lineWidth: 20, lineCap: .round)
   var body: some View {
      MyCircle()
         .stroke(.gray.opacity(0.2), style: style)
         .frame(width: 200, height: 200)
   }
}
```

接下來修改一下 ContentView 中的程式碼，使用同樣的 MyCircle 畫出一個有漸層色的環，並且指定畫到特定角度，例如 350 度，程式碼幾乎與上面的一模一樣。

```
struct ContentView: View {
   private let style = StrokeStyle(lineWidth: 20, lineCap: .round)
   private let gradient = AngularGradient(
      colors: [.green, .orange, .red, .purple],
      center: .center,
      startAngle: .degrees(135),
      endAngle: .degrees(405)
   )

   var body: some View {
```

```
        MyCircle(angle: .degrees(350))
            .stroke(gradient, style: style)
            .frame(width: 200, height: 200)
    }
}
```

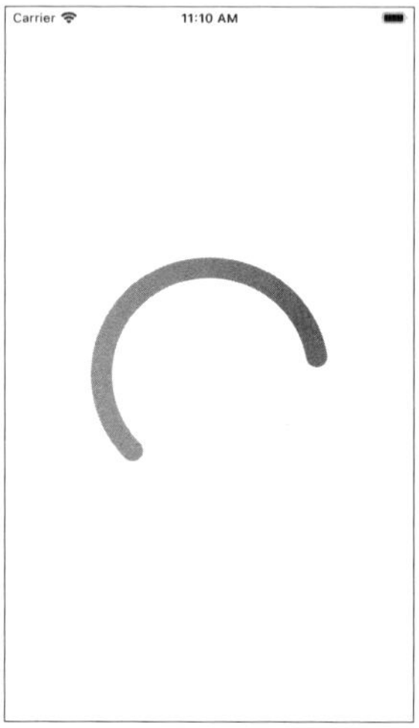

現在將這兩個圖形重疊在一起，再努力一下，快要完成了。

```
MyCircle()
    .stroke(.gray.opacity(0.2), style: style)
    .frame(width: 200, height: 200)
    .overlay {
        MyCircle(angle: .degrees(350))
            .stroke(gradient, style: style)
    }
```

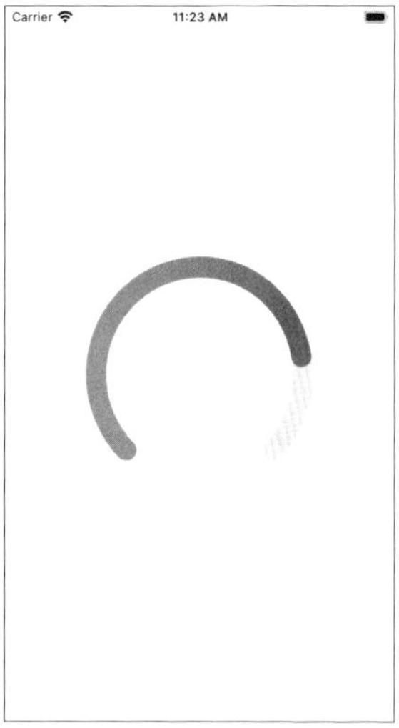

最後加上動畫效果，以及補上一個環中間要顯示的文字，就大功告成了。

```
@State private var trimValue = 0.0
var body: some View {
    MyCircle()
        .stroke(.gray.opacity(0.2), style: style)
        .frame(width: 200, height: 200)
        .overlay {
            MyCircle(angle: .degrees(350))
                .trim(to: trimValue)
                .stroke(gradient, style: style)
                .animation(.easeOut, value: trimValue)
                .onAppear {
                    trimValue = 1.0
                }
        }
        .overlay {
            Text("Air Pollution").font(.title)
        }
}
```

執行看看，會有一個動畫效果，讓圖上有漸層色的環依序從下圖左到下圖右畫到定位。

8-5 畫布－Canvas

前面幾個單元，我們知道如何透過 Path 元件畫出我們想要的圖案，但這些圖案我們都是畫在 View 元件上，但 View 元件畢竟不是一個專業的畫布，所以要畫一個比較複雜圖形時，View 元件就不太容易處理。這個單元要介紹的是 SwiftUI 的專業畫布，Canvas 元件。

Canvas 元件本身也是一個 View 元件，跟 Path 不一樣，所以能夠用在 View 元件上的修飾器，基本上都能在 Canvas 上使用，例如 frame、background... 等。下面這段程式碼用來在 App 畫面上產生一個大小為 300 x 300 的淡黃色畫布，而且我們也可以將他放在排版或是容器元件中。

```
var body: some View {
    Canvas { context, size in

    }
    .background(.yellow.opacity(0.2))
    .frame(width: 300, height: 300)
}
```

Canvas 元件透過後方的 Closure 傳入兩個參數，context 為畫布本身，size 則是畫布大小。現在我們來在畫布上畫點圖案試試看，我們畫出兩條顏色與粗細都不同的線條，如下。

```
Canvas { context, size in
    var path1 = Path()
    path1.move(to: CGPoint(x: 10, y: 10))
    path1.addLine(to: CGPoint(x: 100, y: 150))
    context.stroke(path1, with: .color(.purple), lineWidth: 10)

    var path2 = Path()
    path2.move(to: CGPoint(x: 100, y: 150))
```

```
    path2.addLine(to: CGPoint(x: 200, y: 200))
    context.stroke(path2, with: .color(.green), lineWidth: 3)
}
.background(.yellow.opacity(0.2))
.frame(width: 300, height: 300)
```

執行結果如下，我們很容易將兩個不同樣式的圖案畫在畫布上。

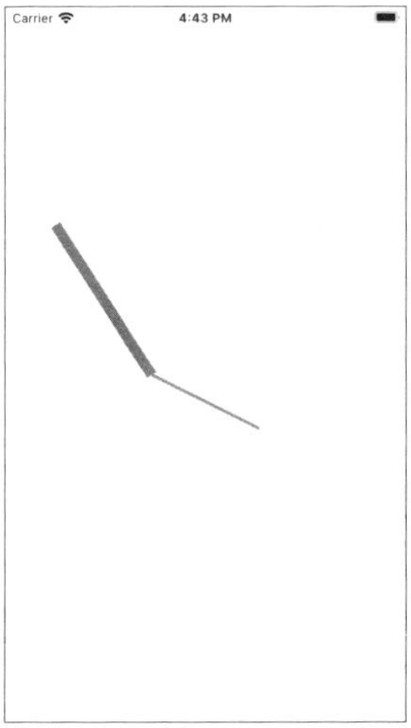

使用 fill()來填滿一個封閉區域，如下。

```
Canvas { context, size in
    let rect = CGRect(origin: .zero, size: size)
    let path = Path(ellipseIn: rect)
    context.fill(path, with: .color(.green))

}
.background(.yellow.opacity(0.2))
.frame(width: 300, height: 200)
```

執行結果如下圖，我們在畫布上畫了一個橢圓形，然後用綠色填滿他。

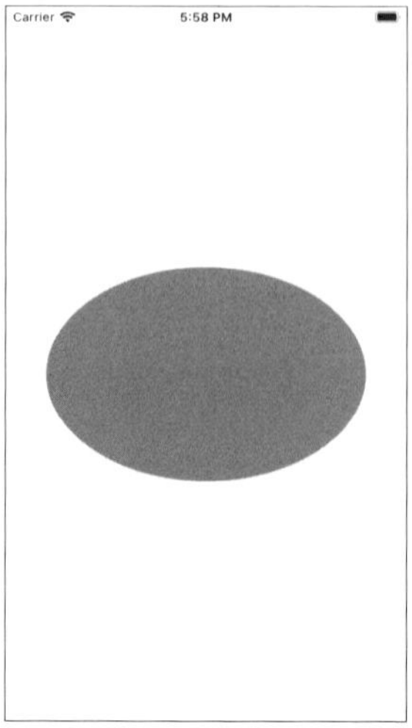

顯示圖片

在畫布上顯示一張圖片，作法如下。

```
Canvas { context, size in
    let rect = CGRect(origin: .zero, size: size)
    let uiImage = UIImage(named: "demo.jpg")!
    let image = Image(uiImage: uiImage)
    context.draw(image, in: rect)
}
.frame(width: 300, height: 200)
```

顯示文字

也可以在畫布上畫出文字。

```
Canvas { context, size in
    let rect = CGRect(origin: .zero, size: size)
    let t = Text("Hello, World!")
        .font(.custom("Chalkboard SE", size: 40))
```

```
        .foregroundColor(.orange)
    context.draw(t, in: rect)
}
.frame(width: 300, height: 300)
```

結果如下。

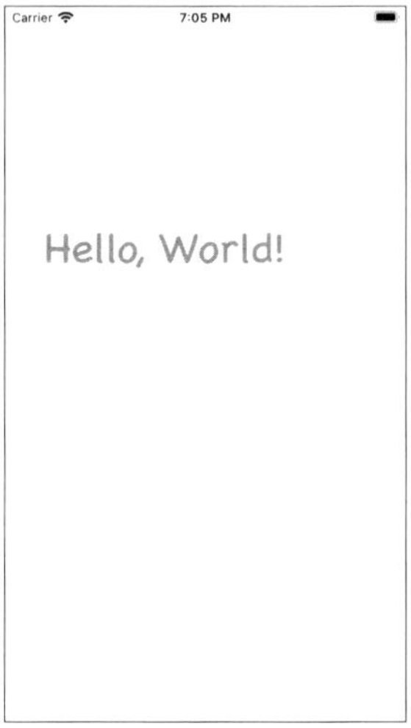

09 地圖

Part 1 SwiftUI

9-1 顯示地圖與標記

很多開發者會在 iOS App 中嵌入 Google 地圖來顯示特定位置，通常這樣做的理由是為了跟 Android 畫面一致。如果 App 設計沒有非 Google 地圖不可的話，其實 Apple 內建地圖程式碼寫起來是很容易的，而且 App 所佔用的空間也很小，不妨試試看。當然如果要在其他系統中嵌入 Apple 地圖也可以，Apple 提供了 JavaScript API 供 Web 呼叫，有興趣的讀者可以搜尋「MapKit JS」，有官方文件可以參考，但這個單元還是將重點放在如何在 SwiftUI 中使用內建的地圖元件這個主題上。

首先來看如何在地圖顯示出一個特定區域。要在 App 上使用地圖，必須匯入 MapKit 框架，然後宣告一個變數儲存該區域的中心點座標，以及以該座標為中心，在南北向與東西向的跨度距離，單位為公尺，如下。這個意思是世界那麼大，在地圖元件的有限長寬範圍內，要顯示哪個地區的資料，並且精細度為何。

```
import MapKit

struct ContentView: View {
```

```
@State private var region = MKCoordinateRegion(
    center: CLLocationCoordinate2D(
        latitude: 25.0342,
        longitude: 121.5646
    ),
    latitudinalMeters: 1000,
    longitudinalMeters: 1000
)
```

接下來就可以在 body 中呼叫地圖元件並顯示該區域的地圖了。這裡所設定的地圖中心點座標為台北 101 大樓，往北與往南各 1000 公尺，以及往東與往西各 1000 公尺。這個範圍雖然設定成正方形，但地圖元件大小如果不是正方形的話，地圖上顯示的區域一定會包含這個範圍，不用擔心地圖會變形。

```
var body: some View {
    Map(coordinateRegion: $region)
}
```

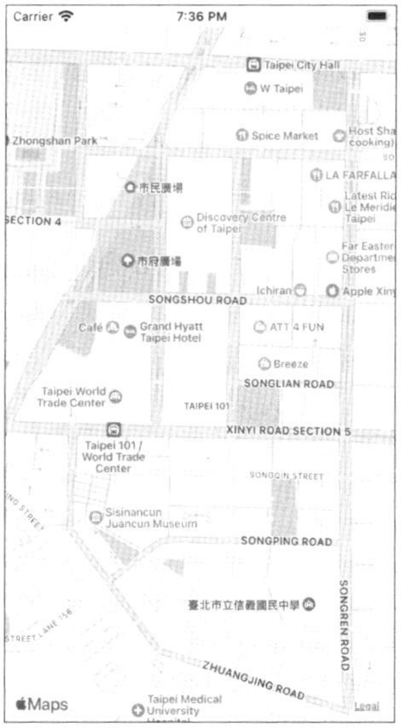

地圖元件要求變數 region 必須加上@State，這樣才能隨時修改座標或顯示範圍，只要座標或顯示範圍有變動，地圖上顯示的資料就會同步更新，還可以在地圖移動時加上動畫效果，稍後會說明這個例子。

加上標記

一般來說，我們會在地圖的特定地點加上一個標記，用來告訴使用者「就是這裡」。首先自定義一個儲存標記所需要的結構，這個結構必須符合 Identifiable 協定規範，內容除了屬性 id 外，其餘只要能夠將經緯座標儲存在這個結構中就可以了，一般來說會以 CLLocationCoordinate2D 這個資料型態來儲存經緯度座標，但實際上並沒有限制，喜歡用什麼型態來儲存都可以。

```
struct AnnotationItem: Identifiable {
    let id = UUID()
    var title: String
    var coordinate: CLLocationCoordinate2D

    init(_ title: String, latitude: Double, longitude: Double) {
        self.title = title
        coordinate = CLLocationCoordinate2D(
            latitude: latitude,
            longitude: longitude
        )
    }
}
```

接下來準備好要標記的資料，用陣列形式儲存起來，如果有好幾個地點要標記，就在陣列中加上多筆資料即可。

```
var annotations: [AnnotationItem] = [
    .init("台北101", latitude: 25.0342, longitude: 121.5646),
    .init("高雄85大樓", latitude: 22.6119, longitude: 120.3003)
]
```

先在設定一個區域可以一次顯示全臺灣範圍，如下，這是以臺灣地理中心碑為中心點，東西南北各 300 公里的區域。因為單位是公尺，所以 300 公里除了寫成「300000」外，語法上也可以寫成「300_000」這樣易讀的格式。

```
// 台灣地理中心碑經緯度
@State private var region = MKCoordinateRegion(
    center: CLLocationCoordinate2D(
        latitude: 23.9742,
        longitude: 120.9797
    ),
    latitudinalMeters: 300_000,
    longitudinalMeters: 300_000
)
```

最後在 Map 元件將標記資料填進 annotationItems 參數中，並且在 Map 元件的 Closure 區段內使用 MapMarker 元件在特定的經緯度座標顯示標記就可以了，如下。

```
var body: some View {
    Map(coordinateRegion: $region, annotationItems: annotations)
{ annotation in
        MapMarker(coordinate: annotation.coordinate, tint: .red)
    }
}
```

其中 MapMaker 元件的 tint 參數為標記顏色，預設為紅色，所以省略此參數的話，一樣會顯示紅色標記。

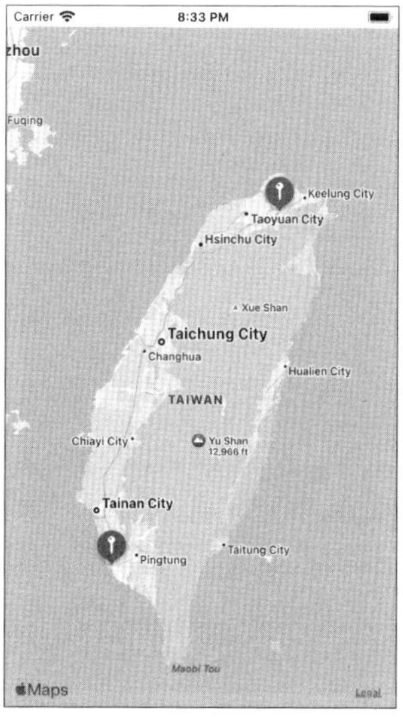

客製化標記

如果不喜歡預設的圖案，想要換成自己的圖示，只要將 MapMarker 改成 MapAnnotation 就可以了，以 SF Symbols 圖庫中的圖示為例，程式碼如下。

```
var body: some View {
   Map(coordinateRegion: $region, annotationItems: annotations)
{ annotation in
       MapAnnotation(coordinate: annotation.coordinate) {
           Image(systemName: "pin.fill")
               .imageScale(.large)
               .foregroundColor(.red)
               .rotationEffect(Angle(degrees: 30))
       }
   }
}
```

客製化標記的結果如下，現在台北與高雄變成大頭針圖示。

這裡雖然是用 Image 來做範例，但實際上並不一定要用 Image，MapAnnotation 的 Closure 中只要傳回一個 View 就可以，所以我們可以用各種 View 元件組合出更豐富的標記圖案，例如使用 VStack 元件將標記下方加上該地點名稱。

```
var body: some View {
    Map(coordinateRegion: $region, annotationItems: annotations)
{ annotation in
        MapAnnotation(coordinate: annotation.coordinate) {
            VStack(spacing: 5) {
                Image(systemName: "pin.fill")
                    .imageScale(.large)
                    .foregroundColor(.red)
                    .rotationEffect(Angle(degrees: 30))

                Text(annotation.title)
                    .font(.headline)
            }
        }
    }
}
```

執行結果如下。

9-2 點擊標記與 Callout 面板

在 Storyboard 專案中的地圖元件 MKMapView 具有的功能其實比 SwfitUI 中的 Map 元件多很多，像是常見的 Callout 面板，在 SwiftUI 的 Map 元件中要做到同樣的功能需要我們自己來實作。既然是我們自己實作的 Callout 面板，面板上的內容與排版自然也就比 MKMapView 要更豐富，我們可以很自由的設計 Callout 面板內容。

Callout 面板的出現，必須在使用者點擊地圖上的標記後才會開啟，而內建的地圖標記，也就是用 MapMark 元件產生的標記是不支援手勢的，必須使用 MapAnnotation 元件，也就是自訂標記的方式才能支援手勢。所以這邊範例程式中使用的資料結構與地點位置，都來自於上一節的「台北 101」與「高雄 85 大樓」這兩個地點當作本節範例。

首先在 ContentView 中額外宣告兩個變數，如下，其中 showCallout 變數用來決定是否要開啟 Callout 面板，而 selectedId 則是用來記錄目前使用者在地圖上點選了哪一個標記。

```
@State private var showCallout = false
@State private var selectedId = UUID()
```

接下來在 Map 元件中使用 MapAnnotation 顯示客製化標記，並且在標記的 Image 元件上加上 tap 手勢以及 overlay 修飾器，當手勢觸發時開啟 Callout 面板。下面這段程式碼幾乎與客製化標記一節的程式碼一模一樣，只增加了 onTapGesture 與 overlay 這兩個修飾器而已。

```
var body: some View {
    Map(coordinateRegion: $region, annotationItems: annotations)
{ annotation in
        MapAnnotation(coordinate: annotation.coordinate) {
            Image(systemName: "pin.fill")
```

```
                .imageScale(.large)
                .foregroundColor(.red)
                .rotationEffect(Angle(degrees: 30))
                // 開啟 Callout 面板的點擊手勢
                .onTapGesture {
                    selectedId = annotation.id
                    showCallout = true
                }
                .overlay {
                    if showCallout, annotation.id == selectedId {
                        // 開啟 Callout 面板
                        Callout(annotation: annotation)
                    }
                }
            }
        }
    }
```

最後就是 Callout 面板的設計。其實這也是一個 View 元件，所以我們在專案中新增一個 SwiftUI View 的檔案，取名為 Callout.swift，內容如下。這個 View 的內容非常簡單，僅僅放了一個 Text 元件而已，當然加了一點修飾，讓整個 View 有圓角與陰影效果。雖然在 UIKit 框架中的 Callout 面板還可以放圖片與按鈕，但現在是我們自己要來設計 Callout 面板，所以我們可以隨意增加內容，而且排版方式由我們自己決定。

```
struct Callout: View {
    var annotation: AnnotationItem?
    var body: some View {
        HStack {
            Text(annotation!.title)
                .font(.callout)
        }
        .frame(width: 100, height: 36)
        .background(.white)
        .cornerRadius(4)
        .shadow(radius: 10)
```

```
        .offset(y: -40)
    }
}
```

執行結果如下，點選「台北 101」標記的畫面如下圖左，點選「高雄 85 大樓」畫面如下圖右，標記上方出現的白色區域就是 Callout 面板。

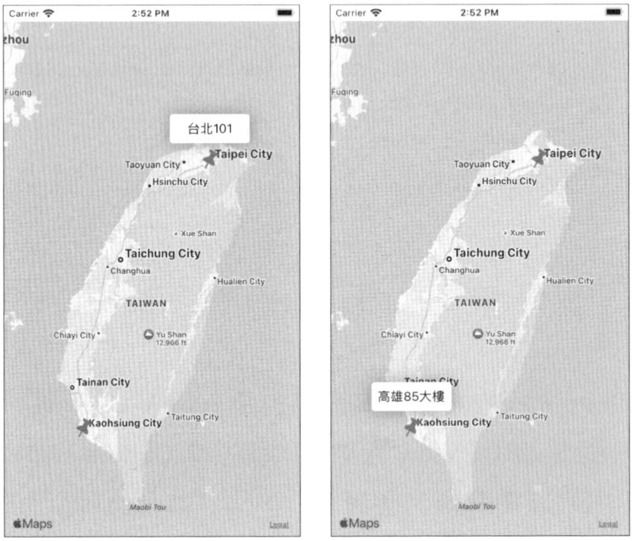

9-3 加上動畫

當我們透過程式碼要移動地圖到一個新的座標時會發現地圖是瞬間跳到新地點，這樣的使用者體驗並不好，我們應該讓地圖平順的移動到新地點，這就需要靠動畫效果了。我們要將 App 的畫面設計如下，一開始顯示世界地圖，下圖左。當使用者按下「台北 101」或「高雄 85 大樓」的按鈕後，地圖會放大顯示該地點，並在該地點標上標記，下圖中與下圖右。最後「清除標記」按鈕會讓畫面恢復成一開始的世界地圖。

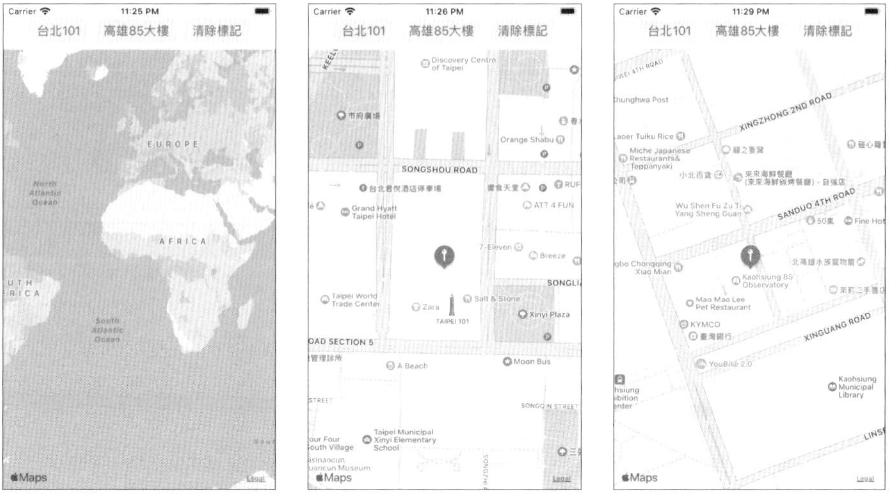

首先定義一個用來在特定地點上打上標記的自訂結構，如下。

```
struct AnnotationItem: Identifiable {
    let id = UUID()
    var region: MKCoordinateRegion
}
```

接下來在 ContentView 中初始化一個 AnnotationItem 型態的空陣列。

```
struct ContentView: View {
    @State private var annotations: [AnnotationItem] = []
```

在 ContentView 中自定義一個設定顯示區域的函數，這個函數的目的是判斷是否有標記，如果沒有標記則傳回世界地圖範圍，如果有標記，則將傳回標記中記錄的區域範圍。

```
private func getRegion() -> MKCoordinateRegion {
    if annotations.isEmpty {
        return MKCoordinateRegion(.world)
    } else {
        return annotations.first!.region
    }
}
```

還需要再自定義一個設定標記的函數，功能就是將傳進來的經緯度座標存到 annotations 陣列中，但永遠儲存在陣列的第一個元素位置。

```
private func setAnnotation(latitude: Double, longitude: Double) {
    let region = MKCoordinateRegion(
        center: CLLocationCoordinate2D(
            latitude: latitude,
            longitude: longitude
        ),
        latitudinalMeters: 500,
        longitudinalMeters: 500
    )

    annotations.removeAll(keepingCapacity: true)
    annotations.append(AnnotationItem(region: region))
}
```

接下來在 body 中放置三個按鈕元件與地圖元件，並且加上動畫效果就完成這個 App 了。

```
var body: some View {
    VStack {
        HStack {
            Button("台北 101") {
                setAnnotation(latitude: 25.0342, longitude: 121.5646)
            }

            Button("高雄 85 大樓") {
                setAnnotation(latitude: 22.6119, longitude: 120.3003)
            }

            Button("清除標記") {
                annotations.removeAll(keepingCapacity: true)
            }
        }
        .buttonStyle(.bordered)
```

```
        Map(coordinateRegion: .constant(getRegion()),
            annotationItems: annotations)
        { annotation in
            MapMarker(coordinate: annotation.region.center)
        }
        .animation(.default, value: annotations.first?.id)
    }
}
```

分別點選三個按鈕看看，現在地圖移動到指定地點就會有動畫效果了。另外，在 AnnotationItem 結構中只留下這個範例必要之欄位，若實際需求上還有別的資料要放在這個結構中，請自行添加。

9-4 顯示使用者位置

若要在地圖上顯示使用者目前所在位置，需要先取得授權。首先在專案的 Info 列表中加入下面兩個 Key，並填入適當的說明文字。

```
Privacy - Location When In Use Usage Description
Privacy - Location Always and When In Use Usage Description
```

在需要跳出授權畫面的頁面上，除了匯入 MapKit 外，再增加 CoreLocation 框架。

```
import MapKit
import CoreLocation
```

將使用者授權畫面的程式碼放到 ContentView 的初始化器中，這樣當 App 第一次顯示這個頁面時就會跳出要使用者授權的畫面了，注意常數 lm 一定要宣告成全域，不可以放在初始化器中宣告成區域。

```
struct ContentView: View {
    private let lm = CLLocationManager()
    init() {
        lm.requestAlwaysAuthorization()
        lm.requestWhenInUseAuthorization()
    }
```

接下要在地圖上顯示使用者目前位置，只要在 Map 的初始化器中加上 showsUserLocation 參數並設定為 true 即可。

```
Map(coordinateRegion: $region, showsUserLocation: true)
```

結果如右圖，注意畫面的中央有一個藍色圈圈，那就是使用者目前的位置。

若想要不斷追蹤使用者位置，也就是讓使用者位置一直位於地圖中心時，只要在 Map 的初始化器中再加入 userTrackingMode 參數就可以了。

```
Map(coordinateRegion: $region,
    showsUserLocation: true,
    userTrackingMode: .constant(.follow)
)
```

10 日期與時間

Part 1 SwiftUI

10-1 DatePicker 元件

DatePicker 元件提供了一個美觀的日期與時間介面，方便讓使用者選擇特定的日期與時間，而不是用文字輸入的方式輸入日期時間。這個元件有三種不同的呈現樣式，透過 datePickerStyle 修飾器來決定要用哪一種樣式來呈現。使用者選到的日期時間，會放到@State 變數中，所以我們在 ContentView 中先宣告這個變數，如下，初始值為現在時間。

```
@State private var date: Date = .now
```

DatePicker 三種樣式的程式寫法與圖例如下，如果不使用 datePickerStyle 修飾器，預設樣式為第三種 compact。

```
Form {
    DatePicker("出發時間", selection: $date)
        .datePickerStyle(.graphical)
}
```

```
Form {
    DatePicker("出發時間", selection: $date)
        .datePickerStyle(.wheel)
}
```

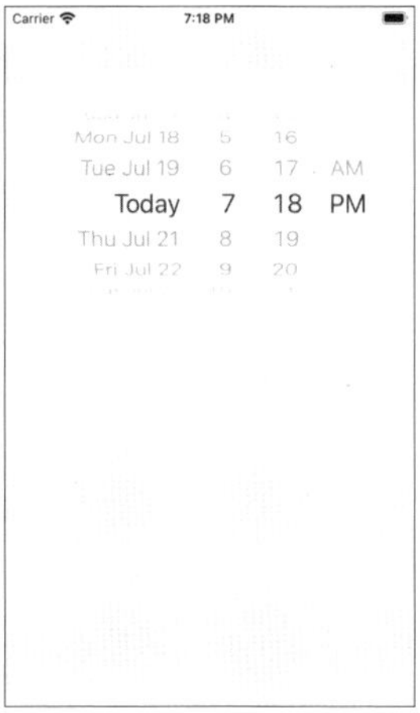


```
Form {
    DatePicker("出發時間", selection: $date)
.datePickerStyle(.compact)
}
```

不論哪一種樣式，DatePicker 都同時提供了日期與時間讓使用者點選，如果不需使用者選擇日期，或是不需要選擇時間，可以透過 DatePicker 初始化器中的 DatePickerComponents 參數來設定。下面例子在 Form 中放了兩個 DatePicker 元件，第一個只讓使用者選擇日期，第二個只讓使用者選擇時間，如下。

```
Form {
    DatePicker(
        "只選日期",
        selection: $date,
        displayedComponents: [.date]
    )

    DatePicker(
        "只選時間",
        selection: $date,
        displayedComponents: [.hourAndMinute]
    )
}
```

我們也可以在 DatePicker 初始化器中的 in 參數來設定只能點選某個範圍內的日期或時間，這個功能在訂票或訂房系統中常常可以看到，例如不允許使用者訂未來兩週後的車票，這就是將可點選的日期範圍鎖定在目前時間到未來兩週內。下面範例中的變數 bounds 設定的日期範圍是現在時間到未來兩週內。

```
@State private var date: Date = .now
private var bounds: ClosedRange<Date> {
    Date.now ... Calendar.current.date(
        byAdding: .weekOfMonth,
        value: 2,
        to: Date.now)!
}
```

```
var body: some View {
    Form {
        DatePicker(
            "出發日期",
            selection: $date,
            in: bounds
        )
    }
}
```

若把日曆往後捲一點，就可以看到兩週後所顯示的日期顏色都是灰色，表示使用者已經無法點選這些範圍外的日期了。

10-2 複選日期

想要複選日期要使用 MultiDatePicker 元件，目前只有一種樣式，這個樣式相當於 DatePicker 中的 graphical 樣式，而且不支援時間選擇，所以這個元件只能讓使用者選擇日期。當使用者在元件上複選日期後，所選擇的日期會存放到下列的變數中，可以看到這個變數型態是一個集合。

```
@State private var dates: Set<DateComponents> = []
```

MultiDatePicker 使用上很簡單，只有單一樣式，程式碼如下。右側的預覽圖為複選了四個日期後的畫面，分別是 25、27、28 與 29 這四天。

```
Form {
    MultiDatePicker("可選日期", selection: $dates)
}
```

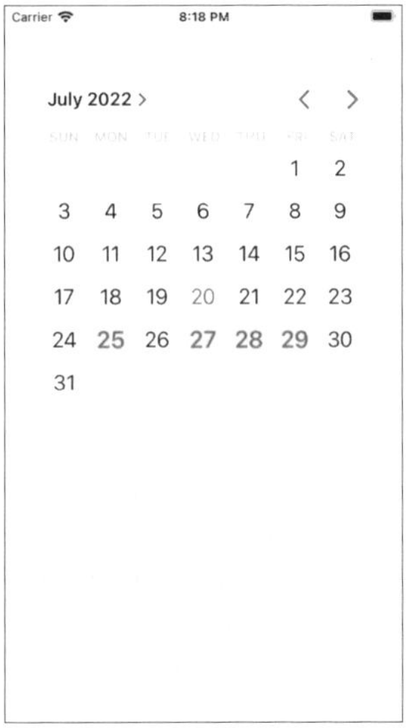

MultiDatePicker 同樣可以限制可選擇的日期範圍，但與 DatePicker 不同的地方在於 MultiDatePicker 要的參數型態為 Range<Date>，而 DatePicker 要的參數型態為 ClosedRange<Date>。因此配合 Range<Date>型態，將可選日期限制在未來兩週範圍內的變數宣告方式如下。

```
private var bounds: Range<Date> {
    Date.now ..< Calendar.current.date(
        byAdding: .weekOfMonth,
        value: 2,
        to: Date.now)!
}
```

然後將上述變數加到 MultiDatePicker 元件初始化器的 in 參數位置就可以了。

```
MultiDatePicker("可選日期", selection: $dates, in: bounds)
```

由於使用者在 MultiDatePicker 元件上複選的日期會存入型態為 Set<DateComponents>的變數中，接下來需要做一些轉換，才能將集合中的 DateComponents 型態改為 Date 型態。下面的程式碼中，按鈕按下後會將所選的日期列印出來。

```
Form {
    MultiDatePicker("可選日期", selection: $dates)

    Button("選了哪些日子") {
        dates.forEach { component in
            let date = Calendar.current.date(from: component)!
            print(date)
        }
    }
}
```

10-3 拆解與組合

當手上有一個 Date 型態的日期時間資料時，可以透過 Calendar 結構將他拆解出年、月、日、時、分、秒等資訊，好方便後續處理與應用，不然 Date 中包含了太多訊息，有時不拆開就很難做後續處理，例如我們只需要得到該日期是哪一年份的資料，而不需要其他資料時。下面這個函數會根據傳入的 Date 型態資料，拆解出年、月、日三個部分傳回去。

```
func parser(by date: Date) -> (Int?, Int?, Int?) {
    let components: Set<Calendar.Component> = [.year, .month, .day]
    let value = Calendar.current.dateComponents(components, from: date)
    return (value.year, value.month, value.day)
}
```

想要拆解出什麼資料，關鍵在 dateComponents 的第一個參數，我們只要將想要拆解的部分放到第一個參數的集合中就可以了。除了 year、month 與 day 外，還有其他的名稱，例如 weekOfMonth、weekday、hour、minute、second、timeZone…等。

除了 dateComponents 函數外，也可以使用 component 函數，只拆解某個部分的資料，例如只想要得到小時，程式可以像下面這樣寫，會得到現在時間中的小時部分。

```
Calendar.current.component(.hour, from: Date.now)
```

我們可以透過 Calendar 的 dateComponents 或 component 將整個日期資料拆開，當然也可以將日期時間的個別資料重新組合成一個標準的 Date 型態資料，變成一個自訂的日期，例如想要設定一個時區為 UTC 時區的「2022/9/7 13:53:0」日期，程式碼如下。

```
let component = DateComponents(
    timeZone: .init(identifier: "UTC"),
    year: 2022,
    month: 9,
    day: 7,
    hour: 13,
    minute: 53,
    second: 0
)
let date = Calendar.current.date(from: component)
print(date!)
// Prints "2022-09-07 13:53:00 +0000"
```

使用 DateComonents 函數來組合日期時間時，其中的每一個參數都可以省略，例如下面程式碼只設定了年份，因此 date 為「2021-12-31 16:00:00」，日期不是 1 月 1 日的原因是因為作業系統的時區為台北時區，所以輸入的日期時間會減 8 小時。

```
let component = DateComponents(year: 2022)
let date = Calendar.current.date(from: component)
print(date!)
// Prints "2021-12-31 16:00:00 +0000"
```

10-4 格式化字串

我們可以將標準的 Date 型態資料，轉成自訂的字串格式，轉換時需要參考下表參數，例如 yyyy 代表西元年，q 表示第幾季。

類別	符號	連續數量	範例	說明
Era	G	1..3	AD	顯示西元前（BC）或是西元後（AD）
		4	Anno Domini	
		5	A	
year	y, Y	1..n	1996	y: 1996 yy: 96 yyy: 1996 yyyy: 1996 yyyyy: 01996
quarter	q, Q	1..2	02	顯示現在是第幾季。Q 顯示一位數字；QQ 顯示兩位數字，開頭為 0（例如第二季顯示 02）；QQQ 顯示 Q2（如果是第二季）；QQQQ 顯示全名。
		3	Q2	
		4	2nd quarter	
month	M	1..2	09	顯示月份
		3	Sept	
		4	September	
		5	S	
week	w	1..2	27	1 月 1 日為第一週，看現在是第幾週
	W	1	3	每月 1 日為第一週，看現在是第幾週
day	d	1..2	1	日期
	D	1..3	345	從 1 月 1 日開始，現在是第幾天
week	E	1..3	Tues	星期幾

類別	符號	連續數量	範例	說明
day	e	1..2	2	一樣顯示星期幾，跟 E 不同的地方為多了數字輸出。但是 1 代表星期一還是星期日，則要根據每個地區的使用習慣而有所不同
		3	Tues	
		4	Tuesday	
		5	T	
period	a	1	AM	AM 或 PM
hour	h	1..2	11	時[1-12].
	H	1..2	13	時[0-23].
	K	1..2	0	時[0-11].
	k	1..2	24	時[1-24].
minute	m	1..2	59	分
second	s	1..2	12	秒
	S	1..n	3457	秒（但顯示至小數）
	A	1..n	69540000	以每天零點開始，現在是第幾微秒

參數非常多，其他參數請參考下面網站。

http://www.unicode.org/reports/tr35/tr35-31/tr35-dates.html#Date_Format_Patterns

Date 轉格式化 String

下面程式碼會將 Date 轉成自訂的字串格式輸出，在 dateFormat 中的參數 yyyyMd 請參考上個單元的參數表。

```
let component = DateComponents(year: 2022, month: 8, day: 20, hour: 13)
let date = Calendar.current.date(from: component)
let formatter = DateFormatter()
formatter.dateFormat = "西元yyyy年M月d日 H時m分s秒"
let str = formatter.string(from: date!)
print(str)
// Prints "西元2022年8月20日 13時0分0秒"
```

另外一個例子是將目前的日期時間轉成自訂的字串格式，範例如下。

```
let formatter = DateFormatter()
formatter.dateFormat = "西元yyyy年M月d日 H時m分s秒"
let str = formatter.string(from: Date.now)
```

格式化 String 轉 Date

要將一個日期時間字串轉成 Date 型態，程式碼如下。

```
let str = "2022年8月30日3點22分PM"
let formatter = DateFormatter()
formatter.dateFormat = "yyyy年M月d日h點m分a"
let date = formatter.date(from: str)
```

另外一個常見的日期時間字串格式為「年/月/日 時:分:秒」，要轉換成標準的 Date 型態，程式碼如下。

```
let str = "2022/9/1 18:0:0"
let formatter = DateFormatter()
formatter.dateFormat = "yyyy/M/d H:m:s"
let date = formatter.date(from: str)
```

10-5 時區

在日期時間的處理過程中，時區是要特別留意的，一不小心就會因為沒有考慮到時區問題，導致日期時間計算錯誤。首先要知道的是 Date 型態不包含任何時區資訊，也就是儲存的時間永遠是 UTC 時間，如果原始的資料有帶時區資訊，轉成 Date 後都會依照時區資訊調整為 UTC 時間。請看下面這段程式碼，我們先用 DateComponents 產生一個台北時區的時間（13 點），經由 Calendar 轉成 Date 後就變成 UTC 時間了（5 點）。

```
let component = DateComponents(
    timeZone: .init(identifier: "Asia/Taipei"),
    year: 2022,
    hour: 13
)
let date = Calendar.current.date(from: component)
print(date!)
// Prints "2022-01-01 05:00:00 +0000"
```

當 DateComponents 沒有加上 timeZone 參數時，Calendar 便會預設地使用**本地時區**來處理日期時間，所以當沒有設定 timeZone 時，經由 Calendar 轉換出來的 Date 與一開始經由 DateComponents 設定的時間在顯示上會有時差，意思是如果執行程式的電腦時區設定為台北時區的話，兩者會差距 8 小時。注意下面這段程式碼，其中 Date.now 會取得現在時間，但時區是 UTC 時區（print 出來看看就知道了），但經由 Calendar 的 dateComponents 拆解時區與小時後，可以看到時區是台北時區（筆者目前電腦設定的時區）以及本地時間。

```
let part = Calendar.current.dateComponents(
    [.timeZone, .hour],
    from: Date.now
)
```

```
print(part.timeZone!)
// Prints "Asia/Taipei (fixed (equal to current))"
print(part.hour!)
```

如果我們要寫一個可以將現在時間轉成各國時間的 App，類似許多大飯店大廳常見的時鐘牆顯示了全球重要城市時間那樣，程式可以這樣寫。

```
let zones = [
    "東京": "Asia/Tokyo",
    "巴黎": "Europe/Paris",
    "紐約": "America/New_York"
]
var calendar = Calendar.current
zones.forEach { zone in
    calendar.timeZone = .init(identifier: zone.value)!
    var c = calendar.dateComponents(
        [.hour, .minute],
        from: Date.now
    )
    print("\(zone.key)時間：\(c.hour!)時\(c.minute!)分")
}
```

格式化輸出的時間預設為本地時間。請看下面這個範例，如果執行程式的電腦或手機設定的時區是在台北時區的話，應該會看到如下的輸出結果，與 str 中的時間差了 8 小時。

```
let str = "2022/9/1 20:0:0"
let formatter = DateFormatter()
formatter.dateFormat = "yyyy/M/d H:m:s"
let date = formatter.date(from: str)
print(date!)
// Prints "2022-09-01 12:00:00 +0000"
```

會造成這樣的原因在於 str 中的時間沒有時區資料，而 DateFormatter() 預設為本地時區，因此轉成 Date 型態後就會將時間減掉 8 小時成為 UTC 時區，不要忘了 Date 中的時間一律是 UTC 時間。我們可以改變

DateFormatter 的時區，例如下面這段程式碼，意思是 str 中的時區為東京時區。

```
let str = "2022/9/1 20:0:0"
let formatter = DateFormatter()
formatter.timeZone = .init(identifier: "Asia/Tokyo")
...
```

除了設定 DateFormatter 的 timeZone 外，也可以在日期時間字串中加上時區資訊，例如下面這樣的字串格式，「+09:00」就是東京時區，所以轉成 Date 型態後的內容與在 timeZone 中指定 Asia/Tokyo 結果一樣。注意 dateFormat 後方的字串結尾有一個 Z，代表時區資訊。

```
let str = "2022/9/1 20:0:0+09:00"
let formatter = DateFormatter()
formatter.dateFormat = "yyyy/M/d H:m:sZ"
...
```

時區名稱，例如「Asia/Taipei」是有標準的，包含大小寫，我們可以從 WiKi 查詢到，網址如下。

https://en.wikipedia.org/wiki/List_of_tz_database_time_zones

除了網路上查之外，也可以寫一小段程式碼，列出所有可以使用的時區名稱。如果我們的 App 需要讓使用者選擇特定時區的話，下面這段程式碼就很好用了。

```
for name in TimeZone.knownTimeZoneIdentifiers {
    print(name)
}
```

10-6 日期加減與常用函數

Date 型態在本質是一個 Double 型態的數字，因此 Date 是可以加減的，單位為秒。例如現在時間加上 5 天，可以這樣寫。

```
Date.now + 5 * 24 * 60 * 60
```

現在時間減 3 小時可以這樣寫。

```
Date.now - 3 * 60 * 60
```

當然這樣寫沒有什麼問題，只是因為單位是秒，所以如果要加 1 年的話，自己計算秒數就很辛苦，這時可以藉由 Calendar 來幫我們處理這種問題，如下程式碼示範了現在時間加 1 年與減 2 天的處理方式。

```
Calendar.current.date(byAdding: .year, value: 1, to: .now)
Calendar.current.date(byAdding: .day, value: -2, to: .now)
```

既然日期時間本質上是數字，除了加減外也可以比較大小，所以 2022 年的日期一定比 2021 年大。如下面這段程式碼，date1 一定大於 date2。

```
let date1 = Calendar.current.date(from: .init(year: 2022))
let date2 = Calendar.current.date(from: .init(year: 2021))
```

因此，下列這兩個判斷式都會成立。

```
if date1! > date2! {

}

if date1?.compare(date2!) == .orderedDescending {

}
```

TimeInterval

在日期時間中有一個特別的資料型態稱為 TimeInterval，他其實是 Double 型態，我們在很多跟時間有關的函數或是屬性中可以看到這個型態，例如 Date 中有一個屬性 timeIntervalSince1970，這個屬性會傳回一個數字很大的浮點數。這個浮點數代表了從「1970-01-01T01:00:00+00:00」開始到特定日期間的秒數，並且是 UTC 時間。下面這段程式碼會得到從西元 1970 年 1 月 1 日 0 時 0 分 0 秒開始到現在經過了多少秒。

```
let t = Date.now.timeIntervalSince1970
```

另外，屬性 timeIntervalSinceNow 則是傳回某個特定時間距離現在時間差了多少秒，回傳數值為正的時候代表該特定時間是在未來，若為負值代表特定時間為過去時間。舉例如下，西元 2030 年 6 月 1 日 0 時 0 分 0 秒距離現在多少秒，所以 t 的內容一定是正值。

```
let date = Calendar.current.date(
   from: .init(year: 2030, month: 6, day: 1))
let t = date?.timeIntervalSinceNow
```

設定部分日期與時間

在一個現有的 Date 型態資料中，想要單獨改變其中的年、月、日、時、分、秒，例如將現在時間中的月份改為 5 月其他不變，程式碼如下。

```
let date = Calendar.current.date(
   bySetting: .month, value: 5, of: Date.now
)
```

若要重新設定時、分、秒，例如將現在時間中的時、分、秒改為 0 時 0 分 0 秒，日期部分不變，程式碼如下。

```
let date = Calendar.current.date(
    bySettingHour: 0, minute: 0, second: 0, of: Date.now
)
```

10-7 計時器 Timer

若有一個工作，每隔固定時間就要進行一次，例如每五分鐘隨機顯示一張圖片，這時就需要靠計時器了。計時器使用的元件稱為 Timer，有兩種語法，一種是將要做的工作放到 Timer 的 Closure 區段中；另一種作法是目前 Timer 支援發佈訂閱機制，所以讓 Timer 每隔固定發佈訊息一次，讓訂閱者接收後處理要做的工作就可以。

使用 Closure

使用 Closure 的方式如下，變數 n 會在計時器每次觸發的時候增加 1，變數 timer 會在函數 initTimer()呼叫時初始化。函數 initTimer()呼叫時會建立一個計時器，設定每 1 秒觸發一次，並且連續觸發。

```
struct ContentView: View {
    @State private var n = 0
    @State private var timer: Timer?

    func initTimer() -> Timer {
        Timer.scheduledTimer(withTimeInterval: 1, repeats: true) { _ in
            n += 1
            print(n)
        }
    }
```

接下來在畫面上加上兩個按鈕，一個按鈕啟動計時器，另外一個按鈕停掉計時器，並且將變數 n 的值顯示到 Text 元件中。

```
var body: some View {
    VStack {
        Button("啟動") {
            if let timer, timer.isValid {
                // 判斷 Timer 已經啟動，一般這裡不做事情
            } else {
                timer = initTimer()
            }
        }
        Button("停止") {
            timer?.invalidate()
        }
        Text(n, format: .number)
    }
}
```

執行看看，現在計時器可以運作了，但有一個問題。如果這個計時器所在的頁面不是 App 的第一個畫面，這時當計時器啟動後使用者回到上一個頁面時，計時器還是持續動作，我們從 Xcode 的 debug console 可以發現變數 n 的值在回到上一頁後還是繼續印出就可以知道計時器沒有停掉。如果希望這個頁面消失後計時器就停止運作，我們要自己呼叫計時器的 invalidate()函數，如下。

```
VStack {
    ...
}
.onDisappear {
    timer?.invalidate()
}
```

計時器開始運作後，我們無法讓他暫停然後再恢復。當呼叫計時器的 invalidate()函數時，會讓我們自己建立的計時器從 App 的 run loop 中移除。每個 App 都有一個 run loop，他是一個很大的 infinite loop，用來控制 App 運作時各種事件的流動，所以當我們的計時器從 run loop 中移除

時，計時器就會停止運作，因為 run loop 中沒有計時器的事件了。如何再啟動呢？其實就是再產生一個新的計時器，重新放回 run loop 中，這時計時器中的 Closure 區段就會再次被執行。

使用發佈訂閱

這是 Timer 元件的新功能，使用時比 Closure 用法簡單一些，如下。設定一個 timer 計時器常數，函數 autoconnect()的功用是當有人訂閱這個計時器時，計時器就會自動開始運作（放到 run loop 中），取消訂閱時會自動停止運作（從 run loop 中移除）。只要一進到這個頁面，變數 n 就會自動開始累加了。

```
struct ContentView: View {
    @State private var n = 0
    private let timer = Timer.publish(
        every: 1, on: .current, in: .default
    ).autoconnect()

    var body: some View {
        Text(n, format: .number)
            .onReceive(timer) { _ in
                n += 1
            }
    }
}
```

如果要像 Closure 一樣，手動控制使用 Published 功能的 Timer，這時就需要宣告一個 Cancelable 型態的變數，透過這個變數來決定何時開始發佈訊息，何時取消發佈。

```
import Combine

struct ManualPublishedTimer: View {
    @State private var n = 0
```

```
@State private var cancel: Cancellable?
@State var timer = Timer.TimerPublisher(
    interval: 1, runLoop: .current, mode: .default
)
```

接下來在畫面上加上兩個按鈕，啟動按鈕按下後呼叫 timer.connect()，並將傳回值放到 cancel 變數中，之後在停止按鈕按下後透過 cancel 變數來停掉計時器發佈訊息。這樣就可以讓我們在這個頁面，手動啟動與停止計時器運作了。

```
var body: some View {
    VStack {
        Button("啟動") {
            if cancel == nil {
                timer = Timer.TimerPublisher(
                    interval: 1, runLoop: .current, mode: .default
                )
            }
            cancel = timer.connect()
        }
        Button("停止") {
            cancel?.cancel()
            cancel = nil
        }
        Text(n, format: .number)

    }
    .onDisappear {
        cancel?.cancel()
        cancel = nil
    }
    .onReceive(timer) { _ in
        n += 1
    }
}
```

11 手勢

Part 1 SwiftUI

11-1 輕敲

輕敲手勢（Tap）專門用在本身不具點擊功能的元件上，讓這些元件也能像按鈕一樣具有點擊功能，例如要讓使用者在圖片上點一下後可以換另外一張圖片。試試下面這段程式碼，在太陽圖案上點一下就換成月亮圖案了。

```
struct ContentView: View {
    @State private var imageName = "sun.max"
    var body: some View {
        Image(systemName: imageName)
            .onTapGesture {
                imageName = "moon.stars"
            }
    }
}
```

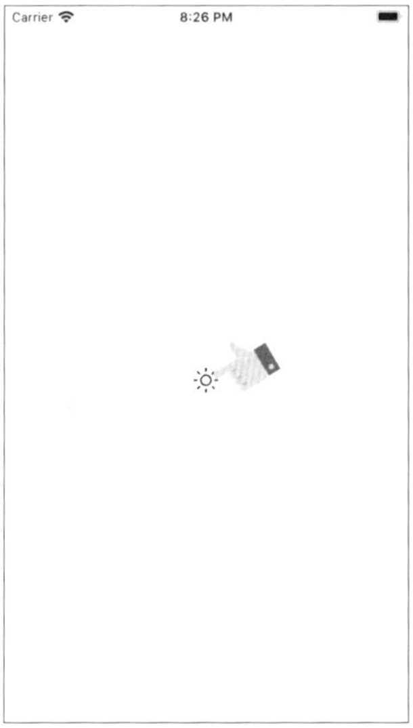

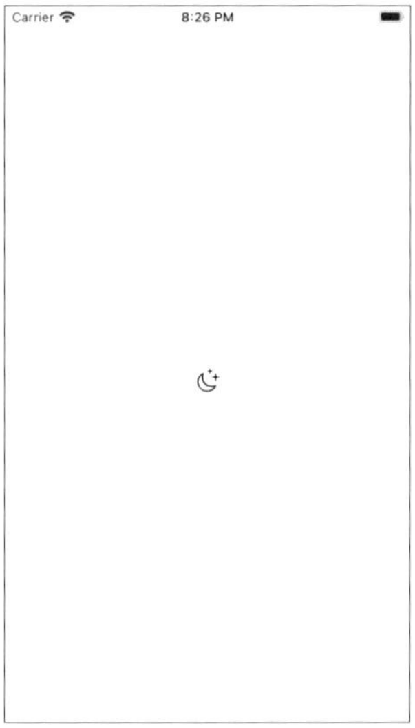

如果需要知道點擊座標，只要在 onTapGesture 的 Closure 區段中加上一個回傳變數就可以，這個變數的型態為 CGPoint，裡面放的就是點擊時的座標位置。下面這段程式碼會讓太陽圖案出現在點擊位置。

```
struct ContentView: View {
    @State private var point = CGPoint(x: Int.min, y: Int.min)
    var body: some View {
        Color.white
            .onTapGesture { point in
                self.point = point
            }
            .overlay {
                VStack {
                    Text(point.debugDescription)
                    Image(systemName: "sun.max")
                }
                .position(point)
            }
    }
}
```

執行結果如下，此為分別點擊畫面三個位置的呈現結果。

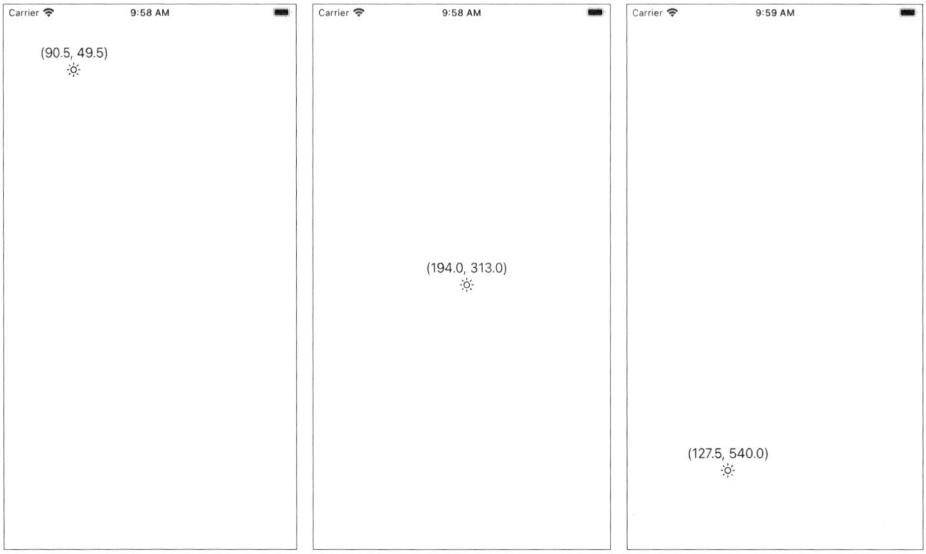

11-2 長按

長按手勢（Long Press）就是在元件上按久一點才會觸發的手勢，預設時間是按 0.5 秒。下面這段程式碼會在 Text 元件長按之後，讓文字由原本的藍色變成橘色。

```
struct ContentView: View {
    @State private var color = Color.blue
    var body: some View {
        Text("Hello, World!")
            .foregroundColor(color)
            .onLongPressGesture {
                color = .orange
            }
    }
}
```

如要改變預設的 0.5 秒，只要設定 minimumDuration 參數就可以了，如下。

```
.onLongPressGesture(minimumDuration: 1.0) {

}
```


按著不放或是鬆手

長按手勢提供了另外一項功能，我們可以知道使用者目前是按著不放還是已經鬆手，也就是「touch down」或是「touch up」這兩個事件。首先要設定長按的觸發時間為「永恆」，也就是永遠不會觸發長按，那這有什麼用呢？因為我們主要是想知道現在是按下還是放開，所以要實作 onPressingChanged 這個 Closure 區段，所以才不需要真正觸發長按手勢。程式碼如下，這段程式碼會在 Text 元件被按著不放或是鬆手時顯示不同的顏色。

```
struct ContentView: View {
    @State private var color = Color.blue
    var body: some View {
        Text("Hello, World!")
            .foregroundColor(color)
            .onLongPressGesture(minimumDuration: Double.infinity) {
                // 這裡永遠不會執行
            } onPressingChanged: { bool in
                if bool {
                    color = .blue
                } else {
                    color = .orange
                }
            }
    }
}
```

11-3 旋轉

旋轉手勢（Rotation）就是使用兩指壓在元件上旋轉，然後讓該元件轉動的手勢。在 SwiftUI 框架中，目前只有輕敲與長按手勢具有直接對映的修飾器，旋轉手勢則需要透過通用的 gesture 修飾器來產生選轉手勢。雖然多了一道程序，但程式碼也不複雜就是了，基本架構如下。

```
Image(systemName: "arrowshape.left")
    .gesture(
        RotationGesture()
            .onChanged({ angle in
                // code here
            })
    )
```

現在我們補上其他的程式碼，讓使用者透過旋轉手勢來旋轉這個箭頭圖案。

```
@State private var angle: Angle = .zero
var body: some View {
    Image(systemName: "arrowshape.left")
        .resizable()
        .frame(width: 100, height: 100)
        .rotationEffect(angle)
        .gesture(
            RotationGesture()
                .onChanged({ angle in
                    self.angle = angle
                })

        )
}
```

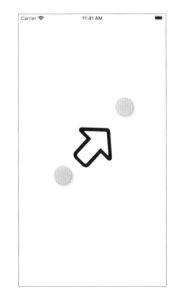

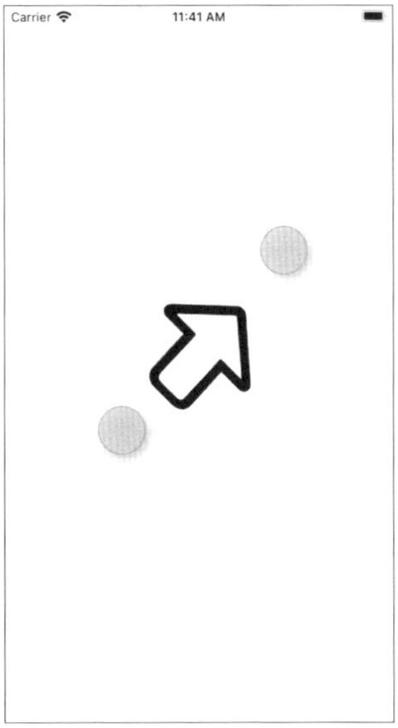

11-4 縮放

縮放手勢（Magnification）基本上跟旋轉手勢一樣，只不過一個是旋轉物體，另一個是放大或縮小物體，且都需要透過兩個指頭來操作。這個手勢在 Storyboard 專案中稱為 Pinch，在 SwiftUI 中改名為 Magnification。下面這段程式碼就可以讓使用者放大或縮小圖片了。

```
@State private var scale = 1.0
var body: some View {
    Image(systemName: "arrowshape.left")
        .resizable()
        .frame(width: 100 * scale, height: 100 * scale)
        .gesture(
            MagnificationGesture()
                .onChanged({ scale in
                    self.scale = scale
                })
        )
}
```

除了使用 frame 修飾器來縮放圖片外，另外一種縮放的方式是使用 scaleEffect 修飾器，這個修飾器很常在放大或縮小 View 元件時使用，只是這個修飾器在 View 放大後邊緣會稍微模糊，而上面透過 frame 的方式是向量圖放大，所以邊緣部分不會模糊。但不是每個 View 元件都適合向量放大，只是上面程式碼顯示的圖片剛好是向量圖片，所以才透過 frame 來進行向量圖放大。試試下面改用 scaleEffect 修飾器的結果，邊緣部分會模糊一些。

```
Image(systemName: "arrowshape.left")
    .resizable()
    .frame(width: 100, height: 100)
    .scaleEffect(scale)
```

```
    .gesture(
        MagnificationGesture()
            .onChanged({ scale in
                self.scale = scale
            })
    )
```

如果覺得手勢部分的程式碼在 gesture 修飾器中寫法不夠漂亮，可以將縮放手勢的部分變成一個變數放到 body 外面去，如下。

```
private var magnificaion: some Gesture {
    MagnificationGesture().onChanged { scale in
        self.scale = scale
    }
}
```

然後將 body 中的程式碼改為如下，這樣看起來就很簡潔了。

```
var body: some View {
    Image(systemName: "arrowshape.left")
        .resizable()
        .frame(width: 100 * scale, height: 100 * scale)
        .gesture(magnificaion)
}
```

11-5 拖移

拖移手勢（Drag）可以用來拖動元件，我們只要知道拖移時的手指座標資訊，然後重設元件的座標就可以了。元件位置的改變只要使用 offset 修飾器就可以改變元件內容的顯示位置，所以先宣告兩個變數，變數 location 用來記錄拖移手勢觸發時手指的座標位置，座標原點位於元件原本位置的左上角（注意非元件偏移後的位置）。變數 drag 用來定義拖移手勢，當手指移動時將手指所在的座標（相對於座標原點）儲存到 offset 變數中。

```
@State private var location: CGPoint = .zero
private var drag: some Gesture {
    DragGesture().onChanged { event in
        location = event.location
    }
}
```

有了上面這兩個變數後，我們就可以在想要拖移的元件上加上拖移手勢了，如下。

```
var body: some View {
    Image(systemName: "basketball")
        .resizable()
        .frame(width: 50, height: 50)
        .offset(x: location.x, y: location.y)
        .gesture(drag)
}
```

執行看看，用手指壓著籃球圖案移動，圖案可以跟著手指移動了。

解決跳動問題

雖然現在已經可以拖動圖片，但會發現一個問題，就是一開始拖動的時候，元件會瞬間跳動一下。當要拖動的元件比較小的時候不會有太大的感覺，程式這樣寫沒什麼問題，但元件大一點的時候，跳動就會變的明顯，尤其在手指一開始接觸到元件的位置越偏右下角，跳動的距離就越大。造成的原因是因為座標原點並不是手指點下去的位置，而是元件的左上角。從下面這張圖就可以理解，手指一開始點到的位置是位於(30, 36)的位置，若往右拖移了 1 點到(31, 36)，雖然此時只移動了 1 點，但收到的座標卻是(31, 36)，所以 offset 修飾器會讓元件瞬間往右下角偏移到(31, 36)，這時就會看到元件跳了一下。

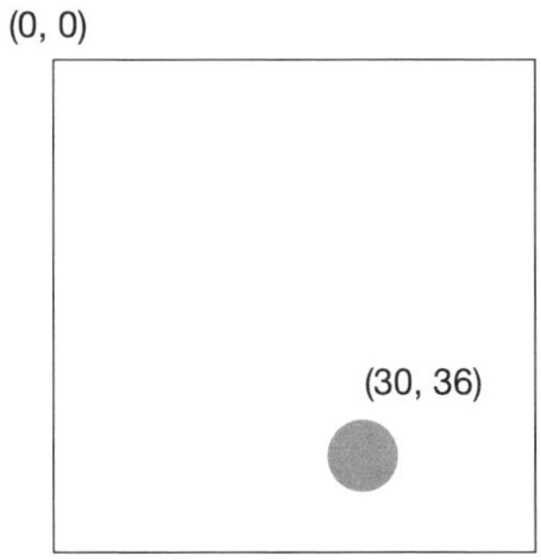

要解決這個元件跳動的問題，只要讓手指點下去的那一點變成座標原點就可以了，但這需要靠演算法解決，有兩種寫法。第一種寫法是透過座標計算偏移量，程式碼如下。多宣告一個 final 變數，用來記錄當拖移完畢後，元件所在的座標位置，然後修改拖移手勢讓每一次計算偏移量時調整原點座標為手指點擊的位置。只要處理 drag 變數內容就可以，要拖移元件的 offset 修飾器與之前程式碼一樣不需要修改。現在再執行看看，拖動元件時就不會在一開始的時候跳動一下了。

```
@State private var location: CGPoint = .zero
@State private var final: CGPoint = .zero
```

```
private var drag: some Gesture {
    DragGesture()
        .onChanged { event in
            location = CGPoint(
                x: final.x + event.location.x - event.startLocation.x,
                y: final.y + event.location.y - event.startLocation.y
            )
        }
        .onEnded { _ in
            final = location
        }
}
```

另外一種寫法是直接計算偏移量，其中 event.translation 會得到當時的偏移量，並且在拖移結束時將每次的偏移量累加起來，程式碼如下。

```
@State private var offset: CGSize = .zero
@State private var totalOffset: CGSize = .zero

private var drag: some Gesture {
    DragGesture()
        .onChanged { event in
            offset = CGSize(
                width: totalOffset.width + event.translation.width,
                height: totalOffset.height + event.translation.height
            )
        }
        .onEnded { event in
            totalOffset = CGSize(
                width: totalOffset.width + event.translation.width,
                height: totalOffset.height + event.translation.height
            )
        }
}
```

這一種作法要調整拖移的元件上的 offset 修飾器程式碼，變得比較簡單一點，此時填入變數 offset 即可。

```
var body: some View {
    Image(systemName: "basketball")
        .resizable()
        .frame(width: 50, height: 50)
        .offset(offset)
        .gesture(drag)
}
```

以上兩種寫法不論哪一種，都可以讓使用者在拖動元件時有個很好的拖動體驗，被拖動的物體不會在一開始的時候跳一下了。

塗鴉應用

由於拖移手勢可以知道目前手指的座標，所以想要寫一個塗鴉 App，就需要靠這個手勢了。塗鴉的作法是根據手指的座標繪出一連串的直線，並且讓這些直線頭尾相接。下面程式碼中變數 scratch 用來記錄所繪圖形的座標，變數 start 儲存每段線條的起始位置。

```
@State private var scratch = [(CGPoint.zero, CGPoint.zero)]
@State private var start: CGPoint = .zero

private var drag: some Gesture {
    DragGesture()
        .onChanged { action in
            guard start != .zero else {
                start = action.startLocation
                return
            }
            scratch.append((start, action.location))
            start = action.location
        }

        .onEnded { action in
            start = .zero
        }
}
```

接下來在 body 中使用 Color 產生一個白色的畫布，然後將圖形透過 overlay 修飾器重疊在畫布上就可以了。

```
var body: some View {
    Color.white
        .overlay {
            Path { path in
                scratch.forEach { (start, end) in
                    path.move(to: start)
                    path.addLine(to: end)
                }
            }
            .stroke(Color.blue, lineWidth: 3)
        }
        .gesture(drag)
}
```

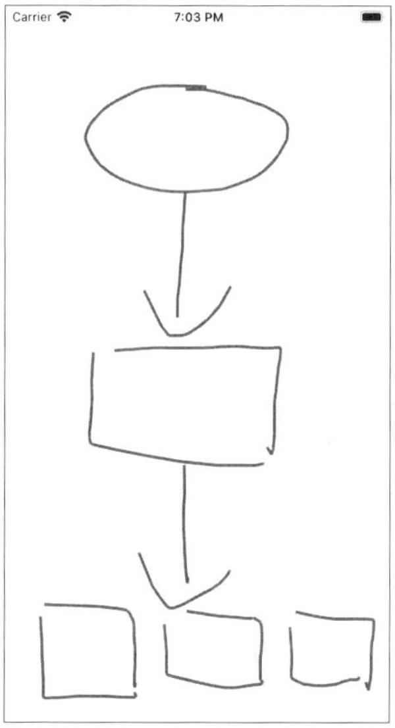

11-6 盤旋

盤旋（Hover）嚴格講起來並不是手勢，因為我們無法用手指來產生這個動作，這個手勢靠的是滑鼠，連觸控筆都沒辦法啟動這個手勢。既然這個手勢靠的是滑鼠，所以在 iPhone 裝置上這個手勢就沒有作用，所以這個手勢只能作用在 macOS 或 iPadOS 上。macOS 比較沒問題，因為本來我們就是用滑鼠或是觸控板來操作電腦，所以畫面上一定會有游標，但 iPad 的游標在哪裡呢？想要用滑鼠或觸控板來操作 iPad，靠的是「通用控制」功能，也就是讓 iPad 與 Mac 電腦連線，讓 Mac 電腦的滑鼠游標跑到 iPad 上，然後操作 iPad，這時候 iPad 螢幕上就會出現滑鼠游標了。啟用「通用控制」功能請參考 Apple 官網說明，網址如下。

https://support.apple.com/zh-tw/HT212757

下面這個範例很簡單，在畫面上有一個矩形，滑鼠游標移到矩形範圍內的時候會變成另外一種顏色，移出去的時候會再變回原本的顏色，這功能靠的就是 Hover 手勢。

```
struct ContentView: View {
    @State private var color = Color.green
    var body: some View {
        Rectangle()
            .fill(color)
            .frame(width: 200, height: 200)
            .onHover { bool in
                color = bool ? .blue : .green
            }
    }
}
```

這個功能可以在模擬器上使用，所以即使沒有兩部裝置來啟動通用控制，也可以在模擬器上試試看，記得先在 Xcode 將裝置改為 iPad 或是 My Mac。若是 iPad，在模擬器的選單 I/O，選項 Input，再選「Send Pointer to Device」，或者按熱鍵 Control + Command + k，就會在 iPad 畫面上出現一個灰色小圓點代表滑鼠游標了。

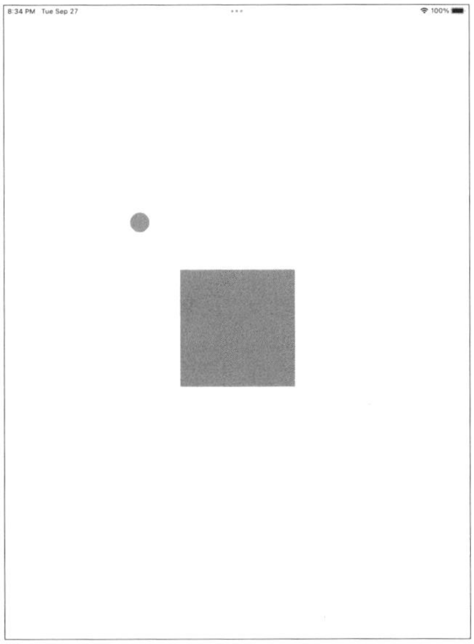

12 Apple ID 驗證

Part 1 SwiftUI

很多 App 的登入系統並不是使用自己設計的登入驗證機制，而是使用 Apple ID、Google、Facebook、Yahoo 這些網站的登入機制，因此使用者只要輸入在 Apple、Google、Facebook 這些系統的帳號密碼後就可以登入 App 了。我們稱這樣的驗證系統為去中心化的驗證系統，驗證成功後通常只能得到一個代碼而無法透過這個代碼識別出真實使用者身分。對使用者來說，並不需要再為這個 App 建立一個專屬帳號，透過其他系統已有的帳號密碼就可以登入。

現在 Apple 已經要求只要 App 有使用去中心化驗證機制的登入方式，就一定要加入 Apple ID 驗證，否則 App 的審核不會通過。但如果 App 沒有使用去中心化驗證機制，也就是登入的帳密是自家專屬的，就不需要加 Apple ID 驗證。

當使用 Apple ID 驗證後除了得到一個代碼外，還會得到一個 Email，但是這個 Email 是一個虛擬的 Email（除非使用者登入時決定要用真實 Email），當我們發信到這個虛擬的 Email 後，Apple 系統會將信件轉送到使用者真正的 Email 去。因此，透過 Apple ID 驗證，App 端完全無法得到任何足以識別使用者身份的資料。

使用 Apple ID 驗證，首先必須在專案的 Signing & Capabilities 頁面，將 Sign in with Apple 項目加到專案中。

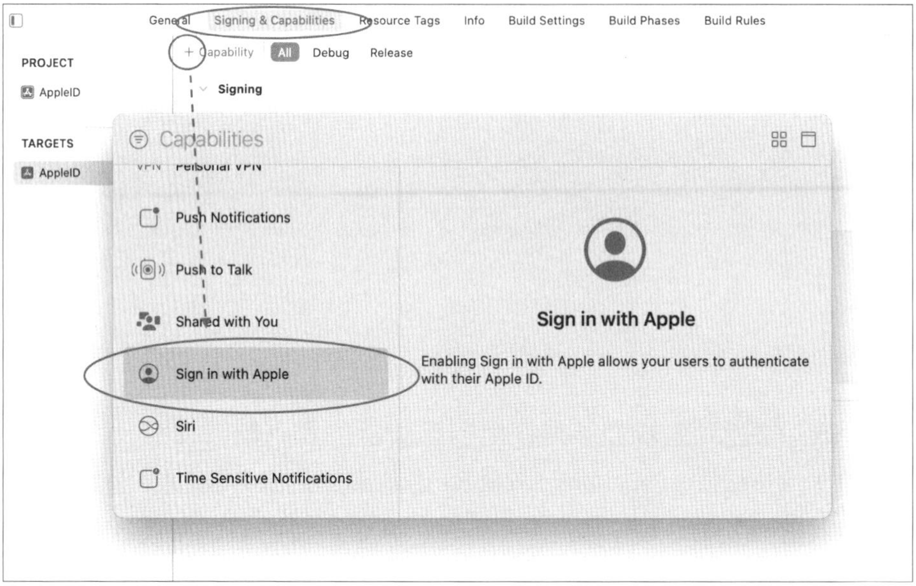

接下來在需要使用 Apple ID 登入的頁面匯入 AuthenticationServices 框架。

```
import AuthenticationServices
```

在 SwiftUI 中，已經內建 Apple ID 登入按鈕，並且有幾種樣式可以讓我們選，此外，按鈕的大小可以透過 frame 修飾器來設定，如下。

```
SignInWithAppleButton { request in

} onCompletion: { result in

}
.frame(width: 200, height: 40)
.signInWithAppleButtonStyle(.black)
```

```
SignInWithAppleButton { request in

} onCompletion: { result in

}
.frame(width: 200, height: 40)
.signInWithAppleButtonStyle(.white)
```

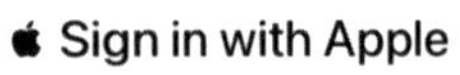


```
SignInWithAppleButton { request in

} onCompletion: { result in

}
.frame(width: 200, height: 40)
.signInWithAppleButtonStyle(.whiteOutline)
```

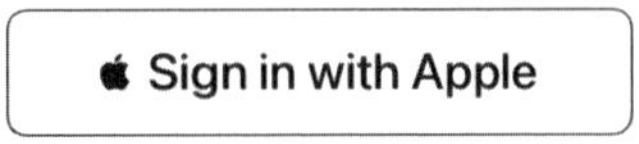

按鈕上的字預設是「Sign in with Apple」，也可以改成「Sign up with Apple」或是「Continue with Apple」，只要傳入對應的參數就可以了，如下。

```
SignInWithAppleButton(.signUp)
SignInWithAppleButton(.continue)
```

按鈕包含了兩個 Closure 區段，第一個是 onRequest，用來告訴使用者 App 端會在使用者登入後收到哪些使用者個人資料，目前只有兩個，姓名與 Email，這兩 項資料使用者可以做一些修改，所以真實資料絕對不會被 App 拿到。這個區段的程式碼很簡單，只有一行，如下。

```
SignInWithAppleButton { request in
    request.requestedScopes = [.email, .fullName]
} onCompletion: { result in

}
```

另外一個 onCompletion 區段是當使用者登入時判定登入成功或登入失敗用的，而且當登入成功後，需要取得使用者的識別資料。

```
SignInWithAppleButton(.signUp) { request in
    request.requestedScopes = [.email, .fullName]
} onCompletion: { result in
    switch result {
    case .success(let authorization):
        // 成功的程式碼寫這
    case .failure(let error):
        // 失敗的程式碼寫這
    }
}
```

最後將成功與失敗需要的程式碼填進去就完成了，如下。

```
SignInWithAppleButton(.signUp) { request in
    request.requestedScopes = [.email, .fullName]
} onCompletion: { result in
    switch result {
    case .success(let authorization):
        // 成功的程式碼寫這
        if let cred = authorization.credential as?
ASAuthorizationAppleIDCredential {
            // 將這些資料儲存在自己的資料庫中，尤其是 userIdentifier
            let userIdentifier = cred.user
            let fullName = cred.fullName
            let email = cred.email
            print((userIdentifier, fullName, email))
        }

    case .failure(let error):
        // 失敗的程式碼寫這
        print(error.localizedDescription)
    }
}
```

第一次執行的時候，會看到如下圖左的畫面，使用者在這裡可以修改要傳出去的姓名，或是隱藏實際的 Email。第二次以後再執行，就只會看到下圖右的畫面，也就是不會再送出姓名與 Email 了。

登入成功之後，App 端會收到一個類似下方格式的代碼，這個代碼就代表了現在登入者的身份，因此 App 要將這個碼儲存起來，這樣下一次使用者再登入的時候，App 端才知道是同一個使用者。

```
000879.0df3b263690b4f0a91800e6765507aab.0447
```

13 呼叫 UIKit 元件

Part 2 與UIKit整合

13-1 說明

雖然 SwiftUI 框架已經發展好幾年了，但有一些在 UIKit 中常用的元件還是沒有被移植到 SwiftUI 框架中。所以當我們的專案類型是 SwiftUI，但是有一些功能卻只能在 Storyboard 專案才能使用的時後，就需要靠這一章所討論的技術，讓 SwiftUI 專案也能使用 UIKit 元件。

Xcode 提供了兩種不同的介接方式，讓 SwiftUI 可以呼叫 UIKit 中的元件，這兩種方式會對映到兩種不同類型的 UIKit 元件，分別是 UIView 類型的元件與 UIViewController 類型的元件。第二種 UIViewController 類型的元件再細分成兩種，一種不需要透過 delegate 機制取得資料，另一種則是需要透過 delete 機制取得資料，最後一種程式碼寫起來最為複雜。

這章將舉幾個例子，第一個例子是呼叫網頁視圖 WKWebView 元件，在 App 中這是一個常用的元件，提供了一個 Web View 畫面用來載入網頁元素，目前 SwiftUI 框架中還沒有這個元件。第二個例子是呼叫 AVPlayerViewController 影音視圖控制器元件，讓我們可以在 App 中能夠播放影片。第三個例子則是呼叫 UIImagePickerController 來開啟相機介面拍照，由於拍完的照片會透過 delegate 機制傳回到程式中，因此這個例子最為複雜。第四個例子是說明如何載入自訂的 View Controller，並且相關的程式碼與排版都在 View Controller 那邊完成，這個例子我們要使用 MKMapView 元件並且加上 delegate 機制，來彌補目前 SwiftUI 中 Map 元件的不足。最後一個例子是載入 Storyboard。

13-2 使用網頁視圖元件

想要在 SwiftUI 中使用 UIKit 框架中的 UIView 元件，自定義一個符合 UIViewRepresentable 協定的結構就完成一半工作了，如下。這幾行程式碼自己打，剩下的交給 Xcode 幫我們補完。

```
import WebKit

struct WebView: UIViewRepresentable {
    typealias UIViewType = WKWebView
}
```

補完後的程式碼如下。

```
struct WebView: UIViewRepresentable {
    func makeUIView(context: Context) -> WKWebView {
    }

    func updateUIView(_ uiView: WKWebView, context: Context) {
    }

    typealias UIViewType = WKWebView
}
```

接下來在 makeUIView()函數中實體化 WKWebView 元件，然後在 updateUIView()函數中載入指定的網址就完成了。

```
struct WebView: UIViewRepresentable {
    var url: URL
    func makeUIView(context: Context) -> WKWebView {
        WKWebView()
    }

    func updateUIView(_ uiView: WKWebView, context: Context) {
        uiView.load(URLRequest(url: url))
    }

    typealias UIViewType = WKWebView
}
```

現在結構 WebView 就相當於 UIKit 中的 WKWebView 元件，已經載入到 SwiftUI 專案中，因此在 body 中的使用方式如下。

```
struct UKWeb: View {
    @State private var url = URL(string: "https://www.apple.com")
    var body: some View {
        WebView(url: url!)
    }
}
```

當然也可以加上一些修飾器來改變元件大小或位置，例如 frame 修飾器。

```
WebView(url: url!)
    .frame(width: 350, height: 300)
```

如果需要改變 WebView 的網頁內容，修改 ContentView 中的變數 url 就可以了，只要一換成新的網址，WebView 的內容就會立刻載入新的網頁。例如按下按鈕後，網址就換成 CNN 新聞網了。

```
VStack {
    Button("CNN 新聞") {
        url = URL(string: "https://cnn.com")
    }
```

```
    WebView(url: url!)
}
```


13-3 使用影音播放視圖控制器

UIKit 框架中有一個影音播放視圖控制器很好用，可以讓 App 播放影音動畫，這個 View Controller 目前在 SwiftUI 框架中還沒出現，因此想要在 SwiftUI 寫成的 App 中播放影片的話，就需要載入 UIKit 中的 AVPlayerViewController 了。首先，先定義一個符合 UIViewControllerRepresentable 協定的結構，下面這段程式碼要自己寫，剩下的交給 Xcode。

```
import AVKit

struct AVPlayerView: UIViewControllerRepresentable {
    typealias UIViewControllerType = AVPlayerViewController
}
```

Xcode 幫我們補完的程式碼如下。

```
struct AVPlayerView: UIViewControllerRepresentable {
    func makeUIViewController(context: Context) -> AVPlayerViewController {
    }

    func updateUIViewController(_ uiViewController: AVPlayerViewController,
context: Context) {
    }

    typealias UIViewControllerType = AVPlayerViewController
}
```

接下來在兩個函數中實體化 AVPlayerViewController 以及載入網址就完成了。

```
struct AVPlayerView: UIViewControllerRepresentable {
    var url: URL
    func makeUIViewController(context: Context) -> AVPlayerViewController {
        AVPlayerViewController()
    }

    func updateUIViewController(_ uiViewController: AVPlayerViewController,
context: Context) {
        uiViewController.player = AVPlayer(url: url)
    }

    typealias UIViewControllerType = AVPlayerViewController
}
```

在 body 中的使用方式如下，實際的影片網址可以從網路上搜尋到很多的範例影片，例如 https://file-examples.com/index.php/sample-video-files/。

```
struct ContentView: View {
    private let url = URL(string: "https://test.mov")
    var body: some View {
        AVPlayerView(url: url!)
    }
}
```

注意網址的部分必須直接連到影片或音樂，而不是某個網頁，例如若是 YouTube 的網址，AVPlayerViewController 是無法播放的，必須改使用 Web View 才能播放嵌入在網頁中的影片。

畫中畫功能

所謂的畫中畫就是常稱的「子母畫面」，也就是讓播放的影音不佔據整個螢幕而是縮小到一個角落，讓使用者可以做其他的事情。畫中畫功能在 iPad 預設是自動啟動支援，但是 iPhone 中預設是關閉的。如果想要在 iPhone 中也啟用畫中畫，必須先在專案的 Signing & Capabilities 頁面，增加 Background Modes 並將 Picture in Picture 選項打勾。

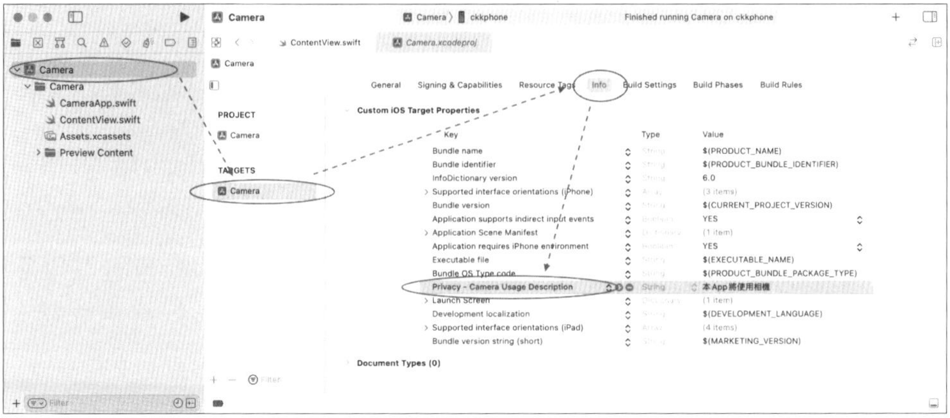

接下來修改一下我們自定義的 AVPlayerView，增加一個初始化器，如下。

```
struct AVPlayerView: UIViewControllerRepresentable {
    var url: URL
    init(url: URL, pipMode: Bool=false) {
        self.url = url
        if pipMode {
            try! AVAudioSession.sharedInstance()
                  .setCategory(.playback)
        }
    }
    ...
}
```

最後在 body 中的程式碼加上 pipMode 參數並填入 true 就可以了，如下。畫中畫功能必須在 iPhone 的實機中執行才能看到，目前 iPhone 模擬器不支援畫中畫。

```
var body: some View {
    AVPlayerView(url: url!, pipMode: true)
}
```

播放時只要在畫面上看到下圖中間的圖示出現，就代表目前支援畫中畫功能，點選後就可以讓影音播放介面縮小到螢幕的某個角落去。

13-4 開啟相機拍照

在 Storyboard 專案中，開啟相機拍照使用的是 UIKit 框架中的 UIImagePickerController 元件，目前要在 SwiftUI 中使用這個元件有點複雜，因為拍完照的照片是透過 delegate 機制傳到 View Controller 中，而這個機制所需要的程式架構在 SwiftUI 中是沒有的，所以得要先實作 delegate 機制出來。

SwiftUI 專案建立後，先將使用者授權使用相機的隱私權限（Privacy - Camera Usage Description）加到專案中，位置如下。

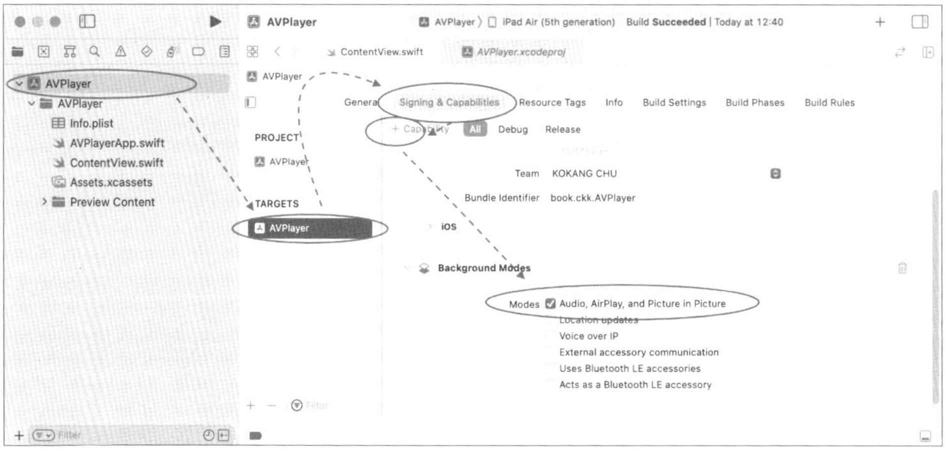

接下來就是要自定義一個 delegate 類別了，這裡一定要用 class，不可以使用 struct，內容如下。類別名稱 MyDelegate 可以任意命名，繼承 NSObject，之後的兩個 Delegate 協定為開啟相機介面規定使用的協定，所以一定要加。唯一的一個變數 complete 是一個匿名函數，也就是 Closure，目的是為了將拍完照的照片傳出去。類別初始化器稍後用到的時候再解釋，另外一個函數就是 delegate 函數，拍完照的照片會透過這個函數傳進來，收到照片後呼叫 complete 傳出去並且關閉相機介面。這樣的機制在 UIKit 框架中是隨處可見的，但在 SwiftUI 中就變的不太好懂，沒關係，如果你需要拍照的話，這段程式碼就直接抄吧，反正總有一天，Apple 一定會有 SwiftUI 專屬的拍照元件。

```
class MyDelegate: NSObject, UINavigationControllerDelegate,
UIImagePickerControllerDelegate {
    private var complete: (UIImage) -> Void
    init(complete: @escaping (UIImage) -> Void) {
        self.complete = complete
    }

    func imagePickerController(_ picker: UIImagePickerController,
didFinishPickingMediaWithInfo info: [UIImagePickerController.InfoKey :
Any]) {
        if let image = info[.originalImage] as? UIImage {
            complete(image)
        }
        picker.dismiss(animated: true)
    }
}
```

現在要來寫拍照元件了，這裡取名為 CameraView，內容如下。基本架構跟上個單元非常類似，因為都是要使用 UIKit 中的 View Controller 元件。在 updateUIViewController()函數中的第一行，設定資料來源是 camera 也就是相機，第二行設定拍照完成後哪個類別要收相片資料，第二行寫法固定，因為真正的 delegate 名稱會在 makeCoordinator()函數中出現，這個函數需要實作，名稱固定不可以改。函數 makeCoordinator()的目的是初始化 MyDelegate 類別，這裡會呼叫 MyDelegate 的 init()函數，然後在拍照完成後照片會從這裡透過 Closure 傳回來，我們將他儲存在 image 這個變數中。

```
struct CameraView: UIViewControllerRepresentable {
    @Binding var image: UIImage?

    func makeUIViewController(context: Context) -> UIImagePickerController {
        UIImagePickerController()
```

```
    }

    func updateUIViewController(_ uiViewController: UIImagePickerController,
context: Context) {
        uiViewController.sourceType = .camera
        uiViewController.delegate = context.coordinator
    }

    func makeCoordinator() -> MyDelegate {
        MyDelegate { image in
            self.image = image
        }
    }

    typealias UIViewControllerType = UIImagePickerController
}
```

終於到最後可以設計版面的階段了，我們在 body 中放一個拍照用的按鈕，拍完照後的相片透過 Image 元件顯示出來，程式碼如下，這部分就非常的「SwiftUI style」了，如果你對 SwiftUI 的架構已經很熟悉，這段程式碼應該沒有什麼問題。

```
struct ContentView: View {
    @State private var isOpened = false
    @State private var image: UIImage?
    var body: some View {
        VStack {
            Button("拍照") {
                isOpened = true
            }

            if let image {
                Image(uiImage: image)
                    .resizable()
                    .frame(width: 200, height: 300)
                    .scaledToFit()
                    .clipped()
```

```
            }
        }
        .fullScreenCover(isPresented: $isOpened) {
            CameraView(image: $image)
        }
    }
}
```

執行看看，因為會開啟相機，所以這個專案一定要在實機上執行，無法使用模擬器。

相片存檔

若要將相片儲存起來，必須在專案的 Info 中加上相簿使用的隱私權限，如下。

```
Privacy - Photo Library Usage Description
```

然後在 MyDelegate 的 imagePickerController()函數中，使用 UIImageWriteToSavedPhotosAlbum()存檔，如下。呼叫這個函數後，拍完的照片就會儲存起來，可以開啟裝置內建的「照片 App」找到這張照片。

```
func imagePickerController(_ picker: UIImagePickerController,
didFinishPickingMediaWithInfo info: [UIImagePickerController.InfoKey :
Any]) {
    if let image = info[.originalImage] as? UIImage {
        // 存檔
        UIImageWriteToSavedPhotosAlbum(image, nil, nil, nil)
        complete(image)
    }
    picker.dismiss(animated: true)
}
```

13-5 使用 View Controller 載入地圖

這個單元要來說明如何在 SwiftUI 專案中載入 UIKit 中我們自己寫的 View Controller，並且這個 View Controller 包含完整的程式碼並且還自帶了一個排版好的畫面。換句話說，SwiftUI 只是載入了一個頁面，然後該頁面的排版與程式碼都回到 Storyboard 專案的設計方式。這個技巧非常適合對 Storyboard 排版方式熟悉的讀者，讓有些 UIKit 才具備的功能，SwiftUI 輕鬆就可以使用。

接下來的範例將以 UIKit 中的地圖元件 MKMapView 為範例，在一個特定區域標記一個自訂圖示，因此會使用到 MKMapViewDelegate。我們要自己定義一個 View Controller，並且透過 Auto Layout（constraints）方式排版畫面，此外跟地圖有關的程式碼都不在 SwiftUI 中而是寫在我們自己的 View Controller 裡面。

首先在 SwiftUI 專案中新增「Cocoa Touch Class」類型的檔案。

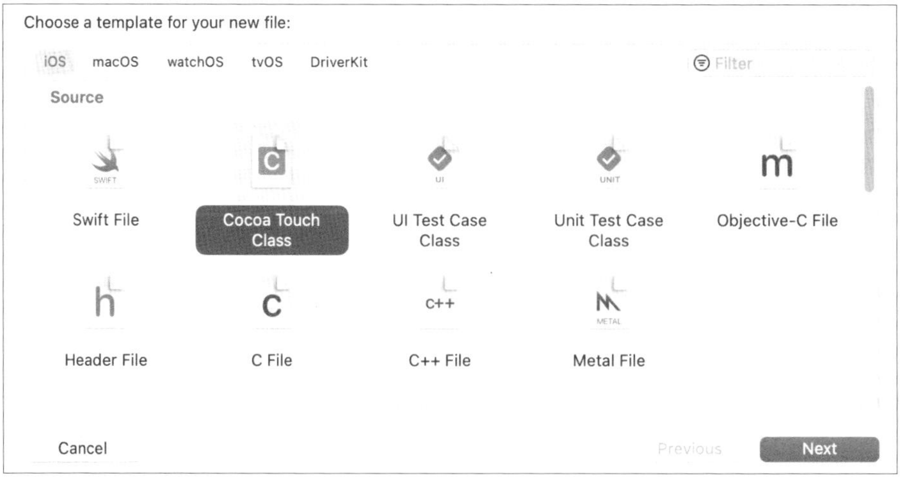

按下一步按鈕，接著的畫面很重要。Class 名稱可以任意填，但這個範例必須繼承 UIViewController，並且建議將 XIB file 勾選起來，這樣才能透

過拖拉的方式排版畫面，最下方使用的語言選 Swift 或 Objective-C 都可以，反正之後 SwiftUI 載入這個畫面後就跟 SwiftUI 無關了，所以我們要用什麼語言來搞定這個畫面都可以。

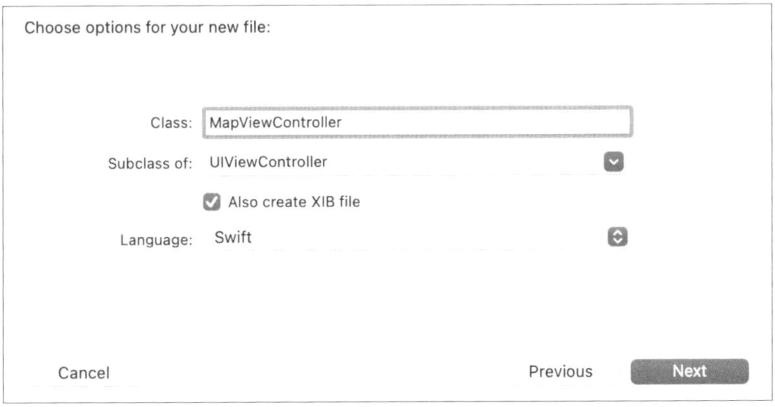

完成後會在專案中多了兩個檔案，一個是 MapViewController.swift，另外一個是 MapViewController.xib，附檔名為 xib（發音為 nib）的就是用來設計畫面，跟 Storyboard 功能差不多，但只能處理一個畫面而已，不像 Storyboart 一次可以處理多個畫面。

接下來的操作就跟 Storyboard 專案一樣了。開啟 xib 檔，拖放一個按鈕與一個 Map Kit View 元件到畫面上，也要透過 constraint 將排版設定好，如右。

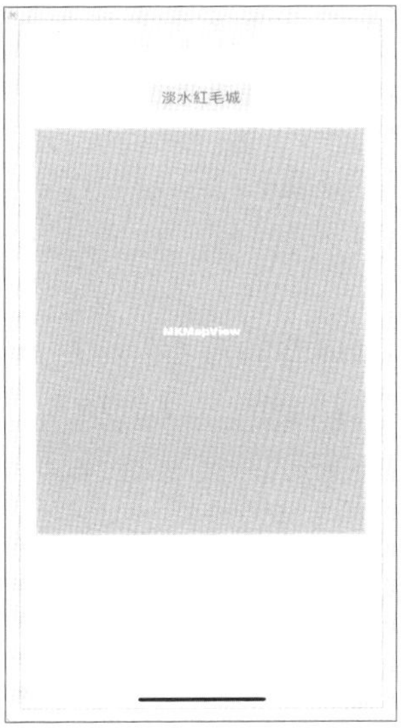

然後將畫面轉成輔助編輯畫面，並使用藍線拉出 Map Kit View 元件的 IBOutlet 名稱，也要匯入 MapKit 框架。這裡是 Storyboard 專案非常基本的操作，不熟悉的讀者請先尋找這方面的資源。

```
import MapKit

class MapViewController: UIViewController {
    @IBOutlet weak var map: MKMapView!
```

在 viewDidLoad()函數中將地圖中心點與範圍設定好，這裡設定的是剛好可以看到全臺灣範圍。

```
override func viewDidLoad() {
    super.viewDidLoad()

    // 以臺灣地理中心為中心，東南西北各 350 公里的範圍
    let center = CLLocationCoordinate2D(
        latitude: 23.9742,
        longitude: 120.9797
    )
    let region = MKCoordinateRegion(
        center: center,
        latitudinalMeters: 350_000,
        longitudinalMeters: 350_000
    )
    map.setRegion(region, animated: false)
}
```

到這個地方若你已經迫不及待想要從 SwiftUI 來載入這個 MapViewController 看結果的話，我們先來完成這件事。在專案中新增一個 SwiftUI View 的檔案，或是直接使用 ContentView 也可以，然後參考前面單元「使用影音播放視圖控制器」中介紹的 UIViewControllerRepresentable 協定，自定義一個結構，如下。

```
struct MapView: UIViewControllerRepresentable {
    func makeUIViewController(context: Context) -> MapViewController {
        MapViewController()
    }

    func updateUIViewController(_ uiViewController: MapViewController,
context: Context) {

    }

    typealias UIViewControllerType = MapViewController
}
```

然後在 ContentView 中放一個按鈕，按鈕按下後將畫面透過 MapView 元件轉給我們設計的 MapViewController。

```
struct ContentView: View {
    @State private var isPresented = false
    var body: some View {
        Button("開啟地圖") {
            isPresented = true
        }
        .sheet(isPresented: $isPresented) {
            MapView()
        }
    }
}
```

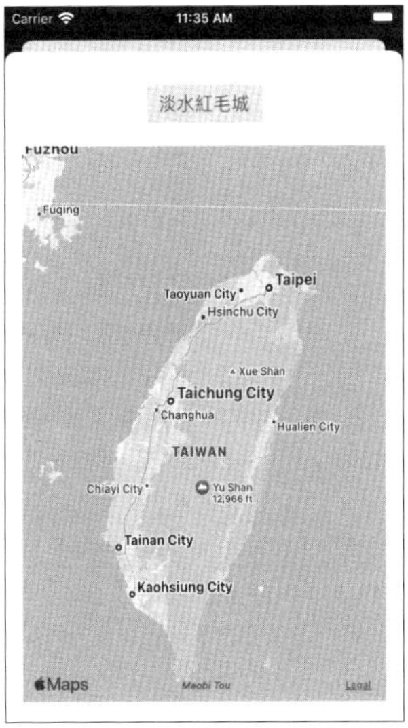

按下按鈕試試看，現在畫面應該順利載入 MapViewController 了。接著讓 MapViewController 符合 MKMapViewDelegate 協定，自訂圖示所需要的函數定義在這個 delegate 中。

```
class MapViewController: UIViewController, MKMapViewDelegate
```

在 viewDidLoad()中加入下面兩行，其中名稱 pin 可以任意命名，這是 MKMapView 元件在顯示標記時做記憶體管理用的。

```
override func viewDidLoad() {
   super.viewDidLoad()

   map.delegate = self
   map.register(
      MKAnnotationView.self,
      forAnnotationViewWithReuseIdentifier: "pin"
   )
   ...
}
```

接下來實作下面這個函數，這是當標記圖案要顯示到地圖上的時候，可以用來調整標記的樣式，所以在這個函數中我們將預設的標記圖案換成一個自訂圖案，並且設定顯示 Callout 面板，這樣使用者在點選標記時，會在標記上方顯示一個小面板。

```
func mapView(_ mapView: MKMapView, viewFor annotation: MKAnnotation) ->
MKAnnotationView? {
   let markView = mapView.dequeueReusableAnnotationView(
      withIdentifier: "pin", for: annotation)

   markView.image = UIImage(systemName: "house.fill")
   markView.canShowCallout = true
   return markView
}
```

最後，使用藍線拉出「淡水紅毛城」按鈕的 IBAction 函數，在這裡我們將一個標記加到地圖上。

```
@IBAction func fortSantoDomingo(_ sender: Any) {
   let annotation = MKPointAnnotation()
   annotation.coordinate = CLLocationCoordinate2D(
      latitude: 25.17562, longitude: 121.43302)
```

```
    annotation.title = "淡水紅毛城"
    map.addAnnotation(annotation)
}
```


現在執行看看這個 App，載入地圖畫面後按下「淡水紅毛城」按鈕，就會出現一個自訂的標記，點選標記後，就會顯示 Callout 面板。

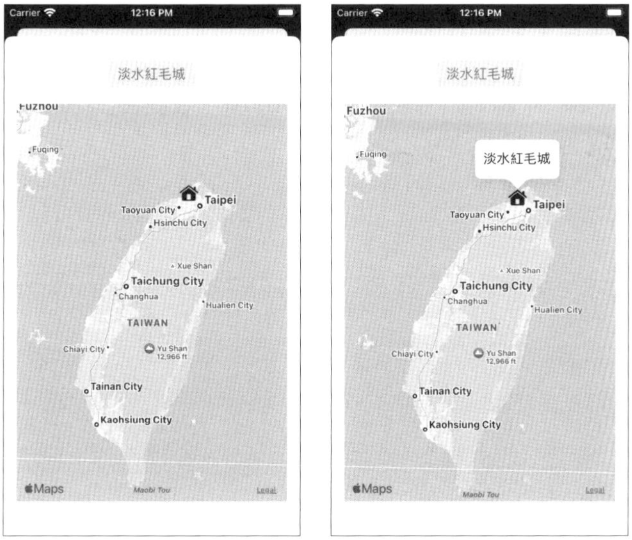

這個範例讓我們知道，我們可以輕易的在 SwiftUI 專案載入 UIKit 中我們自己寫好的 View Controller，而且排版與 delegate 都可以在 View Controller 那邊完成，不需要像上一節「開啟相機拍照」一樣，在 SwiftUI 中實作 delegate 機制。當然這樣做的前提是，我們必須對 Storyboard 的 App 設計方式要有一定程度熟悉，才有辦法在 SwiftUI 中透過 UIKit 來彌補現階段 SwiftUI 的不足。

13-6 載入 Storyboard

上一節我們知道如何在 SwiftUI 中載入一個已經設計好畫面的 View Controller，這一節我們要更進一步，直接載入 Storyboard，讓原本已經在 Storyboard 上設計好的各個頁面與各頁面的切換流程（Segue），都可以在 SwiftUI 專案中呼叫使用。

在 SwiftUI 專案中新增一個 Storyboard，如下，檔名任意，例如 Main.storyboard。

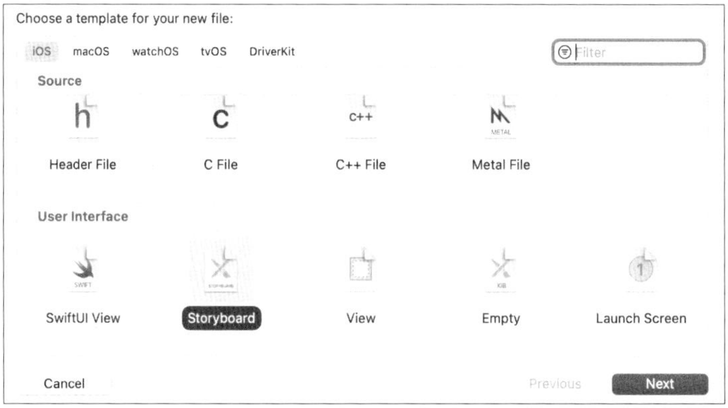

接下來為 Storyboard 上預設的 View Controller 新增一個 Cocoa Touch Class 與之對映。

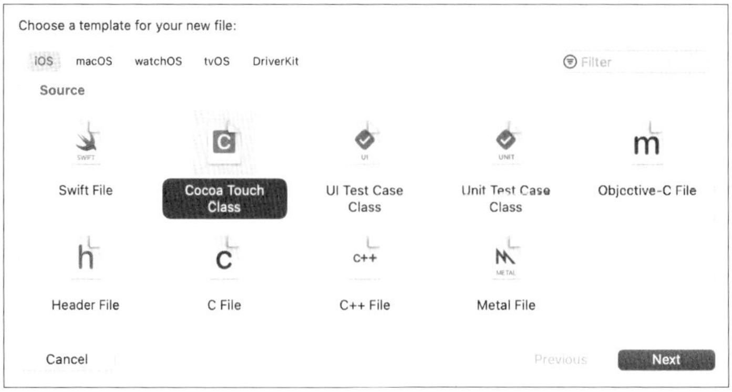

下一步後的 class 稱可取名為 ViewController，並且繼承 UIViewController。這裡不需要勾選 XIB file，因為我們已經使用 Storyboard 了。

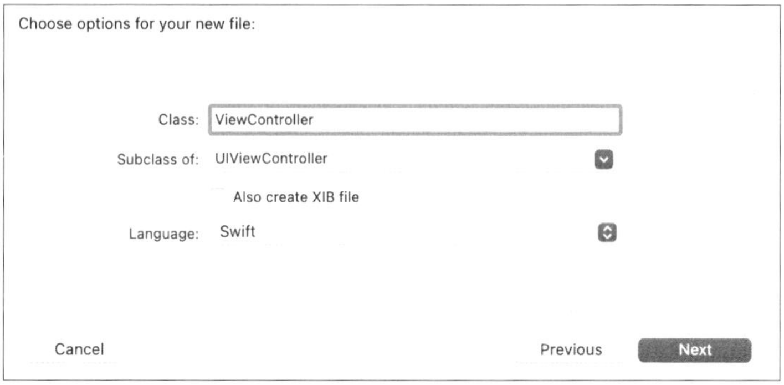

開啟 Main.storyboard，點選預設的 View Controller，然後在右邊的 Identity 面板中將 Class 選項選擇上圖中命名的 ViewController（下圖）。另外在 Attributes 面板上勾選 Is Initial View Controller（下下圖）。

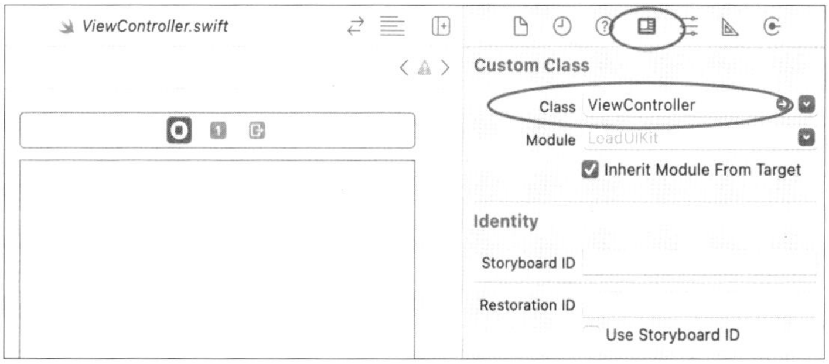

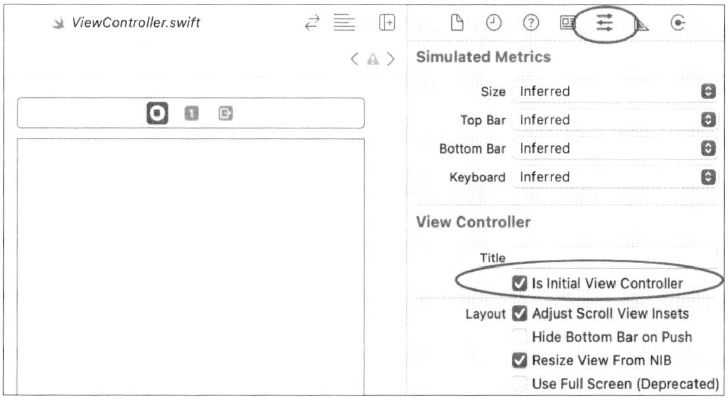

接著在 Storyboard 上再多拉一個 View Controller，並且拖放一個按鈕到原先的 View Controller 上，並用藍線拉出按鈕到第二個 View Controller 的 Segue。這裡就是完全按照 Storyboard 專案的方式設計畫面與撰寫程式碼。

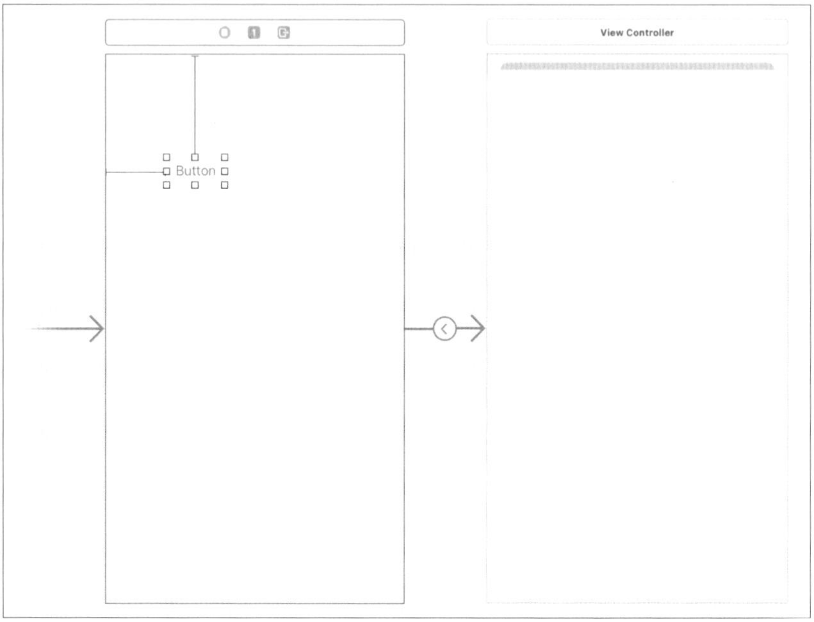

現在要在 SwiftUI 中載入這個 Storyboard 了。先定義一個符合 UIViewControllerRepresentable 協定的結構，名稱可以任意決定，目的是用來載入 Storyboard 中箭頭所指的那一個 View Controller。呼叫 instantiateInitialViewController()函數就可以得到 Storyboard 上第一個畫面的 View Controller。

```
struct InitialViewControloler: UIViewControllerRepresentable {
    func makeUIViewController(context: Context) -> ViewController {
        let storyboard = UIStoryboard(name: "Main", bundle: nil)
        let vc = storyboard.instantiateInitialViewController()
        return vc as! ViewController
    }
```

```
    func updateUIViewController(_ uiViewController: ViewController,
context: Context) {

    }

    typealias UIViewControllerType = ViewController
}
```

最後在 SwiftUI ContentView 的 body 中使用 NavigationLink 將畫面交給 Storyboard 中的第一個 View Controller 就完成了。

```
struct ContentView: View {
    var body: some View {
        NavigationStack {
            NavigationLink(destination: InitialViewControloler()) {
                Text("Load Storyboard")
            }
        }
    }
}
```

14 Storyboard 載入SwiftUI View

Part 2 與UIKit整合

14-1 說明

雖然市面上絕大多數的 App 都是 Storyboard 專案，但 SwiftUI 中的元件比 Storyboard 中的 UIKit 元件要好用太多，雖然功能還沒有 Storyboard 來的完整，但 SwiftUI 元件所擁有的優點，Storyboard 難以望其項背。以 Storyboard 專案常用的 Table View 畫面為例，這個畫面需要兩個元件（UITableView 與 UITableViewCell）與兩個 delegate（UITableViewDataSource 與 UITableViewDelegate）加上實作三個 delegate 函數才能完成基本架構，但同樣功能在 SwiftUI 中的 List 元件，只需要幾行程式碼就可以做到同樣功能，操作上明顯簡單許多。

由於 Storyboard 必須同時兼顧 Swift 與 Objective-C 這兩個語言，所以架構上必然有他的限制，但 SwiftUI 可以不用管 Objective-C 的問題，他以一個全新的架構跟語法來設計 App。所以我們可以發現 Storyboard 與 SwiftUI 專案在開發環境上雖然都在 Xcode 中，但卻像是兩個獨立的開發環境。當然現階段要完全擺脫 Storyboard 是不可能的事情，絕大多數的 App 還是以 Storyboard 的方式在開發與維護，但有時我們也想在 Storyboard 專案中享受一下 SwiftUI 帶來的便利，做的到嗎？當然可以。

UIKit 中有各式各樣的 View Controller，其中有一個稱為 UIHostingController 的元件，這個 View Controller 就是讓我們在 Storyboard 中，可以把 SwiftUI 的畫面拉進來，使用上非常的簡單。所以如果你目前正在以 Storyboard 開發 App，有些畫面想要透過 SwiftUI 來呈現，讓事情變的簡單一點時，這時後只要使用 UIHostingController 就可以辦到。這個章節就是告訴大家，如何使用 UIHostingController 來載入 SwiftUI 畫面並且與他互動。

14-2 下一個畫面為 SwiftUI View

首先我們來看，如何在 Storyboard 的 View Controller 中，讓下一個畫面是由 SwiftUI 完成的。為了完成這個範例，請先建立 Storyboard 專案，然後在專案中新增一個 SwiftUI View 類型的檔案，名稱就維持預設的 SwiftUIView 即可。

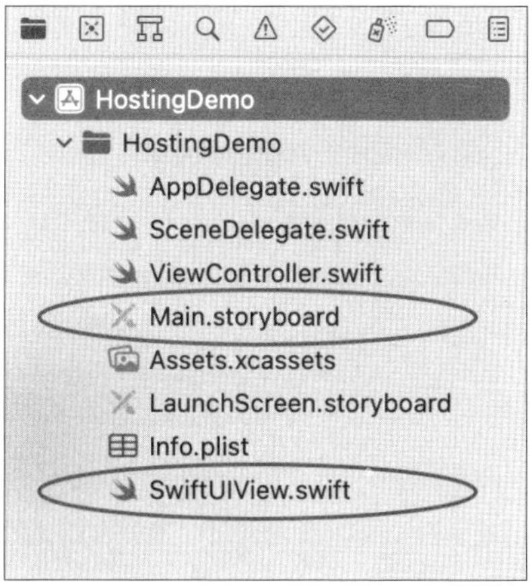

接下來開啟 Main.storyboard，拖放一個 Hosting View Controller 元件到 Storyboard 上，並且拖放一個按鈕到預設的 View Controller 上，完成後的畫面應該如下圖。

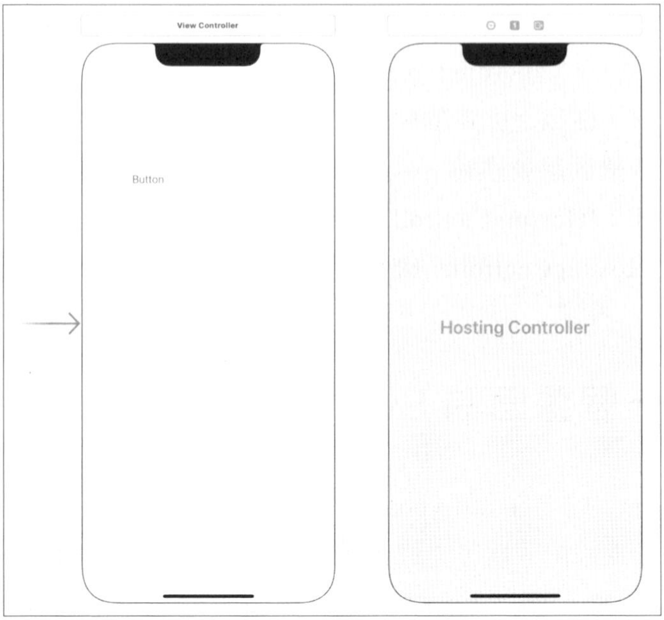

接下來在 Button 按滑鼠右鍵拉出藍線到右邊的 Hosting View Controller，如下圖左，放開滑鼠右鍵後選「Show」，如下圖右。

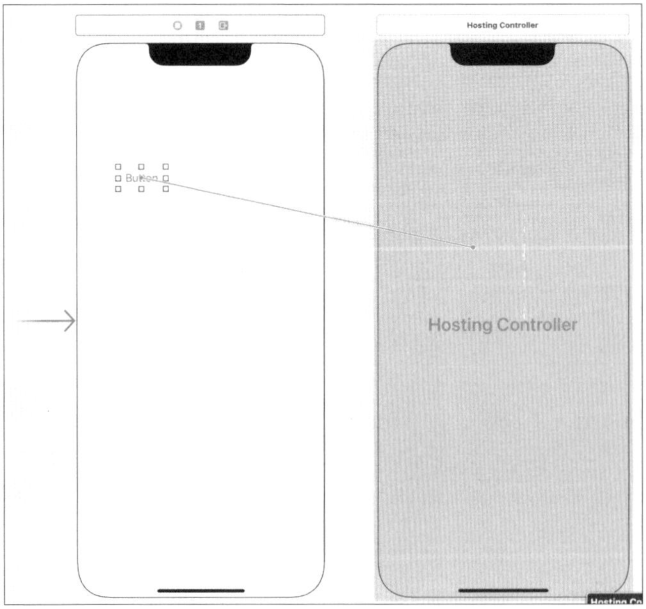

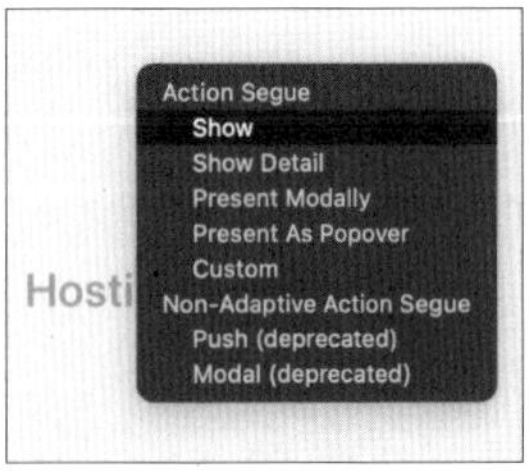

完成後就建立了兩個 View Controller 間的 segue。開啟輔助編輯畫面，若不知道怎麼開啟的話，可以點選選單「Editor」下的「Assistant」選項。先匯入 SwiftUI 框架，然後在 segue 上按滑鼠右鍵拉藍線到右邊程式碼區域，我們要建立@IBSegueAction 類型的函數。

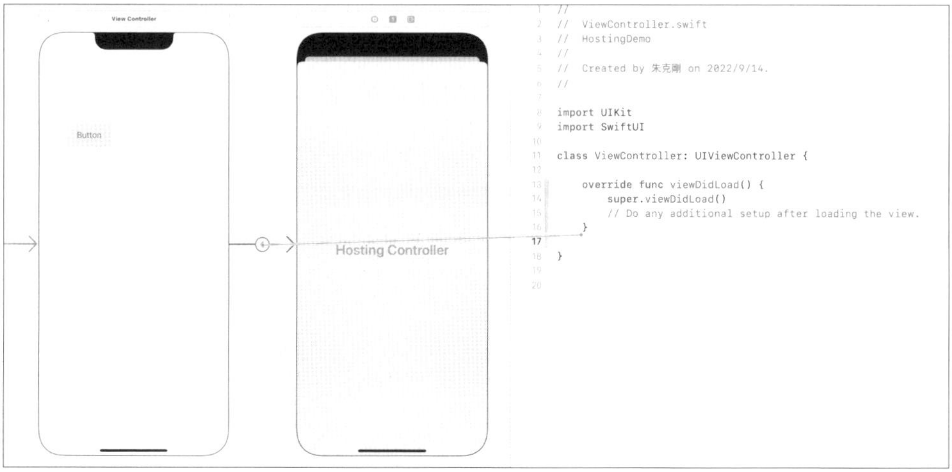

放開滑鼠右鍵後給一個名稱，例如 swiftUIView，這時會在程式碼視窗中建立一個函數，裡面有一行預設的程式碼，如下圖。

```
@IBSegueAction func swiftUIView(_ coder: NSCoder) ->
    UIViewController? {
    return UIHostingController(coder: coder, rootView: ...)
}
```

在程式碼灰色區域滑鼠點兩下，我們只要將 rootView 後面的「...」改為 SwiftUI View 的名稱就可以了，如下。

```
@IBSegueAction func swiftUIView(_ coder: NSCoder) -> UIViewController? {
    return UIHostingController(coder: coder, rootView: SwiftUIView())
}
```

執行看看，現在按下按鈕後出現的畫面，就是 SwiftUI 的畫面了。

14-3 嵌入 SwiftUI View

除了上一節我們可以透過 segue 將整個 App 畫面交給 SwiftUI 去呈現外，也可以在同一個 View Controller 中嵌入一個 SwiftUI 畫面，例如我們想要在 View Controller 畫面中某個小區域呈現 Charts 框架所繪製的長條圖，這時就不是將整個畫面都用 SwiftUI 呈現了。

https://www.chainhao.com.tw/hello-swift-charts-part3/

首先在 View Controller 中拖放一個 Container View 元件，透過 constraint 設定適當的大小與位置，如下圖。

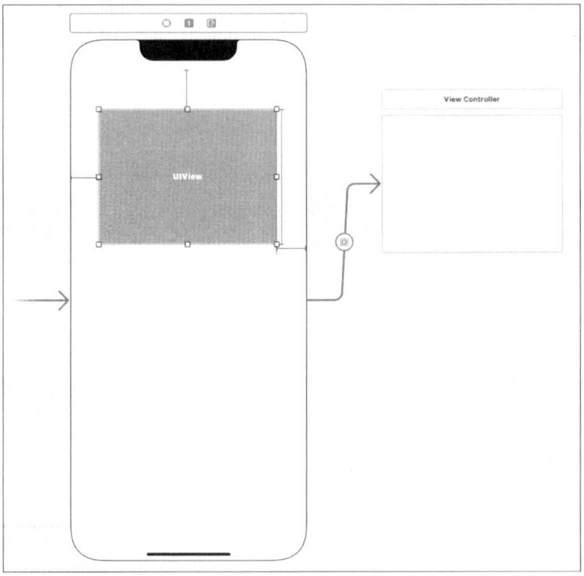

接下來把 Container View 自帶的 View Controller 刪掉，然後拖放一個 Hosting View Controller 元件到 Storyboard 上。在 Container View 上按滑鼠右鍵拉藍線到 Hosting View Controller，如下圖。

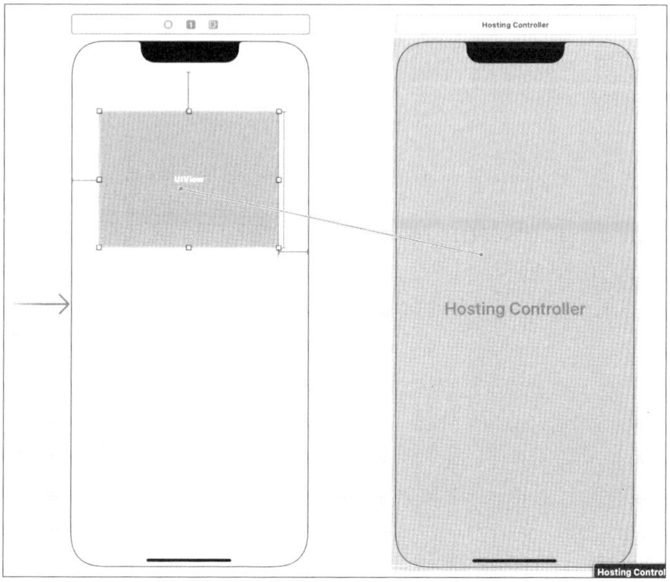

放開滑鼠後選擇「Embed」，完成後畫面如右圖。

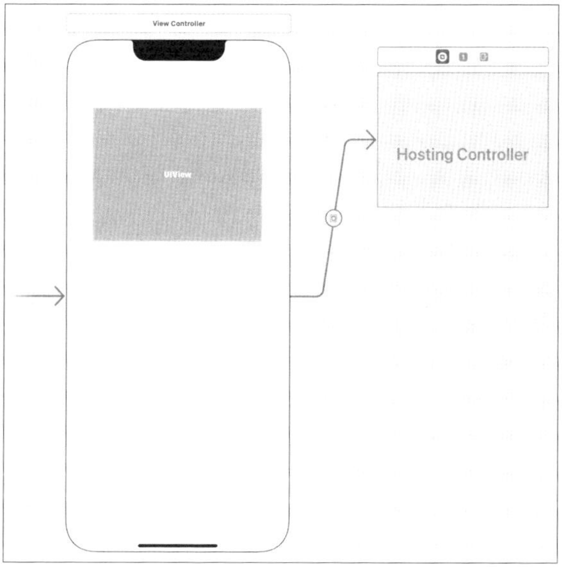

接下來的操作就與上一節一樣了。開啟輔助編輯畫面後，記得匯入 SwiftUI 框架，然後在 segue 上按滑鼠右鍵拉藍線到右側程式碼位置建立 @IBSegueAction 函數，填入下方程式碼。

```
@IBSegueAction func swiftUIView(_ coder: NSCoder) -> UIViewController? {
    return UIHostingController(coder: coder, rootView: SwiftUIView())
}
```

建議可以將 View Controller 換個背景顏色後執行看看，現在畫面上就可以看出有一小塊是由 SwiftUI 提供的了。

互動

如果需要，我們也可以在 View Controller 中修改 SwiftUI 的內容，例如改個背景顏色或者換個字體大小...等，如下。

```
@IBSegueAction func swiftUIView(_ coder: NSCoder) -> UIViewController? {
    let rootView = SwiftUIView()
        .font(.largeTitle)
        .background(.green)
    return UIHostingController(coder: coder, rootView: rootView)
}
```

接下來我們看個更進階的互動方式，我們讓 SwiftUI 中的元件來呈現我們在 View Controller 上準備好的資料。這樣我們就可以完全以 Storyboard 專案為主，包含資料處理都在 Storyboard 這邊，但資料的呈現就由 SwiftUI 元件代勞了。

首先先定義一個類別，用來管理資料，如下。這個類別要放在專案的哪個檔案中都可以，這裡就放在 ViewController.swift 中好了，這樣感覺上資料是在 Storyboard 這邊。

```
class DataSource: ObservableObject {
    static let shared = DataSource()
    @Published var items = [String]()
}
```

接下來修改一下 SwiftUI 中的程式碼，我們要用 List 元件來呈現 DataSource 類別中的資料，如下。

```
struct SwiftUIView: View {
    @ObservedObject var dataSource = DataSource.shared
    var body: some View {
        List(dataSource.items, id: \.self) { item in
            Text(item)
        }
    }
}
```

回到 Storyboard，拖放一個 Button 到 View Controller 上，用來新增一筆資料。

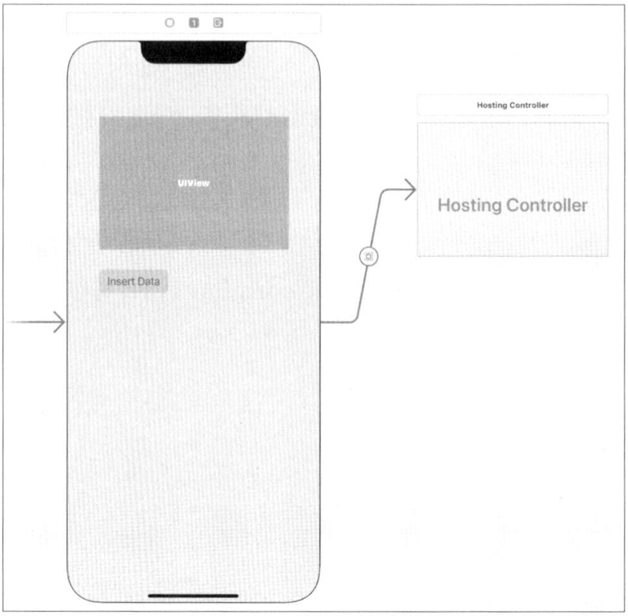

接下來就很簡單了，用藍線拉出按鈕的 IBAction 函數，函數中要寫的內容如下。

```
@IBAction func insertItem(_ sender: Any) {
    DataSource.shared.items.append(Date.now.description)
}
```

執行看看，每按一次 View Controller 上的按鈕，SwiftUI 的 List 元件就會立刻更新一筆資料。你可以比較一下，如果透過 Storyboard 原本的 UITableView 與 UITableViewCell 元件來產生同樣的畫面，兩者作法上的巨大差異。

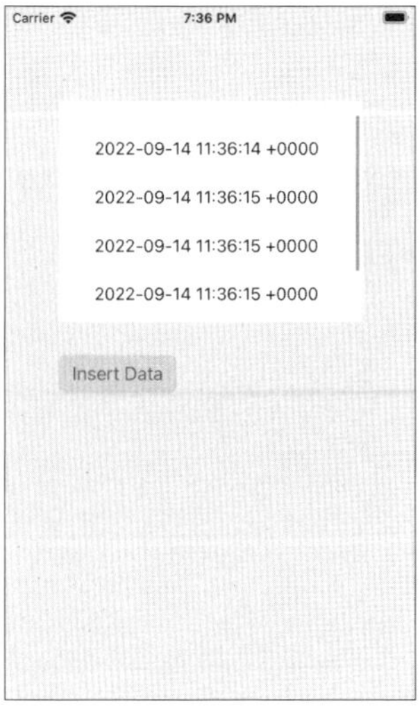

15 影音擷取

15-1 說明

影音擷取這個單元要說明如何在 SwiftUI 專案中取得攝影機與麥克風這兩個裝置的資料。之前我們在 App 中要拍一張照片或錄一段影像，會藉由 UIImagePickerController 元件呼叫系統提供的相機介面來拍照，拍完照之後再將照片傳入到我們的 App 中，因此整個拍照功能包含畫面都不是我們的 App 處理的。如果我們想要有一個客製化的拍照或錄影頁面，就需要自己開啟攝影機，然後取得攝影機資料，這樣我們就可以自行設計畫面並且處理攝影機進來的資料了。例如我們想要寫一個功能強大的拍照 App，或是寫一個視訊會議 App，就需要自己寫程式取得攝影機資料了。

除了攝影機外，麥克風訊號也包含在這個單元裡面。若我們想要開啟麥克風裝置，並且跟攝影機影像合在一起，這時就可以就可以在影像中加上聲音訊號，當然如果我們要寫一個單純的錄音，或是寫一支語音通話的 App，當然也要取得麥克風訊號才行。

這個單元的程式碼相對是多的，雖然要談的內容其架構並不複雜，但有些部分需要藉由 UIKit 中的元件，例如攝影機畫面預覽就需要用到 CALayer 類別，這個類別定義在 UIKit 中，所以整體看來程式碼就比較多，希望讀者能夠耐心慢慢看完。這個單元的程式架構如下圖，主要就是選擇來源裝置為何，選擇輸出格式為何，然後透過 AVCaptureSession 來管理輸入輸出間的資料流動。

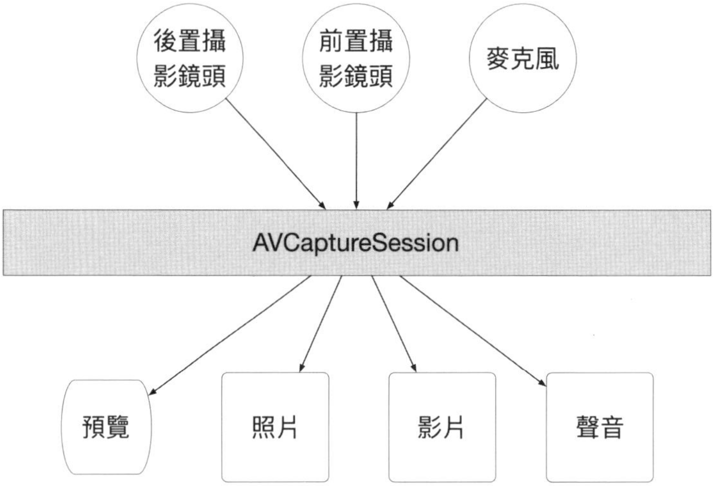

這個單元會用到的授權項目如下，請依照需求加到專案的 Info 頁面中。

授權項目	說明
Privacy - Camera Usage Description	開啟攝影機
Privacy - Photo Library Usage Description	將相片存到相簿中
Privacy - Microphone Usage Description	開啟麥克風

15-2 開啟攝影機並且預覽畫面

這個單元我們要選擇的裝置為前置鏡頭或後置鏡頭，輸出裝置為「預覽」，所以我們可以在 App 上看到攝影鏡頭所取得的即時畫面。首先在專案的 Info 中加上「Privacy - Camera Usage Description」授權項目，然後在程式中匯入 AVFoundataion 框架。

```
import AVFoundation
```

接下來定義一個類別，名稱為 CameraManager。

```
class CameraManager: NSObject, AVCapturePhotoCaptureDelegate {
    static let current = CameraManager()
    let session = AVCaptureSession()
```

除了上面這兩個常數外，我們將前後鏡頭都先定義好加進這個類別中，如下，內容幾乎一樣，只差在一個為前置鏡頭，另外一個為後置鏡頭。

```
// 前鏡頭
private var frontCamera: AVCaptureDeviceInput? {
    let camera = AVCaptureDevice.DiscoverySession(
        deviceTypes: [.builtInWideAngleCamera],
        mediaType: .video,
        position: .front
    ).devices.first

    if let camera {
        return try? AVCaptureDeviceInput(device: camera)
    }
    return nil
}
// 後鏡頭
private var backCamera: AVCaptureDeviceInput? {
    let camera = AVCaptureDevice.DiscoverySession(
```

```
        deviceTypes: [.builtInWideAngleCamera],
        mediaType: .video,
        position: .back
    ).devices.first

    if let camera {
        return try? AVCaptureDeviceInput(device: camera)
    }
    return nil
}
```

設定輸入裝置

類別的初始化器中先將前置鏡頭作為裝置來源，並且加到 session 中，如果你希望預設的鏡頭為後置鏡頭時，將 frontCamera 改為 backCamera 即可。

```
override init() {
    super.init()
    if let frontCamera {
        session.addInput(frontCamera)
    }
}
```

前後鏡頭對調

想要改變輸入訊號的來源裝置，例如將前置鏡頭訊號改為後置鏡頭，只要將目前在 session 中的資料來源移除改為另外一個資料來源即可。但是當 session 啟動後，這樣的變動必須提出申請，也就是呼叫 beginConfiguration() 函數，設定完畢之後呼叫 commitConfiguration()函數就完成設定了。

```
class CameraManager: NSObject, AVCapturePhotoCaptureDelegate {
    ...
    func toggleCamera(isFront: Bool) {
```

```
        guard let frontCamera, let backCamera else {
            return
        }
        session.beginConfiguration()
        session.removeInput(session.inputs.last!)
        session.addInput(isFront ? frontCamera : backCamera)
        session.commitConfiguration()
    }
}
```

設定預覽畫面

設定預覽畫面在 SwiftUI 專案中是最麻煩的部分，因為預覽畫面是放在 CALayer 上，而 CALayer 必須加在 UIView 元件上，這兩個元件都跟 UIKit 框架有關。首先透過 AVCaptureVideoPreviewLayer 來取得預覽圖層，並且讓該圖層加到 session 中，讓 session 知道攝影機的訊號輸出可以顯示在預覽圖層上，然後隨意給圖層一個名字，例如 preview，方便後續要用的時候可以在眾多圖層中找到這個預覽圖層。

```
class CameraManager: NSObject, AVCapturePhotoCaptureDelegate {
    ...
    func getPreviewLayer() -> CALayer {
        let layer = AVCaptureVideoPreviewLayer(session: session)
        layer.name = "preview"
        layer.videoGravity = .resizeAspectFill
        return layer
    }
}
```

接下來就要在 SwiftUI 專案中設定使用 UIView 元件了，這裡需要靠 UIViewRepresentable 協定，如下。其中變數 proxy 跟 GeometryReader 元件有關，請參考本書「排版元件與技巧」章節中有詳細說明。這個結構除了讓 SwiftUI 可以使用 UIView 元件外，另外有兩個重要關鍵，一個是將攝影機的預覽圖層加到 UIView 元件中，這部分在 makeUIView()函數中完成；另外就是設定預覽圖層的大小與位置要跟 UIView 元件一樣才行，這個在 updateUIView()函數中完成。但因為 SwiftUI 中的元件位置與大小是由元件所在的父元件決定而不是元件本身來決定，因此稍後在介面設計時，預覽畫面會放在 GeometryReader 中來控制預覽畫面的大小與位置，所以這裡才會宣告一個 GeometryProxy 型態的變數，用來得知目前的 UIView 元件大小。

```
struct PreviewView: UIViewRepresentable {
    var previewLayer: CALayer
    var proxy: GeometryProxy

    func makeUIView(context: Context) -> UIView {
        let view = UIView()
        view.layer.addSublayer(previewLayer)
        return view
    }

    func updateUIView(_ uiView: UIView, context: Context) {
        let previewLayer = uiView.layer.sublayers?.first { layer in
            layer.name == "preview"
        }
        if let previewLayer {
            previewLayer.frame = proxy.frame(in: .local)
        }
    }

    typealias UIViewType = UIView
}
```

App 畫面設計

我們希望將 App 的畫面設計如下，「開始預覽」按鈕用來啟動 session，也就是讓攝影機訊號開始在 session 中流動到預覽圖層；Toggle 元件用來控制訊號來源是前置鏡頭還是後置鏡頭；下方的矩形區域則是預覽鏡頭畫面用的。

先個別來看三個元件的程式碼，首先 Button 程式碼，按鈕按下去後要讓 session 開始運作，程式碼如下。從 Xcode 14 開始，session 的 startRunning() 函數建議要在背景執行緒中執行，主要是因為現在 session 的運作速度太快，會影響到主執行緒效率，因此若在主執行緒中啟動 session，Xcode 會提出警告，希望這一行能放入背景執行緒。執行緒請參考本書「執行緒與非同步呼叫」章節。

```
Button("開始預覽") {
   DispatchQueue.global().async {
      CameraManager.current.session.startRunning()
   }
}
```

接下來是 Toggle 程式碼，當改變 Toggle 狀態時讓前後鏡頭對調，程式碼如下。

```
Toggle(isOn: $isFront) {

}
.onChange(of: isFront) { newValue in
```

```
    CameraManager.current.toggleCamera(isFront: isFront)
}
```

然後是預覽畫面，這裡要透過 GeometryReader 來取得預覽元件的位置與大小，這樣才能設定 CALayer 的位置與大小。

```
GeometryReader { proxy in
    PreviewView(
        previewLayer: layer,
        proxy: proxy
    ).background(.blue.opacity(0.1))
}
.frame(width: 200, height: 200)
```

最後將這三部分組裝起來就完成了，完整程式碼如下。

```
struct ContentView: View {
    private let layer = CameraManager.current.getPreviewLayer()
    @State private var isFront = true
    var body: some View {
        VStack {
            HStack {
                Button("開始預覽") {
                    DispatchQueue.global().async {
                        CameraManager.current.session.startRunning()
                    }
                }
                Button("拍照") {
                    CameraManager.current.takePicture()
                }
                Toggle(isOn: $isFront) {

                }
                .onChange(of: isFront) { newValue in
                    CameraManager.current.toggleCamera(isFront: isFront)
                }
            }
```

```
            .frame(width: 200)

            GeometryReader { proxy in
                PreviewView(
                    previewLayer: layer,
                    proxy: proxy
                ).background(.blue.opacity(0.1))
            }
            .frame(width: 200, height: 200)
        }
    }p
}
```

到這裡就完整了攝影機的畫面預覽，在實機執行看看，模擬器是無法模擬鏡頭的。現在應該對如何選擇輸入端、如何加到 session 中與設定預覽畫面有基本的認識了。

15-3 拍照並存檔

預覽圖層是眾多輸出對象中的一種，如果我們想要拍一張照片，也就是取得一張靜態的影像，AVFoundation 框架中有對映的輸出裝置。我們可以在任何時候將輸出裝置加到 session 中，這裡選擇在輸入裝置加到 session 中的時候就順便把輸出裝置也加到 session 中，也就是在 CameraManager 類別的初始化器中做這件事情，如下。AVCapturePhotoOutput()就是靜態影像的輸出裝置。

```
class CameraManager: NSObject, AVCapturePhotoCaptureDelegate {
    ...
    private let photoOutput = AVCapturePhotoOutput()
    override init() {
        super.init()
        if let frontCamera {
            session.addInput(frontCamera)
```

```
            session.addOutput(photoOutput)
        }
    }
    ...
}
```

接下來要在 CameraManager 實作兩個函數，第一個函數是拍照函數，這個函數自訂（取名為 takePicture），呼叫之後會拍一張照片。在拍照前可以設定拍照的參數，例如減輕紅眼或是設定閃光燈...等；第二個函數定義在 AVCapturePhotoCaptureDelegate 中，是當拍照完成後資料會透過這個函數傳進來。我們打算將傳進來的相片資料儲存到相簿中，因此需要在專案的 Info 頁面加入「Privacy - Camera Usage Description」授權。除此之外，如果想要將傳進來的相片透過 Web API 傳出去或是進行影像處理後再存檔也是在這裡完成。

拍照必須在 session 啟動後才能進行，因此一開始先判斷 session 是否已經啟動。由於啟動後要等鏡頭相關參數最佳化後才能拍照，否則拍出來的照片品質會很差，所以需要等待一段時間，我們可以試試看把 0.3 秒的等待時間拿掉，拍出來的照片幾乎是黑色的。所以最好不要等拍照時才啟動 session，應該要在拍照前就先啟動，這樣拍照就不用等待這一小段時間了。

```
class CameraManager: NSObject, AVCapturePhotoCaptureDelegate {
    ...
    // MARK: 拍照
    func takePicture() {
        if !session.isRunning {
            session.startRunning()
            // 等鏡頭參數最佳化
            Thread.sleep(forTimeInterval: 0.3)
        }
        let setting = AVCapturePhotoSettings()
        setting.isAutoRedEyeReductionEnabled = true
```

```
        setting.flashMode = .auto
        photoOutput.capturePhoto(with: setting, delegate: self)
    }

    // MARK: 取得拍照完的資料
    func photoOutput(_ output: AVCapturePhotoOutput,
didFinishProcessingPhoto photo: AVCapturePhoto, error: Error?) {
        session.stopRunning()
        if let data = photo.fileDataRepresentation() {
            let uiImage = UIImage(data: data)
            UIImageWriteToSavedPhotosAlbum(uiImage!, nil, nil, nil)
        }
    }
}
```

最後在 App 畫面上透過按鈕來呼叫 takePicture()函數就完成拍照了。

```
Button("拍照") {
    CameraManager.current.takePicture()
}
```

設定相片品質

預設的拍照品質是最高解析度，如果我們不需要這麼高解析度，可以透過 session 來調整，例如改成 640x480 解析度，如下，雖然只要在拍照前修改解析度就可以，但盡量早一點修改，不要修改完立刻就呼叫拍照函數，因為內部重置參數需要時間，若立刻拍照相片品質會很不好。

```
session.sessionPreset = .vga640x480
```

透過 session 來調整解析度而不是源頭調整解析度意味著，攝影機鏡頭永遠都是輸出最高解析度資料，而資料在 session 中流動到輸出裝置，所以是由 session 來調整解析度。

15-4 錄製影片

這個單元要產生 video 影像檔，裡面包含了影像與聲音，格式為 QuickTime 格式，最後儲存於相簿中。因此這個單元的來源裝置要包含攝影鏡頭與麥克風，輸出裝置為 video 影像檔。檢查一下專案的 Info 頁面，是否包含了下列三項隱私授權，缺少的要加進去。

```
Privacy - Camera Usage Description
Privacy - Photo Library Usage Description
Privacy - Microphone Usage Description
```

如果你已經對前兩個單元預覽與拍照熟悉的話，這個單元所需要的程式碼跟上個單元非常類似。首先我們定義一個全新的類別，專門用來處理錄影需要的工作。當然實際應用上你可以將這個類別中的程式碼與上一節合併，但這樣在稍後的程式碼呈現上會變的很混亂，所以這裡選擇建立一個全新的類別。注意這個類別需要符合的協定已經跟拍照要的協定不同了。

```
class MovieManager: NSObject, AVCaptureFileOutputRecordingDelegate {
    static let current = MovieManager()
    let session = AVCaptureSession()
```

接下來我們需要的輸入裝置有攝影鏡頭跟麥克風，這裡指定為後置鏡頭，稍後的介面設計上也不進行前後鏡頭切換，這邊的程式就專注在錄影即可。宣告後置鏡頭的程式碼與前個單元一樣，然後再多加一個麥克風裝置。

```
// 後鏡頭
private var backCamera: AVCaptureDeviceInput? {
    let camera = AVCaptureDevice.DiscoverySession(
        deviceTypes: [.builtInWideAngleCamera],
```

```
        mediaType: .video,
        position: .back
    ).devices.first

    if let camera {
        return try? AVCaptureDeviceInput(device: camera)
    }
    return nil
}
// 麥克風
private var microphone: AVCaptureDeviceInput? {
    let microphone = AVCaptureDevice.DiscoverySession(
        deviceTypes: [.builtInMicrophone],
        mediaType: .audio,
        position: .unspecified
    ).devices.first

    if let microphone {
        return try? AVCaptureDeviceInput(device: microphone)
    }
    return nil
}
```

錄製影片的輸出裝置要使用 AVCaptureMovieFileOutput，並且在初始化器中將後置鏡頭與麥克風加到 session 的輸入裝置，AVCaptureMovieFileOutput 加到輸出裝置。

```
class MovieManager: NSObject, AVCaptureFileOutputRecordingDelegate {
    ...
    private let movieOutput = AVCaptureMovieFileOutput()
    override init() {
        super.init()
        if let backCamera, let microphone {
            session.addInput(backCamera)
            session.addInput(microphone)
            session.addOutput(movieOutput)
        }
```

```
    }
}
```

取得預覽圖層所定義的函數與前個單元一樣，一個字都沒有改，如下。所以我們也可以將這兩個類別中相同的程式碼取出，並且定義一個新類別，然後讓現在這個類別去繼承就好了。

```
class MovieManager: NSObject, AVCaptureFileOutputRecordingDelegate {
    ...
    func getPreviewLayer() -> CALayer {
        let layer = AVCaptureVideoPreviewLayer(session: session)
        layer.name = "preview"
        layer.videoGravity = .resizeAspectFill
        return layer
    }
}
```

接下來定義兩個函數，一個是開始錄影，另外一個是結束錄影。這兩個函數都是未來要給 App 上的兩個按鈕呼叫的。在開始錄影的函數中，必須要指定一個存檔的路徑與檔名，存檔位置不能隨意指定，這裡放在/tmp 資料夾中，請參考「檔案存取」章節。

```
class MovieManager: NSObject, AVCaptureFileOutputRecordingDelegate {
    ...
    // MARK: 開始錄影
    func startRecording() {
        let filename = NSTemporaryDirectory() + "tmp.mov"
        let url = URL(fileURLWithPath: filename)
        movieOutput.startRecording(to: url, recordingDelegate: self)
    }

    // MARK: 結束錄影
    func stopRecording() {
        movieOutput.stopRecording()
    }
}
```

當使用者按下「結束錄影」按鈕後，如果我們希望將儲存的影片檔搬移到相簿中，就需要實作下面兩個函數，不然到這裡就完成後端所需要的程式碼，接下來就可以開始設計畫面。如果需要搬移到相簿，程式碼如下。這兩個函數中的第一個定義在 AVCaptureFileOutputRecordingDelegate 協定中，只要呼叫 stopRecording()函數後就會執行到這個函數，這個函數主要的用途就是將影片複製到相簿中，完成後呼叫 completion()函數。在 completion()函數中將錄製後存檔的影片刪除，因為這段影片已經複製到相簿中，所以就可以刪除了。這兩段程式碼非常沒有 SwiftUI 風格，沒錯，因為他們本來就是在 UIKit 框架使用的程式碼。

```
class MovieManager: NSObject, AVCaptureFileOutputRecordingDelegate {
    ...
    // MARK: 將儲存的影片檔複製到相簿
    func fileOutput(_ output: AVCaptureFileOutput, didFinishRecordingTo
outputFileURL: URL, from connections: [AVCaptureConnection], error: Error?)
{
        if UIVideoAtPathIsCompatibleWithSavedPhotosAlbum(
outputFileURL.path()
) {
            UISaveVideoAtPathToSavedPhotosAlbum(
                outputFileURL.path(),
                self,
                #selector(completion),
                nil
            )
        }
    }

    // MARK: 刪除儲存的影片檔
    @objc func completion(_ videoPath: String, error: Error?, contextInfo:
Any?) {
            try? FileManager.default.removeItem(atPath: videoPath)
    }
}
```

後端程式準備就緒，接下來可以進行介面設計了。程式碼幾乎與前面單元一樣，這裡就不再重複解釋，完整程式碼如下。

```
struct ContentView: View {
    private let layer = MovieManager.current.getPreviewLayer()
    var body: some View {
        VStack {
            HStack {
                Button("開始預覽") {
                    DispatchQueue.global().async {
                        MovieManager.current.session.startRunning()
                    }
                }
                Button("錄影開始") {
                    MovieManager.current.startRecording()
                }
                Button("錄影結束") {
                    MovieManager.current.stopRecording()
                }
            }
            .frame(width: 200)

            GeometryReader { proxy in
                PreviewView(
                    previewLayer: layer,
                    proxy: proxy
                ).background(.blue.opacity(0.1))
            }
            .frame(width: 200, height: 200)
        }
    }
}
```

15-5 錄音與放音

錄音有兩種作法，一種是跟前面幾節的作法一樣，將麥克風加到 AVCaptureSession 的輸入裝置，然後輸出裝置使用 AVCaptureAudioDataOutput，並且配合 AVCaptureAudioDataOutputSampleBufferDelegate 協定，但這種作法是當你想要自行處理聲音訊號時使用的，因為麥克風收到的訊號會存放在緩衝區中，我們必須自行將緩衝區資料不斷的取出，然後轉成想要的聲音格式。如果你的工作是專門處理音訊，那就必須從這個方式下手，但如果只是要錄音後存檔，日後再播放，就不需要這麼麻煩了，我們直接透過現成的類別 AVAudioRecorder 與 AVAudioPlayer 即可。這個單元打算介紹這兩個類別。

既然會使用到麥克風，記得在專案的 Info 中加上麥克風授權，如下。

```
Privacy - Microphone Usage Description
```

目前支援的常見錄音格式，如下表。注意，裡面沒有常見的 mp3 格式，因為有授權問題，所以到目前為止我們只能播放 mp3 格式的音樂，但無法產生 mp3 格式的檔案。

錄音格式	參數
AAC (MPEG-4 Advanced Audio Coding)	kAudioFormatMPEG4AAC
ALAC (Apple Lossless)	kAudioFormatAppleLossless
iLBC (internet Low Bitrate Codec, for speech)	kAudioFormatiLBC
IMA4 (IMA/ADPCM)	kAudioFormatAppleIMA4
Linear PCM (uncompressed, linear pulse-code modulation)	kAudioFormatLinearPCM
µ-law	kAudioFormatULaw
a-law	kAudioFormatALaw

播放所支援的格式稍微多一點，包含了 mp3（如下表）。其中 AAC、ALAC 與 MP3 播放時使用硬體解碼，雖然有效率，但是同一時間只能播放一個檔案，如果同時要播放很多聲音檔，則需使用 IMA4 或是 Linear PCM 格式。

放音格式	參數
AAC (MPEG-4 Advanced Audio Coding)	kAudioFormatMPEG4AAC
ALAC (Apple Lossless)	kAudioFormatAppleLossless
HE-AAC (MPEG-4 High Efficiency AAC)	kAudioFormatMPEG4AAC_HE
iLBC (internet Low Bitrate Codec, for speech)	kAudioFormatiLBC
IMA4 (IMA/ADPCM)	kAudioFormatAppleIMA4
Linear PCM (uncompressed, linear pulse-code modulation)	kAudioFormatLinearPCM
MP3 (MPEG-1 audio layer 3)	kAudioFormatMPEGLayer3
µ-law	kAudioFormatULaw
a-law	kAudioFormatALaw

當然這些格式也會隨著時間推進而可能有所變化，不會是永遠一成不變的。程式碼部分，首先自定義一個類別，負責處理錄音與放音。類別中的 recorder 與 player 變數分別負責錄音與放音，他們需要宣告為全域，所以放在類別的這個位置。

```
class AudioManager {
    static let current = AudioManager()
    private var recorder: AVAudioRecorder?
    private var player: AVAudioPlayer?
```

接下來實作一個用來設定錄音與放音時其他也在使用錄放音功能的 App 該怎麼辦的函數。函數 setCategory()中的參數「playAndRecord」表示允許背景錄放音，並且在行動裝置鎖定時也可以錄放音，但專案必須在

Background Modes 加上允許背景 Audio 的授權，而且這個設定也不允許混音。第二行 setActive()函數會 active 目前這個 App 的 Audio 使用權，同時通知其他不允許混音的程式如果他們正在播放音樂的話，就要求他們暫停播放。

```
class AudioManager {
    private func setAudioSession() throws {
        let session = AVAudioSession.sharedInstance()
        // 支援背景錄放音以及不允許混音
        try session.setCategory(.playAndRecord)
        // 通知其他目前播放音樂程式暫停播放
        try session.setActive(true, options: .notifyOthersOnDeactivation)
    }
}
```

在專案中允許背景錄放音設定位置。

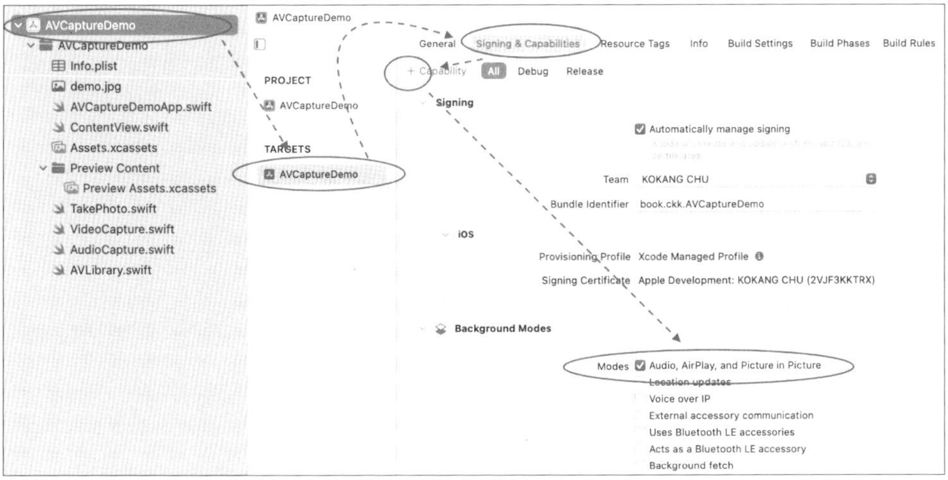

接下來實作開始錄音與停止錄音的兩個函數，如下。

```
class AudioManager {
...
    // MARK: 開始錄音
    func startRecording(_ filename: String) {
        let path = NSHomeDirectory() + "/Documents/" + filename + ".ima4"
        let url = URL(fileURLWithPath: path)

        do {
            try setAudioSession()
            recorder = try AVAudioRecorder(
                url: url,
                settings: [
                    AVFormatIDKey: NSNumber(value: kAudioFormatAppleIMA4)
                ]
            )

            if let recorder, recorder.prepareToRecord() {
                recorder.record()
            } else {
                print("recorder is not ready")
            }
        } catch {
            print(error)
        }
    }
    // MARK: 停止錄音
    func stopRecording() {
        recorder?.stop()
    }
}
```

最後一個要實作的函數為放音函數，如下。

```
class AudioManager {
    ...
    // MARK: 放音
    func play(_ filename: String) {
```

```
        let path = NSHomeDirectory() + "/Documents/" + filename + ".ima4"
        let url = URL(fileURLWithPath: path)
        do {
            player = try AVAudioPlayer(contentsOf: url)
            if let player, player.prepareToPlay() {
                player.play()
            } else {
                print("player is not ready")
            }
        } catch {
            print(error)
        }
    }
}
```

接下來就可以設計介面了，這裡簡單的放三個按鈕，分別是「開始錄音」、「停止錄音」與「播放錄音」，如下。

```
struct ContentView: View {
    var body: some View {
        HStack {
            Button("開始錄音") {
                AudioManager.current.startRecording("test.ima4")
            }
            Button("停止錄音") {
                AudioManager.current.stopRecording()
            }
            Button("播放錄音") {
                AudioManager.current.play("test.ima4")
            }
        }
    }
}
```

執行看看，當然要在實機執行，模擬器是沒有辦法模擬麥克風的。

15-6 條碼

條碼功能已經內建在 AVFoundation 中，只要 AVCaptureSession 的輸入裝置為攝影鏡頭，輸出裝置為 AVCaptureMetadataOutput 並配合 AVCaptureMetadataOutputObjectsDelegate 協定，這樣攝影鏡頭只要看到條碼就可以立刻辨識出內容了。

若對前面拍照與錄影單元都很熟悉的話，這個單元所需要的程式碼基本上不是很大的問題，但問題是，辨識出的條碼內容要怎麼即時送到 SwiftUI 畫面上？這個問題稍後再來處理，我們先把辨識條碼的類別定義出來，基本上跟之前的單元大同小異。這裡要使用的協定換成 AVCaptureMetadataOutputObjectsDelegate，鏡頭使用後置鏡頭即可。

```
class MetadataManager: NSObject, AVCaptureMetadataOutputObjectsDelegate {
    static let current = MetadataManager()
    let session = AVCaptureSession()
    private var backCamera: AVCaptureDeviceInput? {
        let camera = AVCaptureDevice.DiscoverySession(
            deviceTypes: [.builtInWideAngleCamera],
            mediaType: .video,
            position: .back
        ).devices.first

        if let camera {
            return try? AVCaptureDeviceInput(device: camera)
        }
        return nil
    }
}
```

輸出裝置為 AVCaptureMetadataOutput，初始化器內容如下。

```
class MetadataManager: NSObject, AVCaptureMetadataOutputObjectsDelegate {
    ...
    private let metaOutput = AVCaptureMetadataOutput()
    override init() {
        super.init()
        if let backCamera {
            session.addInput(backCamera)
            session.addOutput(metaOutput)

            // 接受所有可識別格式
            metaOutput.metadataObjectTypes = metaOutput.availableMetadata
ObjectTypes
            metaOutput.setMetadataObjectsDelegate(self, queue: .global())
        }
    }
}
```

取得預覽圖層的函數與之前單元一樣，一字未改。

```
class MetadataManager: NSObject, AVCaptureMetadataOutputObjectsDelegate,
ObservableObject {
    ...
    func getPreviewLayer() -> CALayer {
        let layer = AVCaptureVideoPreviewLayer(session: session)
        layer.name = "preview"
        layer.videoGravity = .resizeAspectFill
        return layer
    }
}
```

最後一個函數 metadataOutput()是定義在 AVCaptureMetadataOutput ObjectsDelegate 協定中的函數，用來得到辨識到的條碼內容。

```
class MetadataManager: NSObject, AVCaptureMetadataOutputObjectsDelegate {
    ...
    func metadataOutput(_ output: AVCaptureMetadataOutput, didOutput
metadataObjects: [AVMetadataObject], from connection: AVCaptureConnection)
{
        // 停止預覽（也就是停止辨識）
        session.stopRunning()
        metadataObjects.forEach { data in
            if let data = data as? AVMetadataMachineReadableCodeObject {
                let type = data.type.rawValue
                let value = data.stringValue ?? "NULL"

                print("條碼型態：\(type)")
                print("條碼內容：\(value)")
            }
        }
    }
}
```

主畫面設計

接下來是 App 的介面設計，這部分與前面拍照單元的介面大同小異，把預覽畫面放大一點而已。

```
struct ContentView: View {
    private let avmanager = MetadataManager.current
    var body: some View {
        VStack {
            Button("開始辨識") {
                DispatchQueue.global().async {
                    avmanager.session.startRunning()
                }
            }

            GeometryReader { proxy in
                PreviewView(
```

```
            previewLayer: avmanager.getPreviewLayer(),
            proxy: proxy
        ).background(.blue.opacity(0.1))
    }
    .frame(width: 300, height: 300)
    BarcodeResultView()
  }
 }
}
```

在實機上執行看看。當掃描到任何一個條碼時，會在 Xcode 的 debug console 顯示條碼類別與條碼內容。接下來的問題是，我們要如何將這個資料同步顯示到 App 畫面上？

View 元件即時反應類別中資料

要將類別中的資料同步更新到 SwiftUI 的 View 元件上，在 Storyboard 中很容易處理，不論是透過 delegate 或是 closure 方式都很常見，但在這裡兩者都行不通。這個問題在前面的拍照單元也有這樣的問題，只是在該單元我們只是將拍完的照片存檔，並沒有顯示到 View 元件上，因為想要把問題留到這個地方大家都熟悉架構後再來解決。

在 SwiftUI 中，當類別內的資料有更新，並且要同步反應到 View 元件上，要使用的機制是發佈與訂閱。但這裡有一個大問題，若要讓 MetadataManager 這個類別符合 ObservableObject 協定，並且發佈資料的話，會導致預覽圖層被破壞掉，之後就無法再預覽攝影鏡頭畫面了。造成的原因可能是跟訊息發佈後，經由 UIViewRepresentable 取得的 UIView 元件內容被破壞有關，而預覽圖層就是在這個元件上，但不是確定是否為真正的原因，但我們可以繞過這個問題。

我們再定義一個類別，專門用來發佈辨識到的條碼資料，如下。

```
class BarcodeResult: ObservableObject {
  @Published var data: (type: String, value: String) = ("", "")
}
```

現在在 MetadataManager 類別中初始化 BarcodeResult 類別，並且同時修改辨識到條碼後的 delegate 函數，在此函數中將辨識結果寫入 BarcodeResult 類別進行資料發佈。

```
class MetadataManager: NSObject, AVCaptureMetadataOutputObjectsDelegate {
    ...
    let barcoardResult = BarcodeResult()
    ...

    // 掃描到條碼後會觸發的函數
    func metadataOutput(_ output: AVCaptureMetadataOutput, didOutput
metadataObjects: [AVMetadataObject], from connection: AVCaptureConnection) {
        // 停止預覽（也就是停止辨識）
        session.stopRunning()
        metadataObjects.forEach { data in
            if let data = data as? AVMetadataMachineReadableCodeObject {
                let type = data.type.rawValue
                let value = data.stringValue ?? "NULL"

                print("條碼型態：\(type)")
                print("條碼內容：\(value)")

                DispatchQueue.main.async {
                    self.barcoardResult.data = (type, value)
                }
            }
        }
    }
```

最後修改 App 介面，我們要新增一個 View，這個 View 專門用來顯示辨識結果，這個 View 不能跟有預覽圖層的 View 合成同一個，如下。這裡要用@StateObject 或@ObservedObject 都可以，兩個都不會造成預覽圖層壞掉。

```
struct BarcodeResultView: View {
    @StateObject var result = MetadataManager.current.barcoardResult
    var body: some View {
        VStack {
            Text("條碼類型：\(result.data.type)")
            Text("條碼內容：\(result.data.value)")
        }
    }
}
```

主畫面設計如下。

```
struct ContentView: View {
    private let layer = MetadataManager.current.getPreviewLayer()
    var body: some View {
        VStack {
            Button("開始辨識") {
                MetadataManager.current.barcoardResult.data = ("", "")
                DispatchQueue.global().async {
                    MetadataManager.current.session.startRunning()
                }
            }

            GeometryReader { proxy in
                PreviewView(
                    previewLayer: layer,
                    proxy: proxy
                ).background(.blue.opacity(0.1))
            }
            .frame(width: 300, height: 300)
            BarcodeResultView()
        }
    }
}
```

執行看看，將相機對準某個條碼時，畫面上就會立刻顯示該條碼內容了，如下。

TIPs

攝影鏡頭的預覽圖層在 SwiftUI 中並不是很好處理，目前還有很多問題存在，我們可以在主畫面的程式碼中發現，一開始就先宣告一個常數取得攝影鏡頭的預覽圖層，這是目前我在各種嘗試過程中，讓預覽圖層運作最穩定的寫法，我相信這跟物件的生成時間有很大的關係，這個位置會在 ContentView 初始化完成前就執行完畢，所以如果讓預覽圖層在實際畫面出現前就完成初始化，這會讓系統運作穩定許多。當然最好的方式就是 SwiftUI 直接支援這部分，不需要再藉由 UIViewRepresentable 來橋接到 UIView 元件。

產生條碼

前面我們看到如何辨識各種類型的條碼，這裡我們要來看如何產生條碼。這裡示範兩個產生條碼的函數，一個產生一維條碼，另一個產生 QRCode。產生的圖片使用 CGAffineTransform 放大一些，因預設圖片解析度太小，顯示時會很模糊。

```
// 一維碼
func genBarcode(content: String) -> CIImage? {
    // 條碼內容
    let data = content.data(using: .ascii)
    // 條碼格式：Barcode
    let filter = CIFilter(name: "CICode128BarcodeGenerator")!
    filter.setValue(data, forKey: "inputMessage")
    // 產生條碼
    let transform = CGAffineTransform(scaleX: 10, y: 10)
    return filter.outputImage?.transformed(by: transform)
}

// QRCode
func genQRcode(content: String) -> CIImage? {
    // 條碼內容
    let data = content.data(using: .utf8)
    // 條碼格式：QRCode
    let filter = CIFilter(name: "CIQRCodeGenerator")!
    filter.setValue(data, forKey: "inputMessage")
    // 產生條碼
    let transform = CGAffineTransform(scaleX: 10, y: 10)
    return filter.outputImage?.transformed(by: transform)
}
```

若有其他格式需求，請參考 Apple 官網文件，如下。

https://developer.apple.com/library/archive/documentation/GraphicsImaging/Reference/CoreImageFilterReference/index.html#//apple_ref/doc/uid/TP30000136-SW142

上面這兩個函數呼叫完，會得到型態為 CIImage 的圖片，而 SwiftUI 的 Image 元件並不支援這種型態的圖片。想要在 Image 元件上顯示 CIImage 必須透過 UIImage，所以程式碼看起來如下。

```
Image(uiImage: UIImage(ciImage: ciImage))
```

但用這種方式會有一個嚴重的問題，就是顯示的圖片內容不會自動更新，換句話說，除非 CIImage 一開始就生成，否則在程式執行過程中才產生的 CIImage，無法即時顯示在 Image 元件上。當然有幾種作法，其中一種我們比較熟悉，呼叫 UIKit 的 UIImageView 元件就可以解決。

```
struct MyImageView: UIViewRepresentable {
    var ciImage: CIImage?

    func makeUIView(context: Context) -> UIImageView {
        UIImageView()
    }

    func updateUIView(_ uiView: UIImageView, context: Context) {
        guard let ciImage = ciImage else {
            return
        }
        uiView.image = UIImage(ciImage: ciImage, scale: 4, orientation: .up)
    }

    typealias UIViewType = UIImageView
}
```

接下來就可以設計畫面了，如下。

```
struct BarcodeView: View {
    @State private var text = ""
    @State private var ciImage: CIImage?

    var body: some View {
        VStack {

            TextField("input data", text: $text)
```

```
        HStack {
            Button("Barcode") {
                ciImage = genBarcode(content: text)
            }
            Button("QRCode") {
                ciImage = genQRcode(content: text)
            }
        }
        MyImageView(ciImage: ciImage)
        .frame(width: 200, height: 200)
      }
    }

    func genBarcode(content: String) -> CIImage? {
        ...
    }

    func genQRcode(content: String) -> CIImage? {
        ...
    }
}
```

在實機上執行看看，Xcode14 的模擬器執行時會有條碼無法正確更新的問題，實機正常。下圖左為點選 Barcode 按鈕後產生的一維條碼，下圖右為同一筆資料再按下 QRCode 按鈕後產生的二維條碼。

16 感測器

Part 3 資料模型

16-1 地理座標與電子羅盤

想要知道手機目前所在位置，一般來說是透過 GPS 系統（Global Positioning System）取得人造衛星發出的定位訊號計算出手機所在位置，此種定位方式是較為精準的。在 iPhone 上，除了 GPS 外還有別種定位方式，通常是行動基地台定位或是透過 Wi-Fi 定位，當我們在地下室或是收不到衛星訊號的地方還是可以定位就是透過這兩種方式。非 GPS 定位方式的精準度要看情況，例如基地台越密集的地方通常定位會越精準。

當我們透過程式碼取得一個地理座標（經緯度）時，實際上我們並沒有辦法判斷這個座標是來自於衛星、基地台還是 Wi-Fi，我們也無法限制只能接收某個訊號來源。此外，除了經緯度外，取得座標的函數也同時會傳回所在位置的海拔高度，所以我們同時間可以得到緯度、經度與高度。iPhone 內建的磁力感測器可用來偵測手機目前朝向的方向是東南西北哪個方向（0 表示手機前端指向北方，90 為東方，180 為南方，270 為西方），這個功能可以用來開發電子羅盤相關應用。其程式碼跟取得地理座標方式幾乎完全一樣，只是實作另外一個函數而已，所以這個單元將一併介紹。

這個感測器所測得的資訊，會透過 delegate 機制傳回，因此必須定義一個 class，並且必須實作 CLLocationManagerDelegate 中的函數才能得到感測器傳回的最新數據。此外，要取得這個感測器的資料必須向使用者請求授權，因此在專案的 Info 頁面需要加入下面這兩項隱私項目。

```
Privacy - Location When In Use Usage Description
Privacy - Location Always and When In Use Usage Description
```

接下來開始定義感測器所需要的類別，這個類別要放在 SwiftUI 專案中新增一個 Swift File 類型的檔案或是跟 ContentView 放在一起都可以，然後要匯入 CoreLocation 框架，如下。類別加上 ObservableObject 協定的目的是為了讓 SwiftUI 中的 View 元件可以透過@StateObject 訂閱這個類別中被加上@Published 的兩個變數，因此只要這兩個變數內容一改變，SwiftUI 的 View 元件就會立刻收到並更新顯示畫面。

```
import CoreLocation

class LocationManager: NSObject, ObservableObject,
CLLocationManagerDelegate {
    static let shared = LocationManager()
    private let lm = CLLocationManager()
    @Published var lastLocation: CLLocation?
    @Published var heading: CLHeading?
```

接下來在這個 class 中，實作三個函數，如下。初始化器中的程式碼很簡單，先向使用者請求授權，然後開始更新座標與方向，只要有新的座標與方向資料，就會呼叫接著的兩個函數，這兩個函數都是定義在 CLLocationManagerDelegate 中。

```
override init() {
    super.init()
    lm.requestWhenInUseAuthorization()
    lm.requestAlwaysAuthorization()
```

```
    lm.delegate = self
    lm.startUpdatingLocation()
    lm.startUpdatingHeading()
}

func locationManager(_ manager: CLLocationManager, didUpdateLocations
locations: [CLLocation]) {
    // 取得座標與高度資料
    guard let location = locations.last else {
        return
    }
    lastLocation = location
}

func locationManager(_ manager: CLLocationManager, didUpdateHeading
newHeading: CLHeading) {
    // 取得面朝方向資料
    heading = newHeading
}
```

接下來就可以在 ContentView 中訂閱符合 ObservableObject 協定的 LocationManager 類別了，如下。

```
struct ContentView: View {
    @StateObject private var lm = LocationManager.shared
    var body: some View {
        List {
            Section("緯度") {
                Text("\(lm.lastLocation?.coordinate.latitude ?? 0)")
            }
            Section("經度") {
                Text("\(lm.lastLocation?.coordinate.longitude ?? 0)")
            }
            Section("高度") {
                Text("\(lm.lastLocation?.altitude ?? 0)")
            }
            Section("正北") {
```

```
            Text("\(lm.heading?.trueHeading ?? -1)")
        }
        Section("磁北") {
            Text("\(lm.heading?.magneticHeading ?? -1)")
        }
      }
    }
}
```

執行後的畫面如下，此為實機執行結果，若在模擬中執行只能得到經緯度座標，高度與方向都得不到數據。

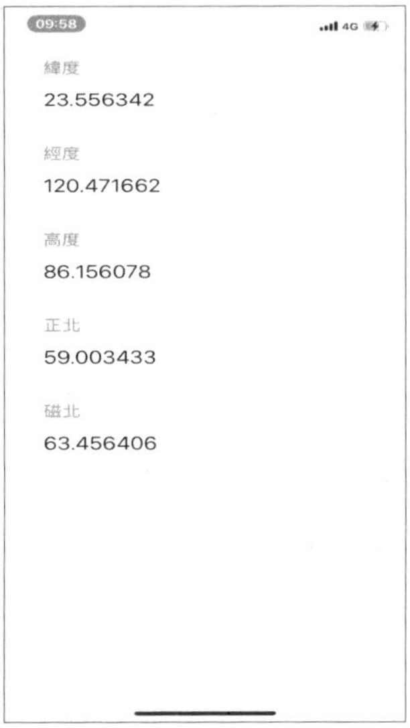

16-2 加速儀、陀螺儀與磁力儀

我們常聽到的九軸感測器，指的是加速儀、陀螺儀與磁力儀這三個感測元件分別在 X、Y、Z 三個方向上的數值，所以稱為九軸感測。

加速儀，用來偵測加速度，偵測到的數值會再加上重力加速度，例如將手機平放在桌面且螢幕朝上時，X 與 Y 軸得到的數據為大致上為零（感測器數據會飄動），在 Z 軸得到的數據為-1，表示 1 個重力加速度。加速計傳回來的資料型態為倍精確小數，單位為 G，也就是 9.81 m/s^2。下表為手機在桌面上各種放置方式，其 X、Y、Z 三軸所收到的加速儀數值。

姿勢	X、Y、Z 三軸值		
平放桌面，螢幕朝上	X = 0	Y = 0	Z = -1
平放桌面，螢幕朝下	X = 0	Y = 0	Z = 1
橫向、底部在左側（電源鍵朝下）	X = 1	Y = 0	Z = 0
橫向、底部在右側（電源鍵朝上）	X = -1	Y = 0	Z = 0
直向、底部在下	X = 0	Y = -1	Z = 0
直向、底部在上（上下顛倒）	X = 0	Y = 1	Z = 0

陀螺儀，傳統的陀螺儀是一個高速旋轉的機械裝置，當陀螺儀轉動的時候，如果沒有外力影響時，根據角動量守恆定律，陀螺儀的旋轉軸方向是固定的。現在手機中的陀螺儀當然不可能用一個真正會旋轉的機械裝置，還有很多不同運作原理的陀螺儀，例如利用雷射光或是目前電子產品中使用的 MEMS 電子陀螺儀。雖然跟傳統的陀螺儀運作原理不一樣，但都可以算出角速度。因此，我們可以利用陀螺儀的特性，計算出行動裝置在三個軸向上的角度。

陀螺儀傳回來的資料型態為倍精確小數，單位為弧度/秒。採用右手規則，以 X 軸為例，用右手握住 X 軸，拇指方向朝向 X 軸右方，若裝置的旋轉方向沿著其他四指方向旋轉，傳回正值，如下圖。

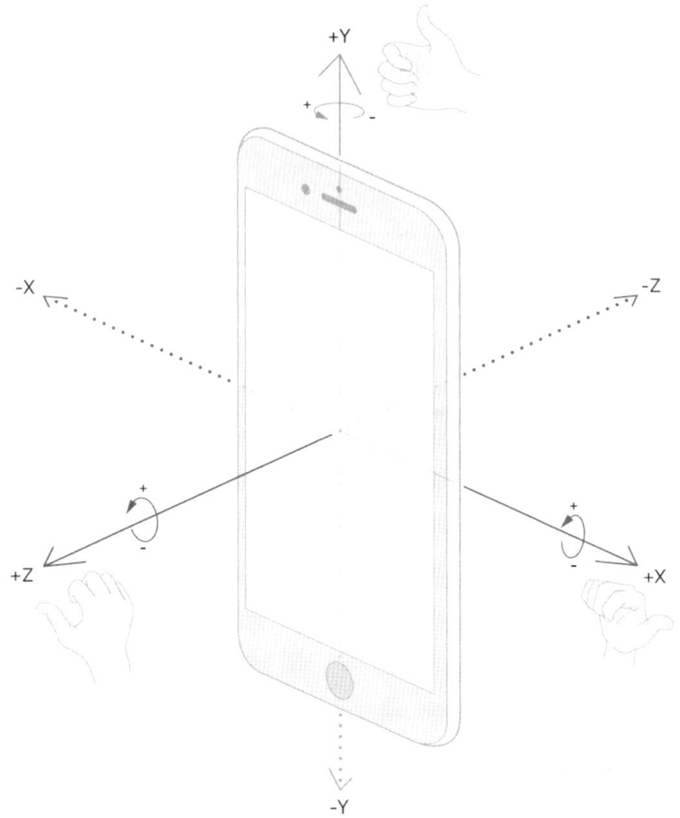

（此圖摘自 Apple 官方文件）

磁力儀，負責偵測 X、Y、Z 三個軸的磁場強度，這裡所量得的數據為磁力儀原始數據，包含了地球磁場強度加上裝置本身產生的磁場與環境產生的磁場。磁力計測得的數據為倍精確小數，其單位為 μT（微特斯拉）。

除此之外，CMMotionManager 也將這些原始數據經由計算提供了更高階的數據方便我們使用，稱之為裝置動作（device-motion），資料包含了行動裝置目前的姿勢（attitude）、含重力的加速度值（gravity）、不含重力的加速度值（user acceleration）、轉動率（rotation rate）與磁場強度（magnetic field）。其中的姿勢會取得 pitch、yaw 與 roll 這三個數據，代表的意思如下圖，其他各項資料都會再細分成 x、y、z 三個軸。

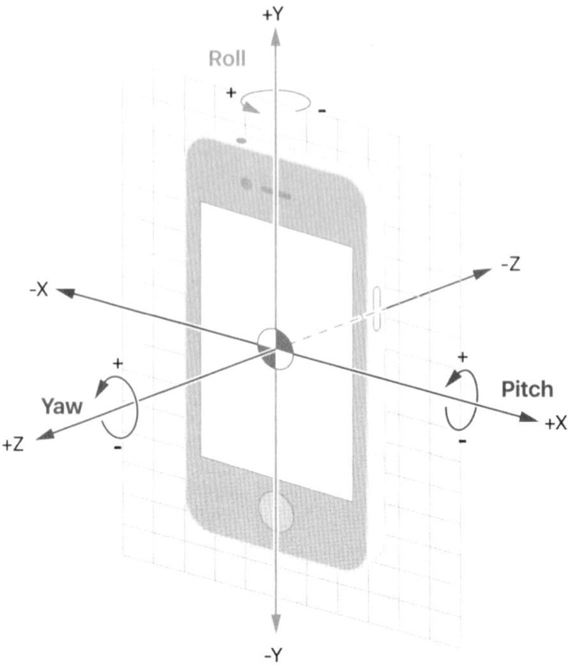

（此圖摘自 Apple 官方文件）

有了基本的概念之後，接下來要透過程式碼來抓這些感測器的資料了，程式寫法很類似上一節的寫法，首先匯入 CoreMotion 框架，並且定義一個類別。這個類別中一樣使用發佈與訂閱機制，將感測器取得的數據發佈出去。

```
import CoreMotion

class MotionManager: NSObject, ObservableObject {
    static let shared = MotionManager()
    private let mm = CMMotionManager()
    // 加速儀
    @Published var acceleration: CMAcceleration?
    // 陀螺儀
    @Published var rotationRate: CMRotationRate?
    // 磁力儀
    @Published var magneticField: CMMagneticField?
```

```
    // 裝置動作
    @Published var deviceMotion: CMDeviceMotion?
```


這幾個感測器取得的數據不像 GPS 座標是透過 delegate 機制傳回的，這裡是透過 Closure 區段取得最新資料，因此上面的 MotionManager 類別不需要實作初始化器來設定 delegate，直接實作取得四項數據的四個函數就可以了。

```
// 加速儀
func startAccelerometerUpdates() {
    mm.startAccelerometerUpdates(to: OperationQueue()) { data, error in
        DispatchQueue.main.async {
            self.acceleration = data?.acceleration
        }
    }
}

// 陀螺儀
func startGyroUpdates() {
    mm.startGyroUpdates(to: OperationQueue()) { data, error in
        DispatchQueue.main.async {
            self.rotationRate = data?.rotationRate
        }
    }
}

// 磁力儀
func startMagnetometerUpdates() {
    mm.startMagnetometerUpdates(to: OperationQueue()) { data, error in
        DispatchQueue.main.async {
            self.magneticField = data?.magneticField
        }
    }
}

// 裝置動作
func startDeviceMotionUpdates() {
```

```
    mm.startDeviceMotionUpdates(using: .xTrueNorthZVertical, to:
OperationQueue()) { data, error in
        DispatchQueue.main.async {
            self.deviceMotion = data
        }
    }
}
```

最後類別中再加一個停止更新數據的函數，這裡簡單處理即可，也就是一次就全關了。

```
func stop() {
    mm.stopAccelerometerUpdates()
    mm.stopGyroUpdates()
    mm.stopMagnetometerUpdates()
    mm.stopDeviceMotionUpdates()
}
```

最後在 ContentView 中透過 List 將數據呈現出來即可，這裡僅呈現兩種數據當成範例，其他數據請需要的讀者自行舉一反三即可

```
struct MotionSensor: View {
    @StateObject private var motionManager = MotionManager.shared
    // 陀螺儀
    private var gryo: CMRotationRate? {
        motionManager.rotationRate
    }
    // 裝置動作 - 重力
    private var gravity: CMAcceleration? {
        motionManager.deviceMotion?.gravity
    }

    var body: some View {
        VStack {
            HStack {
                Button("Start") {
                    motionManager.startGyroUpdates()
```

```
                    motionManager.startDeviceMotionUpdates()
                }
                Button("Stop") {
                    motionManager.stop()
                }
            }
            List {
                Section("陀螺儀") {
                    Text(gryo?.x ?? 0, format: .number)
                    Text(gryo?.y ?? 0, format: .number)
                    Text(gryo?.z ?? 0, format: .number)
                }

                Section("加速度(含重力加速度)") {
                    Text(gravity?.x ?? 0, format: .number)
                    Text(gravity?.y ?? 0, format: .number)
                    Text(gravity?.z ?? 0, format: .number)
                }
            }


        }
    }
}
```

執行看看。這裡的資料都需要在實機上才跑的出來,模擬器沒有辦法模擬這些感測器。

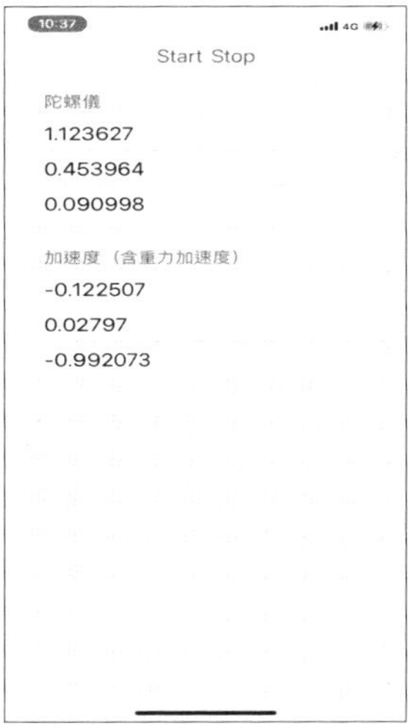

17 檔案存取

17-1 App 的沙盒

要將資料儲存在檔案中，就必須先瞭解沙盒（sandbox）是什麼，因為他牽涉到我們能夠將檔案存在哪裡，以及能夠讀取哪個地方的檔案。基於安全機制，每個 App 在執行時都在一個獨立的環境下執行，這個環境稱為沙盒。而檔案存取也都必須在沙盒中。意思是，沒有遭受破解的手機（jailbreak），App 無法存取沙盒以外的檔案，也就是無法直接存取別的 App 沙盒中的資料。沙盒內容主要分為四個部分，如下圖，右側的程式碼是取得各部分的根目錄位置，稍後會介紹程式碼。

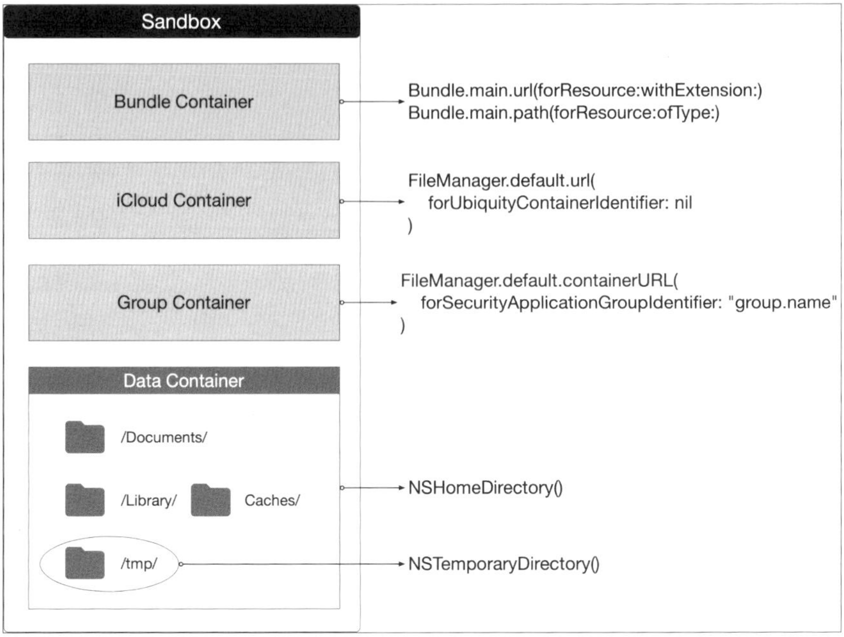

Bundle Container

這部分存放的是 App 編譯後的執行檔、圖檔、憑證與其他檔案...等資料。假設我們將一個 mp3 音樂檔放到在 Xcode 專案中，這個檔案實際的位置就會在 App 的 Bundle Container 裡面。對我們的程式而言，這個位置的檔案內容是唯讀的，也就是我們不能將資料寫入這個地方。

如果想要瞭解 Bundle Container 的實際內容，可以透過模擬器來看 App 的 Bundle Container 中長什麼樣子。請先將一個 mp3 或是 mov 這類型的檔案拖到 Xcode 專案中，然後透過下面這段程式碼就可以得到 App 在模擬器執行時，Bundle Container 所在處。

```
Button("click") {
    let path = Bundle.main.path(forResource: "demo.mov", ofType: nil)
    print(path)
}
```

執行後會在 Xcode 的 debug console 看到一個很長的路徑，去除最後的 demo.mov 檔名後就是 Bundle Container 所在位置，類似這樣的字串。

```
/Users/ckk/Library/Developer/CoreSimulator/Devices/AF14E011-4DE8-4961-B
097-7EBE6563D8A3/data/Containers/Bundle/Application/7BD9F617-66CD-439C-
9E48-794F3DA1A2B1/Hello.app/
```

開啟終端機，使用 cd 指令進到上面這個路徑，就可以看到內容，當然也可以透過 Finder 連到這個路徑。

在 Hello.app 上按滑鼠右鍵點選「顯示套件內容後」，App 中的各目錄結構與檔案如下圖所示。

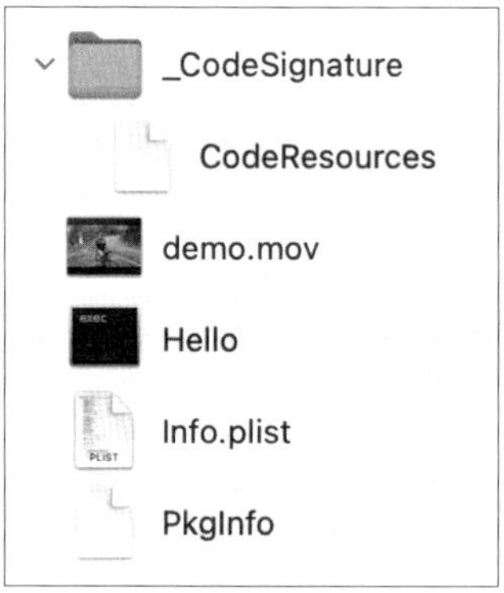

iCloud Container

這部分的內容會跟 iCloud 同步。如果我們希望儲存的檔案能夠上傳到 iCloud 做備份，或是在數個裝置間自動同步，只要將檔案放到 iCloud Container 就可以了，然後 iOS 就會自動將這個檔案與雲端同步。之後若使用者將 App 刪除後又重裝，iOS 會自動將儲存在 iCloud 中的檔案重新下載回 iPhone 或 iPad 上，使用者讀檔時就會讀到原本的資料。

要使用 iCloud Container 時，使用者必須先在 iPhone 或 iPad 裝置登入他的 iCloud 帳號，想要在模擬器上測試這個功能，模擬器也需要登入 iCloud 帳號。然後專案中必須在「Signing & Capabilities」頁面加上 iCloud 授權。

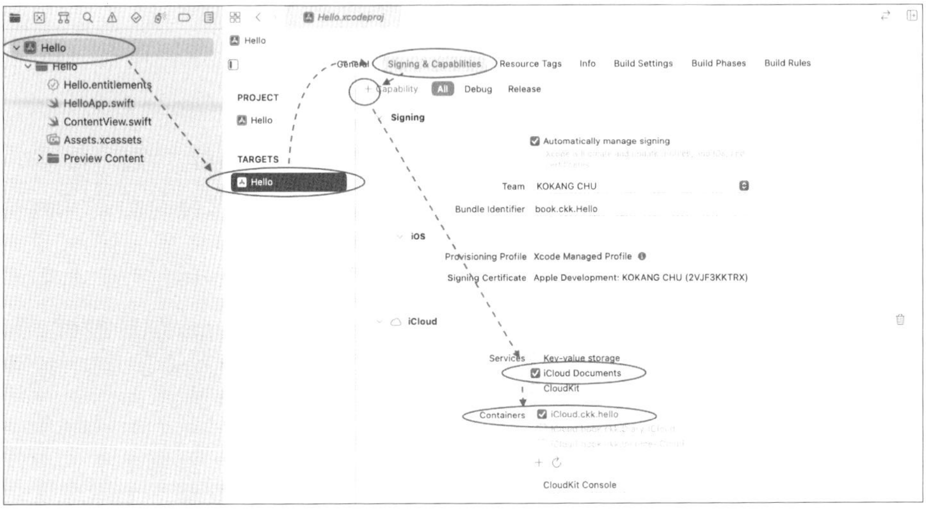

到這裡，iCloud Container 才會建立起來，接下來就可以透過下面這段程式碼取得 iCloud Container 的根目錄位置了。

```
Button("click") {
    if FileManager.default.ubiquityIdentityToken == nil {
        print("使用者未登入 iCloud")
    } else {
        let icloud_root = FileManager.default.url(
            forUbiquityContainerIdentifier: nil
        )
        print(icloud_root)
    }
}
```

在模擬器中執行看看，目錄名稱類似下面這樣的字串。

```
file:///Users/ckk/Library/Developer/CoreSimulator/Devices/AF14E011-4DE8
-4961-B097-7EBE6563D8A3/data/Library/Mobile%20Documents/iCloud~ckk~hell
o/
```

Group Container

Group Container 是讓兩個 App 間可以共享檔案，但前提是這兩個 App 必須是同一個開發帳號所發佈的 App。我們可以設定多個 Group Container，目的是讓多個 App 彼此間擁有個別的共享空間，例如 App A 與 App B 之間有自己的 Group Container，而 App B 與 App C 也有自己的 Group Container，這兩個 Group Container 是獨立的。

想要建立 Group Container，必須在專案中加入 App Groups 這個授權，位置請參考前述的 iCloud Container 圖例。

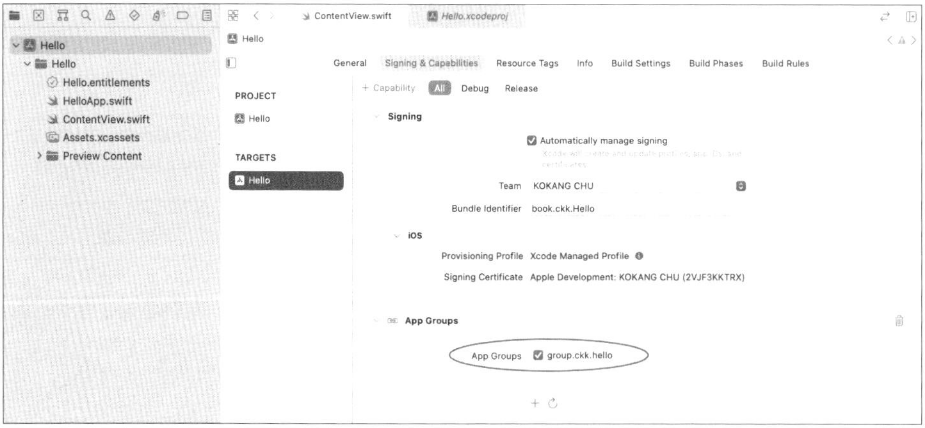

現在 Group Container 就建立起來了，接下來可以使用下面這段程式碼取得 Group Container 的根目錄位置。

```
Button("click") {
    let group_root = FileManager.default.containerURL(
```

```
    forSecurityApplicationGroupIdentifier: "group.ckk.hello"
  )
  print(group_root)
}
```

在模擬器中執行看看，目錄名稱類似如下。

```
file:///Users/ckk/Library/Developer/CoreSimulator/Devices/AF14E011-4DE8
-4961-B097-7EBE6563D8A3/data/Containers/Shared/AppGroup/009BF7D3-9135-4
9EA-89A0-4768330FB39A/
```

Data Container

這個 Container 是最重要的一個。使用者的資料若沒有想要跟 iCloud 同步或是跟別的 App 共享，資料就必須存在 Data Container 中。目前 Data Container 在 App 啟動後已經預先建立好幾個目錄。使用者產生的重要資料必須儲存在/Documents 目錄下（注意 D 大寫），App 在備份的時候也會備份這個目錄下的資料。暫存用的資料有兩個地方可以放，其中/Library/Caches 的資料在儲存空間不足時作業系統會自動刪除，而/tmp 下的資料需要透過 App 程式來刪除，也就是 App 的設計者必須撰寫刪除/tmp 內容的程式碼，否則 App 佔的儲存空間會越來越大。

在 Data Container 中，基本上只有「/Documents」、「/Library/Caches」與「/tmp」這三個目錄可以自由存檔、讀取其內容、任意命名檔名、搬移、複製或建立子目錄...等，至於其他目錄都是特定 API 使用的，原則上不歸我們管。

有兩個內建的函數可以取得 Data Container 的根目錄位置，以及/tmp 目錄位置，分別是 NSHomeDirectory()與 NSTemporaryDirectory()。下面這段程式碼就可以取得 Data Container 的根目錄，也稱為 App 的家目錄。

```
Button("click") {
    print(NSHomeDirectory())
}
```

在模擬器中執行看看，得到的路徑類似如下。

```
/Users/ckk/Library/Developer/CoreSimulator/Devices/AF14E011-4DE8-4961-B
097-7EBE6563D8A3/data/Containers/Data/Application/ADA49DC7-5A84-4D26-A6
B6-9968891D8AFC
```

可以透過 Finder 看到這個路徑中的檔案結構，如右。

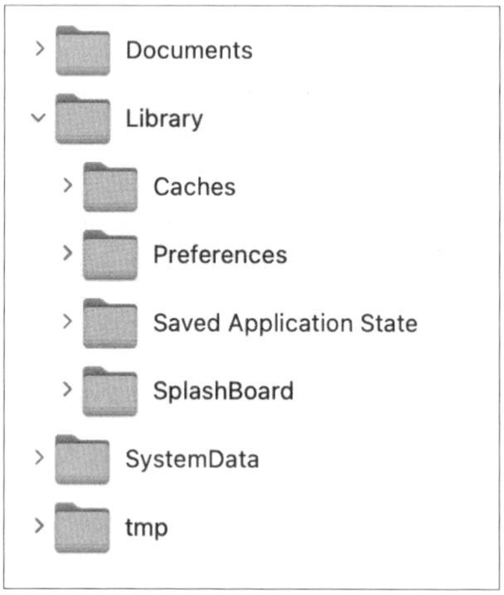

現在應該對 App 沙盒內容有基本的認識，接下來各單元的檔案存取範例都會以 Data Container 為主，其他 Container 基本上都一樣，請大家舉一反三了。

17-2 存檔與讀取

將資料存檔與將資料從檔案中讀出來，直接透過 String 與 Data 型態內建的方法即可，前者處理的是文字類型資料（單純的文字），後者則是二位元資料（例如 mp3、jpeg、mov...等）。先以 String 為範例，路徑與檔名的寫法有兩種，一種是 path，另一種是 url。先看 path，寫法如下。

```
let path = NSHomeDirectory().appending("/Documents/file.txt")

// 存檔
let s = "要存檔的字串"
try! s.write(toFile: path, atomically: true, encoding: .utf8)
// 讀檔
let text = try! String(contentsOfFile: path)
```

另一種是用 url 來表示路徑與檔名，寫法如下。

```
let url = URL(filePath: NSHomeDirectory().appending("/Documents/
file.txt"))

// 存檔
let s = "要存檔的字串"
try! s.write(to: url, atomically: true, encoding: .utf8)
// 讀檔
let text = try! String(contentsOf: url)
```

在存檔的函數中，參數 atomically 代表是否使用臨時檔案儲存資料。如果為 true，表示資料會先儲存到一個臨時檔案中，成功後才會改檔名，如果為 false，則是將資料直接寫到所指定的檔案。這個參數的目的就是怕存檔到一半 App 當掉導致檔案損毀，所以建議這個參數填 true。

實際範例

我們透過一個實際的範例，來說明如何儲存使用者輸入的資料，並且當 App 關掉後還可以再讀出來顯示到畫面上。

```
struct ContentView: View {
    private let url = URL(filePath: NSHomeDirectory().appending
("/Documents/file.txt"))
    @State private var text = ""
    var body: some View {
        VStack {
```

```
            HStack {
                Button("Save") {
                    try! text.write(to: url, atomically: true, encoding: .utf8)
                }
                Button("Load") {
                    text = try! String(contentsOf: url)
                }
                Button("Clear") {
                    text = ""
                }
            }
            .buttonStyle(.bordered)

            TextField("note", text: $text, axis: .vertical)
                .lineLimit(10, reservesSpace: true)
                .background(.green.opacity(0.1))
                .padding()
        }
        .onAppear {
            print(NSHomeDirectory())
        }


    }
}
```

這段程式碼特別在最後加上了一個 onAppear 修飾器，因此可以看到 Data Container 所在的目錄。在模擬其執行並且存檔後可以進這個目錄中找到 file.txt，該檔案的內容就是我們在 TextField 輸入的資料。這個 App 執行後的畫面如右。

二位元格式

二位元格式的資料存取，就不能使用 String 來處理了，必須使用 Data。存取上與 String 大同小異，除了只能使用 url 表示路徑與檔名而不能使用 path 外，也多了跟資訊安全有關的參數設定。

```
// 存檔
let url = URL(filePath: NSHomeDirectory().appending("/Documents/file"))

let data = "要存檔的字串".data(using: .utf8)
try! data?.write(to: url)
// 讀檔
let result = try! Data(contentsOf: url)
```

跟資訊安全有關的參數放在 write()函數的 options 參數中，例如下面範例。

```
data?.write(to: url, options: .completeFileProtection)
```

根據文件說明，這個參數會將檔案內容加密，並且只有在裝置解鎖的時候才能存取檔案，其他時候都無法存取。

17-3 FileHandle

上個單元看到的存檔與讀取，是透過 String 與 Data 內建的方法來進行，這其實是非常簡化也是非常高階的檔案存取方式，我們不用管很多在檔案存取上的許多細節，一切交給這兩個類別去處理就好了。但標準的檔案存取包含了開檔、存取與關檔，其中開檔還細分成開檔類型是唯讀、唯寫或可讀可寫，加上移動檔案指標等進階操作。雖然 FileHandle 不是很困難的概念，但這部分留給有需求的讀者，一般來說我們只要使用上個單元的存取方式就可以了。

使用 FileHandle 進行檔案存取時，檔案必須先存在，否則不論哪一種開檔類型都會產生失敗結果，因此開檔前檢查檔案是否存在是必要程序。下面的程式碼會先檢查/Documents/file.txt 是否存在，若不存在建立 file.txt 空檔（沒有內容）。

```
let path = NSHomeDirectory() + "/Documents/file.txt"

if !FileManager.default.fileExists(atPath: path) {
   FileManager.default.createFile(atPath: path, contents: nil)
}
```

接下來看幾個範例，瞭解如何透過 FileHandle 進行檔案存取。這邊的程式碼建議不要省略錯誤處理，因為檔案存取會有很多原本想不到的問題導致存取失敗，例如權限不足或是內容錯誤，加上錯誤處理才不會讓 App 突然當掉。

唯寫

首先透過 FileHandle 開檔，開檔類型為唯寫，也就是無法讀取這個檔案內容，只能寫入資料。寫入的資料類型只能是 Data 型態，所以 String 型態的資料必須轉成 Data。寫入後呼叫 synchronize()函數將緩衝區中的資料「立刻」寫入永久記憶體，最後記得關檔。不加 synchronize 也可以，但這時就是等關檔指令或是等作業系統自己執行 synchronize 時才會真的儲存到永久記憶體中。

```
if let f = FileHandle(forWritingAtPath: path) {
   do {
      let data = "1234".data(using: .utf8)
      try f.write(contentsOf: data!)
      try f.synchronize()
      try f.close()
   } catch {
      print(error.localizedDescription)
```

```
    }
} else {
    print("file cannot open")
}
```


唯讀

開檔類型為唯讀類型，因此這個檔案開啟後就只能讀取資料，無法寫入資料。讀出的型態一律是 Data 型態，若原本是 String 型態，需要自行做型別轉換。函數 readToEnd()一次讀出檔案中的全部資料，若改成 read(upToCount: 10)就只讀 10 bytes。

```
if let f = FileHandle(forReadingAtPath: path) {
    do {
        if let data = try f.readToEnd() {
            print(String(data: data, encoding: .utf8)!)
        }
        try f.close()
    } catch {
        print(error.localizedDescription)
    }
} else {
    print("file cannot open")
}
```

可讀可寫

若檔案中已經存在資料，現在需要將新的資料附加在原本資料的尾端，這是就需要在開檔後使用 seekToEnd()移動檔案指標到檔案結尾，然後再寫入新的資料。若沒有移動檔案指標，這時新的資料就會從檔案中的第一個字開始，以覆蓋的方式寫入資料，所以如果要附加新的資料，記得一定要移動檔案指標。

```
if let f = FileHandle(forUpdatingAtPath: path) {
    do {
        let data = "new data".data(using: .utf8)
        try f.seekToEnd()
        try f.write(contentsOf: data!)
        try f.synchronize()
        try f.close()
    } catch {
        print(error.localizedDescription)
    }
} else {
    print("file cannot open")
}
```

17-4 檔案管理

檔案管理主要包含了目錄與檔案的建立、刪除、複製、移動…等相關函數，這些函數被定義在 FileManager 類別中。對 iOS 系統而言，目錄與檔案的差異除了建立以外，其他的操作函數都是一樣的，只要對象是目錄，就是對目錄進行操作；若對象是檔案，就是對檔案進行操作。

取得現行工作目錄

FileManager 提供的功能非常多，使用時先透過 FileManager.default 取得實體後呼叫所定義的各種函數即可，這是一個「單例」(singleton) 設計。例如我們想要知道目前的工作目錄，可以使用下面的程式碼取得。此相當於 UNIX 的 pwd 指令。

```
let pwd = FileManager.default.currentDirectoryPath
print(pwd)
```

更改現行工作目錄

如果我們要在 Documents 目錄下做許多事情時，這時將現行工作目錄改成 Documents 會比較方便。此相當於 UNIX 的 cd 指令。

```
let path = NSHomeDirectory() + "/Documents"
FileManager.default.changeCurrentDirectoryPath(path)
```

建立目錄

在現行工作目錄下建立名稱為 data 的目錄，此相當於 UNIX 的 mkdir 指令。若現行工作目錄為「NSHomeDirectory() + "/Documents"」，下面程式碼執行後，會在 Documents 目錄下增加一個 data 子目錄。

```
FileManager.default.createDirectory(
    atPath: "data",
    withIntermediateDirectories: true
)
```

第二個參數 withIntermediateDirectories 為 true 的意思是，如果要建立的目錄是在好幾層後，而中間的目錄又還沒建立，此時會連中間的目錄一起建立，例如下面這個路徑，其中 private 與 paper 這兩層目錄都還沒有建立時，就會連同這些目錄一併建立。這個參數相當於 UNIX 指令 mkdir 的-p 參數。

```
FileManager.default.createDirectory(
    atPath: "private/paper/data",
    withIntermediateDirectories: true
)
```

建立檔案

我們可以在現行工作目錄下建立一個檔案，如果成功回傳回 true，失敗則傳回 false。參數 contents 可以傳進一個型態為 Data 的資料，這時就會順便把這個資料一併儲存起來，如果該檔案已經存在，則舊有的資料會被覆蓋，因此這個函數要小心使用。

```
let ret = FileManager.default.createFile(
    atPath: "file",
    contents: nil
)
```

複製檔案與目錄

複製檔案與目錄意思是一樣的，如果來源路徑是目錄，則是複製目錄，如果來源路徑是檔案，則是複製檔案。如果複製的是目錄，會連該目錄下的子目錄一併複製。此相當於 UNIX 的 cp -r 指令。

```
FileManager.default.copyItem(
    atPath: "source",
    toPath: "destination"
)
```

來源跟目的除了是 path 外，也可以是 URL 型態，如下。

```
FileManager.default.copyItem(
    at: url_source,
    to: url_destination
)
```

搬移檔案與目錄

搬移跟複製一樣，如果來源路徑是目錄，則是搬移目錄，如果來源路徑是檔案，則是搬移檔案。如果搬移的是目錄，會連該目錄下的子目錄一併搬移。此相當於 UNIX 的 mv -r 指令。

```
FileManager.default.moveItem(
    atPath: "source",
    toPath: "destination"
)
```

來源跟目的除了是 path 外，也可以是 URL 型態，如下。

```
FileManager.default.moveItem(
    at: url_source,
    to: url_destination
)
```

修改檔案名與目錄名

修改檔案名稱或目錄名稱與搬移 moveItem()是同一個函數，只要目標為新的名稱就是修改名稱了。

刪除檔案與目錄

刪除使用的函數是 removeItem()，若名稱是檔案則刪除檔案，若名稱是目錄則刪除目錄，包含子目錄都會一併刪除。此相當於 UNIX 的 rm -r 指令，但不支援萬用字元，意思是不能刪除檔案「*.txt」。

```
FileManager.default.removeItem(atPath: "file.txt")
```

也支援 URL 型態的路徑名稱，如下。

```
FileManager.default.removeItem(at: url)
```

檢查檔案或目錄是否存在

若要檢查的對象可以是檔案也可以是目錄，如果存在則傳回 true，不存在則傳回 false。

```
let path = NSHomeDirectory() + "/Documents"
if FileManager.default.fileExists(atPath: path) {
    print("file exists")
}
```

17-5 設定不備份

使用者在進行裝置資料備份到 iCloud 的時候，預設 Documents 下的資料會全部備份。但我們知道 iCloud 的免費空間目前只有 5GB，因此備份時，能夠排除一些資料不要備份，可以更有效的運用有限空間以及備份檔上傳到雲端所需要的時間。其實 Apple 在這個地方有一個 App 的上架審核規定，當 Documents 下的檔案可以再次從雲端下載回來時，這個檔案應該要標示為「不需備份」，例如從網路上下載的影片，如果放在 Documents 目錄下時，就應該要設定「不需備份」，因為這個影片檔如果損壞，使用者可以再一次從網路上下載回來。

要標示檔案為「不需備份」的作法如下。

```
var values = URLResourceValues()
values.isExcludedFromBackup = true

let path = NSHomeDirectory() + "/Documents/pianoshow.mov"
var url = URL(fileURLWithPath: path)
try! url.setResourceValues(values)
```

由於有些檔案操作的函數會重置這個屬性，因此 Apple 官方建議每次儲存這個檔案的時候都重新設定一次「不需備份」。這份官方文件請參考下面的 QR Code。

https://developer.apple.com/documentation/foundation/optimizing_your_app_s_data_for_icloud_backup/

17-6 UserDefaults 類別

UserDefaults 類別是一個將資料儲存成 key - value 格式的類別，資料會實際儲存到檔案中，因此不用擔心 App 當掉或是重開 App 造成資料不見。使用 UserDefaults 儲存資料時不需要設定檔名與存檔路徑，UserDefaults 自動幫我們處理好這些問題，由於資料是 key – value 格式，所以我們只要為要儲存的資料取一個 key 名稱就可以了，而 key 必須是唯一的，不可以重複。語法上有兩種，一種是標準用法，另外一種則是 SwiftUI 中的專屬用法，兩種語法都可以。先來看標準用法。

儲存資料使用 setValue()函數，原則上只要不是自訂的型態都可以儲存，自訂型態必須要序列化後才能儲存，有點麻煩，這裡就使用常見的型態作範例。

```
// 字串型態
UserDefaults.standard.setValue("Hello, World!", forKey: "key1")
// 數字型態
UserDefaults.standard.setValue(3.1416, forKey: "key2")
// 數字陣列
UserDefaults.standard.setValue([1, 2, 3, 4], forKey: "key3")
// 字典型態
UserDefaults.standard.setValue(["name": "David"], forKey: "key4")
```

資料取出時需按照型態呼叫對映的函數，程式碼如下。

```
let str = UserDefaults.standard.string(forKey: "key1")
print(str)

let value = UserDefaults.standard.double(forKey: "key2")
print(value)

let arr = UserDefaults.standard.array(forKey: "key3") as! [Int]
print((arr[0], arr[1], arr[2]))

let dict = UserDefaults.standard.dictionary(forKey: "key4") as! [String:
String]
print(dict["name"])
```

由於 key 的名稱絕對不能重複，否則儲存的資料會被覆蓋，而且大小寫也有差別，因此在實務上，會將所有需要的 key 先定義出來放在一個專屬的檔案中，然後避免在 key 的位置使用字串的方式填入，例如會類似像下面這樣的作法。使用時 key 的位置只能使用大寫定義好的常數，而不能使用後面的字串，這樣可以避免很多不小心打錯字而產生的 bug。

```
let KEY_USER_ID = "key_user_id"
let KEY_USER_EMAIL = "key_user_email"
```

使用 UserDefaults 儲存資料，我們既不用管檔名也不用管路徑，但事實上確實會將資料儲存在檔案中，而這個檔案位置在 Data Container 中的 /Library/Preferences 路徑下，檔名為專案的 Bundle ID，附檔名為 plist 的檔案。其實這是一個 key – value 類型的資料庫，所有資料就儲存在這裡。

不使用單例

使用 UserDefaults 類別時，會看到 standard 這個字，這是一個使用單例方式來取得 UserDefaults 實體，當使用這種方式時，實際儲存資料的檔名就是內建的檔名。如果需要的話，我們可以創建另外一個檔案來儲存資料。在一個非常大型的專案中，通常會有多個小組負責 App 中不同部分，此時會有不同小組的資料要儲存在不同檔案的需求，因為同一個檔案 key 不能重複，不同小組間還要協調 key 的名稱太麻煩，因此分成不同檔案就不會有這個問題。當有這個需求時，只要自己初始化 UserDefaults 類別就可以了，如下。


```
UserDefaults(suiteName: "team1")?.setValue(100, forKey: "key1")
```

取出資料也是加上 suitName 參數即可，如下。

```
let value = UserDefaults(suiteName: "team1")?.integer(forKey: "key1")
```

這時會在/Library/Preferences 下產生另外一個 key – value 資料庫，檔名為 team1.plist。

SwiftUI 風格的 UserDefaults

前述的這些寫法在 SwiftUI 中一樣可以運行，但看起來比較沒有 SwiftUI 的風格。SwiftUI 提供了一個 Property Wrapper：@AppStorage，讓 UserDefaults 類別包在這個 Property Wrapper 中，這樣寫出的程式風格更貼近 SwiftUI。

```
struct UserDefaultsSwiftUI: View {
    @AppStorage("name") private var name = ""
    var body: some View {
        Form {
            TextField("user name", text: $name)
        }
    }
}
```

這段程式碼可以讓使用者在 TextField 中每輸入一個字就儲存一個字，所以不需要等使用者全部輸入完畢後再一次儲存起來。當然要改成全部輸入完後按個按鈕再儲存也可以，這部分就留給讀者思考了。

18 執行緒與非同步函數

18-1 說明

一般程式在執行時，同一時間只會有一行程式碼在 CPU 中執行，其他要執行的程式碼都會排隊，等前一個執行完才會輪到下一個執行。但可以透過一些方式，讓 CPU 同時執行兩行以上程式碼，尤其現在的 CPU 多半是多核心 CPU，若每個核心都能執行一行程式碼，App 的執行效率會比一次只執行一行程式碼來的好。執行緒就是用來控制同一時間能夠執行幾行程式碼的技術。

一個執行緒同一時間只能執行一行程式碼，若有兩行以上程式碼需要同時執行，就需要開多個執行緒。一支程式能夠開啟的執行緒的數量跟 CPU 與 CPU 核心數並沒有絕對關係，雖然官方資料並沒有顯示最多能開啟多少個執行緒，但建立與啟動執行緒都需要時間跟記憶體配置，所以並不是執行緒開啟的越多，App 的執行速度就越快，此外，如何將程式碼分配到不同執行緒去執行，這又跟演算法有關。一般的 App 應用應該不會開啟超量的執行緒（例如上百個執行緒），除非打算寫一個 server 或是大量的從網路上抓取資料，有這種需求時還是要注意一下執行緒數量是否會影響 App 運行的穩定度。

當我們在專案中設定一個中斷點，然後執行這個程式讓程式執行到這個中斷點後暫停，我們就可以看到現在這行程式碼位於哪個執行緒中，見下圖。程式目前停在 Image 這行，從左側的面板上顯示出目前這行程式碼位於「Thread 1」。執行緒編號 1 號的稱為主執行緒（main thread），如果沒有開啟多執行緒或是呼叫非同步相關的函數，我們的程式碼都會在主執行緒中執行。

除了主執行緒外，其他的執行緒稱為背景執行緒（background thread），如果我們的程式要放到背景執行緒去執行，這時就要建立新的執行緒了，所以在上圖看到的編號 2、3、4...就是 App 因內部需要自動建立的背景執行緒。有些程式碼一定要在主執行緒中執行，不可以放在背景執行緒，例如跟畫面顯示有關的程式碼，一定要放在主執行緒中，不然 App 執行到這些程式碼的時候會出現不可預期的後果。透過 Xcode 來執行 App 時，也就是開發階段 Xcode 會偵測到這種情況發生並提出警告，這時就需要將位於背景執行緒中的程式碼抓回到主執行緒中執行，這部分稍後會說明。

如果想要判斷目前的程式碼是不是在主執行緒中，可以由下面這個屬性的傳回值得知，如果傳回 true，代表目前在主執行緒。

```
Thread.current.isMainThread
```

Xcode 提供了幾種建立執行緒的方式，例如透過 Thread 框架，從這個框架來建立執行緒能夠做的事情最多，但寫法比較低階，對執行緒的運作概念需要熟悉才能寫出不會出問題的程式。我們不打算從這個框架來撰寫多執行緒程式，這裡要先介紹的是高階的 GCD，全名是 Grand Central Dispatch。GCD 提供各式的佇列，我們只要將程式碼放到佇列中，GCD 就會自動判定是否要建立多執行緒來執行佇列裡面的程式碼，所以我們只要知道這行程式碼跟那行程式碼會同時執行，剩下怎麼運作就可以不用太理會了。

18-2 Grand Central Dispatch

在開始介紹佇列前，我們先來看下面這段程式碼。按鈕中有兩個迴圈，不論我們執行多少次，一定是第一個迴圈執行完才會輪到第二個迴圈執行，所以輸出結果一定是 m0, m1, m2, …, m9, n0, n1, …, n9。因為這兩個迴圈都在同一個執行緒，其實就是在主執行緒中執行，所以第一個迴圈沒結束，第二個迴圈就只能等。

```
struct GlobalQueue: View {
    @State private var m = 0
    @State private var n = 0
    var body: some View {
        Button("click") {
```

```
            while m < 10 {
                print("m: \(m)")
                m += 1
            }

            while n < 10 {
                print("n: \(n)")
                n += 1
            }
        }
    }
}
```


使用 GCD 開執行緒的目的就是希望這兩個迴圈可以同時執行，因為這兩個迴圈並沒有誰要等誰先執行完的問題，所以若兩個迴圈能夠同時執行，執行完畢所花的時間一定要比一個一個來要快。GCD 提供了三種佇列，分別是 Main 佇列、Global 佇列與 Serial 佇列，最常用的是 Global 佇列，所以我們先從這個佇列開始介紹。

Global 佇列

Global 佇列又稱為 concurrent 佇列，每個 App 都擁有六個不同類型的 concurrent 佇列，由參數來決定要使用哪一個。這六個佇列所使用的 CPU 優先權不一樣，從高到低分別是 userInteractive、userInitiated、default、utility、background 與 unspecified。優先權越高，使用的資源越多，程式運作會更有效率但是也比較耗能，沒特別需求的話使用預設值 default 即可。

Global 佇列提供了 async 與 sync 這兩個函數來決定佇列中的程式執行方式，前者表示程式碼放到佇列中就會立刻返回，至於佇列中的程式碼什麼時候會執行是系統決定的；而 sync 代表程式放到佇列中後，會等到這段程式執行完才會返回。返回的意思是函數 return，由於 async 與 sync 都是函數，所以呼叫後是否立即返回會讓作業系統決定是否要建立新執行緒。所以我們可以使用這兩個函數來控制放到佇列中的程式碼是不是要等待某個執行緒先執行完再執行。簡單來說，若要讓兩行程式碼同時執行，就要使用 async，請看下面這個例子。我們將按鈕中的兩個迴圈使用 async 的方式放在 global 佇列中，這時這兩個迴圈就會同時執行。執行後會發現 m 與 n 會交錯印出。

```
Button("click") {
    DispatchQueue.global().async {
        while m < 10 {
            print("m: \(m)")
            m += 1
        }
    }

    DispatchQueue.global().async {
        while n < 10 {
            print("n: \(n)")
            n += 1
        }
    }
}
```

我們可以在 async 中透過程式碼印出目前的 thread 資訊，就可以看到這兩個迴圈都在背景執行緒中執行，當然也可以設中斷點來查看。

```
Button("click") {
    DispatchQueue.global().async {
        print("m at \(Thread.current)")
        ...
    }

    DispatchQueue.global().async {
        print("n at \(Thread.current)")
        ...
    }
}
```

程式執行後可以在 Xcode 的 debug console 中看到下面這兩行，注意執行緒編號一個是 3 另外一個是 6，你看到的應該不會是這個數字，不用擔心這是正常的，只要不是 1，就表示這些程式碼不在主執行緒中執行。

```
m at <NSThread: 0x60000145c2c0>{number = 3, name = (null)}
n at <NSThread: 0x600001491640>{number = 6, name = (null)}
```

剛剛是使用 async 函數來將程式碼放到佇列中，現在來看 sync 函數的用途。按鈕按下去的程式碼只改了一個地方，就是將第一個 global 佇列由 async 改為 sync，其他都沒變。

```
Button("click") {
  DispatchQueue.global().sync {
     ...
  }

  DispatchQueue.global().async {
     ...
  }
}
```

上面這段程式碼執行後會發現，輸出結果會是 m0, m1, m2, …, m9, n0, n1, …, n9 這樣的順序，這代表了第一個迴圈執行完才會輪到第二個迴圈。然後從執行緒編號會發現，第一個迴圈位於主執行緒中，並沒有建立背景執行緒。這是因為第一個迴圈的程式碼是使用 sync 放到佇列中，代表這段程式碼沒有執行完畢 sync 函數不會返回，所以這時候沒有建立新執行緒的必要，用原本的執行緒執行就可以，這樣可以省下建立執行緒需要消耗的系統資源，GCD 很聰明吧，他會自動決定要不要建立新的執行緒。

```
m at <_NSMainThread: 0x600000ac41c0>{number = 1, name = main}
n at <NSThread: 0x600000acd780>{number = 7, name = (null)}
```

最後，如果要讓 global 佇列中的程式碼有最高 CPU 優先權的話，加上參數就可以了，如下。

```
DispatchQueue.global(.userInteractive).async {

}
```

Serial 佇列

Serial 佇列的特色是我們可以自行建立不同的 Serial 佇列，不同 Serial 佇列間的程式碼會建立背景執行緒同步執行，而同一個 Serial 佇列中的程式碼則以先進先出（FIFO）的方式執行。

首先看下面這個範例。在這個範例中，使用 DispatchQueue 的初始化器新增一個佇列，這個佇列就是 serial 佇列，參數 label 的名稱可任意命名，相當於佇列名稱。接下來使用 async 將將兩段程式碼放到佇列 q 中，因為使用了 async 關係，所以第一個迴圈一放進佇列後 async 函數就返回，第二個迴圈也是一樣。所以現在這兩個迴圈都放在同一個 serial 佇列中。

```
Button("click") {
    let q = DispatchQueue(label: "serial queue")
    q.async {
        print("m at \(Thread.current)")
        while m < 10 {
            print("m: \(m)")
            m += 1
        }
    }

    q.async {
        print("n at \(Thread.current)")
        while n < 10 {
            print("n: \(n)")
            n += 1
```

```
        }
    }
}
```

上面這段程式碼的執行結果為 m0, m1, m2, ..., m9, n0, n1, ..., n9，所以是第一個迴圈執行完才執行第二個迴圈，從 Thread.current 的輸出結果也可以發現，這兩段程式碼的執行緒編號完全一樣，代表他們其實是在同一個執行緒中。如果希望這兩個迴圈能夠同時執行，我們就需要建立兩個 serial 佇列，如下。

```
Button("click") {
    let q1 = DispatchQueue(label: "serial queue 1")
    q1.async {
        ...
    }

    let q2 = DispatchQueue(label: "serial queue 2")
    q2.async {
        ...
    }
}
```

Serial 佇列比 global 佇列更具彈性。如果有 A、B、C 三項工作要進行，B 一定要在 A 執行完後才能執行，而 C 跟 A 可以同時執行，而這三項工作又要同時放到佇列中，且不希望執行過程影響到主執行緒的運作，這時使用 serial 佇列就可以完美達到這個要求。

Main 佇列

Main 佇列其實就是主執行緒，當有些程式碼一定要在主執行緒中執行時，就要透過這個佇列將位於背景執行緒中的程式碼抓回到主執行緒中。在 Storyboard 專案中，經常會有這種需求，因為很多函數都會在背景執行緒中處理資料，處理完後要顯示到畫面上時，會直接修改 UIView

元件的屬性，這時就一定要將修改屬性的程式碼抓回到主執行緒中執行。但這種情形在 SwiftUI 大幅減少，因為在 SwiftUI 中，View 元件的改變，例如背景顏色、文字內容、範圍大小...等，都是透過某個@State 變數去調整，而不是直些修改 View 元件的屬性。所以在背景執行緒中修改變數內容，而在主執行緒中的 View 元件發現該變數的值改變了，進而根據該變數的內容進行自我調整，整個過程各部分的程式碼都在正確的執行緒中執行，完全不需要將修改變數的程式碼抓回到主執行緒。

雖然在 SwiftUI 中需要將修改 View 元件的程式碼從背景執行緒抓回到主執行緒的情況大為減少，但是當我們使用發佈與訂閱機制的時候，這時就會遇到在背景執行緒發佈出去的資料會直接影響 View 元件，當 Xcode 發現這種狀況時就會提出警告，要求將程式碼抓回主執行緒執行了，請看下面這個範例。

```
class Message: ObservableObject {
    @Published var text: String = ""
}

struct MainQueue: View {
    @StateObject private var message = Message()
    private let aphorism = [
        "天生我材必有用。",
        "風聲雨聲讀書聲聲聲入耳，家事國事天下事事事關心。",
        "舊書不厭百回讀，熟讀深思子自知。",
        "天行健，君子以自強不息。"
    ]
    private var range: Range<Int> {
        0..<aphorism.count
    }

    var body: some View {
        Text(message.text)
            .onAppear {
                DispatchQueue.global().async {
```

```
                while true {
                    message.text = aphorism[Int.random(in: range)]
                    sleep(1)
                }
            }
        }
    }
}
```

這個範例會每隔一秒鐘在畫面上隨機顯示一段文字，執行後 Xcode 偵測到主執行緒的問題，警告訊息如下。

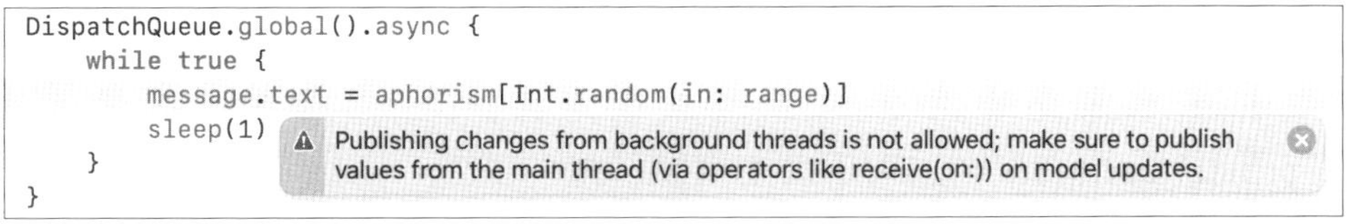

這個錯誤訊息的意思是，出問題的這一行不能在背景執行緒執行，因此要將這行程式碼抓回到主執行緒，修改如下。

```
DispatchQueue.global().async {
    while true {
        DispatchQueue.main.async {
            message.text = aphorism[Int.random(in: range)]
        }
        sleep(1)
    }
}
```

現在再執行就不會有任何問題了。絕大部分的時候，Main 佇列都應使用 async 將程式碼放到佇列中而不該使用 sync，原因很簡單，所有跟 UI 有關的程式碼都在主執行緒，如果用 sync，主執行緒中的程式要等到我們放進去的程式碼執行完才會接著執行，這其間所有的 UI 動作都會停止，App 運作就會出問題。

18-3 信號

信號（Semaphore）的用途是用來控制多執行緒架構中，某一段程式碼同一時間只能有一個執行緒執行，其他執行緒都必須在外面排隊等前一個執行完，才能再放行一個執行緒進去執行。

信號的概念很像紅綠燈，紅燈停綠燈行。當我們建立信號時，可以給定一個預設燈號，例如綠燈，當有一個執行緒通過綠燈後，燈號立刻轉為紅燈，這時所有尚未通過紅綠燈的執行緒就會在這裡等待，直到剛剛進入的那一個執行緒發出綠燈信號為止。所以在紅綠燈位置到發出綠燈信號間就只能有一個執行緒進入執行程式碼，這個區域稱為臨界區間（critical section）。這裡不會出現闖紅燈的情況，所以不用煩惱會不會有例外情形。

首先看下面這個 run()函數。在這個函數中會將變數 value 減 1，但最多只能減到 0 就不能再減，guard 會確保這個規則會發生。

```
struct ContentView: View {
    @State private var value = 10

    private func run() {
        guard value > 0 else {
            return
        }

        Thread.sleep(forTimeInterval: 0.001)
        value -= 1
    }
```

現在產生 100 個執行緒來執行 run()函數，程式碼如下。執行看看，應該會發現幾乎每一次得到的值都是負的，沒有一次剛好是 0。這就是典型的「超賣問題」，明明就只有 10 個商品可賣，但最後卻超賣了。

```
var body: some View {
    VStack {
        Button("click") {
            value = 10
            for _ in Range(1...100) {
                DispatchQueue.global().async {
                    run()
                }
            }
        }
        Text(value, format: .number)
    }
}
```

超賣問題發生在很多人（也就是執行緒）同時間執行了 run()函數，這時有些執行緒會同時間通過 guard 檢查，所以最後就超賣了，也就是說，在多工環境下這個 guard 檢查形同虛設。要解決這個問題，需要使用 lock（上鎖）機制，在 GCD 中稱為信號，讓 run()函數同一時間只能有一個執行緒進去執行，這樣就不會出現超賣問題。

先宣告一個信號，這裡命名為 semaphore 且預設信號值為 1，表示一開始可以開放一個執行緒進去執行。若設定 2，表示一開始可以讓兩個執行緒進去執行，以此類推。

```
private let semaphore = DispatchSemaphore(value: 1)
```

宣告好 semaphore 後，將信號的檢查放在 run()函數一開始處，藉由 wait()函數來檢查信號值，如果大於 0 就會放一個執行緒通過檢查，然後立刻將信號值減掉 1；如果 wait()函數發現信號值等於 0，程式碼就會停在這個這個地方直到信號值大於 0 為止。接下來在後續的程式碼中會看到有兩處呼叫了 signal()函數，只要呼叫這個函數，信號值就會加 1。換句話說，目前的設計同一時間只會有一個執行緒執行 wait()到 signal()之間的程式碼。

```
private func run() {
    if semaphore.wait(timeout: .distantFuture) == .success {
        guard value > 0 else {
            semaphore.signal()
            return
        }
        Thread.sleep(forTimeInterval: 0.001)
        value -= 1
        semaphore.signal()
    }
}
```

現在再執行看看這個加上信號後的程式，最後數值一定是 0 了。

18-4 async、await 與 Task

從 Swift 5.5 開始，並行運算（concurrency）功能直接加到基本語法中，代表我們不需要再藉由系統函數才能建立多執行緒來同時執行多行程式碼，現在 Swift 語法就直接提供這個功能了，也就是我們有比 GCD 更高階的方式可以進行並行運算。首先來看下面這一段程式碼，按鈕按下後呼叫 f()函數，然後印出字串「done」。目前這些程式碼都在主執行緒中執行。

```
struct ContentView: View {
    private func f() {
        print("Hello, World!")
    }

    var body: some View {
        Button("Click") {
            f()
            print("done")
        }
```

```
    }
}
```

現在讓 f()函數跟 print()函數同時執行，也就是我們想讓 f()函數放到另一個執行緒中，可以這樣改寫程式碼。函數 f()後方加上 async 保留字，表示這個函數為非同步呼叫，意思就是這個函數呼叫後會立刻返回，至於函數中的程式碼會不會需要建立背景執行緒來執行則不一定。呼叫有 async 保留字的函數必須放在 Task 中，意思是要開啟一個新的任務來執行相關的程式。保留字 await 意思是等 f()函數執行完才執行 Task 中後續的程式碼，也就是整個 Task 會等 f()函數執行完畢才關閉 Task。

```
private func f() async {
    print("Hello, World!")
}

var body: some View {
    Button("Click") {
        Task {
            await f()
        }
        print("done")
    }
}
```

執行看看，這時候字串 done 會先印出，然後才印出 Hello, World!。如果在 f()中設定中斷點，就會看到這時程式碼已經在背景執行緒中了。

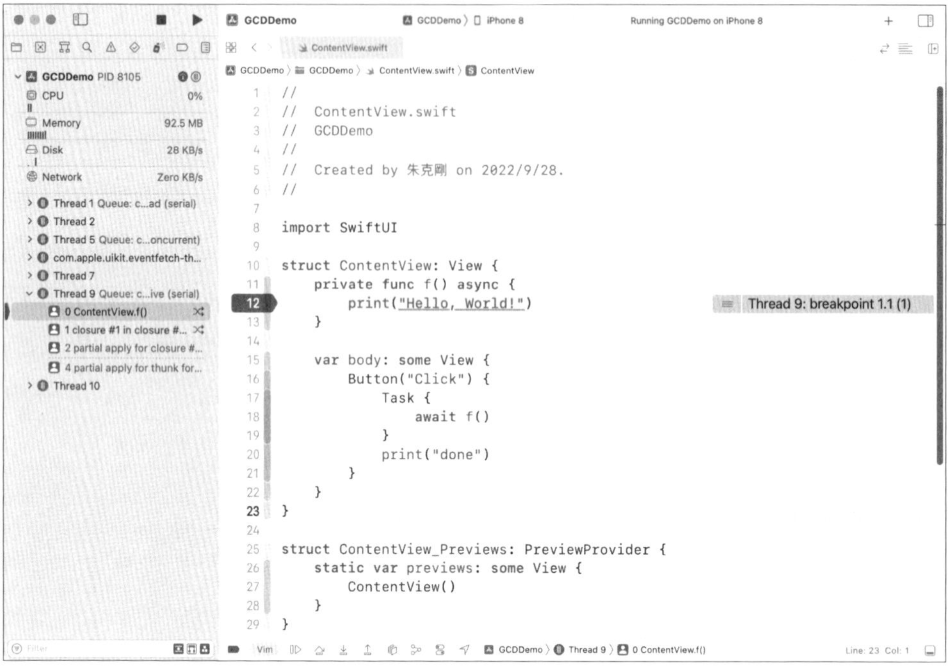

Multithreaded + Closure = 超級難懂

在 Xcode 所提供的 SDK 中，有很多函數是透過 Closure 將執行結果傳回去，並且在函數中的程式碼會放在背景執行緒中執行，例如下面這兩個函數。當然這不是 SDK 中的函數，雖然是示意，但運作原理是一樣的。

```
func f1(_ value: Int, _ p: @escaping (Int) -> Void) {
    DispatchQueue.global().async {
        p(value)
    }
}

func f2(_ value: Int, _ p: @escaping (Int) -> Void) {
    DispatchQueue.global().async {
        p(value + 1)
    }
}
```

現在因為某種需要，f2()函數的參數 value 是來自於 f1()的運算結果，但因為 f1()與 f2()都各自在不同的背景執行緒中，所以要如何控制 f2()必須等 f1()運算結束才能開始運算？這時會寫出下面這樣的程式碼。這是兩層結構，SDK 中有些函數呼叫時會高達四層，加上 Closure 中的參數又很多時，這時程式碼就非常難以閱讀。

```
f1(1) { value in
    f2(value) { value in
        print(value)
        // Prints: 2
    }
}
```

現在我們稍微改寫一下 f1()與 f2()，將 GCD 拿掉改為 async 函數，如下，只要在函數名稱後方加上 async 保留字就可以了。

```
func f1(_ value: Int) async -> Int {
    return value
}

func f2(_ value: Int) async -> Int {
    return value + 1
}
```

呼叫方式如下，這樣是不是簡單易讀多了？保留字 await 就是等，等到 async 函數處理完才進行下一步。

```
Task {
    let v1 = await f1(1)
    let v2 = await f2(v1)
    print(v2)
    // Prints: 2
}
```

如果希望 async 類型的函數在呼叫時可以同時執行，也就是不需要用 await 去等他執行完才執行下一行程式，可以使用 async let 方式呼叫，範例如下。

```
func f1() async -> Bool {
    print("f1 done")
    return true
}

func f2() async -> Bool {
    print("f2 done")
    return true
}

var body: some View {
    Button("Click") {
        Task {
            async let ret1 = f1()
            async let ret2 = f2()
            print("task will done")
        }
        print("done")
    }
}
```

執行後會看到字串的印出順序為「done」、「task will done」、「f1 done」，最後則是「f2 done」。多執行幾次可以發現 f1()與 f2()的執行順序是不一定的，有時 f1()先有時 f2()先，代表 f1()與 f2()是同時執行的。如果希望在 Task 結束前，所有的並行運算的 async 函數都能夠完成才結束，可以在最後加上 await 來判斷是否所有的 async 函數都結束了。

```
Task {
    async let ret1 = f1()
    async let ret2 = f2()
    if await ret1, await ret2 {
```

```
        print("task will done")
    }
}
```

並行運算建議在實機上跑，用模擬器跑並行運算跟實機跑出的結果可能會不同。

自動回到主執行緒

使用 GCD 建立執行緒另一個麻煩的事情就是有些程式碼必須從背景執行緒抓回到主執行緒中執行，否則 App 會不正常運作，嚴重時會當掉。使用非同步呼叫的函數不用擔心這件事情，該在主執行緒中執行的程式碼，會自動在主執行緒中，例如我們在前面 Main 佇列看過的發佈訂閱程式碼可以知道，下面這個範例中函數 f()的程式碼必須在主執行中執行，否則 Xcode 會提出警告。現在我們什麼都不需要管，他就自動在主執行緒中執行了。

```
class NewMessage: ObservableObject {
    @Published var text = ""
}

struct AsyncAwait: View {
    @StateObject private var message = NewMessage()
    @State private var text = ""

    private func f() async {
        message.text = "Hello, World!"
    }

    var body: some View {
        VStack {
            Button("Click") {
                Task {
                    await f()
```

```
                }
            }
            Text(text)
                .onReceive(message.$text) { output in
                    text = output
                }
        }
    }
}
```

設個中斷點就可以看到，函數 f()的程式碼現在自動位在主執行緒了。

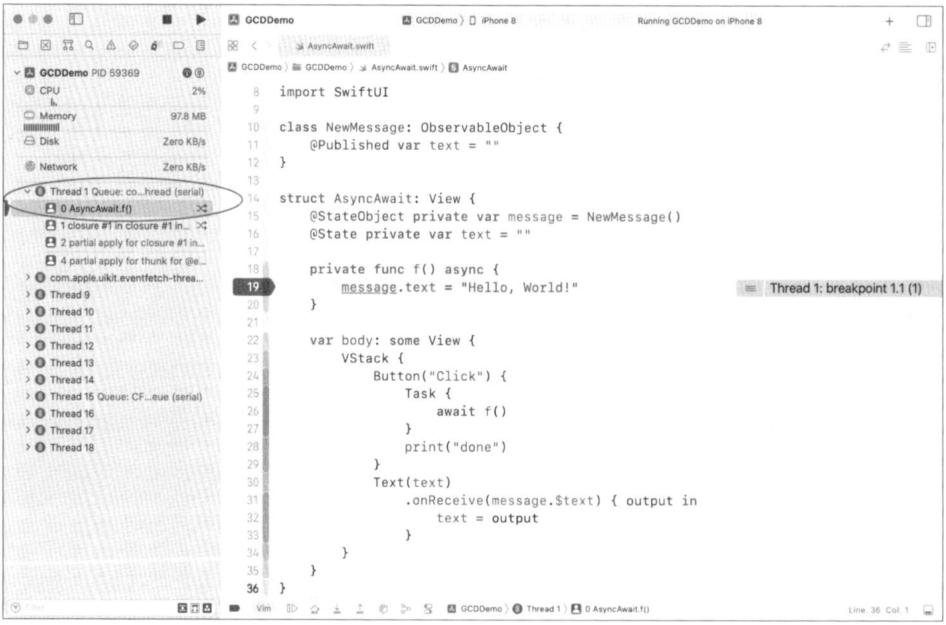

有哪些 async 函數

我們知道在 Xcode 中寫程式時，打到「.」的時候，Xcode 會跳出選單讓我們查看有哪些函數可以使用。如果選單中的函數說明有看到 async 時，就代表這個函數為非同步呼叫函數。例如 URLSession.shared 的各種可用的函數中可以找到許多都屬於 async 函數，如下圖。之前大家都使用

Closure 類型的函數來呼叫 Web API，但現在多了一整套 async 函數可以讓我們使用。兩種作法都可以，這部分請參考「網際網路」章節，那邊會詳細說明各種同步與非同步呼叫 Web API 的程式寫法。

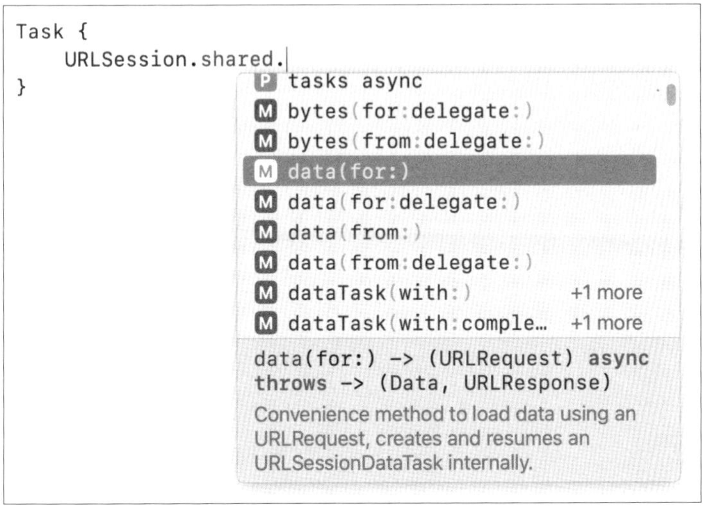

18-5 讓執行緒睡一下

有時候我們希望執行緒中的程式碼不要執行太快，這時就會讓執行緒稍微睡一下，也就是讓這個執行緒暫停一小段時間不做事，把 CPU 資源讓給其他執行緒去執行。使用 GCD 與使用 Task 有不同的作法，先來看 GCD。下面這個迴圈中使用了 Thread 類別中的 sleep 函數，所以這個執行緒會在這個位置小睡 0.3 秒，若是主執行緒執行到 sleep 函數，在 sleep 期間使用者會無法操作 App。

```
Button("Thread Sleep") {
  DispatchQueue.global().async {
    for i in 0...10 {
      print(i)
      Thread.sleep(forTimeInterval: 0.3)
```

```
        }
    }
}
```

若是 Task 區段中需要小睡一下，程式碼如下，一樣小睡 0.3 秒。

```
Button("Task Sleep") {
    Task {
        for i in 0...10 {
            print(i)
            try await Task.sleep(nanoseconds: 300_000_000)
        }
    }
}
```

延遲執行

如果有一段程式碼，希望稍微晚一點執行，例如 3 秒後再執行，可以使用 GCD 中的 asyncAfter 函數，如下，字串 Hello, World!會在 3 秒後印出。

```
Button("After") {
    DispatchQueue.global().asyncAfter(deadline: .now() + 3) {
        print("Hello, World!")
    }
}
```

19 網際網路

Part 3

19-1 同步與非同步呼叫 Web API

我們經常會透過呼叫某一支 Web API 來讓 web server 做一些事情，例如帳號密碼檢查或是取得我們需要的資料，這些資料可能是政府資料開放平臺上的紫外線指數、空器品質污染指標或天氣預測…等。

同步呼叫的意思就是當我們呼叫了 Web API 後，App 端就會等 web server 處理完並且收到回傳的資料後才會繼續執行下一行程式，否則程式碼就會不斷的等待直到逾時為止。雖然採用同步呼叫的等待過程會影響使用者體驗，不過很多情況下我們還是會選擇這種方式，因為除了程式碼簡單外，有時沒收到資料也無法後續處理，例如登入驗證程序。

非同步呼叫通常是將呼叫 Web API 的程序放到另外一個執行緒中，因此，呼叫完後不必等 web server 回應，程式就可以立刻往下繼續執行，也就是使用者並不需要等待就可以繼續操作 App。雖然非同步呼叫有比較好的使用者體驗，但是程式處理 web server 回應資料這部分比較麻煩，因為等 App 收到資料時，使用者往往已經離開需要顯示資料的頁面。所以如何通知使用者資料已經收到，並在使用者回到正確頁面時將已經收到的資料顯示到畫面上，這部分就需要多花點心思處理了。

同步與非同步的呼叫方式總共有五種方式，分述如下。

同步呼叫

使用 String(contentsOf:)函數，並且給個 URL 型態的網址就可以了。

```
let text = try! String(contentsOf: url)
```

如果呼叫這個 Web API 後會得到 binary 資料，例如 jpeg、mp3 或是 zip… 等，這時將 String 換成 Data 型態就可以。

```
let data = try! Data(contentsOf: url)
```

使用 GCD 進行非同步呼叫

GCD 是 Grand Central Dispatch 縮寫，也就是自行建立多執行緒來呼叫 Web API。當按鈕按下後開始呼叫 Web API，若 server 端需要比較長的回應時間，這時 App 端程式不會被阻擋，所以使用者可以繼續操作 App。不像同步呼叫，當 App 沒有收到 server 端回應時，使用者是無法操作 App 的。

```
DispatchQueue.global().async {
    text = try! String(contentsOf: url)
}
```

當然也可以將 String 型態換成 Data 型態，以取得 jpeg、mp3 這種 binary 資料。

```
DispatchQueue.global().async {
    data = try! Data(contentsOf: url)
}
```

使用 URLSession + Closure

使用 URLSession 算是主流的 Web API 呼叫方式，屬於非同步呼叫。URLSession 支援的功能非常多，簡單的用法如下，傳回的資料一律是 Data 型態，若傳回的資料是字串內容，需要自己轉換型態。

```
URLSession.shared.dataTask(with: url) { data, response, error in
    guard let data else {
        print(error.debugDescription)
        return
    }
    text = String(data: data, encoding: .utf8)!
}.resume()
```

使用 URLSession + Async

這一種方式使用了 Swift 的非同步 I/O 語法，這種語法主要目的是用來取代某些結構複雜的 Closure 語法。

```
Task {
    do {
        let (data, _) = try await URLSession.shared.data(from: url)
        text = String(data: data, encoding: .utf8)!
    } catch {
        print(error.localizedDescription)
    }
}
```

如果不做錯誤處理的話，程式碼看起來會更簡潔一些。

```
Task {
    let (data, _) = try await URLSession.shared.data(from: url)
    text = String(data: data, encoding: .utf8)!
}
```

程式碼中「_」的位置是一個 URLResponse 型態，如果不需要使用這一個傳回值，建議這裡放「_」，不然 Xcode 會提出警告但不影響程式運作。

使用發佈與訂閱機制

使用這方法時要匯入 Combine 框架。

```
import Combine
```

TIPs

其實在 Xcode 14 的 SwiftUI 專案，匯入的 SwiftUI 框架中就已經包含 Combine 框架，所以理論上有匯入 SwiftUI 就不需要再匯入 Combine，但目前在 Xcode 14 不匯入 Combine 會出現錯誤，因此這裡需要再匯入一次 Combine 框架。

然後在 ContentView 中要宣告一個 AnyCancellable 型態的變數。

```
struct ContentView: View {
    @State var cancellable: AnyCancellable?
```

呼叫 Web API 的程式碼如下。

```
cancellable = URLSession.shared.dataTaskPublisher(for: url)
    .sink { value in
        switch value {
        case .finished:
            // 執行完畢
            break
        case .failure(let error):
            print(error)
        }
    } receiveValue: { data, response in
        text = String(data: data, encoding: .utf8)!
        print(text)
    }
```

實例應用

我們以最後一個方式「使用發佈與訂閱機制」的作法設計一個範例，只要填入網址，就立刻取得該網址內容有多少 bytes。在 ContentView 中宣告四個變數，urlString 存放網址；result 存放網址內容有多少 bytes；isProcessing 用來判斷呼叫 API 的程序是否結束，目的是用來顯示與隱藏「轉圈圈」圖示；最後的 cancellable 是給 URLSession 使用。最後自定義一個函數，將「使用發佈與訂閱機制」的程式碼放在裡面。

```
struct URLSession_Publish: View {
  @State private var urlString = ""
  @State private var result = 0
  @State private var isProcessing = false
  @State private var cancellable: AnyCancellable?

  private func callAPI(with url: URL) {
    cancellable = URLSession.shared.dataTaskPublisher(for: url)
      .sink { value in
        switch value {
        case .finished:
          // 執行完畢
          isProcessing = false
          break
        case .failure(let error):
          isProcessing = false
          print(error)
        }
      } receiveValue: { data, response in
        result = data.count
      }
  }
```

介面設計與程式碼如下。

```
var body: some View {
    Form {
        TextField("url", text: $urlString)
            .autocorrectionDisabled()
            .textInputAutocapitalization(.never)
            .onSubmit {
                if let url = URL(string: urlString) {
                    isProcessing = true
                    callAPI(with: url)
                }
            }
            .onChange(of: urlString) { _ in
                result = 0
            }

        Text("此網址內容有 \(result.formatted(.number)) bytes")
    }
    .overlay {
        if isProcessing {
            ProgressView()
        }
    }
}
```

執行看看，畫面結果如下圖。當 API 呼叫還沒結束時，畫面會出現轉圈圈圖案（下圖左），等到呼叫結束，轉圈圈圖案就會消失（下圖右）。

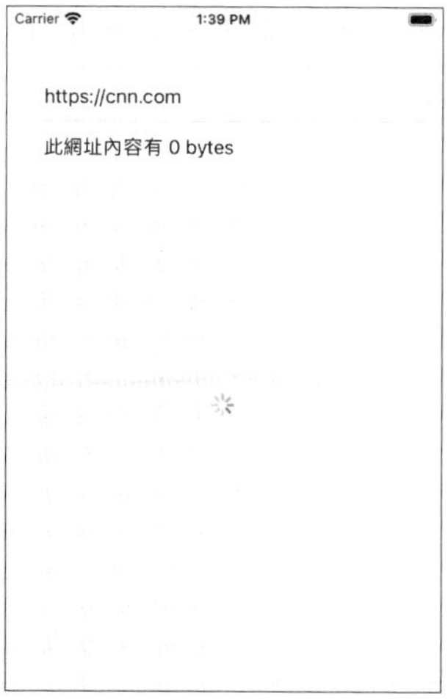

RESTful API

若我們要呼叫的 Web API 不是 GET 形式，而是其他的例如 POST、PUT 或 DELETE 這些類型，我們就必須使用 URLRequest 做進階的參數設定，以 POST 為例，如下。

```
Task {
    var request = URLRequest(url: url)
    request.httpMethod = "POST"
    let data = #"{"name": "David"}"#.data(using: .utf8)
    request.httpBody = data

    let _ = try await URLSession.shared.data(for: request)
}
```

這裡呼叫 Web API 時，特意以一個 JSON 字串當成傳遞內容，但這個 JSON 字串已經固定在程式碼中。實際應用時，他應該是在一個型態為字典的變數中，下面這段程式碼說明了如何將一個字典型態轉成 JSON 格式的 Data 型態與 String 型態。

```
var dict: [String: Any] = ["name": "David"]
let jsonData: Data? = try? JSONSerialization.data(withJSONObject: dict)
let jsonString: String? = String(data: jsonData!, encoding: .utf8)
```

有些 Web API 的設計，需要設定 HTTP Request 的表頭資料（header），遇到這種 API 的時候，也要透過 URLRequest 來處理，共有三種方式可以設定 header，喜歡用哪一種都可以，如下。

```
var request = URLRequest(url: url)
request.addValue("AAA", forHTTPHeaderField: "MyHeader1")
request.setValue("BBB", forHTTPHeaderField: "MyHeader2")
request.allHTTPHeaderFields = [
    "MyHeader3": "CCC",
    "MyHeader4": "DDD"
]
```

19-2 JSON 解析

JSON 的全名為 JavaScript Object Notation，是一種輕量級的資料交換格式，由 key 與 value 組成的字串，例如「{ "name": "David" }」，這個字串中有一個 key，名稱為 name，而他對映的 value 是 David。Key 的型態一定是字串型態，所以前後要加雙引號，而 value 部分總共有七種型態，如下圖所示。此圖來自於網站 https://www.json.org，網站上也有一些語法資料可供參考。

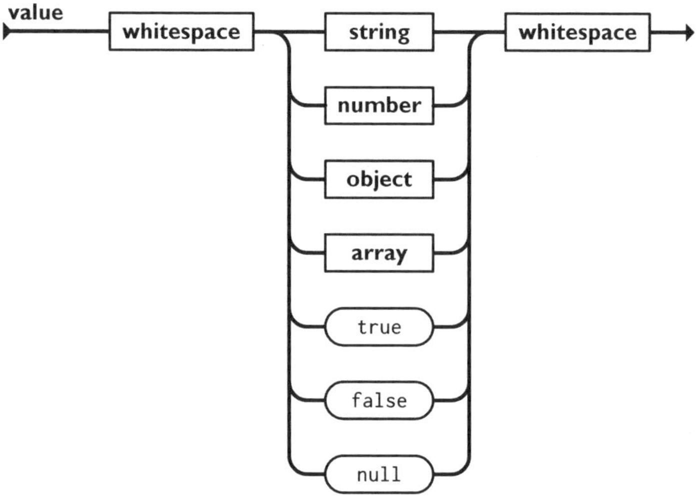

大部分 Web API 的設計目的除了要 web server 做一些事情外就是交換資料，也就是將資料上傳到 server 端外或是從 server 下載資料，而資料格式大部分都會以 JSON 為主要格式。由於 JSON 格式使用率非常高，所以目前主要的程式語言都有函數與資料結構可以直接對映到 JSON 格式，當然 Swift 在這部分的處理非常先進。以下面這個 JSON 格式為例，對映到的 Swift 資料結構為字典（Dictionary）型態。

```
{
  "city": "臺北市",
  "temperature": 26,
  "humidity": 70
}
```

而下面這個 JSON 格式，對映到的資料結構為陣列（Array）。

```
[
  {
    "city": "臺北市",
    "temperature": 26,
    "humidity": 70
  },
  {
    "city": "桃園市",
    "temperature": 24,
    "humidity": 63
  }
]
```

我們經常會得到一個更複雜的結構，也就是字典裡面有陣列，形成一種巢狀結構，如下。待會我們就使用這個 JSON 當範例，將他轉成 Swift 的資料結構，方面後續的程式處理，這個過程就稱為 JSON 解析（JSON parser）。

```
{
  "date": "2022/3/10 10:0:0",
  "records":
    [
      {
        "city": "臺北市",
        "temperature": 26,
        "humidity": 70
      },
      {
```

```
            "city": "桃園市",
            "temperature": 24,
            "humidity": 63
        }
    ]
}
```

首先在 SwiftUI 專案中新增一個 Empty 類型的檔案，檔名可取名為 data.json，然後把上面這個 JSON 字串複製進去，我們待會用開檔的方式取得這個 JSON 字串，用來模擬呼叫 Web API 的方式取得。首先這個 JSON 有兩層，第一層只有兩個 key，分別是 date 與 records，第二層是 records 裡面的陣列。既然有兩層，所以我們要自訂兩個結構，如下。要進行 JSON 解析的結構必須符合 Codable 協定，另外結構裡面的屬性必須要跟 JSON 中的 key 對映，大小寫也要一致。雖然可以另外命名，但要透過 enum 來處理，有點麻煩，所以一般不會另取名字就直接跟 JSON 的 key 一樣就好。

```
struct Weather: Codable {
    var date: String
    var records: [Record]
}

struct Record: Codable {
    var city: String
    var temperature: Int
    var humidity: Int
}
```

上面結構中的屬性都必須在 JSON 中找到，只可以少但不能多，換句話說，若 JSON 中有 20 個 key，但對映的結構並不一定要將 20 個 key 都寫出來，但有寫出來的就一定要在 JSON 中找到，所以需要用到哪些 key 再宣告對映的屬性就好了。但有例外。屬性分為儲存型屬性與計算型屬性，與 JSON 中對映的屬性必須是儲存型屬性，計算型屬性不需要與 JSON

中的 key 對映。這個意思是，我們可以將某些屬性值經過處理後放到計算型屬性中，這樣在後續的處理上會變的很容易，例如我們需要一個華氏溫度的話，可以在 Record 結構中加上 tempF 這個計算型屬性。


```
struct Record: Codable {
    var city: String
    var temperature: Int
    var humidity: Int
    var tempF: Double {
        (Double(temperature) * 9 / 5 + 32).rounded()
    }
}
```

除了計算型屬性可以加到結構外，方法（method）也可以，所以我們在負責 JSON 第一層的 Weather 結構中加上初始化器，只要傳入檔名就將該檔案中的 JSON 字串解析完畢，並將結果儲存到這兩個對映的結構中，如下。其中 JSONDecoder().decode()就是處理 JSON 解析的函數。

```
struct Weather: Codable {
    var date: String
    var records: [Record]

    init(_ filename: String) {
        let url = Bundle.main.url(forResource: filename, withExtension: nil)
        let data = try! Data(contentsOf: url!)
        do {
            self = try JSONDecoder().decode(Weather.self, from: data)
        } catch {
            fatalError(error.localizedDescription)
        }
    }
}
```

完成這兩個結構後，下面這一行程式碼就一次完成開檔、讀檔、解析三個動作，解析完的結果放到 weather 常數中，一般來說，weather 會宣告為全域，方便專案中各地方都可以使用。

```
let weather = Weather("data.json")
```

接下來我們設計一個簡單的畫面，將解析完的結果呈現出來，程式碼中幾乎沒加任何排版技巧，方便我們理解 weather 中的資料如何呈現，如下。

```
var body: some View {
    List {
        Section(weather.date) {
            ForEach(weather.records, id: \.city) { value in
                HStack {
                    Text(value.city)
                    Text(value.temperature, format: .number)
                    Text(value.humidity, format: .percent)
                    Text(value.tempF, format: .number)
                }
            }
        }
    }
}
```

執行後呈現結果如下。

其實我們可以再加一個計算型屬性 id 到 Record 結構中，因為這個結構在最後 JSON 解析完會變成一個陣列，然後在 List 中使用 ForEach 元件呈現出來，所以我們可以讓 Record 符合 Identifiable 協定，如下。


```
struct Record: Codable, Identifiable {
    var id: UUID { UUID() }
    ...
}
```

這樣 List 中的 ForEach 元件就可以省略 id 參數了，如下。

```
List {
    ForEach(weather.records) { value in
        ...
    }
}
```

Dictionary 轉 JSON

JSON 解析會將一個 JSON 字串轉成對映的字典或是陣列型態，現在要反過來將一個字典或是陣列型態的 JSON 物件轉成字串。許多 Web API 在呼叫時，時常需要將資料以 JSON 字串格式作為參數傳遞。

若我們的 JSON 物件如下。

```
struct JSONObject: Codable {
    var name: String
    var age: Int
}

let json: [JSONObject] = [
    .init(name: "David", age: 30),
    .init(name: "Mei", age: 28)
]
```

轉成 JSON 字串的方式如下。

```
if let data = try? JSONEncoder().encode(json) {
    let string = String(data: data, encoding: .utf8)!
    print(string)
    // Prints [{"name":"David","age":30},{"name":"Mei","age":28}]
}
```

19-3 XML 解析

XML是另外一種資料交換格式，由標籤名稱來描述內容。其格式與HTML非常類似，只是 HTML 標籤名稱是固定且有標準的，而 XML 標籤可以任意定。此外 XML 標籤一定有開始有結束，不像 HTML 中有些標籤只有開始標籤而不需要結束標籤。事實上 HTML 標籤是 XML 的子集，也就是說 XML 的標籤種類比 HTML 還要大，因此在資料描述上比 HTML 有更強的能力。

這一節我們要用的 XML 資料如下，其實就是上一節的 JSON 轉過來的，因此內容一樣，但是用 XML 來描述。

```
<?xml version="1.0" encoding="UTF-8" ?>
<root>
  <date>2022/3/10 10:0:0</date>
  <records>
    <city>臺北市</city>
    <temperature>26</temperature>
    <humidity>70</humidity>
  </records>
  <records>
    <city>桃園市</city>
    <temperature>24</temperature>
    <humidity>63</humidity>
```

```
  </records>
</root>
```

XML 是一種樹狀結構，因此我們需要先定義出一個節點所需要的屬性，如下。屬性 elementName 存放標籤名稱，例如<price>中的 price 這個字串；attributes 存放該標籤的屬性，例如<site id="10002">的 id="10002"；string 存放開始與結束標籤間的內容，例如<city>臺北市</city>的臺北市。另外，要不要符合 Identifiable 協定則看後續的需求，因為之後打算把 Node 中的資料透過 List 元件顯示出來，所以這裡加上 Identifiable 協定。

```
class Node: Identifiable {
    var elementName: String = ""
    var attributes: [String: String] = [:]
    var string: String = ""

    var id = UUID()
    var children: [Node] = []
    var parent: Node?
}
```

Xcode 中已經內建 XML 解析元件，稱為 XMLParser，這是一個類別並且搭配 XMLParserDelegate 一起使用。我們先自訂一個類別，並且符合 XMLParserDelegate 協定，如下。共有四個函數需要實作，第一個是 init 初始化器，傳入檔名後會將該檔案的 XML 內容讀出並且開始解析。解析過程會連續呼叫初始化器後面的三個函數，直到整個 XML 內容解析結束。這三個函數的功能已經標示在註解上，且這三個函數已經定義在 XMLParserDelegate 中，所以雖然函數名稱很長，但打幾個字後 Xcode 會出現選單讓我們挑選。

```
class XMLToTree: NSObject, XMLParserDelegate {
    init(_ filename: String) {
        super.init()
        let url = Bundle.main.url(forResource: filename, withExtension: nil)
```

```
        let parser = XMLParser(contentsOf: url!)
        parser?.delegate = self
        parser?.parse()
    }

    // 讀到開始標籤，例如<city>
    func parser(_ parser: XMLParser, didStartElement elementName: String,
namespaceURI: String?, qualifiedName qName: String?, attributes
attributeDict: [String : String] = [:]) {

    }

    // 讀到開始標間與結束標籤間的內容，例如臺北市
    func parser(_ parser: XMLParser, foundCharacters string: String) {

    }

    // 讀到結束標籤，例如</city>
    func parser(_ parser: XMLParser, didEndElement elementName: String,
namespaceURI: String?, qualifiedName qName: String?) {

    }
}
```

我們自定義的 XMLToTree 類別主要目的就是將 XML 內容轉成樹狀結構，因此在 XMLToTree 中宣告兩個變數，tree 用來存放最後 XML 解析完產生的樹，currentNode 則是解析過程中，目前所在的節點。

```
class XMLToTree: NSObject, XMLParserDelegate {
    var tree: Node? = nil
    private var currentNode: Node? = nil
```

接下來就將三個 XMLParserDelegate 中的函數內容填完就可以了，如下。

```
// 讀到開始標籤，例如<city>
func parser(_ parser: XMLParser, didStartElement elementName: String,
namespaceURI: String?, qualifiedName qName: String?, attributes
attributeDict: [String : String] = [:]) {
    let newNode = Node()
    newNode.elementName = elementName
    newNode.attributes = attributeDict

    if tree == nil {
        newNode.parent = newNode
        currentNode = newNode
        tree = currentNode
    } else {
        currentNode?.children.append(newNode)
        newNode.parent = currentNode
        currentNode = newNode
    }
}

// 讀到開始標間與結束標籤間的內容，例如臺北市
func parser(_ parser: XMLParser, foundCharacters string: String) {
    currentNode?.string = string
}

// 讀到結束標籤，例如</city>
func parser(_ parser: XMLParser, didEndElement elementName: String,
namespaceURI: String?, qualifiedName qName: String?) {
    currentNode = currentNode?.parent
}
```

完成上面這兩個類別後，接下來解析 XML 只要一行程式碼就完成了，如下。

```
let tree = XMLToTree("data.xml").tree
```

接下來我們在 ContentView 中透過 List 將 tree 中的內容顯示出來，如下。

```
struct ContentView: View {
    private func fetchRecords() -> [Node] {
```

```
        tree!.children.filter { node in
            node.elementName.lowercased() == "records"
        }
    }

    var body: some View {
        List {
            Section(tree!.children[0].string) {
                ForEach(fetchRecords()) { value in
                    HStack {
                        Text(value.children[0].string)
                        Text(value.children[1].string)
                        Text(value.children[2].string)
                    }
                }
            }
        }
    }
}
```

執行結果如下圖。

TIPs

上述資料呈現時，並沒有特別去判斷 value.children[0]代表的是 city、temperature 還是 humidity。但 XML 在標籤的順序上應該不影響最後的結果，所以實務上，這個位置必須再去處理 children[0]、children[1]與 children[2]實際所對映的標籤是哪一個。

19-4 Socket Server

目前最常用的網路通訊協定為 TCP/IP 協定。撰寫 TCP/IP 相關程式一般使用 Socket Library，早期 Xcode 提供的 Socket Library 非常低階，非專業背景工程師不容易完成，但現在 Xcode 提供的 Network 框架重新把低階的 Socket Library 又包裝一次成為高階函數庫，讓我們用高階語法就可以完成各種網路應用。

Network 框架中的各種 Socket API 可以幫我們完成網路架構中 TCP 層所需要的各種資料，但他不涉及更高層的通訊協定（例如 HTTP、MQTT…等），也就說我們可以透過 Socket 程式自己設計一個屬於我們自己的通訊協定，或是在 App 中與某個 server 進行 Socket 連線，例如寫一個瀏覽器之類的 App 應用，甚至我們也可以寫一個在 iOS 上執行的 web server。

本單元的範例程式原則上可在 Apple 的任何平台上執行，並不限於 iOS，甚至在 playground 中也可以順利啟動。

Server 端如果需要支援多個 client 端同時連線，程式中需要定義兩個類別，第一個類別名稱為 ConnectionManager，負責管理 client 端連線以及與 client 端之間的 I/O。另外一個類別 SocketServer 負責監聽網路，處理 client 端的連線要求並建立連線。架構如下。

```
import Network

class ConnectionManager: Identifiable {
    let id = UUID()
    func send(_ data: Data) {
        // 送出資料
    }

    func receive() {
        // 收到資料
    }
}

class SocketServer {
    var connectManagers: [ConnectionManager] = []
    private var listener: NWListener!

    init(port: NWEndpoint.Port) {

    }

    private func accept(connection: NWConnection) {
        // 有 client 端連線要求
    }
}
```

Server 端的運作會從 SocketServer 類別中的 accept 函數開始進入接受連線狀態，完整的程式碼如下。可以看到在初始化器中註冊監聽器的兩個回呼函數，一個是 stateChanged(_:)，從這個函數中可以知道目前監聽器的狀態。另外一個回呼函數是 accept(connection:)，當這個函數被呼叫的時候，代表收到 client 端的連線要求，所以在這個函數裡面要產生一個 ConnectionManager 實體，專門負責管理這個連線。最後在實作一個 start() 函數，用來啟動監聽器。變數 connectionManagers 用來記錄目前所有的連線，如果 server 端想要發送訊息給所有的 client 端，可以透過這個變數完成。

```
class SocketServer {
    var connectionManagers: [ConnectionManager] = []
    private var listener: NWListener!

    init(port: NWEndpoint.Port) {
        do {
            listener = try NWListener(using: .tcp, on: port)
            listener.stateUpdateHandler = stateChanged(_:)
            listener.newConnectionHandler = accept(connection:)
        } catch {
            fatalError(error.localizedDescription)
        }
    }

    func start() {
        listener.start(queue: .global())
    }

    private func stateChanged(_ state: NWListener.State) {
        switch state {
        case .ready:
            print("listener ready")

        case .failed(let error):
            fatalError("listener faile: \(error)")

        default:
            print("listener state: \(state)")
        }
    }

    private func accept(connection: NWConnection) {
        // 有client要求連線時，這裡要產生一個新的ConnectionManager實體
        connectionManagers.append(ConnectionManager(self, connection))
    }
}
```

接下來處理 ConnectionManager 中的程式碼，這個類別的程式碼比較多，我們分成三部分來看。第一部份是初始化器與斷線處理，程式碼如下。在初始化器中可以看到在 conn 變數中註冊了一個 stateChanged(_:)回呼函數，用來得知目前連線狀態。

```
class ConnectionManager: Identifiable {
    let id = UUID()
    private var server: SocketServer!
    private var conn: NWConnection!

    init(_ server: SocketServer, _ connection: NWConnection) {
        self.server = server
        conn = connection
        conn.stateUpdateHandler = stateChanged(_:)
        conn.start(queue: .global())

        // 顯示 client 端連線資訊
        switch connection.endpoint {
        case .hostPort(let host, let port):
            print("\(host):\(port) Connect")
        default:
            break
        }
    }

    func disconnect() {
        server.connectionManagers.removeAll { manager in
            manager.id == id
        }
        conn = nil
    }
```

ConnectionManager 中要看的第二部分是取得目前連線狀態的函數，如下。在狀態是 ready 的時候，代表 client 與 server 之間的網路連線已經建立完成，因此可以從網路連線上讀取資料，所以呼叫 receive()函數來讀取 client 端送過來的資料。Failed 與 cancelled 這兩個狀態代表的是網路斷線，因此呼叫 disconnect()函數做斷線處理。

```
private func stateChanged(_ state: NWConnection.State) {
    switch state {
    case .ready:
        print("connection ready")
        receive()

    case .failed(let error):
        print("connection faile: \(error)")
        disconnect()

    case .cancelled:
        print("connection cancel")
        disconnect()

    default:
        print("connection state: \(state)")
    }
}
```

ConnectionManager 最後一部份要處理的就是 I/O，send()函數會將資料送到網路上，receive()函數會從網路上讀資料。這裡的範例是當讀到 client 端送過來的資料後，原封不動再送回去給 client 端。

```
func send(_ data: Data) {
    // 送出資料
    conn.send(content: data, completion: .contentProcessed({ error in
        if let error {
            print(error.debugDescription)
            self.conn.cancel()
        }
    }))
}
```

```
func receive() {
    // 收到資料
    conn.receive(minimumIncompleteLength: 1, maximumLength: Int.max,
completion: { completeContent, contentContext, isComplete, error in
        guard let data = completeContent else {
            if let error {
                print(error.debugDescription)
            }
            self.conn.cancel()
            return
        }

        let string = String(data: data, encoding: .utf8)
        print("received: \(string!)")

        // 範例：收到資料後原封不動送回去
        self.send(data)
        // 繼續等下一筆資料
        self.receive()
    })
}
```

這樣就完成 server 端的程式撰寫，接下來設計個簡單介面來啟動我們的 socket server。

```
struct ContentView: View {
    private let server = SocketServer(port: 8080)
    var body: some View {
        Button("Start") {
            server.start()
        }
    }
}
```

19-5 Socket Client

這個單元將說明 Socket 程式的 client 端如何撰寫。與上一節 server 端程式一樣，client 端程式碼原則上可在 Apple 的任何平台上執行。Client 端程式只需要定義一個類別即可，架構如下。兩個@Published 變數是用來將資料傳出去，另外四個函數的用途在程式碼中用註解標出，內容與 server 大同小異。

```
import Network
import Combine

class SocketClient: ObservableObject {
    @Published var receivedString: String = ""
    @Published var isConnect = false
    private var conn: NWConnection!

    func start(host: String, port: Int) {
        // 發出連線要求
    }

    func stateChanged(_ state: NWConnection.State) {
        // 連線狀態
    }

    func send(_ data: Data) {
        // 送出資料
    }

    func receive() {
        // 收到資料
    }
}
```

首先來看前兩個函數內容。第一個函數 start()會根據傳進來的 host 與 port 設定好連線需要的參數，然後註冊一個跟取得連線狀態有關的回呼函數，最後呼叫 start()函數發出連線請求。在 stateChanged()函數中，目前只需要關注兩種狀態，一個是連線建立成功，另外一個則是失敗，然後透過 isConnect 變數將連線狀態發佈出去，因為@Published 變數一定要在主執行緒，所以這裡透過 DispatchQueue.main.async 把在背景執行緒的程式碼拉回到主執行緒。

```
func start(host: String, port: Int) {
    conn = NWConnection(
        host: NWEndpoint.Host(host),
        port: NWEndpoint.Port(String(port))!,
        using: .tcp
    )
    conn.stateUpdateHandler = stateChanged(_:)
    conn.start(queue: .global())
}

func stateChanged(_ state: NWConnection.State) {
    switch state {
    case .ready:
        print("connection ready")
        DispatchQueue.main.async {
            self.isConnect = true
        }
        receive()

    case .failed(let error):
        DispatchQueue.main.async {
            self.isConnect = false
        }
        print("connection faile: \(error)")

    default:
        DispatchQueue.main.async {
            self.isConnect = false
```

```
        }
        print("connection state: \(state)")
    }
}
```

接下來 send()與 receive()函數內容幾乎與 server 端程式一樣，差別只在收到資料後不要再回送回去，而是透過 receivedString 變數將資料發佈出去。

```
func send(_ data: Data) {
    // 送出資料
    conn.send(content: data, completion: .contentProcessed({ error in
        if let error {
            print(error.debugDescription)
            self.conn.cancel()
        }
    }))
}

func receive() {
    // 收到資料
    conn.receive(minimumIncompleteLength: 1, maximumLength: Int.max,
completion: { completeContent, contentContext, isComplete, error in
        guard let data = completeContent else {
            if let error {
                print(error.debugDescription)
            }
            self.conn.cancel()
            return
        }

        if let string = String(data: data, encoding: .utf8) {
            print("received: \(string)")
            DispatchQueue.main.async {
                // 將收到的字串發佈出去
                self.receivedString = string
            }
        }
```

```
        // 繼續等下一筆資料
        self.receive()
    })
}
```

到這裡，client 端的網路連線這部分程式碼已經完成，接下來就需要設計一個簡單的介面讓使用者可以操作。假設未來 server 端程式在實體機器上執行，並且實體機器的名字稱為「myiphone」的話，client 端的連線參數可以設定 host 為 myiphone.local，port 為 server 端目前監聽器設定的 8080 埠號，這樣就可以連線連上。為了簡化 client 端的畫面設計，且有基本的連線功能，在 ContentView 中先宣告幾個變數，如下。其中 host 與 port 為與 server 端連線所需要的參數，text 用來儲存使用者在 TextField 元件中輸入的資料，最後 messages 陣列用來儲存每次從 server 端傳回的字串。

```
struct ContentView: View {
    @ObservedObject var client = SocketClient()
    @State private var host = "myiphone.local"
    @State private var port = "8080"
    @State private var text = ""
    @State private var messages: [String] = []
```

我們希望畫面與操作流程如下圖左。連線按鈕放在右上角的導覽列右邊，然後在下方放一個 TextField 元件讓使用者輸入資料，使用者按下 return 鍵後資料就會送出，因此這裡不需要放一個「送出」按鈕，可以省一些程式碼。尚未連線時，這個 TextField 無法輸入資料，也就是 disable 狀態，當連線成功後，TextField 才會進入編輯狀態，如下圖中。當資料送出後，會收到 server 回傳的訊息，然後放到下方的 List 元件內，如下圖右。

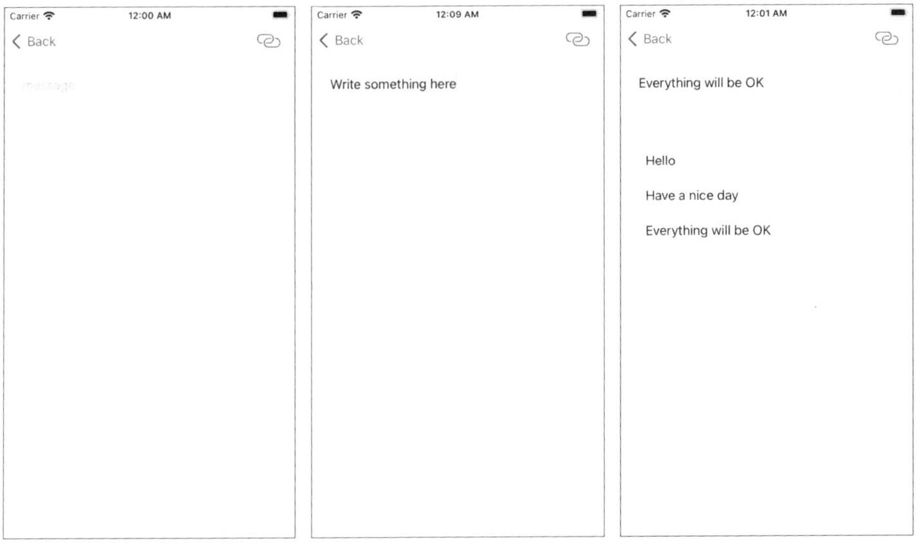

我們分幾個部分來看相關程式碼，最後再來組裝他們。首先，右上角連線按鈕的程式碼如下。

```
Button {
    client.start(host: host, port: Int(port) ?? 0)
} label: {
    Image(systemName: "personalhotspot")
}
```

連線按鈕下方的 TextField 元件程式碼如下。

```
TextField("message", text: $text)
    .textFieldStyle(.roundedBorder)
    .padding()
    .disabled(!client.isConnect)
    .onSubmit {
        client.send(text.data(using: .utf8)!)
    }
```

當收到 server 端回傳的資料後，會將資料新增到 messages 陣列中，然後透過 List 元件顯示 messages 陣列內容，這部分程式碼如下。

```
List(messages, id: \.self) { value in

    Text(value)
}
.onReceive(client.$receivedString) { output in
    if !output.isEmpty {
        messages.append(output)
    }
}
```

最後我們將這三部分組裝起來就完成 client 端程式了，如下。

```
var body: some View {
    NavigationStack {
        // TextField 元件放這
        // List 元件放這
    }
    .toolbar {
        // 連線按鈕元件放這
    }
}
```

20 推播

20-1 說明

有時手機會在上鎖的情況下收到某個 App 的訊息，或是計時器時間到了也會收到訊息，行事曆也會在特定的時間送出訊息，這些訊息不論其 App 有沒有在執行，我們都會收到，這個就是推播訊息。如果推播訊息是透過網路傳到我們的手機上稱為遠距推播，如果是手機上的 App 自己送出來的就稱為本地推播。由於接收訊息的對象是作業系統，因此不論 App 有沒有執行我們都可以收到。

推播的類型有四種：訊息、聲音、Badge 與安靜模式，如下圖：

（此圖摘自 Apple 官方文件）

20-2 本地推播

行動裝置是否會顯示推播訊息必須經過使用者同意，若使用者不同意接收推播訊息，即便訊息送出使用者也看不到。下面這段程式碼會在畫面上跳出授權請求畫面。我們可以在任何地方執行這一段程式碼，使用者就會看到授權請求畫面了，但這個畫面只會在第一次出現，不論使用者同意或是不同意，之後都不會再出現授權畫面，但我們可以透過判斷式來確認使用者是否同意。

```
Task {
    let opt: UNAuthorizationOptions = [.alert, .badge, .sound]
    let center = UNUserNotificationCenter.current()
    if try! await center.requestAuthorization(options: opt) {
        // 使用者同意
    } else {
        // 使用者不同意
    }
}
```

接下來設定好要推播的內容以及觸發推播的條件，例如 10 秒鐘，接下來就向作業系統的推播中心註冊這則推播訊息就好了。當作業系統發現目前推播條件滿足已註冊的推播訊息後，該訊息就會推播出去了。

```
Button("Click") {
    // 推播內容
    let content = UNMutableNotificationContent()
    content.title = "推播測試"
    content.subtitle = Date.now.description
    content.badge = 10
    content.sound = .default
    content.body = "要推播的內容放這裡"

    // 觸發推播的條件，這裡設定時間，目前為 10 秒後推播
```

```
    let trigger = UNTimeIntervalNotificationTrigger(
        timeInterval: 10, repeats: false
    )

    // 產生推播請求
    let request = UNNotificationRequest(
        identifier: UUID().uuidString,
        content: content,
        trigger: trigger
    )

    // 將推播請求送交推播中心
    UNUserNotificationCenter.current().add(request)
}
```

行動裝置的畫面上要顯示推播訊息必須在 App 為背景的時候，因此上面這段程式碼在按鈕按下後需要將 App 推入背景，10 秒後就會在螢幕上看到推播訊息了。

特定日期推播

觸發推播的因素不一定只能設定幾秒後，我們也可以透過 UNCalendarNotificationTrigger 來設定某個特定日期發出推播。例如註冊一個本地時間聖誕夜晚上的推播訊息。

```
let components = DateComponents(
    calendar: .current,
    year: 2022, month: 12, day: 24,
    hour: 18, minute: 0, second: 0
)
let trigger = UNCalendarNotificationTrigger(
    dateMatching: components, repeats: false
)
```

特定地點推播

也可以透過 UNLocationNotificationTrigger 設定當使用者進入或離開某地點後會發出推播的觸發條件。例如下面範例是當使用者進入桃園國際機場範圍內的時候會收到推播通知。

```
let center = CLLocationCoordinate2D(
    latitude: 25.07285, longitude: 121.23825
)
let region = CLCircularRegion(
    center: center,
    radius: 3_000,
    identifier: "桃園國際機場"
)
region.notifyOnEntry = true
region.notifyOnExit = false
let trigger = UNLocationNotificationTrigger(
    region: region, repeats: false
)
```

清除 Badge

Badge 是桌面圖示右上角的小紅點，用來告訴使用者還有多少訊息未讀，或類似的意思。要清除小紅點，可以執行下面這行程式碼，當設定為 0 的時候，小紅點就消失了。

```
Button("清除 Badge") {
    UIApplication.shared.applicationIconBadgeNumber = 0
}
```

20-3 遠距推播

遠距推播的設定是一件頗為麻煩的事情，因為訊息是從遠端送到行動裝置上，所以我們要先有一個訊息發送端（稱為 provider）。再者，為了保護使用者隱私以及所在位置，所以發送端的訊息不是直接送到行動裝置上，如果可以這樣做，那就是點對點的網路通訊而不是推播，遠距推播訊息是發送端將訊息送給 Apple 的 APNS（Apple Push Notification Service）伺服器，再由 APNS 伺服器轉送給行動裝置。所以只有 APNS 知道使用者的裝置在哪裡，我們的訊息發送端無法知道。

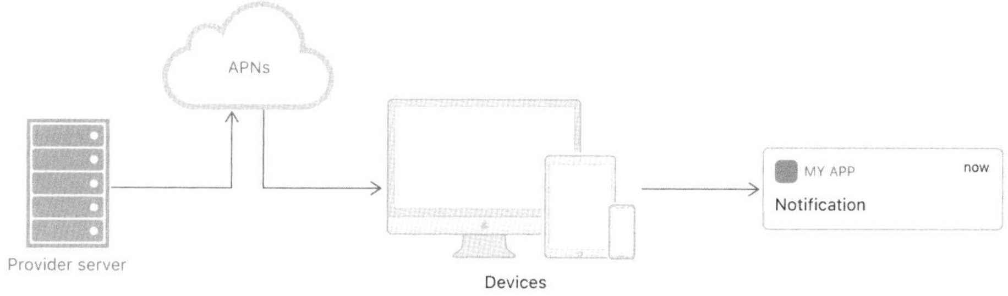

（此圖摘自 Apple 官方文件）

具有遠距推播功能的 App 在使用者裝置上啟動時，會先跟 APNS 註冊，並且得到一個全球唯一識別碼，若使用者將 App 刪除後重裝，就會得到一個新的識別碼。一旦 App 得到這個識別碼後，必須將他傳給 App 的後端管理系統儲存起來，通常這過程是透過 Web API 呼叫，所以我們的 App 後端管理系統必須有能力接受與儲存 App 傳回的識別碼。當我們要送推播訊息給某部裝置時，就只要告訴 APNS 伺服器，要推播的訊息是要發給哪一個識別碼，接下來 APNS 就會將訊息傳給屬於該識別碼的行動裝置了。

原理雖然不複雜，App 的程式碼也很簡單，但是發送端要將訊息交給 APNS 的過程比較麻煩，除了有加密憑證要設定外，發送訊息的格式也要符合 APNS 規定。當然發送端系統設計又是另外一件事。

支援遠距推播的 App

特別注意，遠距推播無法在模擬器中取得 APNS 識別碼，測試請在實機執行。先來處理簡單的部分，首先來看一個支援遠距推播的 App 該如何設計。先在專案的 Signing & Capabilities 頁面將 Push Notifications 項目加到專案中。

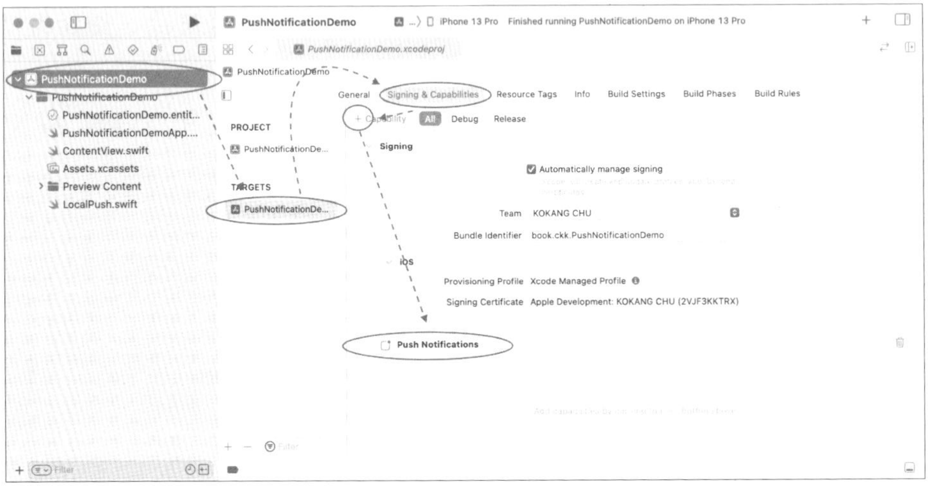

開啟專案中@main 所在位置的檔案，檔名是「專案名+App.swift」。在這個檔案中自定義一個 class，名稱可以任意定，但必須繼承 NSObject 與符合 UIApplicationDelegate 協定。實作三個函數，名稱雖然有點長，但打幾個關鍵字之後 Xcode 會出現選單讓我們選，這三個函數都已經定義在 UIApplicationDelegate 中。在第一個函數中向 APNS 要求註冊，如果註冊成功，會在第二個函數中取得識別碼，若失敗，會在第三個函數中得到錯誤訊息。

```
class AppDelegate: NSObject, UIApplicationDelegate {
   func application(_ application: UIApplication, didFinishLaunching
WithOptions launchOptions: [UIApplication.LaunchOptionsKey : Any]? = nil)
-> Bool {
       application.registerForRemoteNotifications()
```

```
        return true
    }

    func application(_ application: UIApplication, didRegisterForRemote
NotificationsWithDeviceToken deviceToken: Data) {
        let token = deviceToken.map { String(format: "%02.2hhx", $0) }.
joined()
        print(token)
    }

    func application(_ application: UIApplication, didFailToRegisterFor
RemoteNotificationsWithError error: Error) {
        // 註冊失敗
        print(error)
    }
}
```

這個 class 非常有 Storyboard 專案風格，沒錯，他其實就是 Storyboard 專案中預先產生的 AppDelegate，遠距推播在 SwiftUI 中的註冊流程目前要這樣處理才行。

接下來在@main 的 struct 中加上@UIApplicationDelegateAdaptor 這一行。

```
@main
struct PushNotificationDemoApp: App {
    @UIApplicationDelegateAdaptor(AppDelegate.self) var appDelegate
    var body: some Scene {
        WindowGroup {
            ContentView()
        }
    }
}
```

與本地推播一樣，遠距推播也是要向使用者要求授權是否顯示推播訊息，所以我們在 ContentView 中向使用者要求授權。

```
import UserNotifications

struct ContentView: View {
    init() {
        Task {
            let opt: UNAuthorizationOptions = [
                .alert, .badge, .sound
            ]
            let center = UNUserNotificationCenter.current()
            if try! await center.requestAuthorization(options: opt) {
                // 使用者同意
            } else {
                // 使用者不同意
            }
        }
    }
}
```

到這裡就完成這個陽春版的遠距推播 App 專案了。在實機上執行看看，若在模擬器上執行得不到識別碼。從 Xcode 的 debug console 中應該會看到類似下面這個格式的字串，請把他複製下來，待會要發送訊息的時候需要這串識別碼。

```
5d0a554bcb711a0f66b002724e16ac56820ac510e8f4a7fa1f0f3040da16bca7
```

產生憑證

步驟與說明

1 開啟 Mac 電腦中的「鑰匙圈存取」App，在第一個選單的「憑證輔助程式」選項中選擇「從憑證授權要求憑證」，輸入相關資料後（建議在一般名稱地方加上 remotepush 之類的特定字串，方便之後搜尋用），然後選「儲存到磁碟」。完成後應該會產生檔名為 CertificateSigningRequest.certSigningRequest 的檔案。

2 登入開發者網站，進入「Certificates, Identifiers & Profiles」頁面，然後再進入「Identifiers」頁面。在右側 IDENTIFIER 欄找找有沒有跟我們支援遠距推播 App 一樣的 Bundle ID，例如 Xcode 中 App 的 Bundle ID 為「book.ckk.PushNotificationDemo」，現在在網頁上可以找到，若找不到的話就自行新增一個。然後點進去檢查一下，Push Notifications 項目有沒有勾選起來。自己新增的要記得勾選，Xcode 自動幫我們產生的應該已經勾選，若沒勾選代表有問題，檢查一下 Xcode 的 Signing & Capabilities 頁面是不是忘了加 Push Notifications 項目。

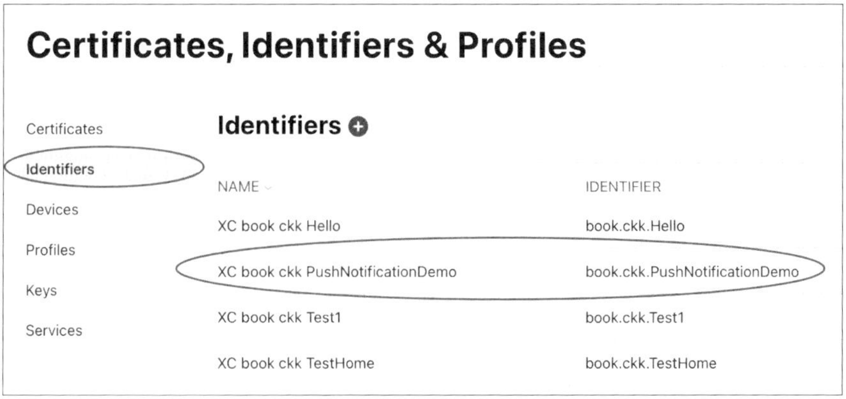

3 點選開發者網頁左側的「Certificates」，然後新增一個項目。然後在 Services 地方選擇「Apple Push Notification service SSL (Sandbox & Production)」這個項目。右上角點選「Continue」後再從選項中找到我們的 App。確定沒問題了就按「Continue」按鈕，現在會要我們上傳憑證資料，也就是剛剛從鑰匙圈產生的 CertificateSigningRequest.certSigningRequest 檔案。上傳完畢之後按 Download 按鈕把憑證抓回來，點兩下匯入鑰匙圈中。現在應該可以在鑰匙圈中找到匯入的憑證，並且注意憑證應該是「有效的」。

若發現剛產生的憑證匯入後是「無效的」，請在開發者網站「Certificates」頁面，點選新增項目後的最下方，將這些檔案全部抓回來點一遍，無效憑證應該就會變成有效的了。

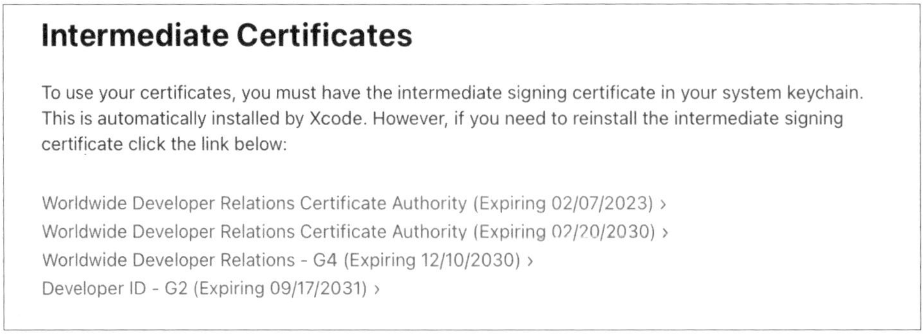

Intermediate Certificates
To use your certificates, you must have the intermediate signing certificate in your system keychain. This is automatically installed by Xcode. However, if you need to reinstall the intermediate signing certificate click the link below:
Worldwide Developer Relations Certificate Authority (Expiring 02/07/2023) ›
Worldwide Developer Relations Certificate Authority (Expiring 02/20/2030) ›
Worldwide Developer Relations - G4 (Expiring 12/10/2030) ›
Developer ID - G2 (Expiring 09/17/2031) ›

4 在鑰匙圈中找到剛匯入的憑證按右鍵後選「輸出」，需要輸出副檔名為 cer 與 p12 兩個格式，輸出後的檔案應該有「憑證.cer」與「憑證.p12」這兩個。如果在鑰匙圈中沒找到匯入的憑證，或是無法輸出這兩個格式就代表前面有地方出錯，重來一次。

5 開啟終端機，執行下列指令，產生 key.pem 檔。指令的參數很多，輸入時需注意空白位置是否正確。

```
% openssl  pkcs12  -in  憑證.p12  -out  key.pem  -nodes
```

6 Apple 官網提供了一個非常方便就可以發送推播訊息的指令，我們可以連到官網去複製。

https://developer.apple.com/documentation/usernotifications/sending_push_notifications_using_command-line_tools

複製後修改一下內容，一定要將 TOPIC 與 DEVICE_TOKEN 這兩個項目換成我們自己的，如下，最後存檔。另外，若是已經上架的 App，APNS_HOST_NAME 主機要改為 api.push.apple.com，api.sandbox.push.apple.com 是開發階段用的。

```
CERTIFICATE_FILE_NAME=憑證.cer
CERTIFICATE_KEY_FILE_NAME=key.pem
TOPIC=book.ckk.PushNotificationDemo
DEVICE_TOKEN=5d0a554bcb711a0f66b002724e16ac56820ac510e8f4a7fa1f0f3040da
16bca7
APNS_HOST_NAME=api.sandbox.push.apple.com

PAYLOAD='{
   "aps": {
      "alert": "test"
   }
```

```
}'

curl -v --header "apns-topic: ${TOPIC}" --header "apns-push-type: alert"
--cert "${CERTIFICATE_FILE_NAME}" --cert-type DER --key
"${CERTIFICATE_KEY_FILE_NAME}" --key-type PEM --data "${PAYLOAD}" --http2
https://${APNS_HOST_NAME}/3/device/${DEVICE_TOKEN}
```

7 若上述指令存檔的檔名為 send.sh，在終端機執行以下指令，執行後在倒數三、四行的位置若看到「HTTP/2 200」這個字串，就代表訊息成功送到 APNS 了。

```
% source send.sh
```

8 檢查行動裝置畫面，此時應該也收到一個字串為「test」的推播訊息。記得發送訊息前 App 要推入背景再發送。

Payload 格式

Payload 指的是顯示在畫面上的推播內容，經由 JSON 格式包裝後的一個字串，例如我們剛剛測試過的遠距推播 send.sh 檔案中的 PAYLOAD 字串。現在修改一下，讓訊息中除了文字外，也加上聲音與 badge，如下。

```
{
    "aps": {
        "alert": "test",
        "badge": 5,
        "sound": "default"
    }
}
```

在文字的部分可以再細分成 title、subtitle 與 body 這三項，payload 如下。

```
{
    "aps": {
        "alert": {
            "title": "標題",
            "subtitle": "副標題",
            "body": "訊息內容"
        },
        "badge": 5,
        "sound": "default"
    }
}
```

常用的 key 大概就這些，其他可在 payload 中使用的 key，請參考 Apple 說明文件。

https://developer.apple.com/documentation/usernotifications/setting_up_a_remote_notification_server/generating_a_remote_notification

訊息折疊

除了透過 payload 可以設定訊息內容外，還可以透過 http 的 header 對整個訊息做設定，例如其中一個功能比較有趣也很常見的訊息折疊。一般來說，發送端每發出一個推播訊息，行動裝置上就會顯示一個推播訊息，並且以推播訊息列表的方式呈現。但發送端也可以要求行動裝置折疊特定編號的訊息，折疊後的訊息只會顯示最新的那一個。

例如發送端發出了兩個訊息，一個沒有編號，另外一個編號為 A30，這時行動裝置會顯示兩個訊息。當發送端送出第三個訊息，並且編號也為 A30 時，原本行動裝置顯示編號為 A30 的訊息就會被新的 A30 訊息覆蓋掉，換句話說，只要有編號的訊息永遠都只會顯示最新的那一個。我們在一些聊天 App 的推播訊息中，經常會看到訊息已經回收的推播，就是使用這個功能完成的。

要使用這個功能，訊息發送時在 http 的表頭資料加上「apns-collapse-id」，並且給一個編號就可以，編號長度不可以超過 64 bytes，範例如下（注意粗體字部分），並且編號指定為 A30。

```
$ curl -v --header "apns-collapse-id: A30" --header "apns-topic: ${TOPIC}"
--header "apns-push-type: alert" --cert "${CERTIFICATE_FILE_NAME}"
--cert-type DER --key "${CERTIFICATE_KEY_FILE_NAME}" --key-type PEM --data
"${PAYLOAD}" --http2  https://${APNS_HOST_NAME}/3/device/${DEVICE_TOKEN}
```

其他的表頭資料，請參考 Apple 官方文件，網址如下。

https://developer.apple.com/documentation/usernotifications/setting_up_a_remote_notification_server/sending_notification_requests_to_apns

21 藍牙

Part 3

21-1 說明

藍牙（Bluetooth），是一種無線個人區域網路，最初由易利信於 1994 年提出，後來由藍牙聯盟訂定技術標準。Bluetooth SIG 在 2010 年 6 月推出 4.0 規格，4.0 的核心包括了傳統藍牙技術、藍牙 3.0 高速技術與最新的藍牙低功耗技術（Bluetooth Low Energy，縮寫為 BLE）三類，其中的低功耗是 4.0 的最大優勢特色。使用一顆鈕釦型電池就可以讓某些藍牙裝置連續使用兩三年，非常適合應用於小型傳感器像是計步器、血糖記錄器等醫療與健康監控等特殊市場或是智慧家庭等物聯網相關的使用。在過去藍牙的傳輸距離大約為 30 英尺（10 公尺左右），在藍牙 4.0 規格中的有效傳輸距離可提升至最高約 200 英尺（60 公尺左右）。而現在藍牙 5.0 規格也已經推出，傳輸距離與傳輸速度均往上提升，並且向前相容 4.0 規格。

藍牙 BLE 裝置區分為 central 端與 peripheral 端。在架構上 central 用來連接許多的 peripheral，也就是說，peripheral 負責提供服務給 central 使用。每一項服務都使用 UUID 格式的唯一碼來命名。有些服務所使用的號碼已經是固定的，例如編號 0x180D 的 service 是用來提供跟心跳有關資料，0x180F 則是跟電池有關。舉例而言，如果有一個 peripheral 裝置提供了 0x180F 這個 service，當 central 掃描 0x180F 後發現他還有提供 0x2A19 這個 characteristic 的話，central 端就可以透過 0x2A19 取得 peripheral 端電池的剩餘電力，這些資料我們可以在藍牙聯盟官網找到，如下。

Specifications and Test Documents List

https://www.bluetooth.com/specifications/specs/

16-bit UUID Numbers Document

https://btprodspecificationrefs.blob.core.windows.net/assigned-values/16-bit%20UUID%20Numbers%20Document.pdf

Battery Service Specification

https://www.bluetooth.com/specifications/specs/battery-service-1-0/

另外，由於某些原因，藍牙聯盟官網上的一些資料目前只提供 XML 格式，下面這個網站會將該 XML 格式轉成我們看得懂的格式。網頁上搜尋「battery」後可以查看跟電池有關的資料。我們可以用這些資訊，輕易的透過藍牙程式在另外一台裝置查詢 iPhone 目前電量。

https://web.archive.org/web/20170711062347/
https://www.bluetooth.com/specifications/gatt/characteristics

這個章節最後會介紹 iBeacon，這是 Apple 在 2013 年中提出的架構，目的是用來做室內定位。在室外，我們可以使用 GPS、Wi-Fi 或是手機基地台定位，但是在室內就變得很困難。於是 Apple 提出了 iBeacon 解決方案。

iBeacon 是一個藍牙 BLE 裝置，他不斷地發出訊號，訊號中包含了三個數值：Proximity UUID、major 與 minor。這三個數值合起來讓 iBeacon 裝置有了唯一性，當行動裝置偵測到 iBeacon 發出的訊號時，透過這三個數值我們可以知道是哪一個 iBeacon，又因為我們事先就已經知道這個 iBeacon 裝在哪裡（例如哪個房間），所以此時自然就知道行動裝置位於哪一個房間。iBeacon 的訊號發射範圍大約為 70 英尺，有些 iBeacon 廠商甚至允許他們的 iBeacon 裝置可以透過覆寫韌體的方式縮小訊號發射範圍，如此一來室內位置的辨識度會更精準而且更省電。

21-2 Peripheral

Peripheral 意思是提供服務的藍牙裝置，又稱為 GATT Server。GATT 架構主要有兩部分：一個稱為 service；另一個稱為 characteristic。提供的服務被定義在 characteristic 中，包含了讀資料、寫資料或是訂閱訂閱…等。相類似的 characteristic 又被群組在同一個 service 中，因此，當我們的手機要連接藍牙裝置時，會先搜尋到該裝置的 service，然後再搜尋各個 characteristic。藍牙裝置間的讀寫資料是透過 characteristic 來進行。

由於 BLE（Bluetooth Low Energy）的 App 必須在實體機器上執行，模擬器無法模擬藍牙訊號，考慮讀者手上可能只有一部 iOS 裝置，因此，這個單元的 peripheral 端會開發 Multiplatform App，可以在 iOS、iPadOS 與 macOS 三種平臺上執行，下個單元的 central 端開發成 iOS App，這樣就有兩個不同裝置可以互相連線了。事實上，Peripheral 端程式非常不建議在 macOS 上執行，因為 macOS 會在連線完成的瞬間斷線，而且發生的頻率非常非常高，導致連線狀況很不穩定，所以強烈建議不要使用 macOS 來執行 peripheral，這意味如果你想好好的測試藍牙連線的話，要嘛手上有一個真正的藍牙周邊硬體，不然就要有兩部 iOS 設備。

首先建立 Multiplatform App 專案，然後在專案的 Signing & Capabilities 頁面中的 App Sandbox 區，將 Bluetooth 勾選起來，這個選項是給 macOS 專用的，若專案開的是 iOS 專案不會看到這個項目。

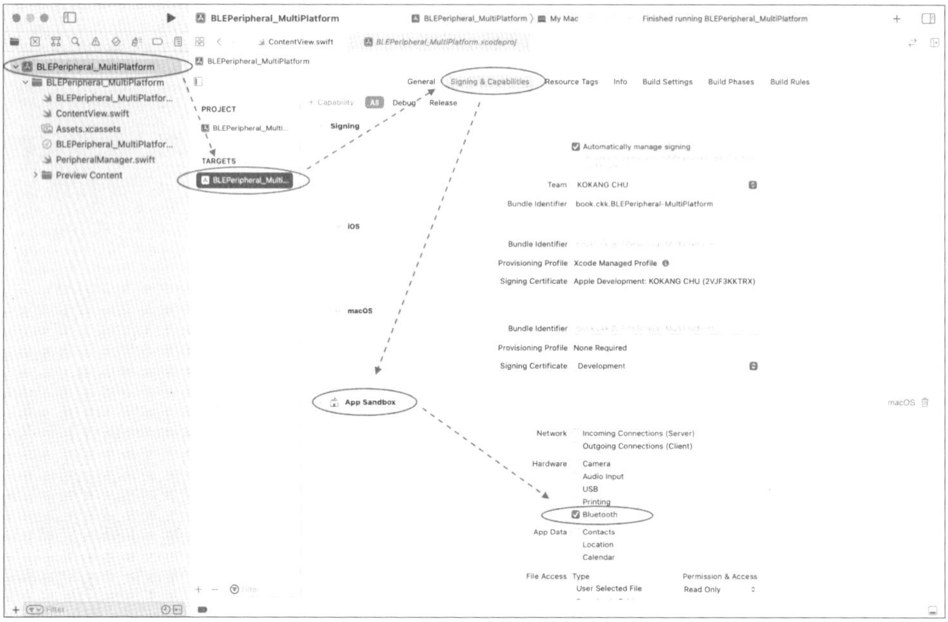

在 Info 頁面加上「Privacy - Bluetooth Always Usage Description」，並加上適當的文字說明。若 App 會在 iOS13 以下版本執行，額外再增加「Privacy - Bluetooth Peripheral Usage Description」，如下。

```
Privacy - Bluetooth Always Usage Description
Privacy - Bluetooth Peripheral Usage Description
```

接下來就可以開始撰寫 peripheral 端的程式碼了，我們分步驟來說明。

步驟與說明

1 建議開新檔案後匯入藍牙框架，檔案類型為 Swift File 即可。

```swift
import CoreBluetooth
```

2 定義兩個 enum 型態，一個用來存放 GATT 中的 service，另外一個用來存放 GATT 的 characteristic，如下。這裡使用 4 個 bytes 的短編號方便講解，正式上線系統使用的編號若非藍牙聯盟定義好的編號，也就是自訂編號時最好使用 36 個 bytes 的 UUID，我們可以在終端機執行 uuidgen 指令得到。

```
enum ServiceType: String {
    case SERV_A001 = "A001"
}

enum CharacteristicType: String {
    case C001 = "C001"
    case C002 = "C002"
}
```

3 將藍牙有關的程式碼放在一個自定義的類別中，類別名稱取名為 PeripheralManager，並且要符合 CBPeripheralManagerDelegate 協定，如下。類別中為裝置取一個名稱，這裡命名為「my_ble_device」，這個名稱在 central 端（例如手機）掃描藍牙裝置時會出現，然後再定義一個用來管理 peripheral 各項功能的 peripheralManager 變數，這個變數必須宣告為全域。

```
class PeripheralManager: NSObject, CBPeripheralManagerDelegate {
    static let shared = PeripheralManager()

    // 藍牙裝置名稱
    let BLUETOOTH_NAME = "my_ble_device"
    // 管理 peripheral，需宣告全域
    private var peripheralManager: CBPeripheralManager?
}
```

4 接下來要開始一連串的函數實作，在每一個函數的最後面都會加上接下來會觸發哪一個函數的註解，方便讀者掌握流程。首先，在初始化中先實體化 peripheral 的管理機制。

```
override init() {
    super.init()
    // 將觸發 1 號 method
    peripheralManager = CBPeripheralManager(
        delegate: self,
        queue: .global()
    )
}
```

5 1 號 method 要先檢查行動裝置的藍牙是否打開，然後註冊 GATT 的 service 與 characteristic 等資料。這裡我們註冊兩個 characteristic，分別是 C001 與 C002。

```
// MARK: - 1 號 method
func peripheralManagerDidUpdateState(_ peripheral: CBPeripheralManager) {
    guard peripheral.state == .poweredOn else {
        // 若藍牙沒開啟，作業系統會自動跳出提示
        return
    }

    ///////////// 開始設定 service 與 characteristic ////////////
    let service = CBMutableService(
        type: CBUUID(string: ServiceType.SERV_A001.rawValue),
        primary: true
    )
    var chars = [CharacteristicType: CBMutableCharacteristic]()

    chars[.C001] = CBMutableCharacteristic(
        type: CBUUID(string: CharacteristicType.C001.rawValue),
        properties: [.notify, .read, .writeWithoutResponse],
        value: nil,
        permissions: [.readable, .writeable]
    )

    chars[.C002] = CBMutableCharacteristic(
        type: CBUUID(string: CharacteristicType.C002.rawValue),
        properties: [.write],
```

```
        value: nil,
        permissions: [.writeEncryptionRequired]
    )

    // 在 service 中填入 characteristic 陣列
    service.characteristics = Array(chars.values)
    // 準備觸發 2 號 method
    peripheralManager?.add(service)
}
```

雖然程式看起來很多，但主要都是 service 與 characteristic 設定，程式碼並不複雜。注意 CBMutableCharacteristic 中的 properties 與 permissions 這兩個參數內容，他們決定這個 characteristic 提供何種類型的存取方式。參數 properties 說明了這個 characteristic 提供了哪些服務，例如讀、寫或是訂閱…等，參數 permissions 用來決定資料是否要加密才能傳送，如果要加密，就會先進行藍牙配對程序。但要注意的是，如果 peripheral 與 central 都是 Apple 作業系統且兩端設定一樣的 Apple ID 時，則省略配對程序，也就是不會跳出任何配對畫面。

Properties 的設定值與說明如下表。

Properties	說明
notify	通知。Peripheral 會主動送資料到 central。
notifyEncryptionRequired	加密通知。Peripheral 會主動送資料到 central，並且傳輸過程加密，因此藍牙必須先配對。
read	Central 向 peripheral 發出讀取要求。
write	Central 向 peripheral 發出寫入要求，並同時將資料送到 peripheral。Peripheral 收到寫入要求後必須回傳特定訊息給 central，若沒回傳，central 會持續等待到逾時為止。相當於 blocking 模式。
writeWithoutResponse	Central 向 peripheral 發出寫入要求，但不需要 peripheral 回傳特定訊息。相當於 non-blocking 模式。

Permissions 的設定值與說明如下表。

Permissions	說明
readable	當 properties 中有 read 時，設定可讀取權限，且傳輸過程不加密。
writeable	當 properties 中有 write 或 writeWithoutResponse 時，設定可寫入權限，且傳輸過程不加密。
readEncryptionRequired	當 properties 中有 read 時，設定可讀取權限，且第一次傳資料前會先配對，資料加密傳輸。
writeEncryptionRequired	當 properties 中有 write 或 writeWithoutResponse 時，設定可寫入權限，且第一次傳資料前會先配對，資料加密傳輸。

6 上一步程式碼最後一行執行後會觸發 2 號 method，這個 method 用來發出廣播封包，他執行後 central 端就可以搜尋到藍牙裝置了。

```
// MARK: 2 號 method
func peripheralManager(_ peripheral: CBPeripheralManager, didAdd service:
CBService, error: Error?) {
    guard error == nil else {
        print("@\(#function)")
        print(error!)
        return
    }

    // 開始廣播，準備觸發 3 號 method
    peripheral.startAdvertising([
        CBAdvertisementDataServiceUUIDsKey: [service.uuid],
        CBAdvertisementDataLocalNameKey: BLUETOOTH_NAME
    ])
}
```

7 如果廣播已經開始，3 號 method 會被觸發，這個 method 用來通知我們，手上的這藍牙裝置已經可以被別人搜尋到。

```
// MARK: 3 號 method
func peripheralManagerDidStartAdvertising(_ peripheral: CBPeripheral
Manager, error: Error?) {
    guard error == nil else {
        print("@\(#function)")
        print(error!)
        return
    }
    print("開始廣播")
}
```

到這裡，藍牙裝置已經準備好可以跟別人連線。如果有 central 端順利連上線，接下來就是資料存取。將資料傳到 central 端有兩種方式：一種是收到 central 的訂閱要求；另一種是收到 central 的讀取要求。訂閱的意思是，peripheral 可以主動將資料連續地傳給 central，讀取要求則只傳送一次資料就結束了。

收到 Central 端的訂閱要求

先來看訂閱。以下兩個函數是收到訂閱要求以及收到取消訂閱要求會觸發的函數。這裡用很簡單的範例，只要收到訂閱要求，就開多執行緒使用 updateValue()函數傳 3 個「Hello Central」字串回去，沒做其他的事情。若是穿戴式裝置，這裡可能是不斷地把走路步數、心跳數或是血氧值傳出去。取消訂閱的函數純粹讓 peripheral 端知道 central 已經不想再收到資料了，所以 peripheral 可以停止各種藍牙活動達到省電目的。

```
// MARK: - 開始訂閱
func peripheralManager(_ peripheral: CBPeripheralManager, central:
CBCentral, didSubscribeTo characteristic: CBCharacteristic) {
    print("開始訂閱")
```

```
    DispatchQueue.global().async {
        for _ in 1...3 {
            peripheral.updateValue(
                "Hello Central".data(using: .utf8)!,
                for: characteristic as! CBMutableCharacteristic,
                onSubscribedCentrals: nil)
            sleep(1)
        }
    }
}

// MARK: 取消訂閱
func peripheralManager(_ peripheral: CBPeripheralManager, central:
CBCentral, didUnsubscribeFrom characteristic: CBCharacteristic) {
    print("取消訂閱")
}
```

如果你已經迫不及待想要試試看，在 ContentView 中透過 PeripheralManager 的 shared 屬性來實體化，這行執行完後我們寫的藍牙程式碼就開始運作了。

```
struct ContentView: View {
    private let peripheralManager = PeripheralManager.shared
```

接下來我們需要一個 central 端程式。我們可以在行動裝置上安裝藍牙掃描有關的 App，這樣就可以先來測試目前撰寫的 peripheral 端程式是否能夠正常運作。我個人推薦「LightBlue」這個 App，當然你也可以嘗試其他的。先啟動我們寫的 peripheral 程式後，用第三方藍牙掃描 App 應該可以看到 peripheral 端的裝置名稱，但應該看不到我們在程式碼中設定的名字「my_ble_device」，這是因為裝置的藍牙只有一個，Apple 強制以裝置名稱作為藍牙廣播名稱，所以我們自己設定的名稱就被蓋掉了，但偶爾還是會看到我們自己設定的名字，機率不高就是了。這時讓藍牙掃描 App 連線到我們的裝置名稱那個藍牙項目即可，連線後找到 C001 這個 characteristic（如下圖左）。現在回頭看一下我們寫的程式碼，在第四步的位置，我們替 C001 加上了 notify 功能，所以在第三方藍牙掃描 App 中找一找，一定可以找到跟訂閱或通知有關的選項或按鈕，訂閱後就會收到從 peripheral 端傳來的三個「Hello Central」字串了（如下圖右）。此圖為 LightBlue App 的畫面截圖。

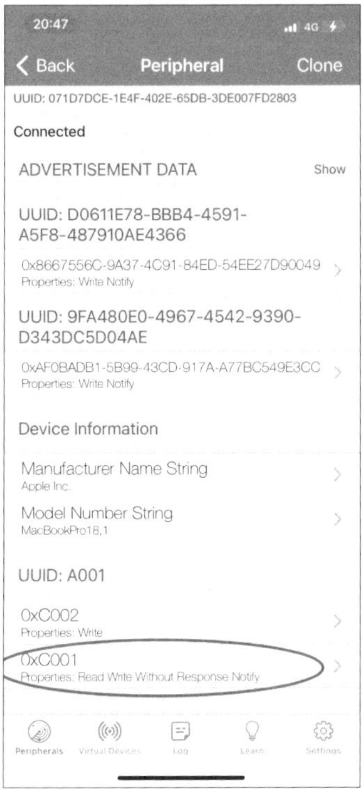

收到 Central 端的讀取要求

跟通知不一樣，central 端發出讀取要求後，peripheral 只傳送一次資料回去。也就是 peripheral 沒收到讀取要求時就不會主動傳資料出去。這裡回傳資料使用的是 response()函數，與通知時傳送資料呼叫的函數不同，請特別留意一下。回傳的資料必須包在 CBATTError 結構的 value 變數中，並且同時設定 peripheral 收到讀取要求後要求的內容是否能夠完成，下面程式碼是回傳告訴 central 要求是成功的（success）。

```
// MARK: - 收到 central 端讀取要求
func peripheralManager(_ peripheral: CBPeripheralManager, didReceiveRead
request: CBATTRequest) {
    print("收到讀取要求")
    var result: CBATTError.Code = .success
    switch request.characteristic.uuid.uuidString {
    case CharacteristicType.C001.rawValue:
        // 回傳最新時間
        let date = Date().description.data(using: .utf8)!
        request.value = date

    default:
        result = .requestNotSupported
    }

    peripheral.respond(to: request, withResult: result)
}
```

現在我們可以在第三方藍牙 App 中發出讀取要求，然後應該可以收到一個最新的時間，如右圖。

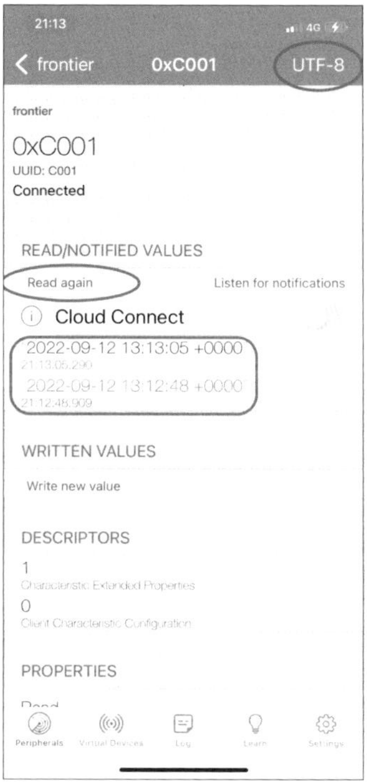

收到 Central 端的寫入要求

最後處理 peripheral 收到寫入要求時的函數，此時從 central 端想要寫入到 peripheral 的資料也會隨著這個要求一起送到 peripheral 端。這裡要特別注意，如果寫入要求是來自於 C002 這個 characteristic，最後一定要透過 response()函數回傳一個訊號，否則 central 端會等到逾時為止。請回頭看第四步的設定，其中 C001 的屬性為「writeWithoutResponse」，而 C002 的屬性為「write」，所以 peripheral 從 C001 收到寫入要求後不用回傳確認訊息給 central，但 C002 一定要。

```
// MARK: - 收到 central 端寫入要求
func peripheralManager(_ peripheral: CBPeripheralManager, didReceiveWrite
requests: [CBATTRequest]) {
    print("收到寫入要求")
    guard let at = requests.first, let data = at.value else {
        return
    }

    switch at.characteristic.uuid.uuidString {
    case CharacteristicType.C001.rawValue:
        // 停止廣播，讓其他 central 搜尋不到本裝置
        // 然後不用回傳訊息給 central
        peripheral.stopAdvertising()

    case CharacteristicType.C002.rawValue:
        if let string = String(data: data, encoding: .utf8) {
            print(string)
        }
        // 需回傳訊息
        peripheral.respond(to: at, withResult: .success)

    default:
        break
    }
}
```

BLE 支援多對多連線，如果我們不希望有兩個以上的 central 連線到同一個 peripheral 裝置，就需要在第一個 central 連上時要求 peripheral 停止廣播封包發送。由於 peripheral 無法主動知道目前是否已經有人連線，因此必須由 central 端送出訊息告訴 peripheral 該做什麼事情，因此上述範例設計是讓 central 透過 C001 發出寫入要求後就讓 peripheral 停止廣播。

21-3 Central

Central 代表這部藍牙裝置是接受服務的，也稱為 GATT Client。例如 iPhone，他可以用來跟許多的周邊設備連線，取得各周邊提供的服務，例如跟藍牙耳機連線、跟智慧手錶連線，或是跟有藍牙功能的的電燈連線...等。所以一個 central 可以跟很多的周邊裝置連線。Central 端的程式設計必須拿到 Peripheral 的藍牙規格書，如果沒有這一份文件，central 在與 peripheral 進行標準的連線後就不知道下一步要做什麼事情了。

這個單元我們就使用 iOS 實體裝置來執行 central 程式，然後跟上一個單元的在另外一個裝置上執行的 peripheral 進行連線。iOS 專案建立後（這裡為 SwiftUI 類型），在 Info 頁面加上「Privacy - Bluetooth Always Usage Description」，並加上適當的文字說明。若 App 會在 iOS13 以下版本執行，額外再增加「Privacy - Bluetooth Peripheral Usage Description」。

```
Privacy - Bluetooth Always Usage Description
Privacy - Bluetooth Peripheral Usage Description
```

如果想要讓藍牙在背景運作，在專案的 Signing & Capabilities 頁面增加 Background Modes，並將藍牙選項打勾。有兩個，一個是給 central 用，另一個給 peripheral 用。若 iPhone 同時扮演兩個角色，就兩個都勾。

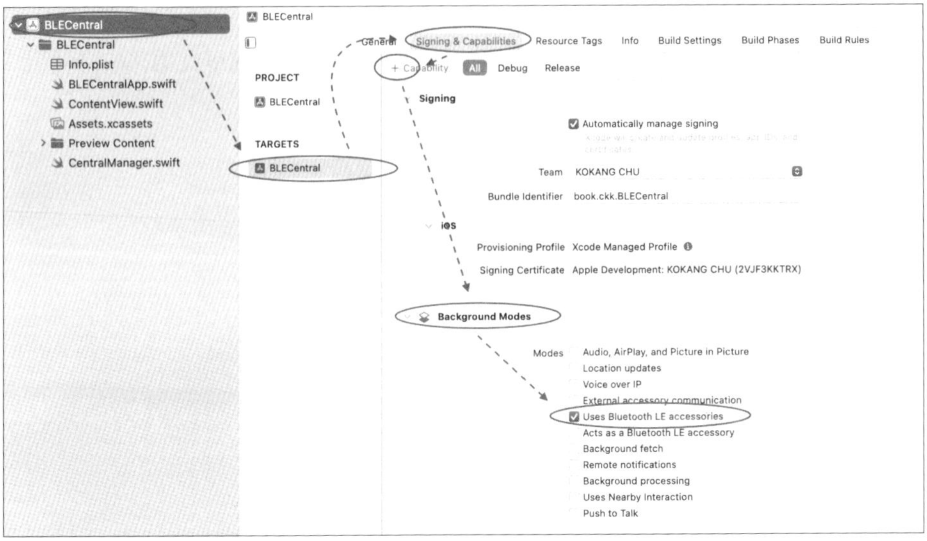

接下來就可以開始撰寫 central 端的程式碼了，程式碼不算少，我們分步驟來說明。

步驟與說明

1 開新檔案後匯入藍牙框架，檔案類型為 Swift File 即可。

```
import CoreBluetooth
```

2 根據 peripheral 端的規格文件，將想要使用的 characteristic 用 enum 定義出來，如下。並不需要全部定義，沒有使用到的就可以不用定義了。

```
// 根據周邊裝置規格書所示，定義哪些 characteristic 想要使用
enum CharacteristicType: String {
    case C001 = "C001"
    case C002 = "C002"
}
```

3 將藍牙有關的程式碼放在一個自定義的類別中，類別名稱取名為 CentralManager，並且要符合 CBCentralManagerDelegate, CBPeripheral Delegate 這兩個協定，如下。

```
class CentralManager: NSObject, CBCentralManagerDelegate, CBPeripheral
Delegate {
    static let shared = CentralManager()

    // 管理 central 端，需宣告全域
    private var centralManager: CBCentralManager?
    // 連線完成的周邊裝置
    private var connectPeripheral: CBPeripheral?
    // 儲存周邊裝置藍牙名稱
    private var peripheralName: String!
    // 儲存所有周邊裝置提供的 characteristic
    private var chars = [String: CBCharacteristic]()
}
```

4 與 peripheral 一樣，接下來開始一連串的函數實作，在每一個函數最後面都會加上接下來會觸發哪一個函數的註解，方便讀者掌握流程。首先，在初始化器中實體化 central 端管理機制。

```
override init() {
    super.init()
    // 搜尋到的名稱未必是 peripher 設定好的名字
    peripheralName = "my_ble_device"
    // 將觸發 1 號 method
    centralManager = CBCentralManager(
        delegate: self,
        queue: .global()
    )
}
```

5 1 號 method 中先檢查藍牙是否打開，然後開始掃描附近的藍牙裝置。

```
// MARK: - 1 號 method
func centralManagerDidUpdateState(_ central: CBCentralManager) {
    guard central.state == .poweredOn else {
        // 若藍牙沒開啟，作業系統會自動跳出提示
        return
    }
    // 將觸發 2 號 method
    central.scanForPeripherals(withServices: nil, options: nil)
}
```

6 當掃描到已開啟廣播的藍牙裝置時，2 號 method 會被觸發。如果 peripheral 端是 Apple 設備，例如 macOS 的筆電或桌上型電腦，這裡掃描的裝置名稱通常是電腦名稱，不一定是 peripheral 端程式中設定的名字，所以這裡在測試時要特別注意。此外，central 只要掃描到藍牙訊號時就會觸發這個函數，因此當找到想要連線的裝置時，應該要停止掃描，並且開始進行連線，不要在掃描到想要連線的設備之後還繼續掃描。

```
// MARK: 2 號 method
func centralManager(_ central: CBCentralManager, didDiscover peripheral:
CBPeripheral, advertisementData: [String : Any], rssi RSSI: NSNumber) {
    let name = peripheral.name ?? "NONAME"
    print("掃描到 \(name)")

    if name == peripheralName {
        // 停止掃描
        central.stopScan()
        connectPeripheral = peripheral
        peripheral.delegate = self
        // 將觸發 3 號 method
        centralManager?.connect(peripheral, options: nil)
    }
}
```

由於我們的 peripheral 可能是另外一部 Apple 設備，因此上面程式碼中的條件判斷在測是時最好再加上另外一部 Apple 設備名稱，才不會一直無法找到 peripheral 設定好的藍牙名稱，如下。

```
if name == peripheralName || name == "我的iPad" {
```

7 接下來 3 號 method 有兩個，一個是連線失敗，另外一個是當 central 與 peripheral 連線成功後會觸發，所以這裡主要是要找連線成功後的藍牙裝置中有哪些 services。開始尋找之前先清除屬性 chars 的內容，目的是確保之後所有找出的 characteristics 與儲存在屬性 chars 內容是一致的。

```
// MARK: 3 號 method (連線失敗)
func centralManager(_ central: CBCentralManager, didFailToConnect
peripheral: CBPeripheral, error: Error?) {
    guard error == nil else {
        print("@\(#function)")
        print(error!)
        return
    }
}

// MARK: 3 號 method (連線成功)
func centralManager(_ central: CBCentralManager, didConnect peripheral:
CBPeripheral) {
    chars.removeAll()
    // 將觸發 4 號 method
    peripheral.discoverServices(nil)
}
```

8 找到 services 後會接著觸發 4 號 method。這裡就是要針對每一個 service 去找裡面的 characteristics。特別注意，所有找到的 services 與 characteristics 的 UUID 都是大寫，不論 peripheral 端設定的是大寫還是小寫，這裡拿到的都是大寫。

```
// MARK: 4 號 method
func peripheral(_ peripheral: CBPeripheral, didDiscoverServices error:
Error?) {
    guard error == nil else {
        print("@\(#function)")
        print(error!)
        return
    }
    peripheral.services?.forEach { service in
        // 將觸發 5 號 method
        peripheral.discoverCharacteristics(nil, for: service)
    }
}
```

9 接下來的 5 號 method 會找出每一個 service 中包含的所有 characteristics。如果周邊裝置提供了兩個以上的 services，這個函數就會被呼叫兩次。我們將所有找到的 characteristics 儲存在這個類別一開始宣告的 chars 變數中，方便之後使用。Service 除非會用到，不然一般來說不需要儲存。

```
// MARK: 5 號 method
func peripheral(_ peripheral: CBPeripheral, didDiscoverCharacteristicsFor
service: CBService, error: Error?) {
    guard error == nil else {
        print("@\(#function)")
        print(error!)
        return
    }
    service.characteristics?.forEach { char in
        print("找到: \(char.uuid.uuidString)")
        chars[char.uuid.uuidString] = char
    }
}
```

現在可以來試試看與 peripheral 端連線了。首先在 ContentView 中加上啟動 central 並開始掃描的程式碼，如下。

```
struct ContentView: View {
    private let centralManager = CentralManager.shared
```

我們可以在實機執行 central 端程式了，如果一切順利，你應該可以在 Xcode 的 debug console 中看到相關的訊息，尤其是找到 C001 與 C002 這兩個 characteristic。

Central 發出訂閱要求

接下來實作兩個自定義的訂閱與取消訂閱函數，呼叫後 peripheral 就會收到 central 要求訂閱或取消訂閱的訊息。呼叫這兩個函數，並且傳入正確的 characteristic 就可以了，例如根據 peripheral 規格書，C001 是具有 notify（通知）功能的，因此呼叫這兩個函數時傳進 C001 字串，就可以對 peripheral 發出訂閱或取消訂閱要求了。

```
// MARK: - 訂閱要求
func subscribe(for type: CharacteristicType) {
    guard let char = chars[type.rawValue] else {
        print("@\(#function)")
        print("Error: \(type.rawValue) not found")
        return
    }
    connectPeripheral?.setNotifyValue(true, for: char)
}

// MARK: 取消訂閱要求
func unsubscribe(for type: CharacteristicType) {
    guard let char = chars[type.rawValue] else {
        print("@\(#function)")
        print("Error: \(type.rawValue) not found")
        return
```

```
    }
    connectPeripheral?.setNotifyValue(false, for: char)
}
```


Central 發出讀取要求

實作自定義的讀取要求函數，呼叫後 peripheral 端會將資料回傳給 central 端。

```
// MARK: - 讀取要求
func read(for type: CharacteristicType) {
    guard let char = chars[type.rawValue] else {
        print("@\(#function)")
        print("Error: \(type.rawValue) not found")
        return
    }
    connectPeripheral?.readValue(for: char)
}
```

Central 發出寫入要求

實作自定義的寫入要求函數，如下。寫入要求發出時要特別注意，是否需要 peripheral 在收到後回傳確認必須參考 peripheral 端的設計，不能在 central 端自己決定。下面的範例中對 C001 發出寫入要求後會讓 peripheral 停止廣播，且不需要回覆；透過 C002 發出寫入要求後會開始進行藍牙配對，因為 peripheral 在 C002 的權限設定上加了「writeEncryptionRequired」，所以第一次資料傳遞前會先進行藍牙配對，但如果 central 與 peripheral 都是同一個 Apple ID 的裝置則會省略配對程序（作業系統內部自己處理掉了）。每個寫入要求都必須設定「withoutResponse」或「withResponse」，這個必須根據 peripheral 的規格書，不能 central 自己決定。

```
// MARK: 寫入要求
func write(for type: CharacteristicType, data: Data) {
    guard let char = chars[type.rawValue] else {
        print("@\(#function)")
        print("Error: \(type.rawValue) not found")
        return
    }

    // 需不需要peripheral 回傳確認訊息，必須依照peripheral 設計
    var writeType: CBCharacteristicWriteType? = nil
    switch type {
    case .C001:
        writeType = .withoutResponse
    case .C002:
        writeType = .withResponse
    }

    // 發出寫入要求
    connectPeripheral?.writeValue(
        data,
        for: char,
        type: writeType!
    )
}
```

Central 收到資料

當 central 發出訂閱要求或讀取要求時，peripheral 回傳的資料都會透過下面這個函數傳回來，所以我們要實作這個函數，才能得到 peripheral 回傳的資料內容。

```
// MARK: - 收到peripher 傳過來的資料
func peripheral(_ peripheral: CBPeripheral, didUpdateValueFor
characteristic: CBCharacteristic, error: Error?) {
    guard error == nil else {
        print("@\(#function)")
```

```
        print(error!)
        return
    }

    switch characteristic.uuid.uuidString {
    case CharacteristicType.C001.rawValue:
        if let data = characteristic.value {
            if let string = String(data: data, encoding: .utf8) {
                // 若回傳的內容為字串，這裡將字串印出
                print(string)
                DispatchQueue.main.async {
                    self.c001_reply_string = string
                }
            }
        }

    default:
        break
    }
}
```

Central 收到 peripheral 的寫入確認回覆

最後一個需要實作的函數如下，目的是當 central 發出寫入要求且 peripheral 回傳確認後，回傳的訊息會透過這個函數得知。Peripheral 端回傳的訊息類型除了「success」外，其他訊息類型都算是 error。請回頭參考 peripheral 端的「收到 Central 端的寫入要求」部分。

```
// MARK: - 寫入後收到回覆確認
func peripheral(_ peripheral: CBPeripheral, didWriteValueFor
characteristic: CBCharacteristic, error: Error?) {
    if error != nil {
        print("@\(#function)")
        print("Peripheral 回傳「寫入要求錯誤」: \(error!)")
    } else {
```

```
        print("Peripheral 回傳「寫入要求 success」")
    }
}
```

通知 UI 有新資料

其實到前面的程式碼為止，central 端的藍牙程式碼已經完成了，但是所有收到的資料都是在 CentralManager 類別中透過 print()函數印出來，我們現在要將這些資料送到 UI 介面上，該如何將原本 print()的資料送到 View 元件上呢，這時就要靠 ObservableObject 協定中的@Published 這個 Property Wrapper 了。當然 peripheral 端要將資料顯示到 UI 畫面上也是需要同樣的方式處理，作法一樣，所以這裡就示範 central 端。

有兩種方式來使用 ObservableObject 協定，一種是再新增一個符合 ObservableObject 協定的類別，另外一種就是直接加到我們的 CentralManager 類別中，這裡選擇後者。

```
class CentralManager: NSObject, CBCentralManagerDelegate, CBPeripheral
Delegate, ObservableObject {
    @Published var c001_reply_string: String = ""
    ...
}
```

然後在 central 收到資料後將資料指定到 c001_reply_string 變數就可以了，所以稍微修改一下前面的「Central 收到資料」所實作的函數內容，如下。

```
// MARK: - 收到 peripher 傳過來的資料
func peripheral(_ peripheral: CBPeripheral, didUpdateValueFor
characteristic: CBCharacteristic, error: Error?) {
    ...
            // 若回傳的內容為字串，這裡將字串印出
            print(string)
```

```
            DispatchQueue.main.async {
                self.c001_reply_string = string
            }
    ...
}
```

介面設計

在 ContentView 中簡單放兩個按鈕，一個發出訂閱要求用，另外一個發出讀取要求用，然後將收到的資料顯示到 List 元件中，如下。

```
struct ContentView: View {
    @ObservedObject private var centralManager = CentralManager.shared
    @State private var messages: [String] = []
    var body: some View {
        VStack {
            HStack {
                Button("訂閱") {
                    centralManager.subscribe(for: .C001)
                }
                Button("讀取") {
                    centralManager.unsubscribe (for: .C001)
                }
                Button("讀取") {
                    centralManager.read(for: .C001)
                }
            }
            List(messages, id: \.self) { msg in
                Text(msg)
            }
            .onReceive(centralManager.$c001_reply_string) { output in
                if !output.isEmpty {
                    messages.append(output)
                }
            }
        }
    }
}
```

在實機上執行看看，若成功與另外一台裝置上執行的 peripheral 連線連上（這部分請自行從 Xcode 的 debug console 確認，沒連上的話重新執行一次），按下「訂閱」與「讀取」按鈕看看，應該會收到資料了，如下。

21-4 斷線與解配對

藍牙連線中斷可以分成幾種狀況討論：

1. 藍牙訊號因距離太遠、障礙物阻隔或是關掉藍牙而中斷。此時 central 偵測到中斷後可以呼叫 connect()函數，讓藍牙訊號恢復時自動重新連線。

2. Central 呼叫 cancelPeripheralConnection()函數讓藍牙連線主動斷線，通常這個指令會視為是解配對指令，所以接下來 central 與 peripheral 都應該要進入重新配對程序。

要特別注意，在 iOS 中無法透過程式碼移除「已經解除配對但還在系統藍牙裝置清單中出現的」裝置，因此當 central 端已明確要解配對後，必須提醒使用者自己手動去系統的藍牙清單中選擇「忘記裝置」，否則無法再行配對。

要處理斷線程序前，要先來修改連線程序。目前我們的 central 程式碼在 1 號 method 中都是呼叫 scanForPeripherals()來掃描藍牙訊號，這個作法是不切實際的，因為實務上，peripheral 在 central 連上線後就會停止廣播，直到雙方解配對為止，換句話說，藍牙斷線後重連或是 App 關掉後重開，其實都連不上了，因為 peripheral 已經不再發出廣播封包。所以我們先要在 central 端的 CentralManager 類別中再實作一個函數，這個函數中會根據 peripheral 身份識別碼來決定是否重新連線還是開始掃描藍牙。

假設 central 端第一次跟 peripheral 連上線時將 peripheral 的身份識別碼透過 UserDefaults 類別儲存起來，如果藍牙斷線後需要重新連線，我們只要憑之前記錄的身份識別碼就可以再次連線，這時不需要 peripheral 開啟廣播所以 central 也不需要進行藍牙掃描。所以在這個函數中，一開始判斷想要連線的身份識別碼是否存在，如果存在就進行連線，如果不存在就進入掃描程序。

```
// MARK: 判斷是否需要重新連線
func reconnectIfNeeded() -> Bool {
    guard let uuidString = UserDefaults.standard.string(forKey:
peripheralName) else {
        return false
    }

    let uuid = UUID(uuidString: uuidString)!
    let list = centralManager?.retrievePeripherals(withIdentifiers: [uuid])

    connectPeripheral = list!.first
    connectPeripheral?.delegate = self
    return true
}
```

有了上面這個函數後，現在來修改 1 號 method，如下。現在我們可以透過 reconnectIfNeeded()的傳回值來決定是要掃描藍牙還是重新連線。如果打算重新連線，但是 peripheral 還在斷線狀態時，central 會自己不斷嘗試重新連線，這部分系統內部自己會處理，我們只要呼叫 connect()函數就好了。

```
// MARK: - 1號method
func centralManagerDidUpdateState(_ central: CBCentralManager) {
    guard central.state == .poweredOn else {
        // 若藍牙沒開啟，作業系統會自動跳出提示
        return
    }

    if reconnectIfNeeded() {
        // 將觸發 3 號 method
        print("準備重新連線")
        central.connect(connectPeripheral!, options: nil)
    } else {
        // 將觸發 2 號 method
        print("準備掃描藍牙裝置")
        central.scanForPeripherals(withServices: nil, options: nil)
    }
}
```

儲存周邊端身份識別碼

現在我們要修改 3 號 method，在連線成功後將 peripheral 的身份識別碼存起來，這樣之後若藍牙斷線後想要恢復連線，只要靠這個身份識別碼就可以恢復了。

```
// MARK: 3號method (連線成功)
func centralManager(_ central: CBCentralManager, didConnect peripheral:
CBPeripheral) {
    chars.removeAll()

    // 將 UUID 存起來，斷線後重新連線時須使用
    UserDefaults.standard.set(
        peripheral.identifier.uuidString,
        forKey: peripheralName
    )
```

```
    // 將觸發 4 號 method
    peripheral.discoverServices(nil)
}
```

斷線偵測

現在來實作斷線偵測函數，這個函數定義在 CBCentralManagerDelegate 協定中，只要藍牙斷線這個函數就會被呼叫。在這個函數中必須要能判斷造成斷線的原因是來自於藍牙訊號中斷，還是 central 要求解配對後的斷線。

```
// MARK: 斷線
func centralManager(_ central: CBCentralManager, didDisconnectPeripheral
peripheral: CBPeripheral, error: Error?) {
    if error != nil {
        print("@\(#function)")
        print(error!)
    }

    if reconnectIfNeeded() {
        print("收不到藍牙訊號斷線")
        // 將觸發 3 號 method
        central.connect(peripheral, options: nil)
    } else {
        // 這裡要通知使用者藍牙已經解配對了
        print("Center 發出解配對指令")
    }
}
```

解配對

藍牙解配對的目的是讓 peripheral 端可以重新跟別 central 進行連線，所以要做的事情很簡單，central 要忘掉這個 peripheral，而且忘掉前要發訊息叫 peripheral 重新啟動廣播，就這樣而已。剩下 peripheral 要做哪些重置的動作，都是 peripheral 要處理的。如果藍牙目前是斷線狀態，而 central 發出解配對指令後，central 已經做了處理，但 peripheral 沒收到相關訊息，這時怎麼辦呢？所有的 peripheral 都有一個按鈕，長按之後會進入重新配對狀態，其實就是重新開始發出廣播封包，讓 central 可以找到他。解配對的程式碼如下，我們的程式碼很單純，將連線裝置的身份識別碼刪除，然後讓目前的連線斷線就完成解配對程序了。

```
// MARK: 解配對
func unpair() {
    // 務必提醒使用者必須從系統設定中「忘記裝置」，否則無法再配對
    UserDefaults.standard.removeObject(forKey: peripheralName)
    if let connectPeripheral {
        // 呼叫後藍牙連線中斷
        centralManager?.cancelPeripheralConnection(connectPeripheral)
    }
}
```

我們自己寫的 peripheral 並沒有對廣播作特別的處理，每次程式重新執行都會啟動廣播，如果需要，你可以自己將收到解配對訊息後重新啟動廣播的功能加進去。

21-5 iBeacon

iBeacon 是一個以藍牙 BLE 為基礎的無線訊號發報機，他是一個硬體裝置，主要目的是用來進行室內定位。每個 iBeacon 訊號有三個重要的屬性：proximityUUID、major 與 minor。proximityUUID 是一個 36 bytes 的字串，major 與 minor 各為 2bytes 的正整數，三個值合起來產生一個全球唯一碼。

在 iOS 的支援下，我們可以在 App 處於背景或是螢幕鎖定的情況下偵測行動裝置是否進入或離開某個 iBeacon 形成的區域。例如將手機放在口

袋時，App 還是可以收到已進入某個區域的訊號，然後可以透過推播方式通知使用者他已經進入到特定區域範圍了。

iBeacon 程式相對於前面的 BLE 程式簡單許多。首先在專案的 Info 中加入下面四個隱私權限項目。

```
Privacy - Bluetooth Always Usage Description
Privacy - Bluetooth Peripheral Usage Description
Privacy - Location Always and When In Use Usage Description
Privacy - Location When In Use Usage Description
```

由於 iBeacon 跟定位有關，因此在程式中需要匯入 CoreBluetooth 與 CoreLocation 兩個框架，如下。

```
import CoreBluetooth
import CoreLocation
```

接下來自訂一個類別，用來管理我們的 iBeacon。類別的初始化器中向使用者要求定位有關的授權。

```
class BeaconManager: NSObject, CLLocationManagerDelegate {
    private let lm = CLLocationManager()

    override init() {
        super.init()
        lm.requestWhenInUseAuthorization()
        lm.requestAlwaysAuthorization()
        lm.delegate = self
    }
```

實作設定區域的函數，這個函數的目的是建立由 iBeacon 組成的區域，每個區域至少要有一個 iBeacon，而同一個 iBeacon 可以隸屬於多個區域。例如區域 A 中有 1 號、2 號與 5 號 iBeacon，而區域 B 中有 5 號與 10 號 iBeacon。所以當使用者的行動裝置收到 10 號 iBeacon 訊號時就知道他在區域 B 範圍內了。

```
func registerBeacons(with proximityUUIDs: [UUID], region name: String) {
    proximityUUIDs.forEach { uuid in
        let region = CLBeaconRegion(
            uuid: uuid,
            identifier: name
        )

        // 用來得知附近 beacon 的資訊。觸發 1 號 method
        lm.startRangingBeacons(satisfying: region.beaconIdentityConstraint)
        // 用來接收進入區域或離開區域的通知。觸發 2 號與 3 號 method
        lm.startMonitoring(for: region)
    }
}
```

1 號 method 會在偵測到 iBeacon 訊號後，根據訊號強弱來判定距離遠近，函數內容如下。

```
// MARK: - 1 號 method
func locationManager(_ manager: CLLocationManager, didRangeBeacons
beacons:
[CLBeacon], in region: CLBeaconRegion) {
    beacons.forEach { beacon in
        var distance: String = "unknow"
        switch beacon.proximity {
        case .far:
            distance = "far"

        case .near:
            distance = "near"

        case .immediate:
            distance = "immediate"

        case .unknown:
            print("unknown")

        @unknown default:
```

```
            break
        }

        // 印出beacon目前距離
        print((
            beacon.uuid.uuidString,
            beacon.major,
            beacon.minor,
            distance
        ))
    }
}
```

實作下面這兩個函數就可以知道我們是否進入某個區域範圍或是離開某個區域範圍了。

```
// MARK: - 2號method
func locationManager(_ manager: CLLocationManager, didEnterRegion region:
CLRegion) {
    print("進入 \(region.identifier) 範圍")
}

// MARK: 3號method
func locationManager(_ manager: CLLocationManager, didExitRegion region:
CLRegion) {
    print("離開 \(region.identifier) 範圍")
}
```

假設我們手上有三種不同公司出的 iBeacon，因此他們有不同的 proximityUUID。現在在 ContentView 中啟動 iBeacon 偵測，程式碼如下。目前偵測到 iBeacon 後的訊息都是用 print()函數印到 Xcode 的 debug console 中，UI 介面部分就留給讀者依需求自行處理了。

```
let uuids: [UUID] = [
    UUID(uuidString: "A86B9872-218E-47E2-B292-354AA46D9879")!,
    UUID(uuidString: "B9407F30-F5F8-466E-AFF9-25556B57FE6D")!,
```

```
    UUID(uuidString: "E2C56DB5-DFFB-48D2-B060-D0F5A71096E0")!
]

struct ContentView: View {
    private let beaconManager = BeaconManager.shared

    init() {
        beaconManager.registerBeacons(
            with: uuids,
            region: "my_reagon"
        )
    }

    var body: some View {
        ...
    }
}
```

模擬 iBeacon

如果臨時需要一個 iBeacon 做測試，我們可以拿另外一台行動裝置來模擬 iBeacon 訊號。首先在專案中的 Info 中加入下面這兩個隱私授權項目。

```
Privacy - Bluetooth Always Usage Description
Privacy - Bluetooth Peripheral Usage Description
```

專案中需要匯入以下兩個框架。

```
import CoreBluetooth
import CoreLocation
```

iBeacon 也是一種 BLE 的 peripheral 裝置，所以一開始的程式寫法跟 peripheral 寫法有些類似，如下。

```
class FakeBeacon: NSObject, CBPeripheralManagerDelegate {
    static let shared = FakeBeacon()
    private var peripheralManager: CBPeripheralManager?

    override init() {
        super.init()
        // 將觸發 1 號 method
        peripheralManager = CBPeripheralManager(
            delegate: self,
            queue: .global()
        )
    }
}
```

接下來設定好 iBeacon 需要的一些資料就可以開始發出廣播封包了。

```
// MARK: 1 號 method
func peripheralManagerDidUpdateState(_ peripheral: CBPeripheralManager) {
    guard peripheral.state == .poweredOn else {
        // 若藍牙沒開啟，作業系統會自動跳出提示
        return
    }

    let region = CLBeaconRegion(
        uuid: UUID(uuidString: "A86B9872-218E-47E2-B292-354AA46D9879")!,
        major: 100,
        minor: 20,
        identifier: "給個名字"
    )

    let op = region.peripheralData(
        withMeasuredPower: nil
    ) as! [String : Any]

    // 開始廣播訊號
    // 將觸發 2 號 method
    peripheralManager?.startAdvertising(op)
```

```
}

// MARK: 2 號 method
func peripheralManagerDidStartAdvertising(_ peripheral: CBPeripheralManager,
error: Error?) {
    print("beacon 開始運作")
}
```

到這邊模擬 iBeacon 的程式碼就已經完成，最後找個地方執行下面這行程式碼就可以讓 iPhone 或 iPad 變成 iBeacon 了。

```
let beacon = FakeBeacon.shared
```

22 Core Data

Part 3

22-1 說明

Core Data 是一套關連式資料庫存取介面，由 Apple 開發並內建於 Xcode 中。若 App 需要將資料儲存於行動裝置上的本地端資料庫時，一般的作法就是使用 SQLite，這是一套小型的關連式資料庫系統，擁有大部分關連式資料庫功能，非常適合用於行動裝置這種硬體資源相對比較少的環境，而且 Xcode 內建 SQLite 函數庫。

雖然使用 SQLite 沒有什麼問題，但使用上還是有一些麻煩的地方，第一就是 App 工程師必須熟悉關連式資料庫操作指令 SQL command，第二就是 SQLite 函數庫呼叫語法很低階，風格很類似 C 語言，跟目前的 Swift 語法顯的格格不入。因此，Xcode 在 SQLite 上面加了一層新的存取介面，透過 Swift 語法與物件導向架構來存取 SQLite 中的資料，所以工程師不再需要使用 SQL command，而是直接透過 Swift 語言就可以存取資料庫中資料了，這一層新的存取介面就稱為 Core Data。

要在 App 中使用 Core Data 的話，建立專案時先將 Core Data 選項勾選起來，Xcode 就會幫我們在專案中預先產生相關的程式碼，雖然也可以手動方式加到一個沒有 Core Data 功能的專案中，但有點麻煩，因此如果已經預期未來 App 會使用到資料庫，建立專案時就先勾選 Core Data 選項，如下。

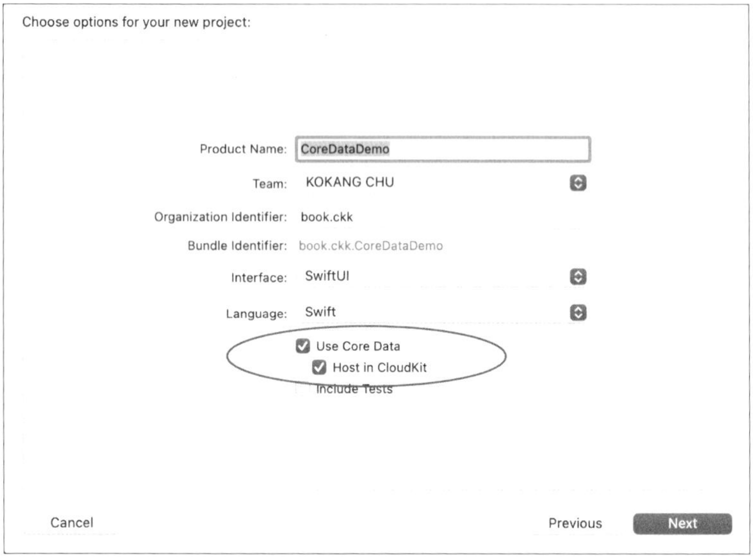

另外一個選項「Host in CloudKit」的功能是讓 Core Data 底層的 SQLite 資料庫可以上傳到 iCloud 中，若日後使用者不小心將 App 刪除後又重裝，原本的資料會自動從 iCloud 再同步回到 App 中，相當於資料庫在雲端有一個備份。這部分都是自動處理的，所以如果想要資料庫可以備份到 iCloud，或是自動跟使用者的其他裝置同步，只要勾選「Host in CloudKit」就可以，程式碼中沒有需要額外處理的地方。

22-2 設計資料模型

由於 Core Data 底層還是關連式資料庫，因此使用 Core Data 前必須先將資料庫模型設計好，這樣 Core Data 才能根據模型將資料庫建立起來。這裡我們簡單設計一個用來記帳的資料庫，這個資料庫需要兩個資料表，一個是消費項目表，例如早餐、中餐、飲料...等；另外一個是消費金額表，例如早餐花了 60 元，飲料花了 80 元...等。ER 圖如下。

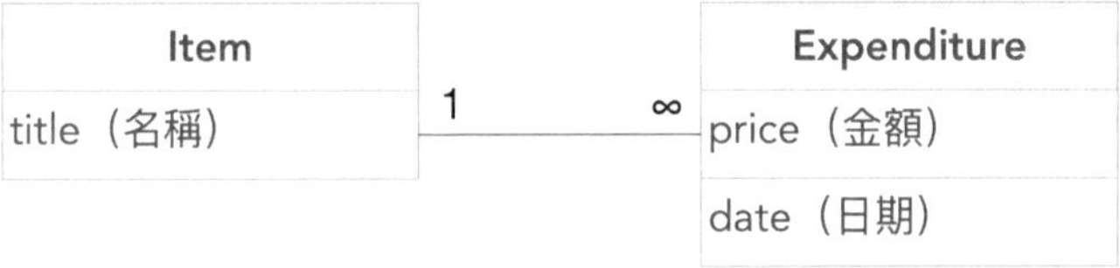

但這份 ER 看起來似乎有點問題，因為兩個資料表之間的關連拉不起來，如果你對關連式資料庫有些熟悉，應該會發現 Expenditure 資料表中少了一個 title 欄位，導致這兩個資料表無法 join，因此會覺得下面這個 ER 才是正確的。

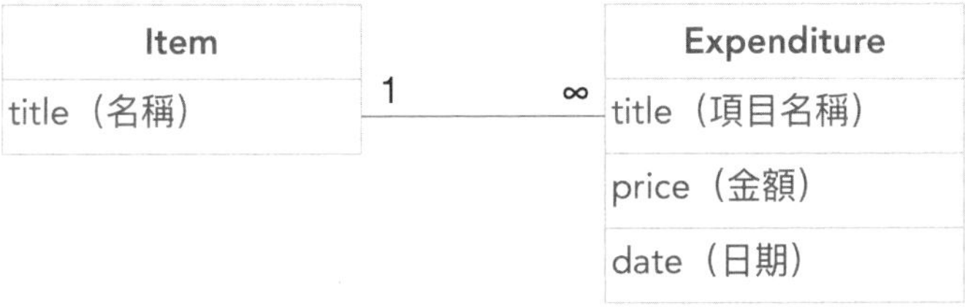

其實這兩個 ER 在 Core Data 中都正確，第一個 ER 的關連我們會直接設計在資料模型中，由 Core Data 自動幫我們處理兩個資料表間的關連性；第二個 ER 則是我們在程式碼中手動處理關連，也就是不需要藉由 Core Data 的自動關連處理機制來代勞，所以兩個 ER 都正確。接下來的範例作法，自然使用第一個 ER，我們來看 Core Data 如何幫我們自動處理關連。

在專案中找到附檔名為「xcdatamodeld」的檔案，這是設計資料庫模型的地方。先將兩個資料表（Entity）建立起來，新增資料表按鈕在畫面下方有一個「Add Entity」圖示。

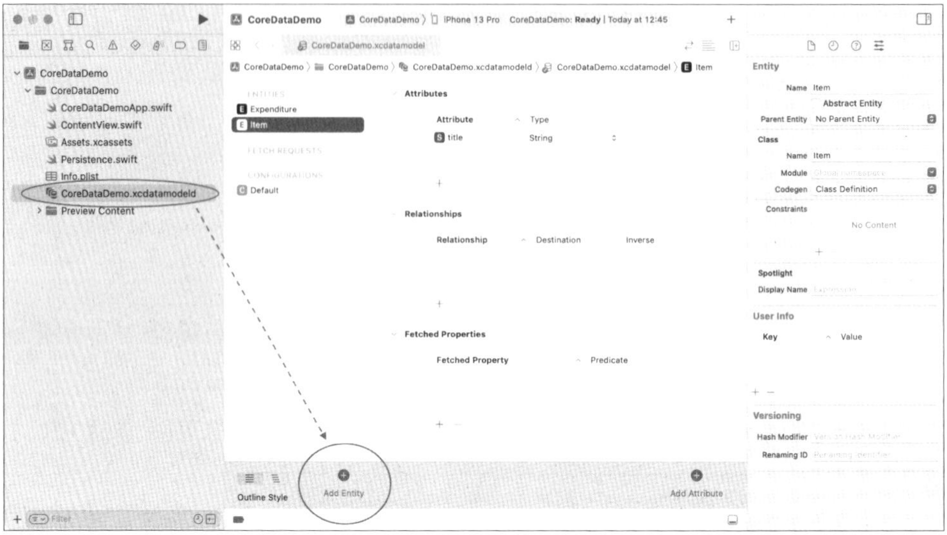

根據我們的 ER，資料表 Item 只有一個 title 欄位，型態是 String；資料表 Expenditure 有兩個欄位，型態如下圖所示。

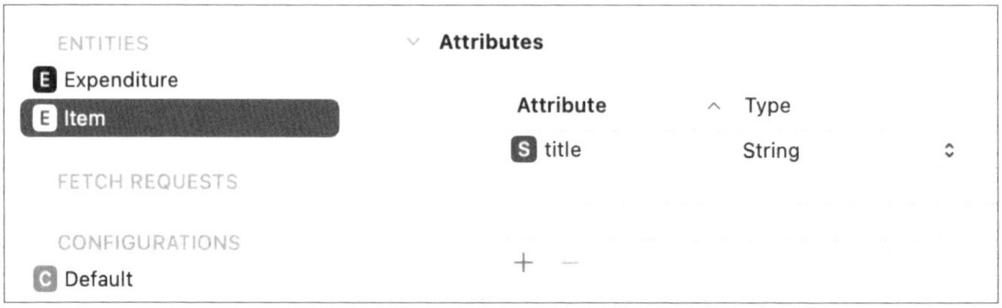

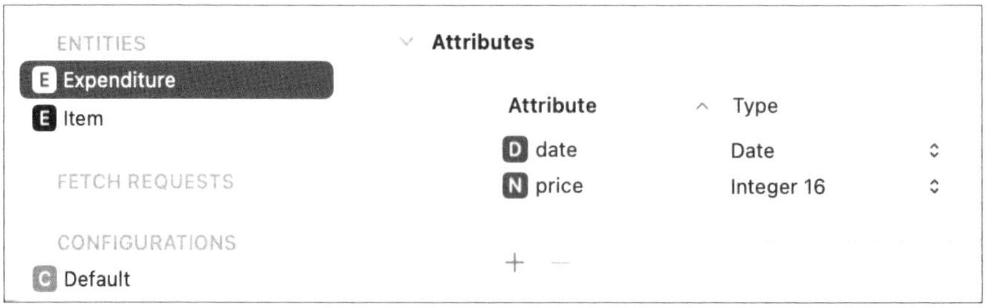

建立關連

由於 Item 與 Expenditure 有關連，如果我們希望能夠由 Item 查到 Expenditure 中的資料（ 例如早餐花了多少錢），這裡就需要在 Item 中建立關連，另外，如果我們也要從 Expenditure 中查到 Item 中的資料（例如這筆消費屬於早餐），在 Expenditure 中也要建立關連，所以兩個資料表各要建立一個關連，共兩個。

首先來建立 Item 資料表中的關連。關連名稱可以任意取，這裡命名為 relationshipExpenditure，關連對象（Destination）選擇 Expenditure 資料表，Inverse 這裡沒有東西可以選，不用理會。然後在右側的屬性面板上將關連型態（Type）改為 To Many，因為一個項目可以對映到多個花費，我們每天都會吃早餐不是嗎。

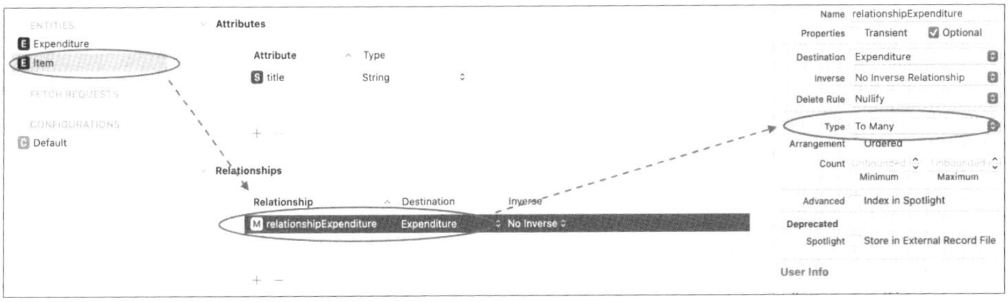

接下來建立 Expenditure 資料表中的關連，這裡命名為 relationshipItem，然後 Destination 與 Inverse 項目都需填。最後確認一下關連型態為 To One，代表每筆消費只會對映到一個 Item。

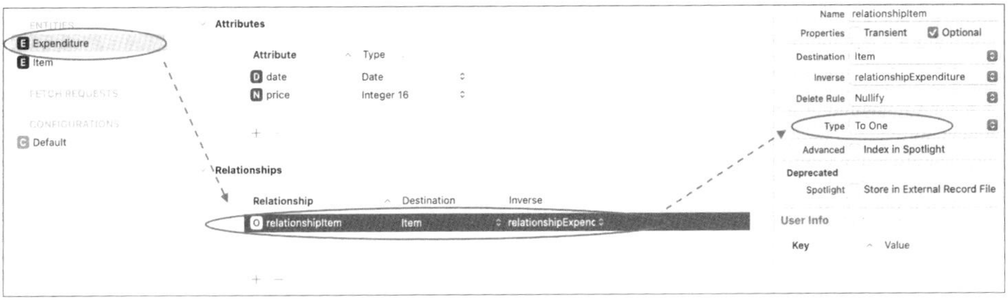

這樣就完成了資料庫模型建立，如果沒有特別的需求，Xcode 會自動根據這份模型產生對映的程式碼，但不會顯示出來給我們看。如果你對內建產生的程式碼有興趣，稍後會說明如何修改內建的程式碼，那時就可以知道 Xcode 到底幫我們做了什麼事情。

22-3 新增、查詢、修改、刪除

Xcode 在 Core Data 的 SwiftUI 專案中預先產生了一些範例程式，這些程式碼跟資料模型有直接關係，當我們重新設計資料模型後，這些範例程式就無法正常執行而且會出現錯誤，所以必須先修正這些範例程式。首先將已經有一堆範例程式碼的 ContentView.swift 從專案中刪除，然後新增一個 SwiftUI View 類型的檔案，檔名取為 ContentView.swift。我們白手起家這個檔案就好了，預先產生的程式碼沒有用處。

接下來開啟 Persistence.swift 檔案，找到 preview 變數，只要留下該變數的第一行與最後一行，中間的程式碼全部可以刪除，當然用註解的方式註解起來也可以。這個變數是用來產生預覽畫面用的，既然資料模型改了，這個預覽程式碼自然也是錯的。

```
static var preview: PersistenceController = {
    let result = PersistenceController(inMemory: true)
    /*
        ...
    */
    return result
}()
```

接下來在要存取資料庫的 View 元件中，例如 ContentView 加上 viewContext 變數，這個變數就是用來跟資料庫打交道的重要變數，複製貼上下方的程式碼即可，這行程式碼在每個需要存取資料庫的 struct 中都一樣。

```
struct ContentView: View {
   @Environment(\.managedObjectContext) private var viewContext
```

新增資料

建立新資料程式碼如下，下面範例會在資料庫中建立兩筆新資料。程式碼中的 viewContext 變數記得要宣告。Item 為資料庫模型中定義好的資料表，Xcode 會自動將模型中的資料表轉成 Swift 語言中的 struct 物件讓我們在這裡使用。

```
Button("Create") {
   var item = Item(context: viewContext)
   item.title = "早餐"
   item = Item(context: viewContext)
   item.title = "午餐"
   try! viewContext.save()
}
```

查詢資料

從資料庫中讀取資料的方式有兩種，先看第一種。

```
Button("Read") {
   let items = try! viewContext.fetch(Item.fetchRequest())
   items.forEach { item in
      print(item.title)
   }
}
```

第二種為 SwiftUI 專用，透過@FetchRequest 將資料表中的資料事先讀取出來放到變數 items 中，這種作法雖然宣告方式看起來有點複雜，但跟 List 元件整合上非常完美，稍後會看到完整的應用。

```
@FetchRequest(
    sortDescriptors: [SortDescriptor(\.title)],
    animation: .default
) private var items: FetchedResults<Item>

var body: some View {
    Button("Read") {
        items.forEach { item in
            print(item.title)
        }
    }
}
```

如果不需要排序資料的話，排序位置給一個空陣列即可，如下，但這樣資料顯示的順序就無法預期了，建議還是加上排序會比較好。

```
@FetchRequest(sortDescriptors: [])
private var items: FetchedResults<Item>
```

設定查詢條件

以上兩種方式在讀取資料時都是將資料表中的資料全部讀取出來，如果我們想要讀取符合特定條件的資料，例如消費金額超過 100 塊錢的資料，就需要設定查詢條件了。先新增兩筆消費金額資料，如下。

```
var expenditure = Expenditure(context: viewContext)
expenditure.price = 150
expenditure = Expenditure(context: viewContext)
expenditure.price = 80
try! viewContext.save()
```

接下來我們要查詢超過 100 塊錢的資料，以上面這個範例而言應該只有一筆，當然你也可以把全部資料取出後再過濾出想要的資料，但當資料筆數多的時候，這樣做就消耗記憶體資源，所以比較好的作法應該要下查詢條件，讓資料庫只輸出需要的資料就好。查詢條件要使用 NSPredicate 類別，並且有特定語法格式（本章最後會列出所有格式），例如「price > %d」，其中%d 代表這個位置要被一個整數替換。程式碼如下。


```
Button("超過 100 塊的資料") {
    let predicate = NSPredicate(format: "price > %d", 100)
    let request = Expenditure.fetchRequest()
    request.predicate = predicate

    let expenditures = try! viewContext.fetch(request)
    expenditures.forEach { expenditure in
        print(expenditure.price)
    }
}
```

資料排序

我們可以將查詢條件與排序功能合在一起交給 Core Data 去處理，當然也可以個別使用，如下。可以先多加幾筆資料到資料庫中，接下來查詢超過 100 塊錢的資料，並且按照金額大小做反向排序。

```
Button("超過 100 塊的資料") {
    let predicate = NSPredicate(format: "price > %d", 100)
    let sort = NSSortDescriptor(
        keyPath: \Expenditure.price,
        ascending: false
    )
    let request = Expenditure.fetchRequest()
    request.predicate = predicate
    request.sortDescriptors = [sort]
    let expenditures = try! viewContext.fetch(request)
    expenditures.forEach { expenditure in
        print(expenditure.price)
    }
}
```

@FetchRequest 與動態條件設定

如果要使用@FetchRequest 這個 Property Wrapper 設定查詢條件，語法如下。

```
@FetchRequest(
    sortDescriptors: [SortDescriptor(\.price, order: .reverse)],
    predicate: NSPredicate(format: "price > %d", 100),
    animation: .default
) private var expenditures: FetchedResults<Expenditure>
```

我們可以在 App 執行中動態改變這個查詢條件，例如下面這段程式碼，我們在畫面上加上 Slider 元件，用來動態改變查詢的消費金額。

```
struct ContentView: View {
    @Environment(\.managedObjectContext) private var viewContext
    @FetchRequest(
        sortDescriptors: [SortDescriptor(\.price, order: .reverse)],
        animation: .default
    ) private var expenditures: FetchedResults<Expenditure>
    @State private var value = 0.0

    var body: some View {
        VStack {
            Slider(value: $value, in: 0...1000, step: 100)
                .onChange(of: value) { newValue in
                    expenditures.nsPredicate = NSPredicate(
                        format: "price > %f", value
                    )
                }
            List(expenditures) { value in
                Text(value.price, format: .number)
            }
        }
    }
}
```

執行看看，拉動 Slider 元件可以動態改變顯示的資料，畫面如下。

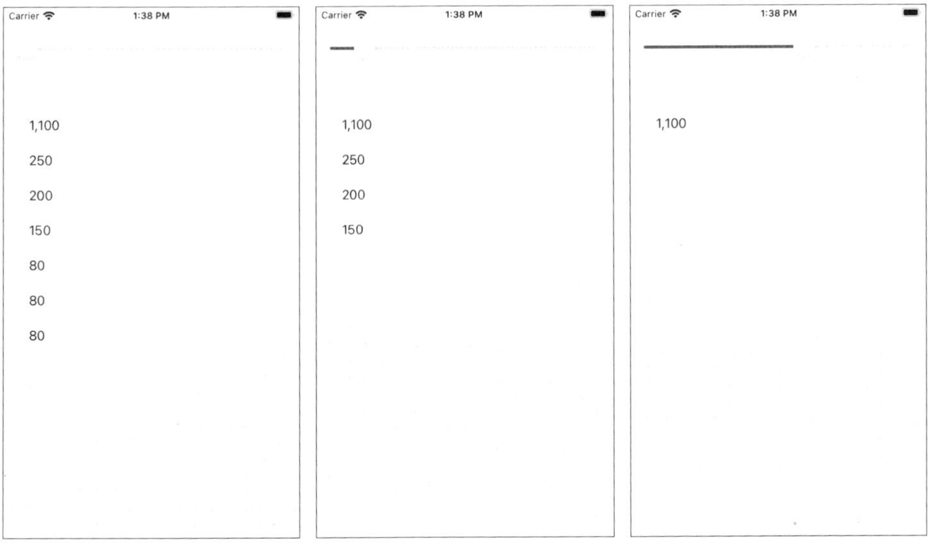

修改資料

如果要把「早餐」兩字改成「早午餐」，只要先找到要修改的物件，修改內容之後存檔就可以了。

```
Button("Update") {
    var items = try! viewContext.fetch(Item.fetchRequest())
    let targetItem = items.first { item in
        item.title == "早餐"
    }
    targetItem?.title = "早午餐"
    try! viewContext.save()
}
```

刪除資料

要刪除資料時，先找到要刪除的物件，然後透過變數 viewContext 執行刪除函數就可以了。

```
Button("Delete") {
    var items = try! viewContext.fetch(Item.fetchRequest())
    let targetItem = items.first { item in
        item.title == "午餐"
    }
    if let targetItem {
        viewContext.delete(targetItem)
    }
    try! viewContext.save()
}
```

這裡語法變化比較多樣，上面的寫法也可以將最後兩個 let 合併成一個，只要將 trailing closure 語法放回到函數中的 where 參數內，這樣就可以跟 if let 合併了。

```
Button("Delete") {
    var items = try! viewContext.fetch(Item.fetchRequest())
    if let targetItem = items.first(where: { item in
        item.title == "午餐"
    }) {
        viewContext.delete(targetItem)
    }
    try! viewContext.save()
}
```

第三種作法非常適合要刪除的資料有多筆的時候，雖然還是一筆一筆刪，但語法上可以在找出所有符合條件的資料並且以陣列型態表示後，立刻接 forEach(viewContext.delete)這樣的語法，整個程式碼看起來就非常簡潔漂亮。

```
Button("Delete") {
    var items = try! viewContext.fetch(Item.fetchRequest())
    items.filter { item in
        item.title == "午餐"
    }.forEach(viewContext.delete)
```

```
    try! viewContext.save()
}
```


22-4 關連

在上個單元，我們知道如何處理單一資料表的資料，這個單元我們要來看兩個資料表中的資料彼此間有關連的時候，要怎麼把這個關連建立起來。注意下面這段程式碼中，最後的函數名稱 addToRelationshipExpenditure() 就是 Core Data 自動幫我們產生的，函數名稱中的「RelationshipExpenditure」來自於資料庫模型中 Item 資料表所建立的關連名稱。所以這一個函數就將「80 塊錢的消費」資料與「早餐」資料關連起來了。

```
Button("早餐消費") {
    // 建立一筆消費
    let expenditure = Expenditure(context: viewContext)
    expenditure.price = 80
    expenditure.date = .now

    // 找到早餐
    let items = try! viewContext.fetch(Item.fetchRequest())
    let item = items.first { item in
        item.title == "早餐"
    }

    // 產生關連
    item?.addToRelationshipExpenditure(expenditure)

    try! viewContext.save()
}
```

還記得我們在資料庫模型的地方設定了兩個關連，一個是在 Item 裡面，另外一個是在 Expenditure，並且設定了 Inverse，表示這兩個關連其實是同一個關連。因此在最後產生關連的程式碼除了透過 Item 中的

addToRelationshipExpenditure() 函數外，也可以透過 Expenditure 的 relationshipItem 屬性，程式碼如下。這兩行程式碼造成的結果是一樣的，喜歡用哪一種都可以。

```
// 產生關連
// item?.addToRelationshipExpenditure(expenditure)
expenditure.relationshipItem = item
```

透過關連查詢

如果我們想要知道某筆消費的項目為何，例如有筆消費金額是 80 塊錢的資料是屬於哪種消費時，程式碼如下。

```
Button("查詢消費項目") {
    let expenditures = try! viewContext.fetch(Expenditure.fetchRequest())
    let expenditure = expenditures.first { expenditure in
        expenditure.price == 80
    }
    let title = expenditure?.relationshipItem?.title
    print(title)
}
```

如果項目為早餐的資料中已經包含了多筆消費，我們可以透過在 Item 中的關連把全部消費內容列出來，如下。還記得 Item 的關連設定的是「To Many」嗎？這代表每筆 Item 資料可能會對映到多個消費，因此這個關連的資料結構為集合 Set，但因為 Xcode 並沒有幫我們處理放到這個集合中的資料型態，所以用 forEach 取出集合中每個元素時，就要自己進行型別轉換，也就是「as! Expenditure」這行程式碼的用途。

```
Button("讀取所有早餐消費") {
    let items = try! viewContext.fetch(Item.fetchRequest())
    let item = items.first { item in
```

```
        item.title == "早餐"
    }
    item?.relationshipExpenditure?.forEach { el in
        let expenditure = el as! Expenditure
        let price = expenditure.price
        let dateString = expenditure.date!.description
        print(("早餐", price, dateString))
    }
}
```

22-5 資料庫版本更新

當 App 正式上架後，如果資料庫模型有變動，例如新增一個資料表，或是改了名稱，這時一定要將資料庫模型進行版本升級，不可以直接修改原本的資料模型。若直接修改原本的資料模型，使用者更新這個 App 後，App 會無法正常執行，因為使用者的資料庫已經跟資料模型不一致，App 執行後會當掉。

在 Xcode 選單 Editor 點選 Add Model Version 選項升級資料庫模型。

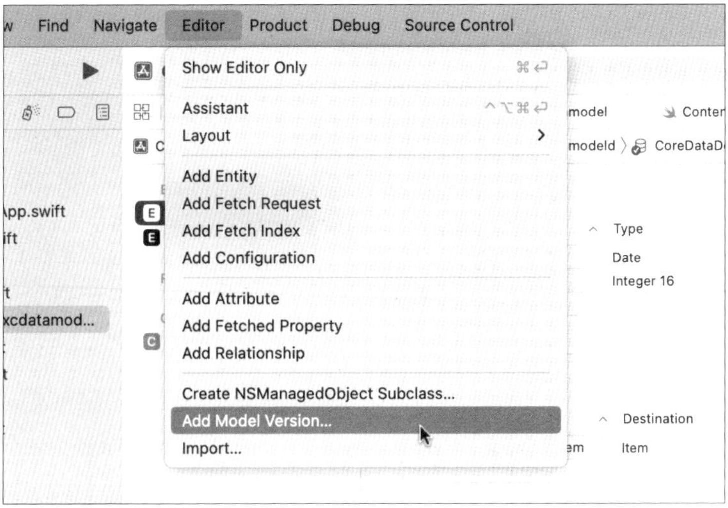

完成後專案中就會有兩個資料庫模型，如下。

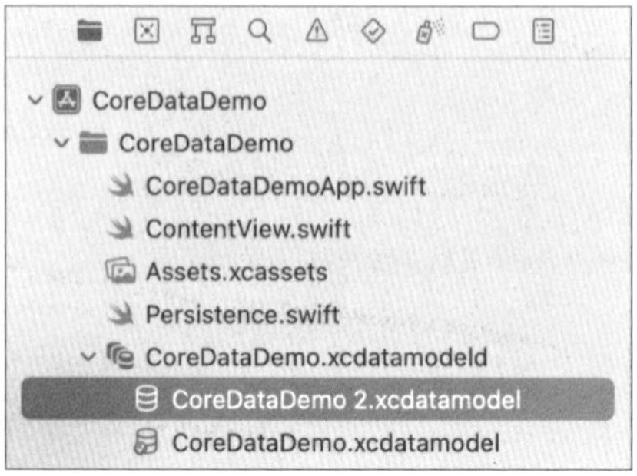

接下來很重要。目前專案使用的資料庫還是原先的版本，現在我們要將專案所使用的資料庫改成版本 2，這樣才會使用到新版的資料庫模型。點選任何一個資料庫模型（新版或舊版都可以），然後在右邊的檔案面板中選擇版本 2 資料庫模型。

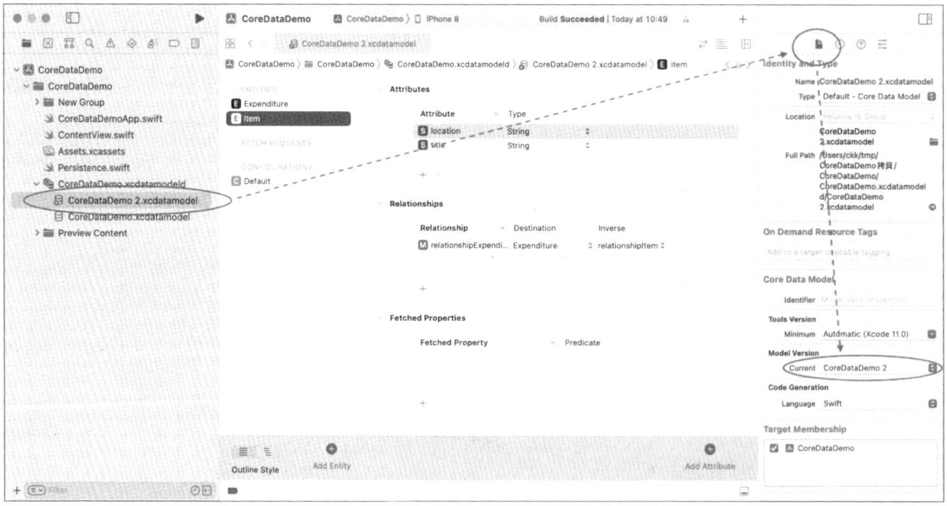

現在我們可以在版本 2 的資料庫模型進行任何變動，程式碼當然也要跟著版本 2 進行調整。如果在版本 2 新增資料表或是欄位，只要程式碼跟著變動就可以，但如果是改名字，不論是資料表名稱改變或是欄位名稱改變，都需要在前一個版本的資料庫模型中填入新的名字，否則舊的資

料無法帶入到新的資料庫中，App 會以為我們是刪除舊的然後建立了一個新的。

假設我們在版本 2 要將 Item 中的 title 欄位名稱改為 name，先點選前一個版本的資料庫模型，點選要改名稱的那個項目，然後在右側的屬性面板上將新名字填入 Renaming ID 欄位即可，如下圖。

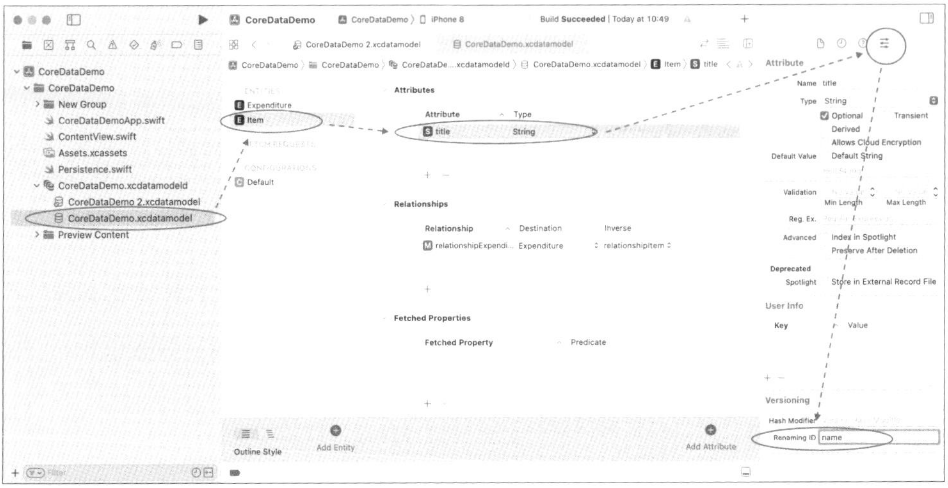

到這邊就完成資料庫模型升級了，該修改的程式碼改完，模擬器中跑一遍確定資料庫中的資料在新模型中運作正常，就可以將新版的 App 送審上架了。

22-6 實例應用

這個單元，我們將看一個比較完整的例子，有一個比較完整的操作介面來完成一個記帳 App 的雛形系統。這個 App 有兩個畫面，第一個畫面用來新增消費項目與查看，每個消費項目後方會出現該項目有多少筆資料，如下圖左。點選某個項目後會進到下一個畫面，可以新增消費金額以及顯示目前在該項目下的消費明細，當然以時間為排序依據，如下圖右。

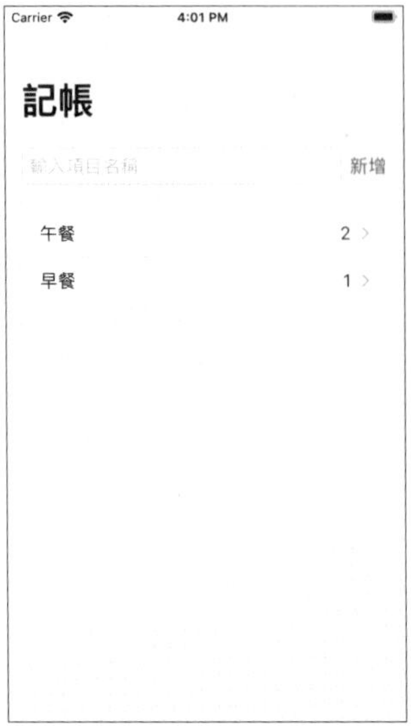

這裡盡量不用非常炫麗的排版技巧，因為那些會產生非常大量的程式碼，這裡簡單一點讓大家容易理解 Core Data 如何與 List、Navigation 相關的元件如何互相搭配使用。

起始畫面設計

首先來看第一個畫面的變數宣告，如下。

```
struct ContentView: View {
    @Environment(\.managedObjectContext) private var viewContext
    @FetchRequest(
        sortDescriptors: [SortDescriptor(\.title)],
        animation: .default
    ) private var items: FetchedResults<Item>

    // 給輸入項目的 TextField 用
    @State private var title = ""
```

接下來先快速掌握一下畫面架構，如下。這裡打算把畫面最上方的「輸入項目名稱與按鈕」這部分放到 List 上方的灰色區域內，這個區域還是屬於 List 元件內，所以整個畫面除了 NavigationStack 外，就只要一個 List 元件即可，希望元件使用上單純一點。

```
var body: some View {
    NavigationStack {
        List {

        }
        .safeAreaInset(edge: .top) {
            HStack {
                TextField("輸入項目名稱", text: $title)
                    .textFieldStyle(.roundedBorder)
                    .background(Color.white)
                Button("新增") {
                    Item(context: viewContext).title = title
                    try! viewContext.save()
                }
            }
            .padding()
        }
        .navigationTitle("記帳")
    }
}
```

接下來要看 List 裡面要放的內容，這部分會從資料庫中讀出 Item 資料表中的所有資料然後顯示出來，並且要支援左滑刪除，當然也會真的從資料庫中刪除這一筆資料。這裡請注意 ForEach 元件的參數，只要將一開始宣告的 items 變數放在這個位置，ForEach 元件就會自動去讀取 Items 資料表中所有資料並顯示在 List 上。

```
List {
    ForEach(items) { item in
        NavigationLink {
            // 這裡進入第二頁
            ExpenditureDetailView(title: item.title!)
        } label: {
```

```
            HStack {
                // 顯示項目
                Text(item.title!)
                Spacer()
                // 顯示筆數
                Text(
                    item.relationshipExpenditure?.count ?? 0,
                    format: .number
                )
            }
        }
    }
    .onDelete { indexSet in
        viewContext.delete(items[indexSet.first!])
        try! viewContext.save()
    }
}
```

這樣第一頁的畫面就設計完畢了，接下來要看第二頁，這裡命名為 ExpenditureDetailView。

第二頁畫面設計

第二頁主要處理新增消費金額以及列出特定項目下的所有消費記錄，先來看變數宣告方式，如下。

```
struct ExpenditureDetailView: View {
    @Environment(\.managedObjectContext) private var viewContext
    @FetchRequest(
        sortDescriptors: [SortDescriptor(\.date, order: .reverse)]
    ) private var expenditures: FetchedResults<Expenditure>

    // 接收從第一頁傳過來的 title
    @State var title = ""
    // 給輸入金額的 TextField 用
    @State private var price: Int16 = 0
```

畫面架構如下。與第一頁架構一樣，我們將輸入金額這部分放到 List 上方的灰色區域內。在消費時間上，這裡直接填入現在時間，實際上應該使用 DatePicker 元件讓使用者可以選擇消費時間，但這裡就簡單處理。當使用者按下新增按鈕後，不要忘記產生的 Expenditure 資料必須與 Item 資料建立關連，否則之後會查詢不到。


```
var body: some View {
  List {

  }
  .safeAreaInset(edge: .top) {
    HStack {
      TextField("輸入金額", value: $price, format: .number)
        .textFieldStyle(.roundedBorder)
        .background(Color.white)
      Button("新增") {
        let expenditure = Expenditure(context: viewContext)
        expenditure.price = price
        expenditure.date = .now

        let items = try! viewContext.fetch(Item.fetchRequest())
        let item = items.first { item in
          item.title == title
        }
        expenditure.relationshipItem = item
        try! viewContext.save()
      }
    }
    .padding()
  }
  .navigationTitle(title)
}
```

最後來看，List 元件內的程式要如何處理。ForEach 元件的參數看起來很複雜，這裡其實就是找出在 Expenditure 資料表中所有符合 title 字串的資料，因為這才是使用者在第一頁點選的項目，其他資料都不需要呈現。

這裡會有很多種作法，這裡挑了其中較容易理解的一種，就是將 Expenditure 資料全部讀出後只顯示特定 title 的資料。

```
List {
    ForEach(
        expenditures.filter(
            { title == $0.relationshipItem?.title }
        )
    ) { expenditure in
        HStack {
            Text(expenditure.date!, format: .dateTime)
            Spacer()
            Text(expenditure.price, format: .currency(code: "TWD"))
        }
    }
    .onDelete { indexSet in
        viewContext.delete(expenditures[indexSet.first!])
        try! viewContext.save()
    }
}
```

到這裡兩個頁面都完成了，執行看看，我們可以新增資料與即時顯示所有資料了。另外，請特別注意當第一個頁面刪除 Item 中的消費項目後，Expenditure 中與之有關的資料會斷掉與 Item 之間的關連，導致 Expenditure 資料表中有些資料無法透過 App 介面找到但又存在於資料庫中形成儲存空間浪費。以目前的資料庫模型而言，我們必須在刪除 Item 項目前，先透過程式碼確認是否有關連的資料存在，然後決定是否要同步刪除或是拒絕刪除，現在這個範例並沒有做這件事情。

22-7 查詢條件語法

述詞語法格式（Predicate Format String Syntax）是使用在資料篩選時所使用的「篩選語法」，例如 Core Data 需要 fetch 資料時。

比較

=, ==	左邊描述等於右邊描述
>=, =>	左邊描述大於等於右邊描述
<=, =<	左邊描述小於等於右邊描述
>	左邊描述大於右邊描述
<	左邊描述小於右邊描述
!=, <>	左邊描述不等於右邊描述
BETWEEN	BETWEEN { $LOWER, $UPPER }，表示左側描述會介於 lower 與 upper 之間，包含 lower 與 upper。例如要將欄位 value 中範圍為 10～100 的資料列出（其中%d 表示整數，%f 為小數，%@代表 collection 型態），如下。 `NSPredicate(format: "value BETWEEN {%d, %d}", 10, 100)`

布林

TRUEPREDICATE	永遠都傳回 TRUE
FALSEPREDICATE	永遠都傳回 FALSE

邏輯

AND, &&	且
OR, ||	或
NOT, !	非

字串

BEGINSWITH	左側敘述的字串開頭必須為右側敘述
CONTAINS	左側敘述的字串必須包含右側敘述
ENDSWITH	左側敘述的字串結尾必須為右側敘述

LIKE	左側敘述的字串必須符合右側敘述，而右側敘述可以使用萬用字元 * 或 ?。* 號表示 0 或以上，? 號表示一個。
MATCHES	左側敘述要符合右側敘述，而右側敘述為基於 ICUv3 的正規表示式（regular expression）。

以上每個指令後面都可以接 [cd] 描述，c 代表不分字母大小寫，d 代表不分重音符號，例如 e 與 é 是相同的。cd 可單獨使用，例如只使用[c]或是[d]。使用時，描述跟指令間不可以有空白鍵，例如 LIKE[cd]。

集合描述子

ANY, SOME	任何一個元素符合。例如 ANY children.age < 18
ALL	所有元素符合。例如 ALL children.age < 18
NONE	非符合之元素。例如 NONE children.age < 18。相當於 NOT(ANY…)
IN	左側敘述必須出現在右側敘述的集合之中。例如 name IN {'John', 'May', 'Tonny'}，語法如下。 `NSPredicate(format: "name IN %@", Set(arrayLiteral: "John", "May", "Tonny"))`

其他

FALSE, NO	邏輯上的 false
TRUE, YES	邏輯上的 true
NULL, NIL	代表「空的」
SELF	代表自己本身這個物件
"text"	字串前後用雙引號
'text'	字串前後用單引號

雙引號的優先權比單引號高，因此可以「"a'b'c"」，代表了 a, 'b' 與 c。

23 機器視覺

Part 3

23-1 說明

Vision 是 Xcode 中專門用來做機器視覺（Computer Vision）的框架，目標就是希望人看得懂的東西，電腦也能看得懂。目前 Vision 可以做到的功能還算不少，偵測人臉位置以及臉部特徵、姿勢偵測、手勢辨識、文字辨識、條碼辨識、物體追蹤...等，也可以整合我們自己透過 Create ML 工具或是 Turi Create 訓練的物件偵測或是圖片分類。如果我們想要玩點小把戲，讓鏡頭中的人頭上戴個虛擬帽子，很容易的事情。

機器視覺雖然不是很新的領域，電腦早就可以讀懂手寫文字或是各種類型的條碼，但現在因為電腦的運算速度越來越強大，所以我們可以透過類神經網路進行大量的學習與運算，讓電腦能夠看得懂更多的東西並且更精準。十字路口的車輛碰撞偵測、自動駕駛、健身房的虛擬教練、體感遊戲、醫療影像的 X 光判讀、工廠中的產品瑕疵檢測...等，都隨著機器視覺發展而進步神速。

電腦不會累，攝影機也可以 24 小時不間斷工作價格也不貴，畫面上一個 pixel 的差異也可以看的清楚，在某些場合確實比人類眼睛厲害多了。雖然需要高深的演算法才能讓電腦看得懂他看到的畫面，但 Vision 把這些難的都包起來了，我們可以透過幾乎相同的程式碼，就取得電腦辨識後的結果然後加以應用，例如我們想要把人臉換成卡通圖案，或是分析一些肢體動作是否有改進空間，或是揮揮手就把電燈關掉，這些都是能做到的應用。

這個單元將介紹幾個例子，包含辨識靜態圖片中的內容與辨識即時動態影像內容，雖然沒有涵蓋所有的 Vision 功能，不過因為 Vision 提供的程式架構大同小異，沒說明到的就請讀者自行摸索試試看了。

23-2 人臉偵測

人臉偵測用來尋找畫面中人臉所在位置，除了人臉之外，還可以找出眼睛、鼻子、嘴巴...等這些人臉中的重要特徵。我們先找一張有人臉的圖片，這裡使用機器視覺最常見到的萊娜圖，解析度為 512x512 的標準測試圖片（在網路上很容易搜尋到），如下。先把這一張圖片拖放到專案。

接下來在 ContentView 中匯入 Vision 框架，然後宣告三個變數，uiImage 用來載入測試圖片，ratio 用來計算圖片的長寬比（萊娜圖為 1:1），這樣之後在顯示圖片時長寬比不會跑掉，最後一個變數 faces 為陣列型態，在圖片中找到的人臉資訊會放到這個陣列中，儲存的內容基本上就是人臉的座標。

```
import Vision

struct ContentView: View {
    private let uiImage = UIImage(named: "lena.jpg")!
    private var ratio: Double {
        uiImage.size.width / uiImage.size.height
    }
    @State private var faces: [VNFaceObservation] = []
```

接下來我們先定義一個用來偵測人臉的函數，函數內容很簡單，首先使用 VNDetectFaceLandmarksRequest 告訴 Vision 框架我們要偵測人臉，執行結果會透過 Closure 中的 request 參數傳進來，判斷一下找到的是不是人臉，如果是就把結果儲存到前面宣告的變數 faces 中。接著使用 VNImageRequestHandler 開啟資料來源，也就是要進行人臉偵測的圖片，然後呼叫 perform()函數就完成人臉偵測了。

```
private func faceDetection() async {
    let request = VNDetectFaceLandmarksRequest { request, error in
        guard error == nil else {
            print(error!)
            return
        }

        if let faces = request.results as? [VNFaceObservation] {
            self.faces = faces
        }
    }

    do {
        let handler = VNImageRequestHandler(cgImage: uiImage.cgImage!)
        try handler.perform([request])
    } catch {
        print(error.localizedDescription)
    }
}
```

現在要在 body 中設計介面，要做的事情很單純，就是將圖片顯示出來然後將找到的人臉與人臉中的特徵（眼睛、鼻子、嘴吧...等）標記上去，所以這裡會有許多繪圖技術與座標處理，請參考「動畫與繪圖」章節。

我們要使用 Canvas 畫布元件來完成需要的繪圖工作。下面這段程式碼會在 Canvas 出現時執行人臉偵測函數，然後在畫布中顯示圖片，只是程式碼中暫時還沒把找到的人臉相關資料畫出來，稍後再來處理。

```
var body: some View {
    Canvas { context, size in
        // 畫出圖片
        context.draw(
            Image(uiImage: uiImage),
            in: CGRect(origin: .zero, size: size)
        )
    }
    .frame(width: 400, height: 400 / ratio)
    .onAppear() {
        Task {
            await faceDetection()
        }
    }
}
```

在 Canvas 中將原始圖片繪出後，再來就是要根據找到的人臉，在原始圖上標出人臉的位置以及人臉中的特徵。在找到人臉的資訊中會得到 bounding box 資訊，也就是人臉所在的座標位置與長寬，可以利用這個資訊在人臉上畫個矩形框框。Vision 的座標原點位於畫布的左下角，而 Canvas 的原點座標是在左上角，所以需要進行座標轉換，雖然不難但要記得，否則根據 Vision 座標畫出來的圖像位置會錯誤。

除了座標原點不同外，Vision 傳回的座標與長寬等資訊，會根據辨識的原圖大小 normalize 到 0 與 1 之間的小數，如下圖。如果要轉成真實座標與大小，就必須將取得的值乘上圖片解析度。這裡可以手動計算，也可以透過 Vision 提供的函數幫我們計算。

對找到的每一個人臉而言，其中有一個屬性 boundingBox 用來框出人臉範圍，裡面有 x、y、width 與 height 四個 normalize 過的值，現在要利用這個值算出在圖上實際的座標，並且還要將 Vision 的座標系統轉成 Canvas 的座標系統，就是將原點從左下角移到左上角。下面的程式碼透過了 VNImageRectForNormalizedRect 函數幫我們把 normalize 過的數值轉成實際的數值，但座標必須要我們自己轉換。

```
let box = face.boundingBox
var rect = VNImageRectForNormalizedRect(
    box, Int(size.width), Int(size.height)
)
rect = CGRect(
    x: rect.origin.x,
    y: size.height - rect.origin.y,
    width: rect.width,
    height: -rect.height
)
```

另外一種處裡 normalize 的方式就是自己算，算法如下，其中的 size 是 Canvas 的 Closure 區段中傳進來的 size 參數，根據 Canvas 後面的 frame 修飾器，目前 size 的值是 400 x 400。

```
let box = face.boundingBox
let rect = CGRect(
    x: size.width * box.origin.x,
    y: size.height * (1 - box.origin.y),
    width: size.width * box.width,
    height: -size.height * box.height
)
```

然後我們就可以用處理後的矩形框畫出人臉所在位置了，如下。

```
Canvas { context, size in
    // 畫出圖片
    context.draw(
        Image(uiImage: uiImage),
        in: CGRect(origin: .zero, size: size)
    )

    // 針對人臉進行處理
    faces.forEach { face in
        // 畫出範圍
        let box = face.boundingBox
        var rect = VNImageRectForNormalizedRect(
            box, Int(size.width), Int(size.height)
        )
        rect = CGRect(
            x: rect.origin.x,
            y: size.height - rect.origin.y,
            width: rect.width,
            height: -rect.height
        )
        var path = Path()
        path.addRect(rect)
        context.stroke(path, with: .color(.yellow), lineWidth: 5)
```

```
}
.frame(width: 400, height: 400 / ratio)
.onAppear() {
    Task {
        await faceDetection()
    }
}
```

執行結果如下，必須在實機上執行，Vision 框架無法在模擬器中執行。

人臉的範圍會放在 boundingBox 屬性中，而人臉中的各個特徵點會放在 landmarks 屬性裡面，例如取得鼻子特徵點資訊方式如下。

```
face.landmarks?.nose?
```

這裡傳回的座標系統有兩種，如果是 normalizedPoints，特徵的座標是相對於人臉範圍的座標，也就是人臉的 boundingBox，並且以左下角為原點，如右圖。

這時候若要手動算出鼻子的實際座標，方法如下。

```
face.landmarks?.nose?.normalizedPoints.forEach { point in
    let x = size.width * (box.origin.x + box.width * point.x)
    let y = size.height * (1 - box.origin.y - box.height * point.y)
```

另外一種則是使用 pointsInImage()函數依據目前圖片大小，也就是 Canvas 大小，直接傳回實際座標，這種作法計算座標的程式碼簡單一點，如下。

```
face.landmarks?.nose?.pointsInImage(imageSize: size).forEach { point in
    let x = point.x
    let y = size.height - point.y
```

要將特徵點畫出的完整程式碼如下，這裡用的是 pointsInImage()函數的座標算法。

```
Canvas { context, size in
    ...

    faces.forEach { face in
        // 畫出範圍
        ...

        // 畫出特徵點
        face.landmarks?.allPoints?.pointsInImage(imageSize: size).forEach
{ point in
            let center = CGPoint(x: point.x, y: size.height - point.y)
            var path = Path()
            path.addArc(
                center: center,
                radius: 3,
                startAngle: .zero,
                endAngle: .degrees(360),
                clockwise: true
            )
            context.fill(path, with: .color(.green))
```

```
            }
        }
    }
    .frame(width: 400, height: 400 / ratio)
    .onAppear() {
        Task {
            await faceDetection()
        }
    }
```

執行後的結果如下圖，鼻子上標示了特徵點，如下圖左。如果將 nose 改為 allPoints，就會畫出所有特徵點了，如下圖右。

我們也可以試試看有多張人臉的圖片，結果依然很完美，如下。

23-3 與即時影像結合

上一節我們的人臉偵測使用的是靜態圖片，這一節要來說明，如何偵測即時影像中的人臉，會用到的核心技術為「影音擷取」章節，若對如何從攝影機取得影像資料不熟悉的讀者，請先閱讀該章節。要做的事情很多，分步驟來處理，如下。

步驟與說明

1 先定義一個類別，用來發佈從攝影機取得的影像與人臉辨識後的結果，分別放入 uiImage 與 faces 這兩個變數中。

```
class FaceVideo: NSObject, ObservableObject {
    static let shared = FaceVideo()
    @Published var uiImage: UIImage?
    @Published var faces: [VNFaceObservation] = []
}
```

2 輸出裝置要使用 AVCaptureVideoDataOutput，配合的 delegate 為 AVCaptureVideoDataOutputSampleBufferDelegate，這樣就可以得到攝影鏡頭的原始影像資料，輸入裝置為前置鏡頭或後置鏡頭都可以，下面的範例程式使用前置鏡頭。

```
class CameraManager: NSObject, AVCaptureVideoDataOutputSampleBufferDelegate {
    ...
    private let videoOutput = AVCaptureVideoDataOutput()
    override init() {
        super.init()
        if let frontCamera {
            videoOutput.alwaysDiscardsLateVideoFrames = true
            videoOutput.setSampleBufferDelegate(self, queue: .global())

            session.addInput(frontCamera)
```

```
            session.addOutput(videoOutput)
            session.sessionPreset = .vga640x480
        }
    }
}
```

3 實作 captureOutput()函數，這個函數定義在 AVCaptureVideoDataOutputSampleBufferDelegate 中，當有影像資料進來時透過這個函數可以得到即時影像資料。這個函數中有兩個主要工作，第一個是將影像資料轉成 App 介面上可看到的影像，這裡要轉成 UIImage 格式，另外一個工作要對影像資料進行人臉偵測分析。

```
func captureOutput(_ output: AVCaptureOutput, didOutput sampleBuffer:
CMSampleBuffer, from connection: AVCaptureConnection) {
    connection.videoOrientation = .portrait
    // 將原始影像格式轉成 UIImage 格式
    if let uiImage = sampleBufferToUIImage(sampleBuffer) {
        DispatchQueue.main.async {
            FaceVideo.shared.uiImage = uiImage
        }
    }

    // 分析影像中的人臉
    faceDetection(frame: sampleBuffer)
}
```

4 實作將影像轉成 UIImage 格式的函數，如下。

```
func sampleBufferToUIImage(_ frame: CMSampleBuffer) -> UIImage? {
    let cvBuffer = CMSampleBufferGetImageBuffer(frame)
    let ciImage = CIImage(cvImageBuffer: cvBuffer!)
    let context = CIContext()
    let imageRect = CGRect(
        x: 0,
        y: 0,
        width: CVPixelBufferGetWidth(cvBuffer!),
```

```
        height: CVPixelBufferGetHeight(cvBuffer!)
    )
    if let image = context.createCGImage(ciImage, from: imageRect) {
        let uiImage = UIImage(
            cgImage: image,
            scale: UIScreen.main.scale,
            orientation: .up
        )
        return uiImage
    } else {
        return nil
    }
}
```

5 實作對影像進行人臉分析的函數。這個函數的內容跟上一節幾乎一樣，只是資料來源不是單一圖片，而是不斷透過攝影鏡頭取得的影像資料。

```
func faceDetection(frame: CMSampleBuffer) {
    let request = VNDetectFaceLandmarksRequest { request, error in
        guard error == nil else {
            print(error!)
            return
        }

        if let faces = request.results as? [VNFaceObservation] {
            DispatchQueue.main.async {
                FaceVideo.shared.faces = faces
            }
        }
    }

    do {
        let handler = VNImageRequestHandler(cmSampleBuffer: frame)
        try handler.perform([request])
    } catch {
        print(error)
```

```
    }
}
```

到這裡要顯示的影像以及人臉偵測的結果就已經完成了，接下來可以設計 App 畫面。在 ContentView 中需要兩個變數，一個用來訂閱 FaceVideo 類別中發佈的資料，所以前面要加上@ObservedObject，另外一個用來計算攝影機進來的影像長寬比。這裡不需要加上攝影機影像的預覽功能，所以 Preview Layer 相關的程式碼與介面設計都可以省略。

```
struct ContentView: View {
    @ObservedObject private var faceVideo = FaceVideo.shared
    private var ratio: Double? {
        if let size = faceVideo.uiImage?.size {
            return size.width / size.height
        }
        return nil
    }
```

最後在 body 中透過一個 Button 來開啟攝影機，然後透過 Canvas 來畫出相關的影像資料，Canvas 這部分就與上一節內容一樣了，只是座標為自己手算，程式碼如下。

```
var body: some View {
    VStack {
        Button("click") {
            DispatchQueue.global().async {
                CameraManager.current.session.startRunning()
            }
        }

        Canvas { context, size in
            // 畫出圖片
            if let uiImage = faceVideo.uiImage {
                context.draw(
                    Image(uiImage: uiImage),
```

```
                in: CGRect(origin: .zero, size: size)
            )
        }

        faceVideo.faces.forEach { face in
            // 畫出範圍
            let box = face.boundingBox
            let rect = CGRect(
                x: size.width * box.origin.x,
                y: size.height * (1 - box.origin.y),
                width: size.width * box.width,
                height: -size.height * box.height
            )
            var path = Path()
            path.addRect(rect)
            context.stroke(path, with: .color(.yellow), lineWidth: 5)
        }
    }
    .frame(width: 300, height: 300 / (ratio ?? 1))
    .background(.yellow.opacity(0.1))
  }
}
```

在實機上執行看看，現在人臉偵測就是在即時影像中進行了。

23-4 姿勢偵測

姿勢偵測與人臉偵測幾乎是一樣的程式碼。姿勢偵測用來偵測人體關節處，使用的請求函數為 VNDetectHumanBodyPoseRequest()，運算結果傳回的資料型態為 VNHumanBodyPoseObservation。改寫人臉偵測的 faceDetection()函數為姿勢偵測，如下。

```
private func poseDetection() async {
    let request = VNDetectHumanBodyPoseRequest { request, error in
        guard error == nil else {
            print(error!)
            return
        }

        if let results = request.results as? [VNHumanBodyPoseObservation] {
            self.bodyPoints = results
        }
    }

    do {
        let handler = VNImageRequestHandler(cgImage: uiImage.cgImage!)
        try handler.perform([request])
    } catch {
        print(error)
    }
}
```

辨識結果放入如下的變數中。

```
@State private var bodyPoints: [VNHumanBodyPoseObservation] = []
```

最後在 Canvas 元件中將辨識結果繪出來即可。在 recognizedPoints()中除了 all 代表所有可偵測的點之外，想要得到特定的區域，例如上半身軀幹，可以換成 torso 或是 leftLeg（左腿）。

```
Canvas { context, size in
...
   bodyPoints.forEach { item in
      if let recognizedPoints = try? item.recognizedPoints(.all) {
         recognizedPoints.forEach { body in
            let point = VNImagePointForNormalizedPoint(
               body.value.location, Int(size.width), Int(size.height)
            )
            var path = Path()
            ...
         }
      }
   }
}
```

執行結果如下，左圖為原圖，右圖為姿勢偵測結果。

目前在姿勢上可以偵測到點，共 19 個，如下圖。

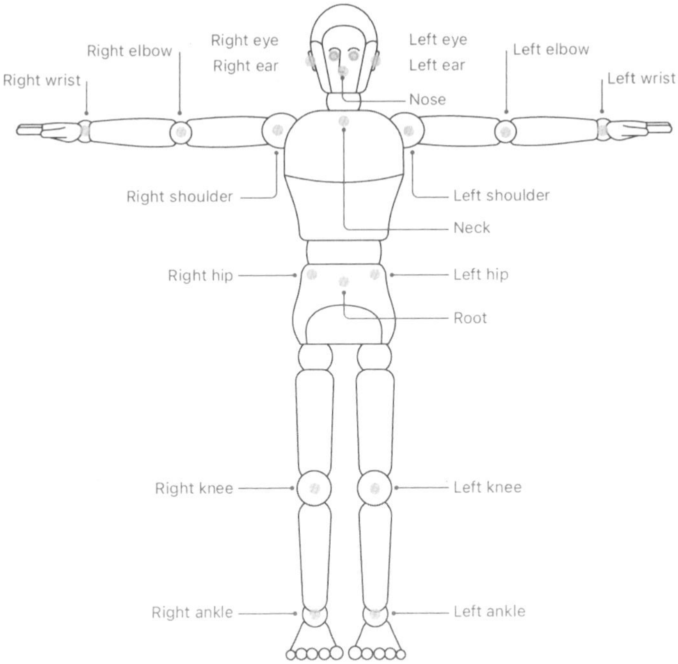

（此圖摘自 Apple 官方文件）

23-5 圖片分類與 CoreML

CoreML 是 Xcode 中專門用來處理跟機器學習有關的框架，他可以載入 Turi Create 訓練好的類神經網路模型，然後開發出各種頂尖的機器學習應用。Turi Create 是 Apple 發展的機器學習函數庫，官網為 https://github.com/apple/turicreate，與 Google 的 Tensorflow、Facebook 的 PyTorch 這些世界頂尖的機器學習函數庫並駕齊驅。

這裡我們先用已經訓練好的圖片分類模型來試試，從下面這個網址可以下載 https://developer.apple.com/machine-learning/models/。本單元範例用的是 MobileNetV2 中已經訓練好的模型，下載回來後將檔案（例如 MobileNetV2.mlmodel）拖放到專案中。除此之外，在這個檔案上點兩下，可以看到這個模型能夠辨識的圖片種類，以及可以拖放一張測試圖片到模型中進行測試看看。

回到我們建立的 SwiftUI 專案，在 ContentView 中匯入 Vision 框架，並且宣告幾個變數。變數 results 存放辨識結果，變數 text 用來存放辨識結果中信心值最好的兩個項目。另外，要載入的圖片 demo.jpg 請從網路上找一張測試圖片，例如海獅的圖片，拖放到專案中。

```
import Vision

struct ContentView: View {
   private let uiImage = UIImage(named: "demo.jpg")!
   @State private var results: [VNClassificationObservation] = []
   @State private var text: String = ""
```

現在我們先自訂一個用來載入由 Turi Create 訓練完成的圖片分類模型的函數，如下，這裡要注意的是雖然我們從 Apple 網站上下載的 MobileNetV2 模型檔名為 MobileNetV2.mlmodel，但 withExtension 參數要填 mlmodelc，否則會無法載入這個檔案。

```
private func loadVNModel(_ name: String) throws -> VNCoreMLModel {
   guard let url = Bundle.main.url(
      forResource: name, withExtension: "mlmodelc"
   ) else {
      throw NSError(
         domain: "myerror", code: 100,
         userInfo: [NSLocalizedDescriptionKey: "load model error"]
      )
   }

   let mlModel = try MLModel(contentsOf: url)
   let vnModel = try VNCoreMLModel(for: mlModel)
   return vnModel
}
```

上面這個函數會將 CoreML 的模型格式轉成 Vision 的模型格式，接下來的處理就非常的「vision-style」了，也就是跟前面單元大同小異。先定義一個圖形分類的函數，如下。


```
private func imageClassification() {
    do {
        let model = try loadVNModel("MobileNetV2")
        let request = VNCoreMLRequest(model: model) { request, error in
            guard error == nil else {
                print(error!)
                return
            }

            if let results = request.results as? [VNClassificationObservation] {
                self.results = results
            }
        }

        let handler = VNImageRequestHandler(cgImage: uiImage.cgImage!)
        try handler.perform([request])
    } catch {
        print(error.localizedDescription)
    }
}
```

到這裡就完成了圖形分類所需要的程式碼，接著來設計畫面。畫面分成兩個部分，一個是透過按鈕來呼叫圖片分類函數並且取得分類結果，另外一部份是用來顯示結果的圖片。先來看按鈕，程式碼如下。這裡會取前兩個信心值最好的結果。

```
Button("Analysis") {
    imageClassification()
    text = ""
    results.prefix(2).forEach { result in
        let id = result.identifier
        let conf = round(result.confidence * 100)
        text += "\(id) (\(conf)%)\n"
```

```
    }
    text = text.trimmingCharacters(in: .newlines)
}
.buttonStyle(.bordered)
```

第二部分用來顯示一張圖片以及該圖片的分類結果，如下。雖然程式碼看起來有點複雜，其實只是將存放結果的 text 字串透過 overlay 修飾器呈現在圖片的左上角而已，你可以有任何想要的排版方式來做這件事情。

```
Image(uiImage: uiImage)
    .resizable()
    .scaledToFit()
    .clipped()
    .overlay {
        // 顯示分類結果
        VStack {
            HStack() {
                Text(text)
                    .font(.caption)
                    .foregroundColor(.black)
                    .background(.white.opacity(0.5))
                Spacer()
            }
            Spacer()
        }
    }
```

最後我們用 VStack 將 Button 與 Image 合在一起就可以了，如下。

```
var body: some View {
    VStack {
        Image(uiImage: uiImage)
        Button("Analysis") {
            ...
        }
    }
    .padding()
}
```

執行看看，結果如下。

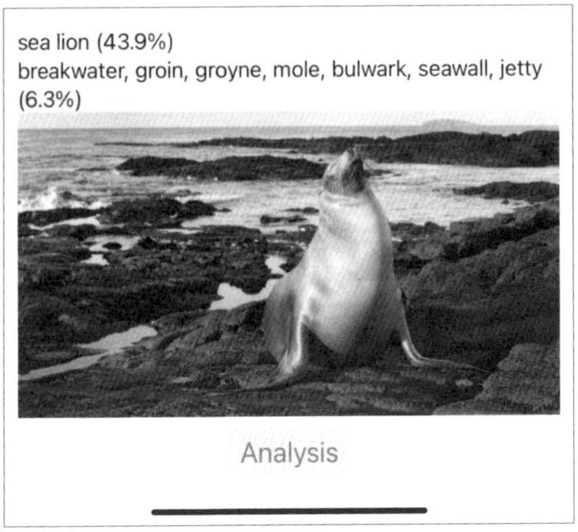

自己訓練分類模型

如果我們有一些特定的圖片要分類，這時就要自己來訓練分類模型了。Xcode 的 Create ML 工具已經幫我們做好幾乎 99%的工作，我們只要把我們的圖片集丟給 Create ML，然後就會得到一個屬於我們自己的分類模型了，而且訓練速度非常快速，不用擔心跑到天荒地老。

首先將要分類的圖片，不用太多，每個分類大約 10 張圖片即可，圖片檔名任意。接著按照類別建立目錄，目錄名稱就是分類名稱。另外再建立兩個目錄，一個訓練用，一個測試用。然後將已經分類好的圖片分別放在訓練用與測試用的目錄中。測試用的圖片並不需要每個分類都有，挑幾個就可以了，如右。

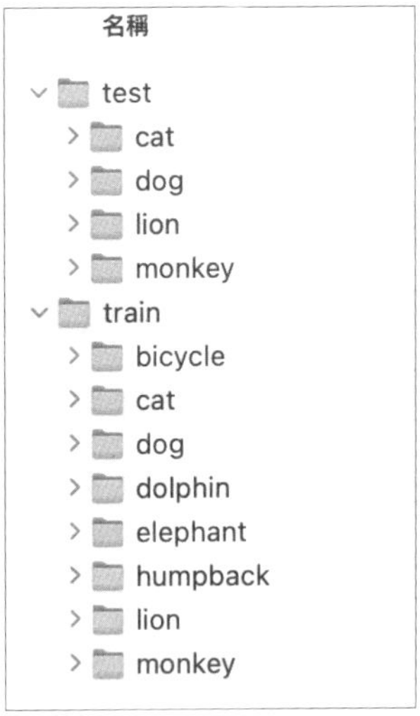

資料集準備好後，在 Xcode 的選單上找到「Create ML」選項，如下圖。

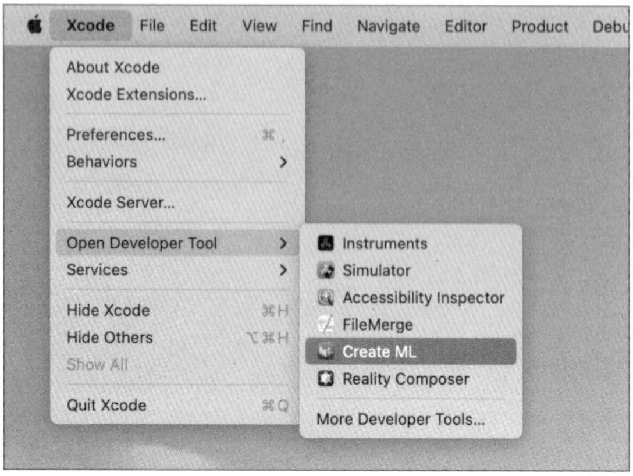

然後選擇 Image Classification 項目。

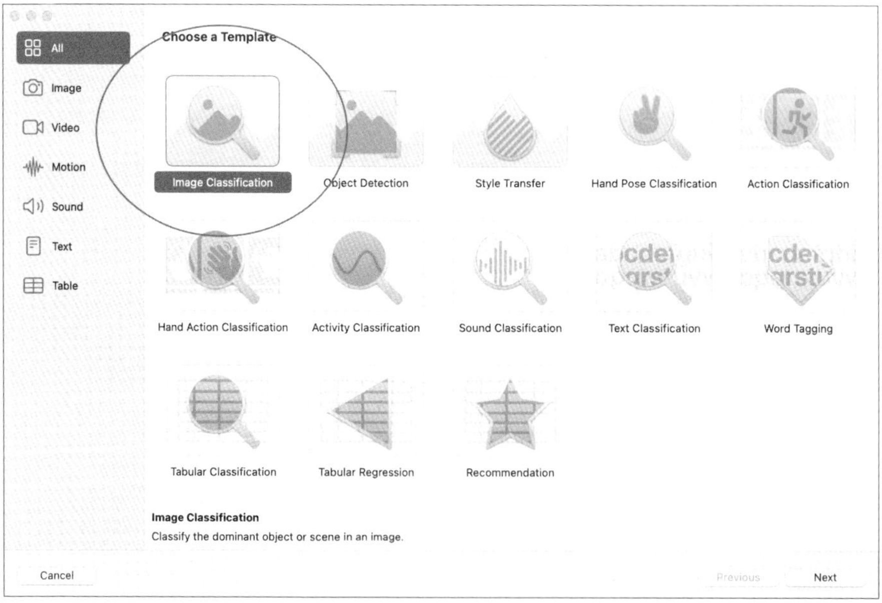

按下一步直到這個 Machine Learning 的專案建立起來，接著將資料集中的 train 目錄拖到「Training Data」格子，test 目錄拖到「Testing Data」格子，下方的 Augmentations 項目如果沒有特別想法就全勾了，可以增加分類的準度。

按下「Train」按鈕就開始訓練，訓練完畢後看一下精準度是否達到滿意程度，若太低的話通常是訓練樣本（也就是圖片）品質不好，或是數量太少。

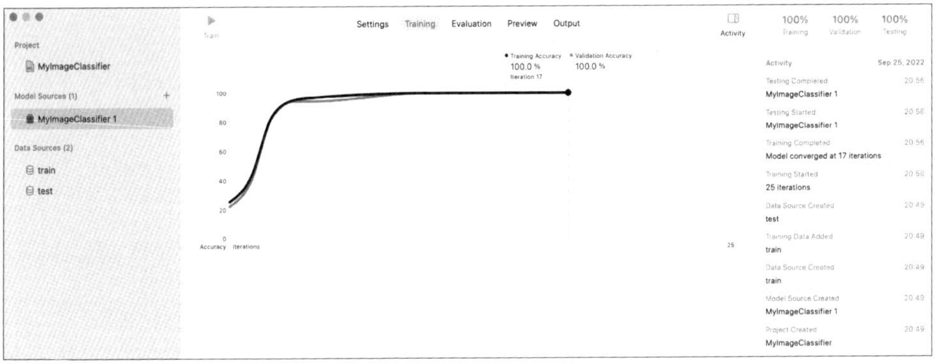

最後輸出訓練結果，我們就得到了一個自己做的圖片分類模型。現在我們可以把這個分類模型拖到前面我們建立的專案中，就可以讓 App 針對我們所需要的特定圖片進行分類。下圖是我養的寵物，叫做「棗子」，現在 App 已經知道他是一隻狗了。

23-6 影片內容分析

前面幾個單元我們看過機器視覺的資料來源為單一圖片或是攝影機鏡頭，這個單元要介紹的是當資料來源是錄製好的影片時，該如何取得影片中的每一張 frame。這裡的範例程式並不實際分析每一張影像內容，僅將讀取到的 frame 轉成 UIImage 格式後顯示出來而已，若要進行各種影像分析，請參考前面單元加上各種識別相關的程式碼即可。

首先宣告一個類別，用來發佈從影片中讀取到的 frame，如下。

```
import AVFoundation

class VideoSource: ObservableObject {
    @Published var uiImage: UIImage?
```

接下來在此類別中實作一個 load()函數，函數中透過 AVAsset 開啟一個已經在專案中的影像檔，並且設定只讀取影像檔中的 video 軌即可，聲音軌對機器視覺沒有關係，最後產生一個 AVAssetReader 讀取器。

```
private func load() async throws -> AVAssetReader {
    let url = Bundle.main.url(forResource: "demo.mov", withExtension: nil)
    let asset = AVAsset(url: url!)
    let track = try await asset.loadTracks(withMediaType: .video)
    let output = AVAssetReaderTrackOutput(
        track: track[0],
        outputSettings: [
            String(kCVPixelBufferPixelFormatTypeKey):
            kCVPixelFormatType_420YpCbCr8BiPlanarFullRange
        ]
    )

    let reader = try AVAssetReader(asset: asset)
    reader.add(output)
    reader.startReading()

    return reader
}
```

從影像檔中讀出的資料型態為 CMSampleBuffer，所以在類別中實作一個將 CMSampleBuffer 型態轉成 UIImage 型態的函數，此函數與前面單元「與即時影像結合」中的 sampleBufferToUIImage(_:)函數內容一樣，如下。

```
private func sampleBufferToUIImage(_ frame: CMSampleBuffer) -> UIImage? {
    let cvBuffer = CMSampleBufferGetImageBuffer(frame)
    let ciImage = CIImage(cvImageBuffer: cvBuffer!)
    let context = CIContext()
    let imageRect = CGRect(
        x: 0,
        y: 0,
        width: CVPixelBufferGetWidth(cvBuffer!),
        height: CVPixelBufferGetHeight(cvBuffer!)
    )
```

```
    if let image = context.createCGImage(ciImage, from: imageRect) {
        let uiImage = UIImage(
            cgImage: image,
            scale: UIScreen.main.scale,
            orientation: .up
        )
        return uiImage
    } else {
        return nil
    }
}
```

最後在類別中實作讀取影片檔中每一個 frame 的函數，然後透過 @Published 變數傳出去，如下。其中 waitTime 的設定是用來控制每秒輸出 30 個畫面。

```
func play() {
    Task {
        let reader = try await load()
        let waitTime = UInt64(1 / 30.0 * 1_000_000_000)
        var n = 1

        while reader.status == .reading {
            if let sampleBuffer = reader.outputs[0].copyNextSampleBuffer() {
                DispatchQueue.main.async {
                    self.uiImage = self.sampleBufferToUIImage(sampleBuffer)
                }
                try await Task.sleep(nanoseconds: waitTime)
                print("frame: \(n)")
                n += 1

                // 這個位置進行影像分析處理，例如人臉辨識...等
            }
        }
    }
}
```

最後畫面設計如下，按下按鈕後就可以看到影片輸出了。

```
struct MyObjectDetection: View {
    @ObservedObject private var video = VideoSource()
    private var ratio: Double? {
        if let size = video.uiImage?.size {
            return size.width / size.height
        }
        return nil
    }

    var body: some View {
        VStack {
            Button("Load video and play") {
                video.play()
            }
            Canvas { context, size in
                if let uiImage = video.uiImage {
                    context.draw(
                        Image(uiImage: uiImage),
                        in: CGRect(origin: .zero, size: size)
                    )
                }
            }
            .frame(width: 400, height: 400 / (ratio ?? 1))
        }
    }
}
```

執行後的畫面如右。

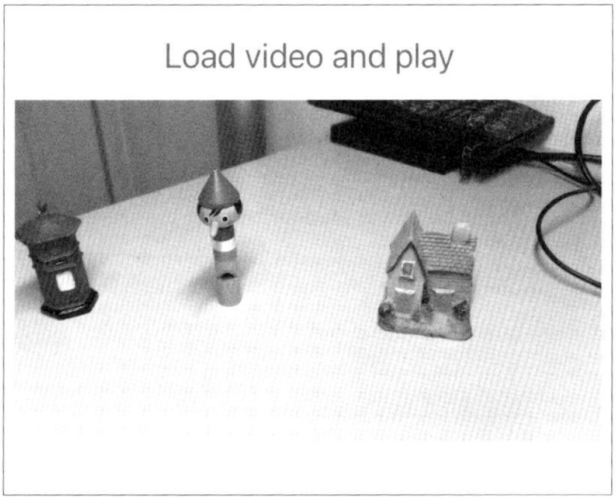

iOS 16程式設計實戰--SwiftUI全面剖析

作　　者：朱克剛
企劃編輯：江佳慧
文字編輯：詹祐甯
設計裝幀：張寶莉
發 行 人：廖文良

發 行 所：碁峰資訊股份有限公司
地　　址：台北市南港區三重路 66 號 7 樓之 6
電　　話：(02)2788-2408
傳　　真：(02)8192-4433
網　　站：www.gotop.com.tw
書　　號：ACL067100
版　　次：2022 年 11 月初版
建議售價：NT$560

國家圖書館出版品預行編目資料

iOS 16 程式設計實戰：SwiftUI 全面剖析 / 朱克剛著. -- 初版. -- 臺北市：碁峰資訊, 2022.11
面； 公分
ISBN 978-626-324-360-6(平裝)
1.CST：系統程式 2.CST：電腦程式設計 3.CST：行動資訊
312.52　　111018008

讀者服務

- 感謝您購買碁峰圖書，如果您對本書的內容或表達上有不清楚的地方或其他建議，請至碁峰網站：「聯絡我們」\「圖書問題」留下您所購買之書籍及問題。(請註明購買書籍之書號及書名，以及問題頁數，以便能儘快為您處理)
http://www.gotop.com.tw

- 售後服務僅限書籍本身內容，若是軟、硬體問題，請您直接與軟體廠商聯絡。

- 若於購買書籍後發現有破損、缺頁、裝訂錯誤之問題，請直接將書寄回更換，並註明您的姓名、連絡電話及地址，將有專人與您連絡補寄商品。